中文版 AutoCAD 2013
园林设计经典 228 例

麓山文化　编著

机械工业出版社

本书根据中文版 AutoCAD 2013 软件功能和园林设计行业特点，精心设计了 228 个经典实例，循序渐进地讲解了使用 AutoCAD 2013 进行园林设计所需的全部知识和各类园林图样的绘制方法。使读者迅速积累实战经验，提高技术水平，从园林设计新手成长为设计高手。

本书共 19 章，分为 4 大篇，第 1 章~第 3 章为基础知识篇，按照施工图的绘制流程，分别讲解了园林图样的文字与表格、园林图样的尺寸标注和园林制图符号及定位方格网的绘制；第 4 章~第 11 章为绘图基础篇，分别讲述了园路的设计与绘制、园林铺装的设计与绘制、园林植物的设计与绘制、园林水体的设计与绘制、园林山石的设计与绘制、园林小品的设计与绘制、园林常用建筑设施的设计与绘制、园林其他设施以及园林地形的设计与绘制；第 12 章~第 17 章为园林设计实例篇，分别讲解了住宅小区园林设计实例、道路绿化设计实例、别墅庭院设计实例、办公楼景观设计实例、屋顶花园设计实例和小游园景观设计实例；第 18 章、第 19 章为园林详图、剖面图及打印输出篇，讲解了园林详图与剖面图的设计与绘制和图形的输出与打印的方法和技巧。

本书附赠 1 张 DVD 光盘，提供全书 228 个实例的素材和最终效果文件，并赠送了长达 17 小时的高清语音视频教学，读者可以书盘结合，轻松学习。

本书内容丰富、结构清晰、技术全面、通俗易懂，适用于园林设计相关专业大中专院校师生，园林设计相关行业的工程技术员，参加相关园林设计培训的学员，也可作为各类相关专业培训机构和学校的教学参考书。

图书在版编目（CIP）数据

中文版 AutoCAD 2013 园林设计经典 228 例/麓山文化编著.
—北京：机械工业出版社，2012.7
ISBN 978-7-111-39223-1

Ⅰ.①中…　Ⅱ.①麓…　Ⅲ.①园林设计—计算机辅助设计—AutoCAD 软件　Ⅳ.①TU986.2-39

中国版本图书馆 CIP 数据核字（2012）第 167747 号

机械工业出版社（北京市百万庄大街 22 号　邮政编码 100037）
策划编辑：曲彩云　责任编辑：曲彩云
责任印制：杨　曦
北京中兴印刷有限公司印刷
2012 年 9 月第 1 版第 1 次印刷
184mm×260mm · 26.75 印张 · 663 千字
0 001—4 000 册
标准书号：ISBN 978-7-111-39223-1
　　　　　ISBN 978-7-89433-561-6（光盘）
定价：59.00 元（含 1DVD）

凡购本书，如有缺页、倒页、脱页，由本社发行部调换
电话服务　　　　　　　　　网络服务
社 服 务 中 心：(010)88361066　教 材 网：http://www.cmpedu.com
销 售 一 部：(010)68326294　机工官网：http://www.cmpbook.com
销 售 二 部：(010)88379649　机工官博：http://weibo.com/cmp1952
读者购书热线：(010)88379203　**封面无防伪标均为盗版**

前 言

1. 本书内容

AutoCAD 是美国 Autodesk 公司开发的专门用于计算机绘图和设计工作的软件。自 20 世纪 80 年代 Autodesk 公司推出 AutoCAD R1.0 以来，由于其具有简便易学、精确高效等优点，一直深受广大工程设计人员的青睐。迄今为止，AutoCAD 历经了十余次的扩充与完善，如今它已经在航空航天、造船、建筑、机械、电子、化工、美工、轻纺等很多领域得到了广泛应用。

本书是一本 AutoCAD 2013 的园林绘图实例教程，通过将软件功能融入实际应用，使读者在学习软件操作的同时，还能够掌握园林设计的精髓和积累行业工作经验，为用而学，学以致用。

本书共 19 章，分为 4 大篇，第 1 章~第 3 章为基础知识篇，按照施工图的绘制流程，分别讲解了园林图样的文字与表格、园林图样的尺寸标注和园林制图符号及定位方格网的绘制；第 4 章~第 11 章为绘图基础篇，分别讲述了园路的设计与绘制、园林铺装的设计与绘制、园林植物的设计与绘制、园林水体的设计与绘制、园林山石的设计与绘制、园林小品的设计与绘制、园林常用建筑设施的设计与绘制、园林其他设施以及园林地形的设计与绘制；第 12 章~第 17 章为园林设计实例篇，分别讲解了住宅小区园林设计实例、道路绿化设计实例、别墅庭院设计实例、办公楼景观设计实例、屋顶花园设计实例和小游园景观设计实例；第 18 章、第 19 章为园林详图、剖面图及打印输出篇，讲解了园林详图与剖面图的设计与绘制和图形的输出与打印的方法和技巧。

本书附赠 DVD 学习光盘，配备了多媒体教学视频，可以在家享受专家课堂式的讲解，成倍提高学习兴趣和效率。

2. 本书特点

本书专门为园林设计初学者细心安排、精心打造，总的来说，具有如下特点：

■**循序渐进　通俗易懂**。全书完全按照初学者的学习规律，精心安排各章内容，由浅到深、由易到难，可以让初学者在实战中逐步学习到园林绘图的所有知识和操作技巧，成长为一个园林绘图的高手。

■**案例丰富　技术全面**。本书的每一章都是一个小专题，每一个案例都是一个知识点，涵盖了园林绘图的绝大部分技术。读者在掌握这些知识点和操作方法的同时，还可以举一反三，掌握实现同样图形绘制的更多方法。

■**技巧提示　融会贯通**。本书在讲解基本知识和操作方法的同时，还穿插了很多的技巧提示，及时、准确地为您释疑解惑、点拨提高，使读者能够融会贯通，掌握园林绘图的精髓。

■**视频教学　学习轻松**。本书配备了高清语音视频教学，老师手把手地细心讲解，可使读者领悟到更多的方法和技巧，感受到学习效率的成倍提升。

3. 光盘内容及用法

本书所附光盘内容分为以下两大部分。

❑ ".dwg"格式图形文件

本书所有实例和用到的或完成的".dwg"图形文件都按章节收录在".dwg\第 01 章～第 19 章"文件夹下，图形文件的编号与章节的编号是一一对应的，读者可以调用和参考这些图形文件。

需要注意的是，光盘上的文件都是"只读"的，要修改某个图形文件时，要先将该文件复制到硬盘上，去掉文件的"只读"属性，然后再使用。

❑ "mp4"格式动画文件

本书大部分实例的绘制过程都收录成了"mp4"有声动画文件，并按章收录在附盘的"mp4\第 01 章～第 19 章"文件夹下，编号规则与".dwg"图形文件相同。

4. 本书作者

本书由麓山文化编著，参加编写的有：陈志民、陈运炳、申玉秀、李红萍、李红艺、李红术、陈云香、陈文香、陈军云、彭斌全、林小群、刘清平、钟睦、刘里锋、朱海涛、廖博、喻文明、易盛、陈晶、张绍华、黄柯、何凯、黄华、陈文轶、杨少波、杨芳、刘珊、赵祖欣、齐慧明等。

由于作者水平有限，书中错误、疏漏之处在所难免。在感谢您选择本书的同时，也希望您能够把对本书的意见和建议告诉我们。

读者服务邮箱:lushanbook@gmail.com

麓山文化

目 录

前言

第1篇 基础知识篇

植物配置表			
计数	名称	XSIZE	YSIZE	ESTCODE
1	朱樱花	1300	1300	
1	意杨			
1	樱花	4451	4437	
1	金合欢	0	0	
1	黄金槐	1000	1000	
1	杜英	3184	3185	
1	宝华玉兰	3184	3185	
1	马尾松	1000	1000	
1	白皮松	4271	4420	

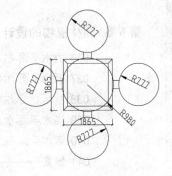

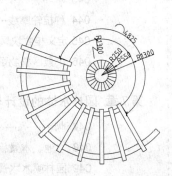

中文版 **AutoCAD 2013**
园林设计经典 **228** 例

第 2 篇　绘图基础篇

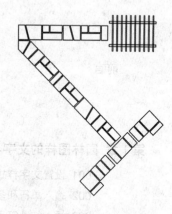

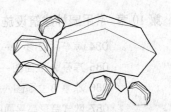

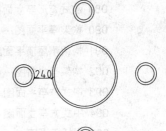

石桌椅平面图 1:20

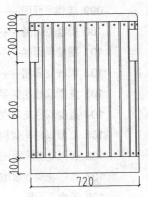

垃圾桶立面图 1:10

——花岗石基座

入口雕塑正立面图

目录

中文版 AutoCAD 2013
园林设计经典 **228** 例

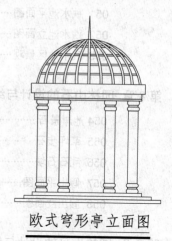

欧式穹形亭立面图

构架亭立面图1: 50

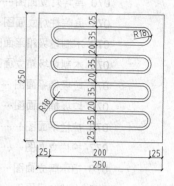

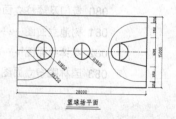

篮球场平面

目
录

VIII

第 3 篇　　园林设计实例篇

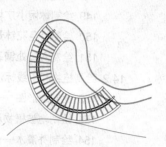

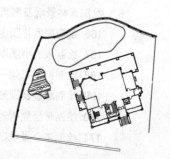

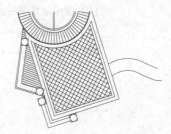

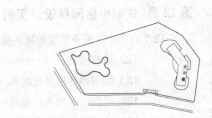

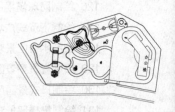

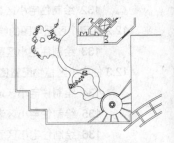

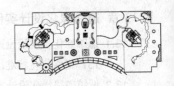

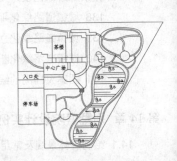

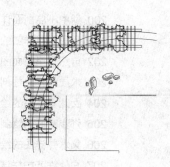
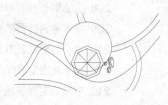
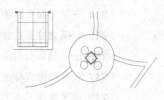

第4篇 园林详图、剖面图及打印输出篇

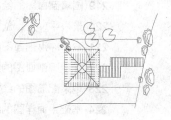
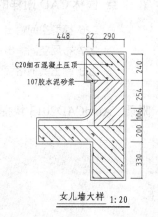

中文版 AutoCAD 2013
园林设计经典 228 例

目录

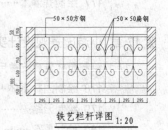

铁艺栏杆详图 1:20

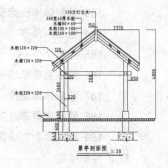

景亭剖面图 1:20

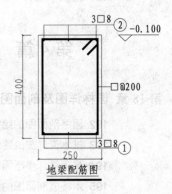

地梁配筋图

第1篇 基础知识篇

第1章
园林图样的文字与表格

文字和表格是园林图样中必不可少的组成部分，在绘制图形的过程中，总有一些难以用图形来表达的内容，这就需要用文字和表格来进行解释说明，如植物和园灯图例的名称、规格、材料、施工方法等。

本章主要讲述文字和表格的创建及编辑方法。

标记	处数	文件	签字	日期	别墅设计平面图		
负责		制图			图样标记	重量	比例
审核		图号					1:30
设计		图别			共 10 页	第 1 页	

植物配置表				
计数	名称	XSIZE	YSIZE	ESTCODE
1	朱樱花	1300	1300	
1	意杨			
1	樱花	4451	4437	
1	金合欢	0	0	
1	黄金槐	1000	1000	
1	杜英	3184	3185	
1	宝华玉兰	3184	3185	
1	马尾松	1000	1000	
1	白皮松	4271	4420	

001 设置文字样式

文字样式是对同一类文字的格式设置的集合，包括字体、字高、显示效果等。在标注文字前，应首先定义文字样式，以指定字体、高度等参数，然后用定义好的文字样式进行标注。本实例讲述文字样式的设置。

文件路径：	DWG\01 章\001 例.dwg	
视频文件：	AVI\01 章\001 例.avi	
播放时长：	2 分 17 秒	

01 执行【格式】|【文字样式】菜单命令，打开"文字样式"对话框。这时会看到一个名为"Standard"的样式，它是 AutoCAD 2013 系统的默认文字样式，如图 1-1 所示。

02 单击"新建"按钮，在"样式名"文本框中输入"园林字体样式"。单击"确定"按钮，关闭对话框，即可新建一个专用的文字样式，效果如图 1-2 所示。

图 1-1 "文字样式"对话框   图 1-2 "新建文字样式"对话框

提 示： "设置文字样式"的快捷键为"ST"。

03 设置新建文字样式的字体和效果。在"字体"下拉列表中选择"gbenor.shx"选项，勾选"使用大字体"复选框，在"大字体"下拉列表中选择"gbcbig.shx"字体，在"高度"文本框中输入400，单击"置为当前"按钮，将该样式置为当前，如图 1-3 所示。

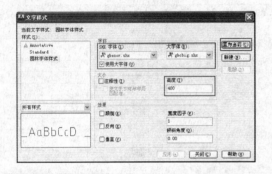

图 1-3 设置字体样式   图 1-4 符合国际要求的中西文工程行文字体

提示： 在以 1∶100 比例打印输出的图样中，使用"园林字体"样式的文字的大小为 4mm。如果将文字高度设置为 0，那么每次标注单行文字时都会提示用户输入字高。因此，0 字高用于使用相同的文字样式来标注不同字高的文字对象。自 AutoCAD2000 以后的版本中，特地为使用中文的用户提供了符合国际要求的中西文工程行文字体，包括两种西文字体和一种中文字体，它们分别是正体的西文字体"gbenor.shx"、斜体的西文字体"gbentic.shx"和中文字长仿宋体工程字体"gbcbig.shx"，如图 1-4 所示。如果是绘制正规图纸，建议使用这三种中西文工程行文字体，既符合国际制图规范，又可以节省图纸所占的计算资源，同时还可以避免出现图纸交流时文字不能正常显示的问题。

002 输入单行和多行文字

单行字体 园林建筑学： 1. 江南园林的叠山石料以太湖石和黄石为主； 2. 皇家园林是清代北方园林建筑的主流； 3. 京都龙安寺南庭是日本"枯山水"的代表作。 **多行字体**	在 AutoCAD 2013 中，有两种输入文字的工具，分别是单行文字和多行文字。单行文字每一行都是独立的，用于输入简短的文字内容；多行文字无论分为多少行，都是一个整体，而且对字体、字型进行修改很方便，常用于输入较为复杂的文字内容。本实例主要讲述单行字体和多行字体的输入。

文件路径：	DWG\01 章\002 例.dwg
视频文件：	AVI\01 章\002 例.avi
播放时长：	5 分 13 秒

01 输入单行字体。执行【绘图】|【文字】|【单行文字】菜单命令，在绘图区空白处单击，指定文字的起点。指定文字高度为 15，文字旋转角度为 0。

提示： "单行文字"命令的快捷键为"DT"。

02 当光标跳动时，输入文字"AutoCAD 2013"，按两次 Enter 键或 Ctrl+Enter 键，结束单行文字输入命令，如图 1-5 所示。

03 输入多行文字。执行【绘图】|【文字】|【多行文字】菜单命令，在绘图区空白处单击，拖出一个文本框，如图 1-6 所示。

提示： "多行文字"命令的快捷键为"T"或"MT"。

AutoCAD2013

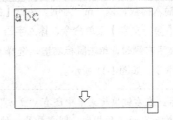

图 1-5 输入单行文字　　　　　　　　　图 1-6 拖出文本框

04 在弹出的"文字格式"编辑器中输入文字，如图 1-7 所示。

05 选择所有文字，在"文字高度"下拉列表的文本框中输入 14，更改文字高度，如图 1-8 所示。

图 1-7　输入文字

图 1-8　更改文字高度

06 选择除标题以外的所有文字，单击编号 按钮，在下拉列表中选择"以数字标记"，如图 1-9 所示。

07 选择标题，单击居中 按钮，将标题居中，如图 1-10 所示。

图 1-9　添加编号

图 1-10　将标题居中

提　示： 完成文字的输入后，如果需要修改它，只需选择该段文字并双击鼠标，即可进入文字编辑的状态。

003　插入特殊符号

在文字格式编辑器中，还可以创建堆叠文字，如分数或形位公差等，并插入特殊字符。本实例主要讲述几种常用字符的输入方法。

	文件路径：	DWG\01 章\003 例.dwg
	视频文件：	AVI\01 章\003 例.avi
	播放时长：	4 分

01 输入指数，以"m²"为例。执行【绘图】|【文字】|【多行文字】菜单命令，输入字母"m"，当光标在文字右侧时，单击鼠标右键，选择"符号"|"平方"命令，如图 1-11 所示。

提　示： 在右键快捷菜单中还有"立方"命令。如果需要输入大于 3 的指数，则需要另一种方法，以"m⁹"为例。执行【绘图】|【文字】|【多行文字】菜单命令，输入字母"m9^"，选择"m9^"，单击"堆叠"按钮，如图 1-12 所示。

图 1-11　"平方"命令

02 输入分数。分数有两种，一种是手写体，

如½。输入方法是执行【绘图】|【文字】|【多行文字】菜单命令，输入文字"1#2"，选中"1#2"，单击"堆叠"按钮，如图 1-13 所示。另一种是书面体，如 $\frac{7}{9}$。执行【绘图】|【文字】|【多行文字】菜单命令，输入文字"7/9"，选择"7/9"，单击"堆叠"按钮，如图 1-14 所示。

图 1-12　"堆叠"命令

图 1-13　输入手写体分数

03 输入度数符号、正负号、直径符号。执行【绘图】|【文字】|【多行文字】菜单命令，输入数字 8，当光标在文字右侧时，单击鼠标右键就能找到，如图 1-15 所示。

图 1-14　输入书面体分数

图 1-15　度数符号、正负号、直径符号

技 巧： 当要修改已输入的文字时，可双击文字，选择需要修改的文字，并输入替换字，然后单击绘图区空白处，结束编辑命令即可。对于修改文字的大小来说，最快捷的方式莫过于使用"特性匹配"按钮（快捷键为"MA"），将一个对象的部分或者所有的特性复制给其他对象便可完成，可以复制的特性包括颜色、图层、线型、线型比例、线宽、打印样式等。

004　绘制表格标题栏

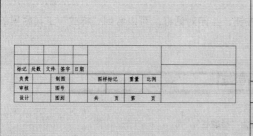

表格在 AutoCAD 中有大量的表格出现，如明细表、参数表、工程数量表和标题栏等，使用 AutoCAD 2013 的表格功能，可以快速方便地创建各种形状的表格。本实例讲述表格的绘制方法和操作步骤。

文件路径：	DWG\01 章\004 例.dwg	
视频文件：	AVI\01 章\004 例.avi	
播放时长：	11 分 26 秒	

01 执行【格式】|【表格样式】菜单命令，弹出"表格样式"对话框，如图 1-16 所示。

02 单击"新建"按钮，弹出"创建新的表格样式"对话框。输入新样式名为"标题栏"，如图 1-17 所示。

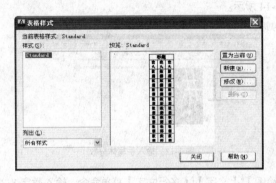

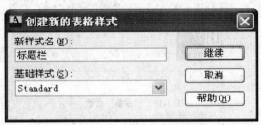

图 1-16　"表格样式"对话框　　　　　　　　　　图 1-17　"创建新的表格样式"对话框

提 示：表格的外观由表格样式来控制，与文字工具一样，在创建表格之前，需要设置表格的样式。

03 单击"继续"按钮，在弹出的"新建表格样式：标题栏"对话框中设置文字高度。单击"文字"标签，在"特性"选项组中，将"文字高度"设为 100，如图 1-18 所示。

04 单击"边框"标签，在"特性"选项组中"线宽"的下拉列表中选择"0.15mm"线宽，单击内边框按钮；在"线宽"的下拉列表中选择"0.30mm"线宽，单击外边框按钮。设置好表格边框的宽度，单击"确定"按钮，关闭"新建表格样式：标题栏"对话框，如图 1-19 所示。

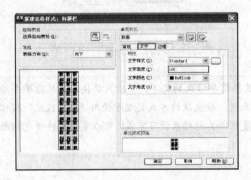

图 1-18　设置文字高度　　　　　　　　　　　　图 1-19　设置边框

注 意：设置线宽时，必须先选择线宽，再单击需要更改的边框按钮，设置才有效。

05 在"表格样式"对话框中，单击"置为当前"按钮，关闭对话框。可以看到"样式"工具栏里的当前表格样式为"标题栏"，如图 1-20 所示。

图 1-20　当前表格样式为"标题栏"

06 绘制图框，以 A3 图框为例。单击绘图工具栏 ▢ 按钮，绘制一个 420×297 的矩形；单击修改工具栏 按钮，将矩形分解，如图 1-19 所示。

07 单击修改工具栏 ❏ 按钮,先将左边的线段向右偏移 25 的距离,再分别将其他 3 个边向内偏移 5 的距离;单击修改工具栏 ✂ 按钮,修剪多余的线条,如图 1-22 所示。

图 1-21　绘制并分解矩形　　　　　　　　　　　　　　　图 1-22　绘制图框

08 插入表格。单击绘图工具栏 ❏ 按钮,绘制一个 180×45 的矩形,作为标题栏的范围,如图 1-23 所示。

09 执行【绘图】|【表格】菜单命令,弹出"插入表格"对话框,在"插入方式"选项组中,选择"指定窗口"方式。在"列和行设置"选项组中,设置为 3 列 2 行,单击"确定"按钮,返回绘图区,如图 1-24 所示。

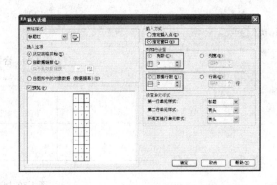

图 1-23　绘制矩形　　　　　　　　　　　　　　　　　图 1-24　"插入表格"对话框

10 在绘图区中,为表格指定窗口。在矩形左上角单击,指定为表格的左上角点,拖动到右下角点,指定位置后,弹出"文字格式"编辑器,单击"确定"按钮,关闭编辑器,如图 1-25 所示。

11 删除列标题和标题行。选择列标题和标题行,右键单击,选择"行"|"删除"命令,如图 1-26 所示。结果如图 1-27 所示。

12 调整表格。选择表格,对其进行夹点编辑,使其与矩形的大小相匹配,如图 1-28 所示。

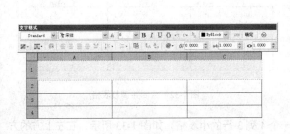

图 1-25　"文字格式"编辑器　　　　　　　　　　　　图 1-26　删除列标题和标题行

<table>
<tr><td></td><td></td><td></td></tr>
<tr><td></td><td></td><td></td></tr>
</table>

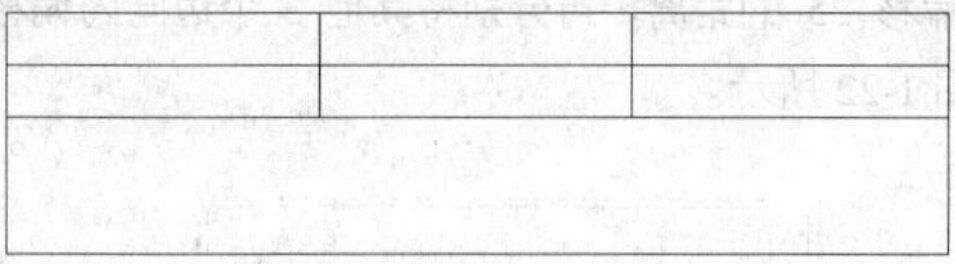

图 1-27　删除结果 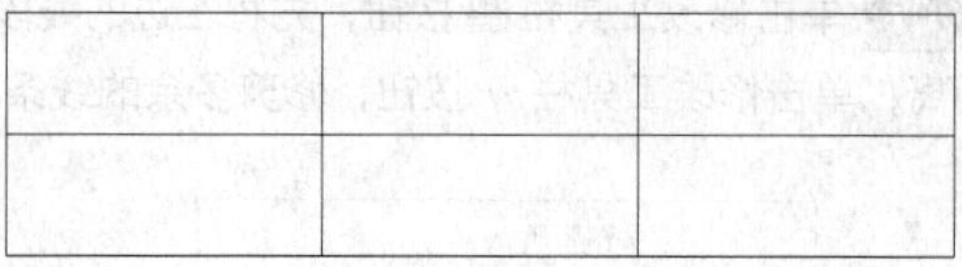　　　　　　　　　　　　图 1-28　调整结果

13 合并单元格。选择右侧一列的单元格，单击右键，选择"合并"|"全部"命令，如图 1-29 所示。合并结果如图 1-30 所示。

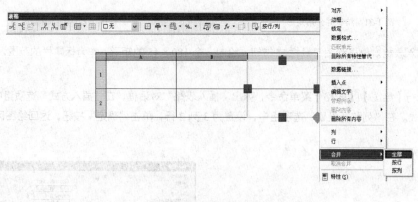

图 1-29　合并单元格

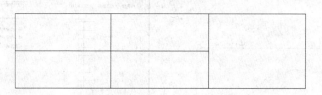

图 1-30　合并结果

14 创建小表格。执行【绘图】|【表格】菜单命令，设置为 1 列 3 行，如图 1-31 所示。

15 在绘图区中，为表格指定窗口，删除列标题和标题行，并调整表格，效果如图 1-32 所示。

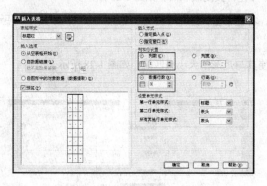

图 1-31　设置表格为 1 列 3 行

图 1-32　绘制并调整表格

16 以同样的方法在表格左下方的方格里绘制一个 4 列 3 行的小表格，如图 1-33 所示；在左上方的方格里绘制一个 5 列 3 行的小表格，如图 1-34 所示。

第
1
篇

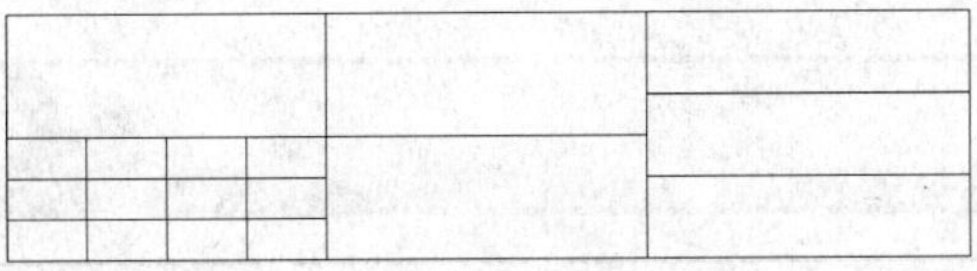

图 1-33　4 列 3 行的小表格

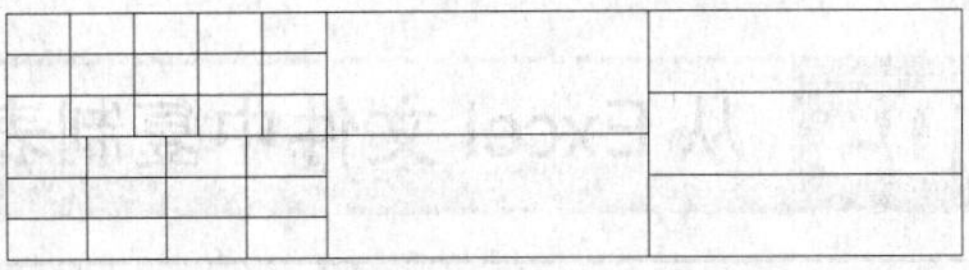

图 1-34　5 列 3 行的小表格

17 在表格的中下方的方格里绘制一个 4 列 3 行的小表格，如图 1-35 所示。

18 选择需要合并的小表格，单击右键，选择"合并"|"全部"命令，合并单元格，效果如图 1-36 所示。

图 1-35　4 列 3 行的小表格

图 1-36　合并单元格

提 示： 在选择需要合并的小表格时，可以使用从右至左框选的方式；也可以使用单个拾取的方式，按住 Shift 键加选。

19 输入文字。在需要输入文字的单元格内双击左键，弹出"文字样式"对话框，输入文字"标记"；单击 按钮，在下拉列表中选择"正中"选项，效果如图 1-37 所示。

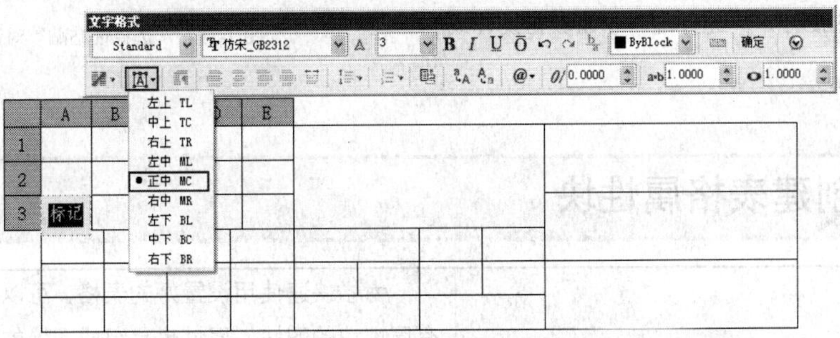

图 1-37　输入文字

20 输入文字，效果如图 1-38 所示。

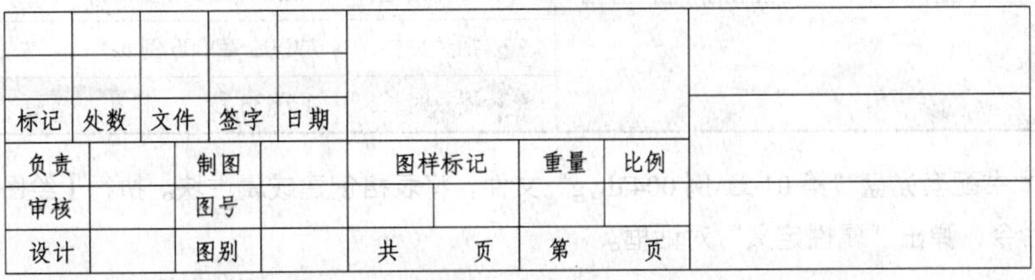

标记	处数	文件	签字	日期			
负责		制图		图样标记		重量	比例
审核		图号					
设计		图别		共　　页		第　　页	

图 1-38　输入文字

005 从 Excel 文件中复制表格

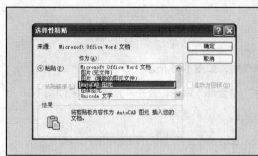

如果在 Excel 中已经有表格数据，可以直接复制到 AutoCAD 当中，但不是直接地复制粘贴，因为直接粘贴进来的表格实际上是一幅图片，不能对表格内容进行编辑。本实例主要讲述从 Excel 中复制表格。

文件路径：	DWG\01 章\005 例.dwg
视频文件：	AVI\01 章\005 例.avi
播放时长：	3 分 07 秒

01 打开 Excel 表格，选择需要复制的内容，单击右键选择"复制"命令。

02 打开 AutoCAD，执行【编辑】|【选择性粘贴】菜单命令，弹出"选择性粘贴"对话框，在"作为"列表框中选择"AutoCAD 图元"选项，单击"确定"按钮，将表格粘贴到 AutoCAD 中，效果如图 1-39 所示。

提示： 反过来，也可以将 AutoCAD 中绘制完成的表格输入到 Excel 表格处理软件中。具体做法是在 AutoCAD 中输入 "Tableexport" 命令，选择需要导出的表格，按下 Enter 键，表格就转换成后缀名为 "csv" 的逗号分隔文件。此文件可以使用 Excel 表格处理软件直接打开，进行进一步的数据统计或分析。

图 1-39　"选择性粘贴"对话框

006 创建表格属性块

为了快速使用设置好的表格，可以将表格制成带有属性块的图块。属性也是组成图块的一部分，但它不是图形，而是文字。一个带有属性的图块可以在不分解的前提下，设置其属性值。本实例讲述将表格创建成属性块的方法与操作步骤。

文件路径：	DWG\01 章\006 例.dwg
视频文件：	AVI\01 章\006 例.avi
播放时长：	4 分 38 秒

01 打开本书配套光盘"第 01 章\例 004.dwg"文件，将表格创建成属性块。执行【绘图】|【块】|【定义属性】菜单命令，弹出"属性定义"对话框。

02 在"属性"选项组中的"标记"文本框中输入"**XXX**"；在"提示"文本框中输入"请输入图纸名称"；在"默认"文本框中输入"别墅设计平面图"；在"文字设置"选项组中的"对正"下拉列表中选择"中间"对正方式；在"文字高度"文本框中输入 4，如图 1-40 所示。

03 在如图 1-41 所示的单元格中点处单击，指定文字的插入基点。

图 1-40　"属性定义"对话框

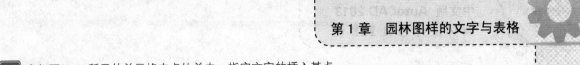

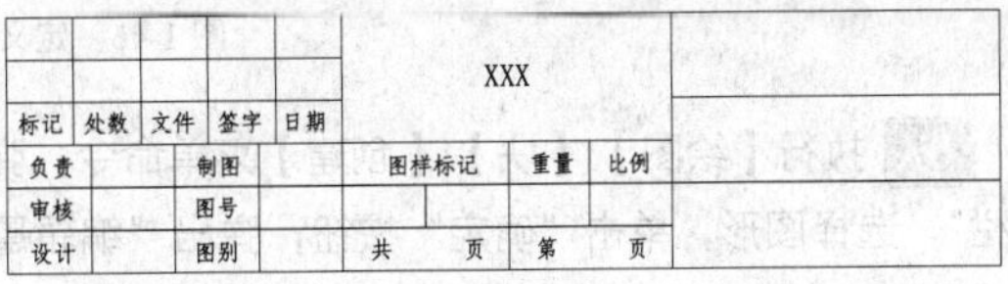

图 1-41　指定文字的插入基点

04 以同样的方法定义其他单元格属性。如为"比例"二字的下一栏定义属性为"**XXX**"、"请输入比例"、"1:30"、文字高度为 3，如图 1-42 所示。

05 在"共……页"和"第……页"中分别定义属性。由于单元格中有文字，不便于使用对象捕捉和对象追踪，因此使用直线画对角线，如图 1-43 所示。

图 1-42　"属性定义"对话框

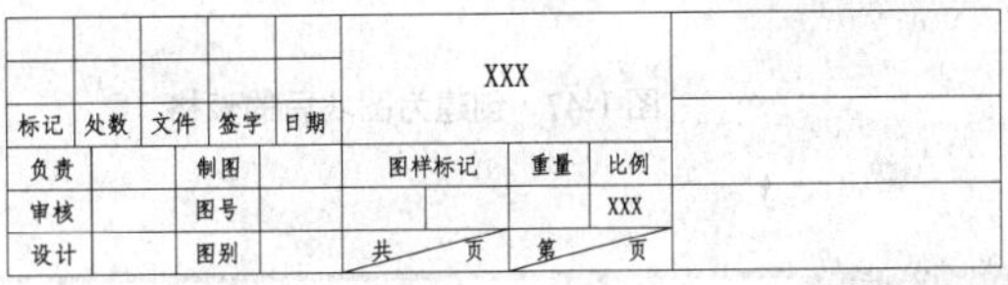

图 1-43　绘制辅助线

06 定义属性。"标记"为"**XXX**"，"请输入数据"和"10"；"标记"为"**XXX**"，"请输入数据"和"01"，文字高度均为 3，如图 1-44 和图 1-45 所示。删除辅助线，定义属性后的表格如图 1-46 所示。

图 1-44　定义属性一

图 1-45　定义属性二

标记	处数	文件	签字	日期	XXX			
负责		制图			图样标记	重量	比例	
审核		图号					XXX	
设计		图别			共 XXX 页		第 XXX 页	

图 1-46　定义属性后的表格

07 执行【绘图】|【块】|【创建】菜单命令，弹出"定义块"对话框。在"名称"文本框中输入"标题栏"，选择图形，单击"确定"按钮，弹出"编辑属性"对话框，再单击"确定"按钮，此时的表格已经变成了图块，带有属性的部分也发生了变化，如图 1-47 所示。

技 巧： 如果需要编辑带有覆盖性的文字，可以在插入图块弹出"编辑属性"对话框时进行填写；也可以双击表格的线条部分，弹出"增强属性编辑器"对话框，单击"属性"标签，选择需要编辑的属性行，在"值（V）"旁边的文本框中输入新内容，如图 1-48 所示。

标记	处数	文件	签字	日期	别墅设计平面图			
负责		制图			图样标记	重量	比例	
审核		图号					1:30	
设计		图别			共 10 页		第 1 页	

图 1-47　创建为图块后的表格

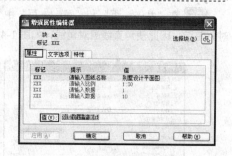

图 1-48　"增强属性编辑器"对话框

007 用属性提取创建统计表

植物配置表				
计数	名称	XSIZE	YSIZE	ESTCODE
1	朱樱花	1300	1300	
1	意杨			
1	樱花	4451	4437	
1	金合欢	0	0	
1	黄金槐	1000	1000	
1	杜英	3184	3185	
1	宝华玉兰	3184	3105	
1	马尾松	1000	1000	
1	白皮松	4271	4420	

查看图形中图块的属性，最快捷的方法就是双击属性块，在"增强属性编辑器"对话框中查看。但是这个方法仅限于查看一个属性块的属性，所以还要学习如何将图形中所有属性块的属性提取出来，以便使用表格的形式查看。本实例讲述用属性提取创建统计表的方法和操作步骤。

文件路径：	DWG\01 章\007 例.dwg
视频文件：	AVI\01 章\007 例.avi
播放时长：	2 分 12 秒

01 打开本书配套光盘"第 01 章/素材.dwg"文件，执行【工具】|【数据提取】菜单命令，弹出"数据提取-开始"对话框，选择"创建新数据提取"单选项，单击"下一步"按钮，如图 1-49 所示。

02 在弹出的对话框中选择保存路径，将数据表进行保存，命名为"例 007 植物配置表"，单击"保存"按钮，出现如图 1-50 所示的对话框，单击"下一步"按钮。

第 1 篇

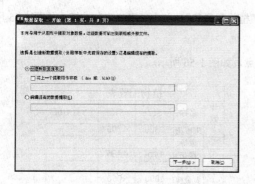

图 1-49 "数据提取-开始"对话框

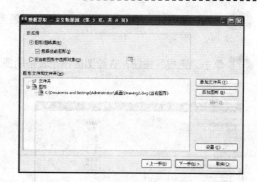

图 1-50 "数据提取-定义数据源"对话框

技 巧：如果只想提取图形文件中部分图块的属性，可以选择"在当前图形中选择对象"单选按钮，并单击右侧的"选择块" 按钮，返回绘图区选择图块；如果想提取一个文件夹的图块属性，可以选择"图形/图形集"单选按钮，并单击"添图形"或"添加文件夹"按钮，以查找文件。

03 勾选"仅显示有属性的块"单选项，然后在"对象"列表中勾选所有植物图块，单击"下一步"按钮，如图 1-51 所示。

04 在如图 1-52 所示对话框右侧类别过滤器中，勾选"属性"，单击"下一步"按钮。

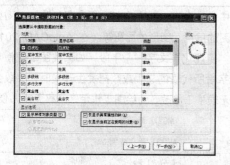

图 1-51 "数据提取-选择对象"对话框

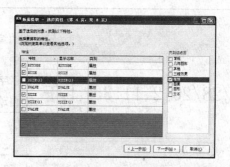

图 1-52 "数据提取-选择特性"对话框

05 单击"完整预览"按钮，可以看到提取属性的表格，如果需要调整列的顺序，可以拖动列标题，单击关闭预览按钮，单击"下一步"按钮，如图 1-53 所示。

06 在"输出选项"选项组中，勾选"将数据提取处理表插入图形"复选框，单击"下一步"按钮，如图 1-54 所示。

图 1-53 "数据提取-优化数据"对话框

图 1-54 "数据提取-选择输出"对话框

07 选择表格样式为"标题栏",输入表格标题为"植物配置表",单击"下一步"按钮,如图 1-55 所示。

08 单击"完成"按钮,在绘图区指定表格的插入点,如图 1-56 所示。

图 1-55 "数据提取-表格样式"对话框

植物配置表			
计数	名称	XSIZE	YSIZE	ESTCODE
1	朱樱花	1300	1300	
	意杨			
1	樱花	4451	4437	
1	金合欢	0	0	
1	黄金槐	1000	1000	
1	杜英	3184	3185	
1	宝华玉兰	3184	3185	
1	马尾松	1000	1000	
1	白皮松	4271	4420	

图 1-56 插入的表格

008 字段的使用

4/28/2012 11:35 上午

在图纸中常常会有一些文字和数据需要修改,如图纸的编号、出图的日期、图形的面积等。在 AutoCAD 2013 中,有一种"智能化"文字——字段,如果在图纸中使用了字段,当字段所代表的文字或数据发生改变时,字段会自动更新,无须手工修改,为绘图工作带来了极大的方便。

文件路径:	DWG\01 章\008 例.dwg
视频文件:	AVI\01 章\008 例.avi
播放时长:	1 分 31 秒

01 插入时间字段。执行【插入】|【字段】菜单命令,打开"字段"对话框,如图 1-57 所示。

02 在"字段类别"下拉列表中,选择"日期和时间"选项,在"字段名称"文本框中选择"保存日期"。在"样列"列表框中选择"月/日/年 时:分:秒 上午",单击"确定"按钮,如图 1-58 所示。

图 1-57 "字段"对话框

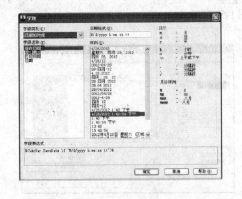

图 1-58 选择字段类别

提　示： 通常文件的保存时间不需要这么精确，只需要知道是某年某月某日即可，这里为了使讲解的效果明显，所以精确到某一秒。

03 在绘图区单击空白处，指定字段插入的位置。此时的字段并不会显示出日期，如图 1-59 所示。

04 执行【文件】|【保存】菜单命令，此时会看到保存时间正确地显示出来了，效果如图 1-60 所示。

4/28/2012 11:35 上午

图 1-59　插入字段 　　　　　　　　　　　　　　图 1-60　保存时间正确显示

第 2 章
园林图样的尺寸标注

对于一张完整且规范的图样来说，准确无误的尺寸标注是非常重要的。标注可以表达物体之间的远近距离和相互位置关系。园林图样的特点是道路、水池等园林要素弯曲多变、不规则，所以尺寸标注与其他类别的图纸稍有不同。通常使用两种方法对图样当中的园林要素进行定位：一是绘制方格网，以网格的大小来确定图形的尺寸和位置，这种方法精确度较低，但是比较实用，是施工现场最常使用的方法。另一种方法是只标注出道路的宽度、坡度和转弯处的半径，而对于精细的园林小品、园林建筑，如喷泉、花架等，则另外绘制详图，进行详细的标注。

本章讲述标注样式和尺寸标注的创建、编辑方法。

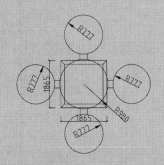

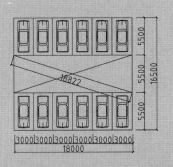

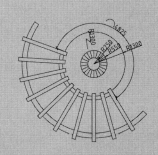

009　定义园林标注样式

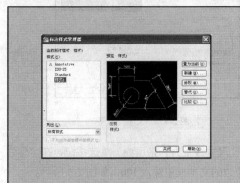

与输入文字一样，创建标注需要首先定义标注的样式。标注样式控制着标注的外观，如尺寸线、界限、箭头样式、文字位置和对齐方式等。不同国家或行业，对于尺寸标注的标准各不相同，应确保标注样式符合行业或项目标准。本实例讲述如何定义适用于园林图纸的标注样式。

	文件路径：	DWG\02 章\009 例.dwg
	视频文件：	AVI\02 章\009 例.avi
	播放时长：	3 分 16 秒

01 执行【格式】|【标注样式】菜单命令，打开 "标注样式管理器" 对话框，"样式" 列表中已经有一个默认的标注样式 "ISO-25"。单击 "新建" 按钮，打开 "创建新标注样式" 对话框，为新样式命名为 "样式 1"，基础样式为 "ISO-25"，如图 2-1 所示。

🔊 **提　示**：打开 "标注样式管理器" 的快捷键为 "D"。

02 单击 "继续" 按钮，打开 "新建标注样式：样式 1" 对话框；单击 "线" 标签，将 "尺寸线" 选项组中的 "基线间距" 设置为 6；将 "尺寸界线" 选项组中的 "超出尺寸线" 设置为 2，将 "起点偏移量" 设置为 2.5，如图 2-2 所示。

图 2-1　"创建新标注样式" 对话框　　　　　　　图 2-2　"线" 标签

🔊 **提　示**：通常 "超出尺寸线" 设置为 2~3mm，而 "起点偏移量" 至少大于 2mm。

03 单击 "符号和箭头" 标签，在 "箭头" 选项组中，将箭头样式设为 "倾斜"，"引线" 样式设为 "点"，"箭头大小" 为 2.5，如图 2-3 所示。

04 单击 "文字" 标签，在 "文字设置" 选项组的 "垂直" 下拉列表中选择 "上"，"水平" 下拉列表中选择 "中"，在 "文字对齐" 选项组中勾选 "与尺寸线对齐"，复选框，如图 2-4 所示。

05 在 "文字外观" 选项组中，设置文字高度为 3，单击 "文字样式" 右侧的 [...] 按钮，将弹出 "文字样式" 对话框，在该对话框中的 "文字" 选项组中的 "文字" 下拉列表中选择 "gbenor.shx"，勾选 "使用大字体" 复选框，在 "大字体" 下拉列表中选择 "gbcbig.shx"，单击 "置为当前" 按钮，如图 2-5 所示。

第 2 章

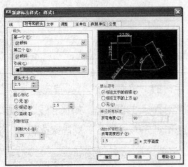

图2-3 "符号和箭头"标签

图2-4 "文字"标签

06 单击"调整"标签，在"文字设置"选项组中选择"尺寸线上方，带引线"单选按钮，在"标注特征比例"选项组中选择"使用全局比例"单选按钮，并在旁边的文本框中输入100，如图2-6所示。

图2-5 "文字样式"标签

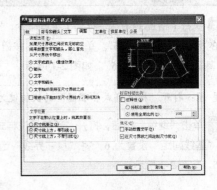

图2-6 "调整"标签

提 示： "标注特征比例"可以全局控制标注尺寸的外观大小，一般将特征比例设置为图形打印输出的比例。

07 单击"主单位"标签，在"线性标注"选项组中将"精度"设置为0，如图2-7所示。

08 单击"确定"按钮，关闭"新建标注样式：样式1"对话框；在"标注样式管理器"中单击"置为当前"按钮，如图2-8所示。至此，园林标注样式创建完成。

图2-7 "主单位"标签

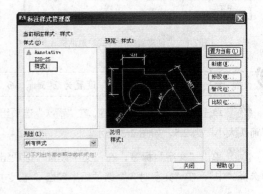

图2-8 "标注样式管理器"对话框

010 设置园林标注样式子样式

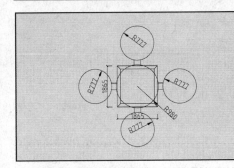

上述实例创建的标注样式只适合于对距离的标注，不适合用于半径、角度和直径的标注，因为这些标注需要设置标注箭头为实心箭头。本实例讲述标注半径、角度和直径标注的子标注样式。

文件路径:	DWG\02 章\010 例.dwg
视频文件:	AVI\02 章\010 例.avi
播放时长:	3 分 50 秒

01 打开本书配套光盘中"第 2 章\例 010.dwg"文件，如图 2-9 所示。

02 执行【标注】|【线性】菜单命令，为图形标注尺寸，效果如图 2-10 所示。

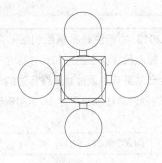

图 2-9 打开原文件

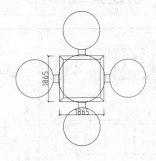

图 2-10 线性标注

03 打开"标注样式管理器"对话框，在"样式"列表中选择"样式 1"选项，单击"新建"按钮，打开"创建标注样式"对话框。

04 不修改新样式名，确保"基础样式"下拉列表中选择了"样式 1"选项，在"用于"下拉列表中选择"半径标注"选项；此时，"新样式名"变成灰色，如图 2-11 所示。

05 单击"继续"按钮，打开"新建标注样式：样式 1"对话框。单击"符号和箭头"标签，在"箭头"选项组中"第二个"下拉列表中选择"实心闭合"，单击"确定"按钮，子样式即创建完成，如图 2-12 所示。

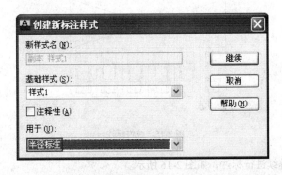

图 2-11 "创建新标注样式"对话框

图 2-12 设置箭头

06 执行【标注】|【半径】菜单命令，为图形标注半径尺寸，效果如图 2-13 所示。

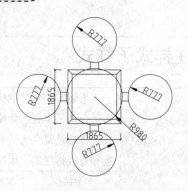

图 2-13　创建半径标注

🔊 提 示：以同样的方式可以创建出直径标注和角度标注等等。

011　创建直线标注

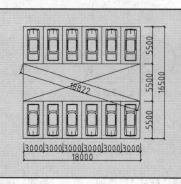

> AutoCAD 2013 的标注是根据绘制图形自动生成的，不需要手工输入尺寸。当图形和尺寸标注一起修改时，尺寸文字会自动更新。通过对直线标注的创建，掌握 AutoCAD 标注创建的基本使用方法。本实例讲述直线标注的创建方法。

	文件路径：	DWG\02 章\011 例.dwg
	视频文件：	AVI\02 章\011 例.avi
	播放时长：	4 分 06 秒

01 打开本书配套光盘中 "第 2 章\例 011.dwg" 文件，如图 2-14 所示。

02 新建 "尺寸标注" 图层，置为当前图层。执行【标注】|【线性】菜单命令，打开 "对象捕捉" 功能，确定两条尺寸界线的原点，移动光标到指定尺寸线位置，进行直线标注，结果如图 2-15 所示。

图 2-14　打开原文件

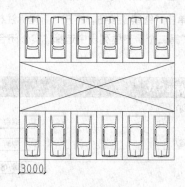

图 2-15　线性标注

03 执行【标注】|【连续】菜单命令，对图形继续进行标注，如图 2-16 所示。

🔊 提 示：当图形上的尺寸标注较多时，相互平行的尺寸线应该根据尺寸文字的大小由外向内依次排列，最外侧的尺寸通常为总尺寸，如图 2-17 所示。

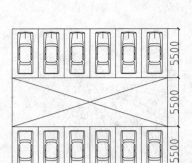

图 2-16　连续标注

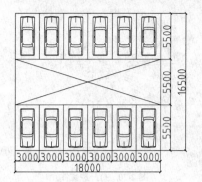

图 2-17　标注总尺寸

04　单击修改工具栏 ✥ 按钮，将标注稍微移动，使其更为美观，效果如图 2-18 所示。

05　执行【标注】|【对齐】菜单命令，标注斜线尺寸，如图 2-19 所示。

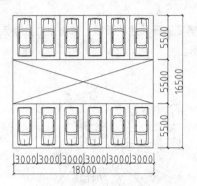

图 2-18　移动标注位置

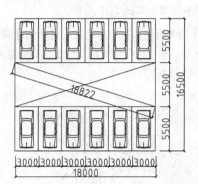

图 2-19　对齐标注

🔊 **提 示**："线性标注"命令的快捷键为"DLI"，"连续标注"命令的快捷键为"DCO"，"对齐命令"命令标注的快捷键为"DAL"。同一幅图形中的尺寸单位应该统一，除了标高和总平面图中可用"m"为标注单位外，若无特别注明，其他的尺寸均以"mm"为单位。

012　创建弧线标注

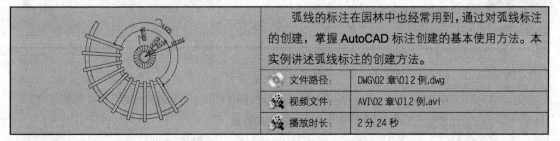

弧线的标注在园林中也经常用到，通过对弧线标注的创建，掌握 AutoCAD 标注创建的基本使用方法。本实例讲述弧线标注的创建方法。

📷 文件路径：	DWG\02 章\012 例.dwg
🎬 视频文件：	AVI\02 章\012 例.avi
🎬 播放时长：	2 分 24 秒

01　打开本书配套光盘中"第 2 章\例 012.dwg"文件，如图 2-20 所示。

02　半径标注。执行【标注】|【半径】菜单命令，在绘图区选择需要标注的弧线，单击空白处指定尺寸线的位置，效果如图 2-21 所示。

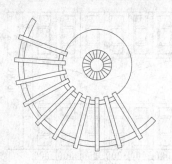

图 2-20　打开原文件

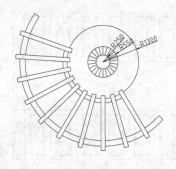

图 2-21　半径标注

> **提 示**："半径标注"命令的快捷键为"DRA"，"直径标注"命令的快捷键为"DDI"。

03 弧长标注。执行【标注】|【弧长】菜单命令，在绘图区选择需要进行标注的弧线，单击空白处指定尺寸线的位置，如图 2-22 所示。

04 折弯标注。执行【标注】|【折弯】菜单命令，选择需要进行标注的弧线，单击空白处指定中心位置替代圆心，移动光标指定折弯位置，标注结果如图 2-23 所示。

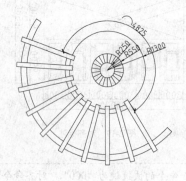

图 2-22　弧长标注

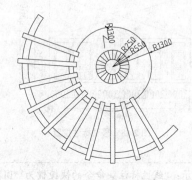

图 2-23　折弯标注

> **提 示**：对较大的圆弧进行标注时，圆弧的圆心时常在图样之外，因此就需要使用折弯标注；折弯标注可以另外指定一个点替代圆心。

013 创建引线标注

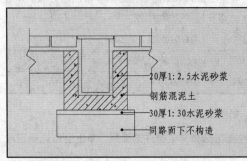

对于一些文字注释、详图符号和索引符号，需要使用引线来进行标注。通过对引线标注的创建，掌握 AutoCAD 标注创建的基本使用方法。本实例讲述引线标注的创建方法。

文件路径：	DWG\02 章\013 例.dwg
视频文件：	AVI\02 章\013 例.avi
播放时长：	2 分 37 秒

01 打开本书配套光盘中"第 2 章\例 013.dwg"文件，如图 2-24 所示。

02 创建多重引线样式。执行【格式】|【多重引线】菜单命令，打开"多重引线样式管理器"对话框，单击"新建"按钮，打开"创建新多重引线样式"对话框，输入"新样式名"为"样式 1"；单击"继续"按钮；单击"引线格式"标签，在箭头选项组中的"符号"下拉列表中选择"点"，大小改为 1，如图 2-25 所示。

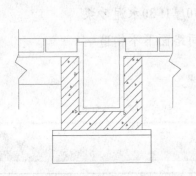

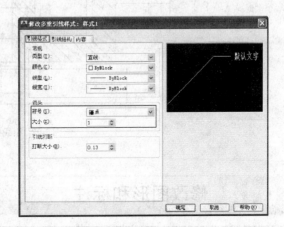

图 2-24　打开原文件　　　　　　　　　　图 2-25　设置"引线格式"

提　示：**"创建多重引线样式"的快捷键为"MLD"。**

03 单击"内容"标签，设置文字高度为 2，在"引线连接"选项组中的"连接位置-右："下拉列表中选择"第一行加下划线"选项，如图 2-26 所示。

04 单击"确定"按钮，关闭"创建多重引线样式：样式 1"对话框，在"标注样式"管理器对话框中单击"置为当前"按钮，关闭对话框。

05 创建引线标注。执行【标注】|【多重引线】菜单命令，在绘图区指定引线箭头和引线基线的位置，并输入文字，效果如图 2-27 所示。

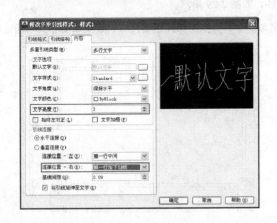

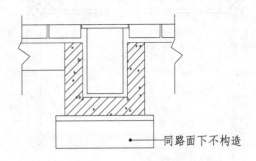

图 2-26　"内容"标签　　　　　　　　　图 2-27　多重引线标注结果

提　示：**如果 AutoCAD 中的系统变量被人为调整了，可单击"工具>选项>配置>重置"命令即可恢复。恢复后，有些选项还需要一些调整，如十字光标的大小等。**

06 用相同的方法完成其他引线标注，如图 2-28 所示。

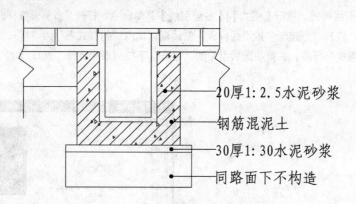

20厚1: 2.5水泥砂浆

钢筋混泥土

30厚1: 30水泥砂浆

同路面下不构造

图 2-28　引线标注结果

014　修改图形和标注

在 AutoCAD 2013 中，可以对已标注对象的文字、位置及样式等内容进行修改，而不必删除所标注的尺寸再重新进行标注。修改标注，最好是连同图形一起修改，这样，图形和标注都不容易出现误差。本实例讲述图形和标注的同时修改。

文件路径：	DWG\02 章\014 例.dwg	
视频文件：	AVI\02 章\014 例.avi	
播放时长：	2 分 03 秒	

01 打开本书配套光盘"第 2 章\例 014.dwg"文件，如图 2-29 所示。

02 执行【标注】|【线性】菜单命令和【连续】菜单命令，为图形标注主要尺寸，效果如图 2-30 所示。

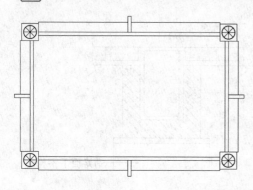

图 2-29　打开原文件

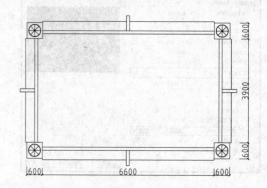

图 2-30　标注尺寸

03 执行【修改】|【拉伸】菜单命令，从右向左框选矩形及标注，将矩形拉伸 550；然后从左至右框选，将矩形拉伸 500，标注尺寸随图形大小而自动发生变化，最终效果如图 2-31 所示。

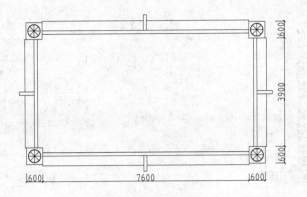

图 2-31 修改后的图形及标注

015 修改尺寸标注文字

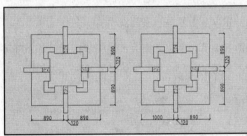

有时候，标注的尺寸误差不是很大，而图形较为复杂、不易修改，可以只修改标注的尺寸文字，而不修改图形。本实例讲述标注的修改方法。

文件路径：	DWG\02 章\015 例.dwg
视频文件：	AVI\02 章\015 例.avi
播放时长：	2 分 32 秒

01 打开本书配套光盘中"第 2 章\例 015.dwg"文件，如图 2-32 所示。

02 执行【标注】|【线性】菜单命令和【连续】菜单命令，为图形标注主要尺寸，效果如图 2-33 所示。

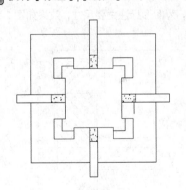

图 2-32 打开原文件

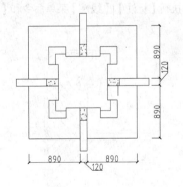

图 2-33 标注尺寸

03 选择文字为 890 的尺寸标注，单击右键，选择"特性"，打开"特性"工具栏，双击"文字"展卷栏，在"文字替代"右侧的文本框中输入 1000，如图 2-34 所示。

04 单击 Enter 键，完成输入，此时，图形上方原本为 890 的尺寸标注已经被 1000 所替代，效果如图 2-35 所示。

🔊 **提 示：**这种只修改标注文字，而不修改图形的方法有些"投机取巧"，一般情况下能够修改图形时，最好不使用此方法，以免造成图形混乱。

图 2-34　"特性"工具栏

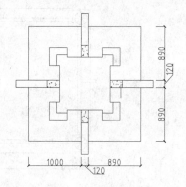

图 2-35　修改后的图形和标注

016　添加标注前缀

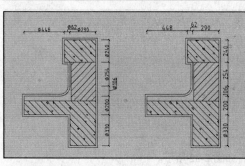

如果使用的是半径或直径标注，那么标注的尺寸文字会自动添加前缀，但是如果为剖面图进行标注，就需要手工输入前缀的代码。本实例讲述为标注添加前缀。

文件路径：	DWG\02 章\016 例.dwg	
视频文件：	AVI\02 章\016 例.avi	
播放时长：	2 分 56 秒	

01 打开本书配套光盘中"第 2 章\例 016.dwg"文件，如图 2-36 所示。

02 执行【标注】|【线性】菜单命令和【连续】菜单命令，为图形标注主要尺寸，效果如图 2-37 所示。

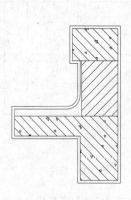

图 2-36　打开原文件

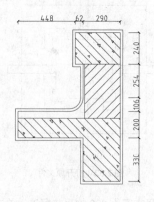

图 2-37　标注尺寸

03 修改全体标注。打开"标注样式管理器"对话框，单击"修改"按钮，打开"修改标注样式"对话框。单击"主单位"标签，在"线性标注"选项组中的"前缀"文本框中输入"%%c"，如图 2-38 所示。

04 单击"确定"按钮，关闭对话框，此时，图形中使用了此标注样式的直线标注都添加了直径符号，效果如图 2-39 所示。

图 2-38　"主单位"标签

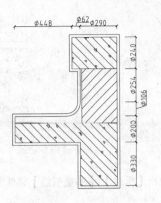

图 2-39　添加直径符号后的标注

05 修改个别标注。打开"特性"工具栏，在"文字替代"右侧的文本框中输入"%%c330"，如图 2-40 所示。

06 关闭"特性"工具栏，这样就可以在不修改尺寸文字内容的情况下只添加前缀，效果如图 2-41 所示。

图 2-40　"特性"选项板

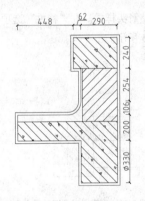

图 2-41　修改后的图形和文字

017　修改引线标注箭头大小

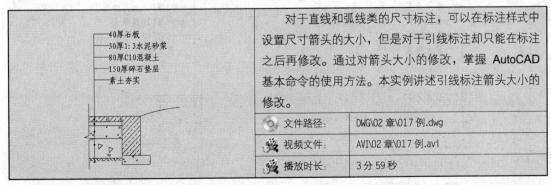	对于直线和弧线类的尺寸标注，可以在标注样式中设置尺寸箭头的大小，但是对于引线标注却只能在标注之后再修改。通过对箭头大小的修改，掌握 AutoCAD 基本命令的使用方法。本实例讲述引线标注箭头大小的修改。		
	文件路径：	DWG\02 章\017 例.dwg	
	视频文件：	AVI\02 章\017 例.avi	
	播放时长：	3 分 59 秒	

01 打开本书配套光盘中"第 2 章\例 017.dwg"文件，如图 2-42 所示。

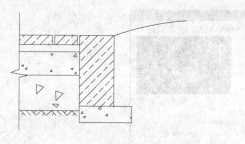

图 2-42　打开原文件

02 执行【标注】|【多重引线】菜单命令，输入"O"，激活选项，命令行提示如图 2-43 所示。

输入选项 [引线类型(L)/引线基线(A)/内容类型(C)/最大节点数(M)/第一个角度(F)/第二个角度(S)/退出选项(X)] <退出选项>：

图 2-43　命令提示行

03 设置引线标注。输入"L"设置"引线类型"为"直线"；输入"C"设置"内容类型"为"多行文字"；输入"F"设置"第一个角度"为 45，输入"S"设置"第二个角度"为 180，输入"X"键退出参数设置，在绘图区单击指定引线箭头和引线基线的位置，并输入文字"素土夯实"效果如图 2-44 所示。

04 调整箭头样式。在"特性"选项板的"箭头"下拉列表中选择"点"选项，设置箭头大小为 50，效果如图 2-45 所示。

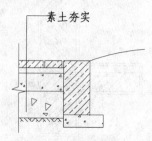

图 2-44　确定引线位置并输入文字

图 2-45　箭头修改结果

05 单击修改工具栏 按钮，输入"A"，将引线垂直向上复制阵列 5 份，如图 2-46 所示。

06 对引线标注进行调整，并双击文字进行修改，如图 2-47 所示。

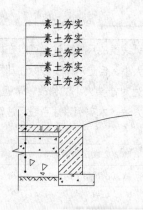

图 2-46　复制阵列结果

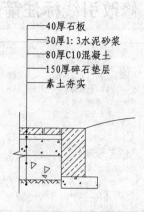

图 2-47　修改文字和箭头

第 3 章
园林制图符号
及定位方格网的绘制

园林图纸中有许多常用的符号，熟知并掌握这些常用符号的绘制方法，具有十分重要的意义。为了方便施工定位，在总平面图绘制完毕之后，还需要为图形绘制定位的方格网。园林图纸中的符号主要有标高符号、坡度符号、索引符号、轴号和指北针等。

本章讲述园林制图符号及定位方格网的绘制。

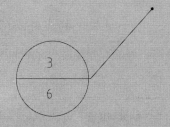

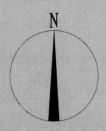

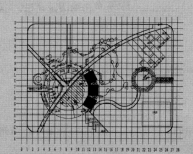

018 标高符号

绝对标高符号　　相对标高符号	标高符号用于在图样上表示某一部位的高度，它的形式有两种：绝对标高和相对标高。本实例讲述标高符号的绘制方法和操作步骤。

	文件路径：	DWG\03 章\018 例.dwg
	视频文件：	AVI\03 章\018 例.avi
	播放时长：	7 分 02 秒

01 单击绘图工具栏 ✐ 按钮，在绘图区空白处绘制一条长为 3mm 的垂直线段。

02 打开"草图设置"对话框，在"极轴追踪"对话框"极轴角设置"选项组中将"增角量"设置为 45，并勾选"启用极轴追踪"复选框，如图 3-1 所示。

03 打开"对象追踪"，以垂直直线的下端点为起点，将光标沿 45° 方向移动，再移动光标至垂直直线的上端点，当光标水平向左移动时将会出现延长的虚线，在两条虚线的交点上单击，效果如图 3-2 所示。

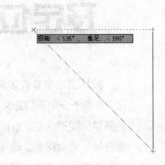

图 3-1　"草图设置"对话框的"极轴追踪"标签　　　　　图 3-2　绘制 45° 的直线

> **提 示**：若"极轴追踪"的快捷菜单中没有自己想要的角度，可在命令行中输入"SE"，打开"草图设置"对话框，在弹出的对话框中的"增角量"选项下输入需要的角度。

04 单击修改工具栏 ⚎ 按钮，以垂直线的上下两个端点为镜像线的第一点和第二点，将 45° 斜线镜像复制；单击修改工具栏 ✐ 按钮，删除垂直线，效果如图 3-3 所示。

05 单击绘图工具栏 ✐ 按钮，连接两条倾斜的直线，并对直线进行夹点编辑，使其向左延伸 7 个单位，如图 3-4 所示。

图 3-3　镜像斜线　　　　　　　　　　　　　图 3-4　绘制直线

06 单击绘图工具栏 ✐ 按钮，以倒三角形的尖端为起点，绘制一条长度为 10 的直线；单击修改工具栏 ✛ 按钮，将直线水平向左移动 3 的距离，作为标高符号的水平引出线，如图 3-5 所示。

第 1 篇

07 将标高符号定义成属性块，以便快速输入标高数值。执行【绘图】|【块】|【定义属性】菜单命令，打开"属性定义"对话框，设置参数如图 3-6 所示。

图 3-5　绘制水平引出线　　　　　　　图 3-6　"属性定义"对话框

08 单击"确定"按钮，将属性插入到标高符号的上方，效果如图 3-7 所示。

09 单击修改工具栏中 品 按钮，选择图形和文字，将标定定义成属性块，图块的名称为"标高"，基点为三角形的下端顶点，效果如图 3-8 所示。

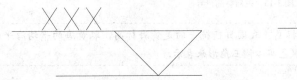

图 3-7　定义属性

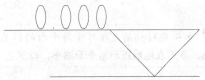

图 3-8　创建成图块

提 示：标高的数值以 m（米）为单位，通常精确到小数点后第三位。低于零平面的点，应在数字前加上负号，零平面的标高应加上正负号。

10 单击修改工具栏 品 按钮，复制两个图块，双击其中一个图块，打开"增强属性编辑器"，在"值"的文本框中输入"-0.500"，设置如图 3-9 所示；按下空格键，表示此处低于相对零高度 0.5m，效果如图 3-10 所示。

11 双击另外一个图块，打开"增强属性编辑器"，在"值"的文本框中输入"%%p0.000"，单击"确定"按钮，标高显示出正负号，效果如图 3-11 所示。

图 3-9　打开"增强属性编辑器"

图 3-10　负标高

提 示：%%p 是正负号的代码，其他常用的代码还有%%d 为度数符号，%%c 为直径符号。

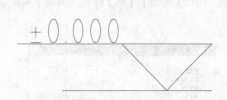

图 3-11　零高度的标高

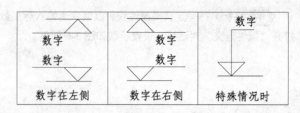

图 3-12　其他形式的标高

提　示： 标高符号三角形的尖端可朝上，也可朝下，但都应指向被标注的对象；同时，标注数字的位置也要随之改变，如图 3-12 所示。

12 单击修改工具栏 按钮，复制一组相对标高符号；单击绘图工具栏 按钮，在三角形区域内填充黑色，得到绝对标高的符号，效果如图 3-13 所示。

图 3-13　绝对标高符号

提　示： 绝对标高是相对于海平面的标高。我国目前统一的是黄海标高，取黄海的平均海平面为 0.000m，多用在地形图和总平面图中，以黑色实心倒三角形来表示。

019　坡度符号

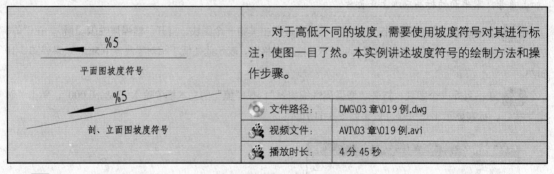

	对于高低不同的坡度，需要使用坡度符号对其进行标注，使图一目了然。本实例讲述坡度符号的绘制方法和操作步骤。

	文件路径：	DWG\03 章\019 例.dwg
	视频文件：	AVI\03 章\019 例.avi
	播放时长：	4 分 45 秒

01 绘制平面图的坡度符号。单击绘图工具栏 按钮，绘制一条长为 8mm 的水平线段。

02 打开"草图设置"对话框，在"极轴角设置"选项组中将"增角量"设置为 5，并勾选"启用极轴追踪"，如图 3-14 所示。

提　示： "草图设置"的快捷键为"SE"。

03 以直线左端点为起点，光标沿 5° 方向移动，输入 2，按下空格键，，绘制指定长度的直线，如图 3-15 所示。

图 3-14 设置 "增量角"    图 3-15 绘制倾斜 5° 的直线

04 单击修改工具栏 ⚟ 按钮,以直线为镜像的第一点和第二点,将 5° 斜线镜像复制,效果如图 3-16 所示。

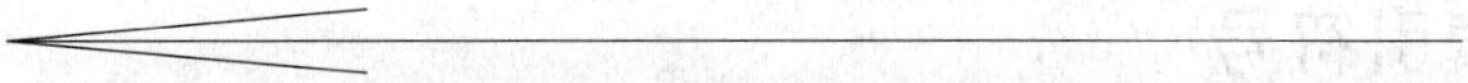

图 3-16 镜像复制直线

05 单击绘图工具栏 ╱ 按钮,连接两条倾斜的直线;单击绘图工具栏 ▧ 按钮,对箭头进行填充,效果如图 3-17 所示。

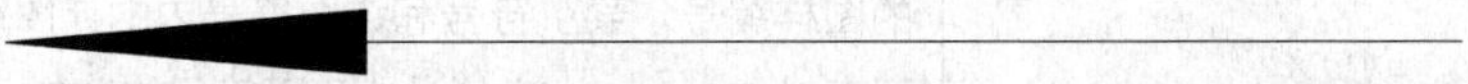

图 3-17 填充图案

06 单击绘图工具栏 **A** 按钮,输入数字 "%5",效果如图 3-18 所示。

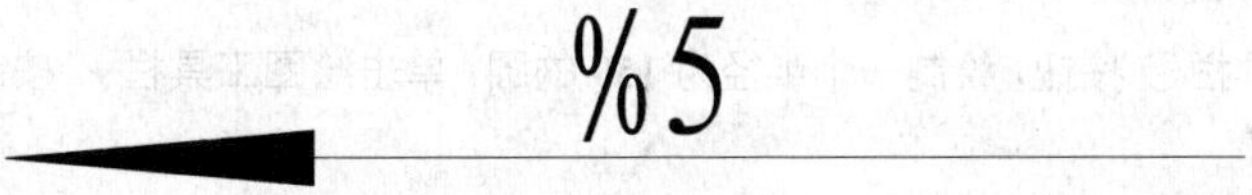

$$\%5$$

图 3-18 输入数字

07 绘制剖、立面图的坡度符号。单击绘图工具栏 ╱ 按钮,沿 10° 方向绘制一条长为 15mm 的线段,如图 3-19 所示。

08 单击修改工具栏 ⸙ 按钮,复制刚才绘制的平面图坡度符号到直线的上方;单击修改工具栏 ↻ 按钮,将平面图的坡度符号旋转 10°,得到剖、立面图的坡度符号,效果如图 3-20 所示。

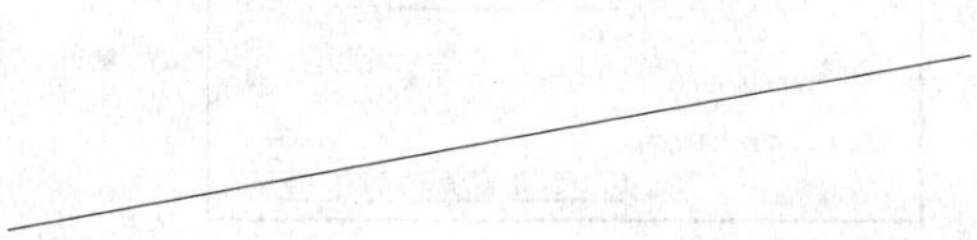

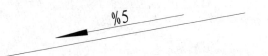

图 3-19 绘制倾斜 10° 的线段   图 3-20 绘制剖、立面图坡度符号

提 示:坡度符号包括箭头和数字。箭头所指的方向为下坡方向,箭头短线上的数字常用百分比、比例或比值,使用比值来标注坡度时,常用一个直角倒三角形的标注符号,垂直边的数字常常定位 1,水平边上为比值。箭头有完整箭头和半箭头,国际上通用的为半箭头,如图 3-21 所示。

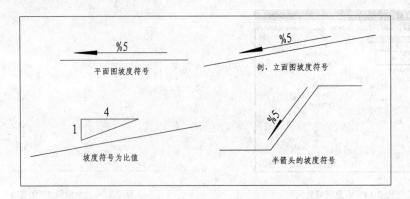

图 3-21 各种不同形式的坡度标注符号

020 索引符号

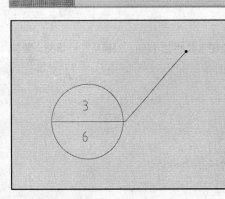

在绘制园林图样时，有时会因为比例问题而无法清楚地表达局部内容，为了方便查阅，需要详细标注说明的内容，一般用索引符号注明详图的位置、详图的编号以及详图所在的图样编号，索引符号和详图符号内的详图编号和图样编号两者对应一致。本实例讲述索引符号的绘制方法和操作步骤。

文件路径：	DWG\03 章\020 例.dwg
视频文件：	AVI\03 章\020 例.avi
播放时长：	4 分 29 秒

01 单击绘图工具栏 ⊘ 按钮，绘制一个半径为 150 的圆；单击绘图工具栏 ⁄ 按钮，绘制圆的一条直径，如图 3-22 所示。

02 执行【绘图】|【块】|【定义属性】菜单命令，打开"属性定义"对话框，设置参数如图 3-23 所示。

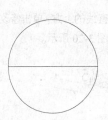

图 3-22 绘制圆及直径

图 3-23 "属性定义"对话框

 提示："圆"的快捷键为"C"；"直线"的快捷键为"L"。

03 单击"确定"按钮，将属性值添加到圆直径的上方位置，效果如图 3-24 所示。

04 以同样的方式为圆直径下方添加属性值，将"默认"文本框的数值改为 6，效果如图 3-25 所示。

05 单击绘图工具栏 ⚒ 按钮，将其定义成图块，命名为"索引符号"，效果如图 3-26 所示。

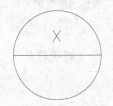

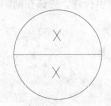

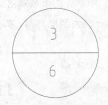

图 3-24　添加属性值　　　　　图 3-25　添加属性值　　　　　图 3-26　创建图块

06 执行【格式】|【多重引线】菜单命令，打开"多重引线样式管理器"对话框，单击"新建"按钮，命名为"样式 1"；单击"引线格式"标签，在 "箭头"选项组中单击"符号"下拉列表，在该下拉列表中选择"点"选项，"大小"为 10，如图 3-27 所示。

07 单击"内容"标签，在"多重引线类型"下拉列表中选择"块"选项；在"块选项"选项组的"源块"下拉列表中选择"用户块"选项，将出现"选择自定义内容块"对话框，在该对话框中的下拉列表中选择"索引符号"图块，如图 3-28 所示。

图 3-27　设置引线格式　　　　　　　　　　图 3-28　设置引线内容

08 执行【标注】|【多重引线】命令，根据命令行提示，输入需要标注的内容，指定箭头符号的位置，效果如图 3-29 所示。

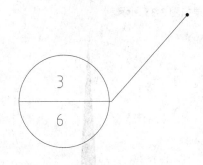

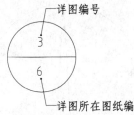

详图编号

详图所在图纸编号

详图编号

详图在本张图纸上

图 3-29　绘制结果　　　　　　　　　　图 3-30　索引符号

提 示： 索引符号是一个绘有直径的细实线圆形，上半部分标注详图编号，下半部分标注详图所在的图纸编号。如果详图与被索引的图形在同一张图纸上，则在圆形的下半部分绘制一条水平直线，如图 3-30 所示。

第 3 章

另外，如果采用标准图集的索引，应将索引符号的水平直径延长出来，并在其上加注该标准图册的编号，如图 3-31 所示。如果需要对剖面详图进行索引标注，应该在剖切的位置上用粗实线标出剖视的方向，粗实线所在的一侧为剖视方向，如图 3-32 所示。

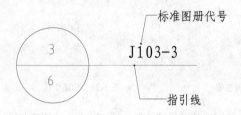

图 3-31　加注标准图册的编辑

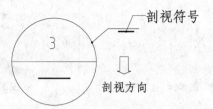

图 3-32　对剖面详图进行索引标注

021　指北针

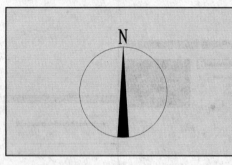

指北针用于指示北面的方向，通常使用细实线绘制圆形，放置于图样的右上方。指北针指针尖端指向即为北向，指针尾部宽度一般为圆形半径的八分之一。本实例讲述指北针的绘制方法和操作步骤。

文件路径：	DWG\03 章\021 例.dwg	
视频文件：	AVI\03 章\021 例.avi	
播放时长：	3 分 41 秒	

01 单击绘图工具栏⊙按钮，绘制一个半径为 240 的圆。

02 单击绘图工具栏∕按钮，绘制一条长度为 60 的直线，捕捉直线的中点，将其移动至圆形底部的象限点，效果如图 3-33 所示。

03 单击绘图工具栏∕按钮，连接圆的顶部的象限点与直线的两个端点；单击修改工具栏 按钮，删除长度为 60 的直线，效果如图 3-34 所示。

04 单击绘图工具栏 按钮，填充连接后产生的闭合区域，效果如图 3-35 所示。

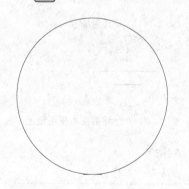

图 3-33　绘制并移动直线

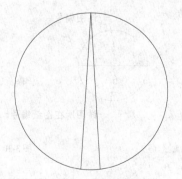

图 3-34　删除直线

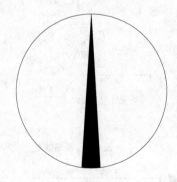

图 3-35　填充闭合区域

05 单击绘图工具栏 **A** 按钮，输入文字"N"，移动到实心三角形的尖端，一个指北针即绘制完毕，效果如图 3-36 所示。

提 示：指北针是用来确定图形的地理方向的。它的形式有各种类型，以下是几种常用的指北针的图例，如图 3-37 所示。

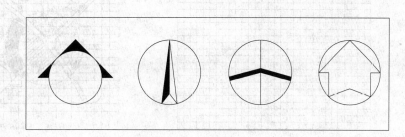

图 3-36 输入文字

图 3-37 指北针图例

022 定位方格网

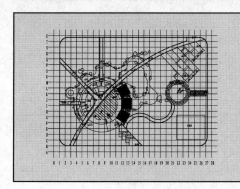

放线是园林施工中非常重要的工作之一，它体现着园路、广场、水域和其他园林要素的自身形状，以及在施工场地的平面布局。园路多变的样式，以及水体等不规则形状的建筑就是依靠放线来精确定位的。本实例讲述定位方格的绘制方法和操作步骤。

	文件路径：	DWG\03 章\022 例.dwg
	视频文件：	AVI\03 章\022 例.avi
	播放时长：	4 分 29 秒

01 打开本书配套光盘第 3 章\素材.dwg 文件。单击绘图工具栏 ✏ 按钮，按 "F8" 打开正交模式，沿 X 轴方向绘制一条 60000 的直线；重复 "直线" 命令，以刚才水平直线的左端点为起点，绘制一条长为 44000 的垂直直线，如图 3-38 所示。

02 单击修改工具栏 ✥ 按钮，选择水平直线，指定两条直线的交点为基点，输入 "A"，输入要进行阵列的项目数为 23，距离为 2000，将水平直线复制阵列，效果如图 3-39 所示。

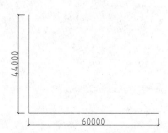

图 3-38 绘制水平直线和垂直线

图 3-39 向上复制阵列水平直线

03 以相同的方法，将垂直直线复制阵列 31 列，距离为 2000，效果如图 3-40 所示。

04 移动方格网至平面图上，并删除方格网四周的线条，输入编号，横向编号为数字 1~50，纵向编号为字母 A~Z，效果如图 3-41 所示。

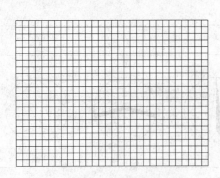

图 3-40　向左复制阵列垂直直线

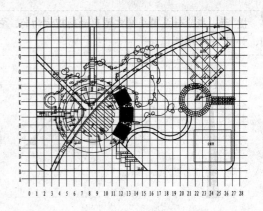

图 3-41　方格网绘制完成

注　意：定位轴线必须在端部规定编号。水平方向从左至右采用阿拉伯数字编号，数值方向采用大写英文字母编号（其中 I、O、Z 不能使用，以免与数字 1、0、2 混淆）。

第2篇 绘图基础篇

第4章
园路的设计与绘制

园林道路是园林的重要组成部分，起着组织空间、引导游览、联系交通并提供散步休息场所的作用。同时园路也是联系各景区、景点以及活动中心的纽带。

本章讲述各种园林道路的绘制方法，为园林设计提供丰富多彩的道路造型。

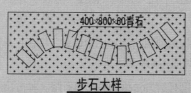

步石大样

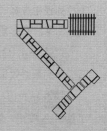

023 卵石小道

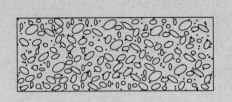

卵石路能起到给人脚底按摩的作用，但是一般都应用在不常走的路上，同时要用大小卵石间隔铺成为宜。通过对卵石小道的绘制，掌握 AutoCAD 一些基本命令的使用方法。

	文件路径：	DWG\04 章\023 例.dwg
	视频文件：	AVI\04 章\023 例.avi
	播放时长：	4 分 08 秒

01 双击桌面图标，启动 AutoCAD 2013 应用程序。

02 单击图层工具栏 按钮，打开"图形特性管理器"，单击新建图层 按钮，新建"园路"图层，设置颜色为"青色"，并将其置为当前图层。

03 单击绘图工具栏 □ 按钮，绘制一个 3000×1000 的矩形，如图 4-1 所示。

提 示：在命令提示行中输入绘制矩形命令的快捷键"REC"，同样可以绘制矩形。在命令行中输入"REC"，指定矩形的左上角，输入"D"，"指定矩形的长度"为 3000，"指定矩形的宽度"为 1000。

04 单击绘图工具栏 ⬭ 按钮，在矩形内部绘制大小形状各不相同的椭圆形，然后选择几个形状不等的椭圆，单击 按钮，进行复制，如图 4-2 所示。

图 4-1　绘制矩形　　　　　　　　　　　　　图 4-2　绘制椭圆

提 示："椭圆"命令的快捷键为"EL"。

05 单击绘图工具栏 按钮，打开"图案填充和渐变色"管理器，在"类型和图案"选项中的"类型"下拉列表中选择"预定义"选项，在"图案"列表中选择"AR-CONC"填充图案，也可以选择其他合适的填充图案。在"角度和比例"选项组中，设置比例为 10，如图 4-3 所示。

06 单击"边界"选项组"添加：拾取点"按钮；单击椭圆外的空白处，完成图案填充，得到弧形卵石道路的最终效果，如图 4-4 所示。

07 也可以使用同样的方法绘制弧形卵石路。单击绘图工具栏 ～ 按钮，绘制出园路的雏形；单击修改工具栏 按钮，偏移 1200，绘制出园路的范围，在弧形园路内绘制大小不等的椭圆表示卵石，最后进行图案填充，如图 4-5 所示。

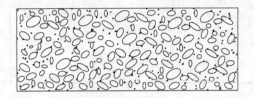

图 4-3　设置填充参数　　　　　　　　　　　　图 4-4　填充图案效果

提　示：园林小道形式多样，此处讲解绘制的园林小道的尺寸大小为暂定数据，每个设计师可以依据现场需要，绘制任意长度和宽度大小的园林道路。

08 单击修改工具栏 按钮，往两边各偏移 100，为弧段两侧增加边线界限，使小道更为美观，如图 4-6 所示。

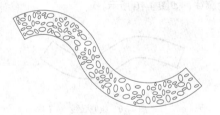

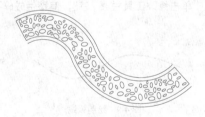

图 4-5　绘制弧形园路　　　　　　　　　　　　图 4-6　绘制弧形园路边界线

提　示：偏移命令需要输入的参数有需要偏移的源对象、偏移的距离和偏移的方向。偏移时，可以向源对象的左侧或右侧、上方或下方、外部或内部偏移。只要在需要偏移的一侧的任意位置单击即可确定偏移的方向，也可以指定偏移对象通过已知的点，"偏移"的快捷键命令为"0"。

024　碎石小道

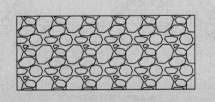

	碎石小道是目前园路中较为常见的一种铺装形式，比较坚实雅致。本实例讲述碎石小道的绘制方法及步骤。
文件路径：	DWG\04 章\024 例.dwg
视频文件：	AVI\04 章\024 例.avi
播放时长：	3 分 08 秒

01 单击绘图工具栏 按钮，绘制一个 3600×1200 的矩形，作为一段碎石道路范围，如图 4-7 所示。

02 单击绘图工具栏 按钮，打开"图案填充和渐变色"对话框，选择"GRAVEL"填充图案，在对话框中选择"边界"范围时使用"添加：拾取点"方式，填充比例设置为 22，单击矩形空白处，得到最终效果如图 4-8 所示。

图 4-7　绘制矩形

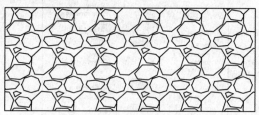

图 4-8　填充碎石图案

> 提 示：在执行"图案填充"的命令时，经常会遇到无法填充的情况，此时，需要考虑两个问题：1、填充区域是否是闭合图形，若不是，则须将该区域绘制完整；2、填充图案的比例是否设置合理，有时比例太大或太小，所填充的图案都无法显示出来。

03 同样的方法可以绘制曲线的碎石道路。单击 按钮，绘制一条道路弧线，如图 4-9 所示。

04 单击修改工具栏 按钮，偏移生成碎石小道的轮廓线，如图 4-10 所示。

图 4-9　绘制弧线

图 4-10　绘制弧线

> 提 示：经常遇见打开某一 AutoCAD 文件后，发现原有的曲线变成了线段，原有的圆形变成了多边形。此时，单击 图标，选择"选项"命令，在弹出的对话框中选择"显示"选项卡，修改"显示精度"下的"圆弧和圆的平滑度"参数值即可。一般设置在 1000～10000 之间，数值越大，其弧度就越平滑。

05 封闭弧线两端，并对其进行图案填充，填充图案同样选择"GRAVEL"，效果如图 4-11 所示。

06 单击修改工具栏 按钮，往两侧偏移边界轮廓线，如图 4-12 所示。

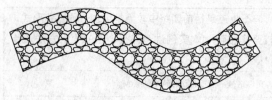

图 4-11　图案填充

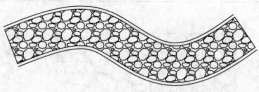

图 4-12　最终效果

第2篇

025　水池汀步

汀步，又称步石、飞石。浅水中按一定间距布设块石，微露水面，使人跨步而过。园林中运用这种古老的渡水设施，质朴自然，别有情趣。本章主要讲述汀步的绘制方法与步骤。

文件路径：	DWG\04 章\025 例.dwg
视频文件：	AVI\04 章\025 例.avi
播放时长：	3 分 54 秒

01 单击绘图工具栏 □ 按钮，绘制一个 300×900 的矩形，如图 4-13 所示。

02 单击修改工具栏 %。按钮，将绘制的矩形向左复制两个，距离分别为 630、560，汀步之间的距离应有所变化，如图 4-14 所示。

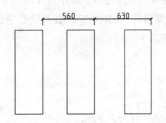

图 4-13　绘制矩形　　　　　　　图 4-14　复制矩形

03 单击修改工具栏 %。按钮，选择刚刚绘制好的一组矩形，沿 X 轴方向继续复制，得到所需的汀步数量，绘制完成，效果如图 4-15 所示。

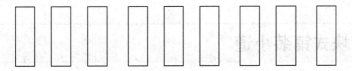

图 4-15　最终效果

026　嵌草步石

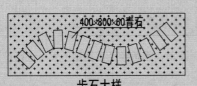

嵌草路面属于透水透气性铺地之一。有两种类型，一种为在块料路面铺装时，在块料与块料之间，留有空隙，在其间种草，如青石板嵌草路、空心砖纹嵌草路、人字纹嵌草路等；另一种是制作成可以种草的各种纹样的混凝土路面砖。本实例讲述青石板嵌草步石的绘制方法。

文件路径：	DWG\04 章\026 例.dwg
视频文件：	AVI\04 章\026 例.avi
播放时长：	3 分 26 秒

01 单击绘图工具栏 ～ 按钮，绘制一条样条曲线，作为步石排列的形状，如图 4-16 所示。

02 单击绘图工具栏 ▭ 按钮，绘制大小为 400×800 的矩形，执行【绘图】|【块】|【创建】菜单命令，将绘制的矩形定义为块，命名为"草坪步石"，将矩形的中心定义为插入点，单击修改工具栏 ○ 按钮，将其旋转并移动至合适的位置，如图 4-17 所示。

图 4-16　绘制样条曲线　　　　　　　　　　　　　　　图 4-17　旋转并调整矩形

03 执行【绘图】|【点】|【定距等分】菜单命令，在命令行输入 B，选择"块（B）"选项，设置等分距离为 500，在样条曲线上等距排列矩形，删除样条线，如图 4-18 所示。

04 绘制一个大矩形，表示封闭草地区域。单击绘图工具栏 ▨ 按钮，打开"图案填充和渐变色"对话框，填充图案选择"CROSS"，在对话框中选择"边界"范围使用"添加：拾取点"方式，得到最终效果如图 4-19 所示。

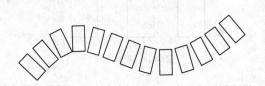

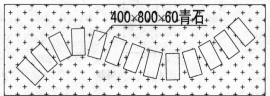

图 4-18　排列矩形　　　　　　　　　　　　　　　　　　图 4-19　图案填充

027　砖块式铺装小道

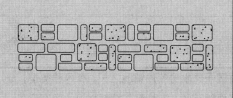

有规律砖块式铺装在园林道路上是最常用的一种铺装方式，砖块式铺装小道包括方砖、多边形砖、长方形砖等各种形状有规律的块状体的铺装，本实例讲述有规律砖块式铺装小道的绘制方法。

文件路径：	DWG\04 章\027 例.dwg
视频文件：	AVI\04 章\027 例.avi
播放时长：	5 分 11 秒

01 绘制一个矩形，单击修改工具栏 ▱ 按钮，对矩形进行倒圆角，圆角半径根据矩形大小进行设置，如图 4-20 所示。

02 按上述方法绘制大小不同的矩形，通过移动把它们有机地排列。并对其中的方块随机填充，以达到自然的效果，如图 4-21 所示。

图 4-20　倒圆角

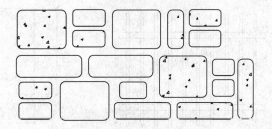

图 4-21　随机排列并填充

03 单击修改工具栏 ❀ 按钮，复制得到砖块式铺装园林道路效果，如图 4-22 所示。

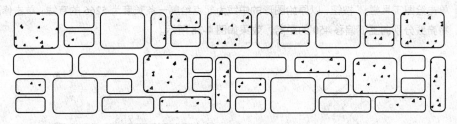

图 4-22　复制铺装

04 其他形式的有规律块砖式铺装小道，可以参照前面的方法进行绘制、填充或者复制就可得到，这里不重复详细讲述，效果如图 4-23 所示。

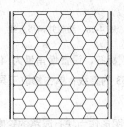

砖块式铺装小道形式 **1**

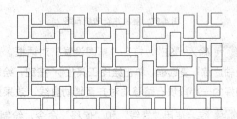

砖块式铺装小道形式 **2**

图 4-23　砖块式铺装小道

028　块石园路

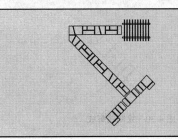

由于块石园路在铺装时，块石可按尺寸大小来进行切割，所以应用在园林景观中，别是一番风味。木实例讲述块石园路的绘制方法。

文件路径：	DWG\04 章\028 例.dwg
视频文件：	AVI\04 章\028 例.avi
播放时长：	7 分 53 秒

01 打开本书配套光盘中"第 4 章\例 028.dwg"文件，如图 4-24 所示。

02 单击绘图工具栏 ▢ 按钮，绘制一个 900×900 的矩形，效果如图 4-25 所示。

03 重复"矩形"命令，绘制一个 400×900 的矩形，效果如图 4-26 所示。

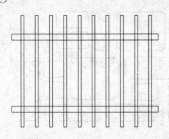 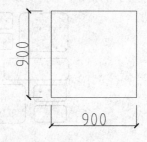 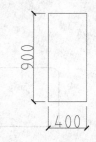

图 4-24 打开原文件　　　　　　　图 4-25 绘制矩形　　　　　　图 4-26 继续绘制矩形

04 单击修改工具栏 按钮复制块石，单击修改工具栏 按钮，将其旋转 45°，效果如图 4-27 所示。

05 单击绘图工具栏 按钮，以原始图形的中线为起点绘制一条长度为 5266 的直线；单击修改工具栏 按钮，将直线分别向上下偏移 450 的距离，效果如图 4-28 所示。

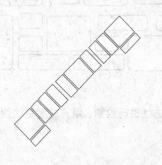 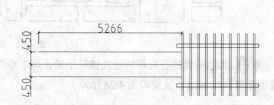

图 4-27 复制并旋转块石路　　　　　　　　　　图 4-28 绘制并偏移直线

06 输入"SE"，打开"草图设置"对话框，选择"极轴追踪"标签，设置增角量为 45°，勾选"启用极轴追踪"复选框，单击绘图工具栏 按钮，绘制一条长度为 8453 的直线；单击修改工具栏 按钮，将绘制好的一小段块石路移动对齐至辅助直线，效果如图 4-29 所示。

07 综合使用"直线"和"偏移"命令，绘制如图 4-30 所示的图形作为块石园路的轮廓线。

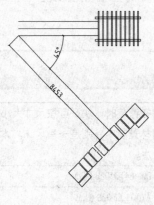 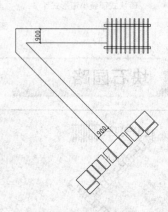

图 4-29 绘制直线　　　　　　　　　　图 4-30 绘制轮廓线

08 单击绘图工具栏 按钮，用光标指引 X 轴负方向输入 758，Y 轴负方向输入 900，X 轴正方向输入 1000，闭合多线段，如图 4-31 所示

09 重复单击绘图工具栏 按钮，用光标指引 X 轴正方向输入 635，Y 轴负方向输入 900，X 轴正方向输入 394，闭合多线段，如图 4-32 所示。

第 2 篇

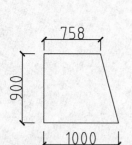

图 4-31　绘制多段线

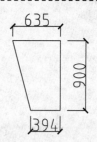

图 4-32　绘制多段线

10 根据需要的块石形状，继续绘制图形，如图 4-33 所示。

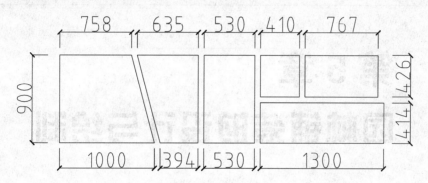

图 4-33　绘制其他块石

11 用同样的方法绘制其他的块石园路，结果如图 4-34 所示。

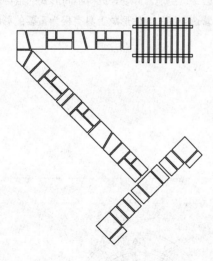

图 4-34　绘制结果

第 5 章
园林铺装的设计与绘制

　　园林铺装是指在园林环境中运用自然或人工的铺地材料，按照一定的方式铺设于地面而形成的地表形式。作为园林景观的一个有机组成部分，园林铺装主要通过对园路、空地、广场等进行不同形式的组合，贯穿游人游览过程的始终，在营造空间的整体形象上具有极为重要的影响。

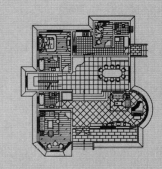

029 "人"字形建筑用砖铺装

"人"字形铺装是一种线条感极强的铺装，也是一种比较新颖的铺装方式，在园林设计中使用得较为广泛。本实例讲述"人"字形铺装的绘制方法。

文件路径：	DWG\05 章\029 例.dwg
视频文件：	AVI\05 章\029 例.avi
播放时长：	3 分 02 秒

01 单击绘图工具栏口按钮，绘制一个 7000×5000 的矩形，作为填充的范围。

02 执行【绘图】|【图案填充】菜单命令，打开"图案填充和渐变色"对话框。

提 示："填充"命令的快捷键为"H"。

03 在"类型和图案"选项中的"类型"下拉列表中选择"预定义"选项，在"图案"下拉列表中选择"AR-HBONE"选项，在"角度和比例"选项组中，设置比例为 1。在"图案填充原点"选项组中选择"指定当前原点"单选按钮，单击"边界"选项组"添加：选择对象"按钮，在绘图窗口选择矩形，如图 5-1 所示。单击右键接受图案填充，结果如图 5-2 所示。

提 示：对图案进行填充时，要注意图案的比例。

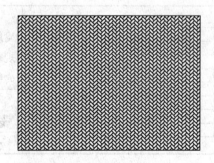

图 5-1 "图案填充和渐变色"对话框   图 5-2 填充结果

04 根据我国建筑用砖的标准尺寸来修改砖块的大小。执行【修改】|【缩放】命令，选择"人"字形砖的填充图案。单击拾取矩形左下角点为缩放的基点，如图 5-3 所示。

05 当命令行提示"指定比例因子或【复制（C）/参照（R）】<1.0000>:"时，输入"R"，按下空格键，表示使用参照缩放；单击拾取如图 5-4 所示的点 1 和点 2，指定为参照长度，输入新的长度为 240，按下空格键，缩放结果如图 5-5 所示。

06 缩放后的填充图案超过了填充的边界，单击修改工具栏按钮，以矩形为剪切边，按下空格，点击矩形外需要修剪的部分，修剪结果如图 5-6 所示。

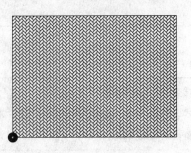

图 5-3　指定缩放的基点

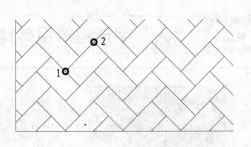

图 5-4　单击点 1 和点 2

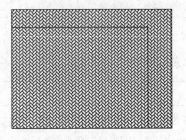

图 5-5　缩放结果

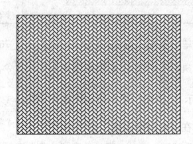

图 5-6　修剪结果

> **提 示:** 还有一种与"人"字形铺装极为相似的铺装——"工"字形铺装,两者的绘制方法基本相似,这里不作详细讲述。

030　方形地砖铺装

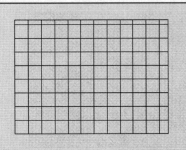

砖是一种非常流行的铺地材料,经久耐用、抗冻、防腐能力较强,而且铺设方式十分灵活。而方形地砖的大小规格都一样,能产生一种统一的美感。本实例讲述方形地砖铺装的绘制方法。

文件路径:	DWG\05 章\030 例.dwg	
视频文件:	AVI\05 章\030 例.avi	
播放时长:	3 分 11 秒	

01 单击绘图工具栏 □ 按钮,绘制一个 7000×5000 的矩形,作为填充的范围。

02 执行【绘图】|【图案填充】菜单命令,打开"图案填充和渐变色"对话框;在"类型和图案"选项中的"类型"下拉列表中选择"用户定义"选项,表示按用户定义的填充图案样式进行填充;在"角度和比例"选项中的"间距"为 600,表示填充的图案为间距 600 的水平平行线;勾选"双向"复选框,用于添加与原始水平线成垂直的线;单击"边界"选项组"添加:选择对象"按钮,在绘图窗口选择矩形,如图 5-7 所示;单击右键接受图案填充,结果如图 5-8 所示。

03 通常施工要求铺装区域的左下角以完整的砖块开始。为了使左下角第一块方形地砖的边缘与矩形的边缘对齐,选择【修改】|【对象】|【图案填充】命令,重新打开"图案填充和渐变色"对话框。在"图案填充原点"选项中选择"指定的原点"单选按钮,勾选"默认为边界范围"复选框,在下拉列表中选择"左

第 2 篇

下"选项，把填充范围的左下角指定为填的原点，如图 5-9 所示。单击右键接受图案填充，效果如图 5-10 所示。

图 5-7　"图案填充和渐变色"对话框

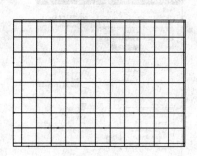

图 5-8　填充方形地砖

图 5-9　修改填充参数

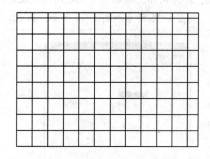

图 5-10　重新指定填充原点

031 交错式花岗石铺装

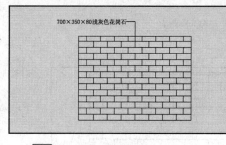

700×350×80浅灰色花岗石

不管是园路还是广场铺装，交错式的花岗石铺装都是应用比较多的一种铺装方式，它以简洁、明快的线条为主。本实例讲述交错式花岗石铺装的绘制方法。

文件路径：	DWG\05 章\031 例.dwg
视频文件：	AVI\05 章\031 例.avi
播放时长：	3 分 40 秒

01 单击绘图工具栏 □ 按钮，绘制一个 7000×5000 的矩形，作为填充的范围。

02 执行【绘图】|【图案填充】菜单命令，打开"图案填充和渐变色"对话框。

03 在"类型和图案"选项中的"类型"下拉列表中选择"预定义"选项，在"图案"下拉列表中选择"AR-BRSTD"选项；在"角度和比例"选项组中，设置比例为 8。在"图案填充原点"选项中选择"指

定的原点"单选按钮，勾选"默认为边界范围"复选框，在下拉列表中选择"左下"选项，单击"边界"选项组"添加：选择对象"按钮，在绘图窗口选择 7 矩形，如图 5-11 所示。

04 执行【标注】|【多重引线】菜单命令，为铺装注写文字说明，效果如图 5-12 所示。

图 5-11 设置填充参数

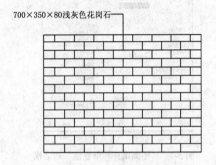

700×350×80浅灰色花岗石

图 5-12 注写文字说明

提示： 在默认情况下，填充的图案是关联的。当边界修改时，填充图案将会自动更新，如图 5-13 所示和图 5-14 所示；当取消它们之间的关联时，图案则会独立于边界，当修改边界，图案填充也不会发生变化，如图 5-15 所示和图 5-16 所示。因此，使用关联图案填充的图形便于修改。

图 5-13 勾选"关联"复选框

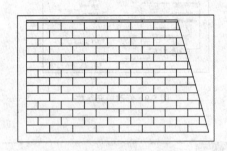

图 5-14 修改边界

图 5-15 取消勾选"关联"选项

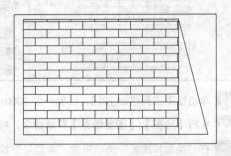

图 5-16 修改边界

第 2 篇

032 小块石料铺装

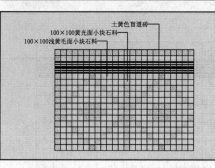

铺装是园林地面的一道风景，再加上设计精美的图案以及搭配合适的色彩，常常能够让人赏心悦目，甚至能够使人们在行进过程中放慢脚步，驻足停留。本实例讲述绘制小块石料的绘制方法。

	文件路径:	DWG\05 章\032 例.dwg
	视频文件:	AVI\05 章\032 例.avi
	播放时长:	6 分 23 秒

01 单击绘图工具栏 ▭ 按钮，绘制一个 100×100 的矩形。

02 单击修改工具栏 ❖ 按钮，指定矩形左下角为基点，按 "F8" 键，打开正交模式，输入 "A" 命令，输入要进行阵列的项目数为 24，指定矩形右下角为第二点，向 X 轴方向复制，效果如图 5-17 所示。

图 5-17 阵列复制矩形

🔊 **提 示:** "复制"命令的快捷键为 "CO"。

03 单击修改工具栏 ❖ 按钮，选择图 5-17 所示的一排矩形，输入 "A" 命令，输入要进行阵列的项目数为 17，向 "Y" 轴方向复制，如图 5-18 所示。

04 单击绘图工具栏 ▭ 按钮，绘制一个 76×8 的矩形作为盲道线，单击修改工具栏 ⬭ 按钮，输入 "R"，指定圆角半径为 2，如图 5-19 所示。

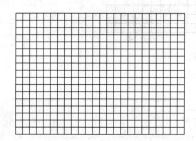

图 5-18 沿 "Y" 轴方向阵列矩形 图 5-19 绘制盲道线

05 单击修改工具栏 ❖ 按钮，将盲道线进行复制，效果如图 5-20 所示。

图 5-20 复制盲道线

06 执行【绘图】|【图案填充】菜单命令，打开"图案填充和渐变色"对话框，在"图案"下拉列表中选择 "DOTS" 选项，在"角度和比例"选项组中，设置比例为 8，设置如图 5-21 所示。

07 单击"边界"选项组"添加：选择对象"按钮，选取所有需要填充的矩形进行填充，效果如图 5-22 所示。

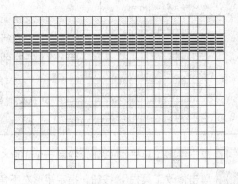

图 5-21　设置填充参数　　　　　　　　　　图 5-22　填充结果

08 执行【标注】|【多重引线】菜单命令，为铺装注写文字说明，如图 5-23 所示。

土黄色盲道砖
100×100黄光面小块石料
100×100浅黄毛面小块石料

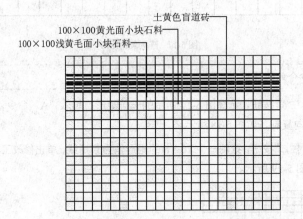

图 5-23　标注文字说明

第 2 篇

033 铺装地花图案

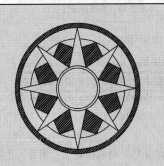

　　良好的铺装景观对空间往往能起到烘托、补充或诠释主体的作用，利用铺装图案强化意境，这也是中国园林艺术的手法之一。在广场或者入户大门处铺设一个漂亮的地花图案，既可以增加园林的景色，又可以起到加深意境的作用。本实例讲述铺装地花图案的绘制方法。

	文件路径：	DWG\05 章\033 例.dwg
	视频文件：	AVI\05 章\033 例.avi
	播放时长：	8 分 34 秒

01 单击绘图工具栏 ⊘ 按钮，打开"圆心"捕捉，绘制 5 个同心圆，半径分别为 900、1000、2200、2700 和 2900，效果如图 5-24 所示。

02 执行【绘图】|【点】|【定数等分】菜单命令，选择半径为 2700 的圆形，当命令行提示"输入线段数目或【(块)】:"时，输入 8，按下空格键，将圆形等分为 8 份。

> 技 巧：定距等分与定数等分的区别：在 AutoCAD 中等分有两种，一种是定数等分，另一种是定距等分。定数等分是将线段按段数平均分段，其快捷键命令为"DIV"；而定距等分则是按长度平均分段，其快捷键命令为"ME"。

03 执行【格式】|【点样式】菜单命令，打开"点样式"对话框。选择一个圆形带交叉的点样式，如图 5-25 所示。单击"确定"按钮，更改点样式后的结果如图 5-26 所示。

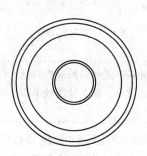

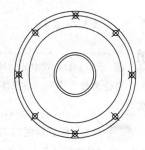

图 5-24　绘制圆形　　　　　图 5-25　"点样式"对话框　　　　　图 5-26　更改点样式结果

> 提 示："定数等分"的快捷键命令为"DIV"。在命令行直接输入"DIV"，输入线段数目，改变点样式即可。

04 以同样的方法将半径为 1000 的圆形等分为 16 份，效果如图 5-27 所示。

05 单击绘图工具栏 ⌇ 按钮，将两个圆的等分点连接起来，效果如图 5-28 所示。

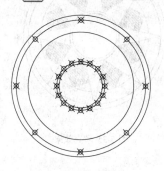

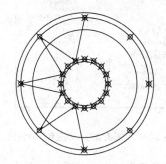

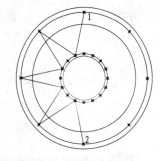

图 5-27　等分圆形　　　　　图 5-28　连接等分点　　　　　图 5-29　拾取镜像点

06 单击修改工具栏中的 ⚏ 按钮，拾取如图 5-29 所示的点 1 和点 2，作为镜像线的第 1 点和第 2 点。按下空格键，当命令行提示"要删除源对象吗？【是(Y)/否(N)】<N>:"时，选择"N"，不删除源对象，镜像复制效果如图 5-30 所示。

07 单击修改工具栏 ⼁ 按钮，修剪半径为 2200 的圆形，并删除等分点，效果如图 5-31 所示。

> 提 示："修剪"命令的快捷键为"TR"。

第 5 章

08 单击绘图工具栏 按钮，将如图 5-32 所示的点 1、点 2、点 3 连接起来。

09 执行【修改】|【阵列】|【环形阵列】菜单命令，选择刚绘制好的多段线，以所有圆形共同的圆心作为环形阵列的中心点，输入项目数为 8，指定填充的角度为 360°，按下空格键，环形阵列效果如图 5-33 所示。

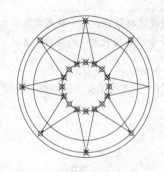

图 5-30 镜像结果

图 5-31 修剪图形

图 5-32 绘制多段线

提示：AutoCAD 中的"阵列"功能，就是将图中相同对象复制 N 个，，并按一定的间距和形状进行排列；它分为矩形阵列、路径阵列和环形阵列，利用"阵列"功能，可以减少工作量，提高绘图效率和准确度。

10 单击绘图工具栏 按钮，打开"图案填充和渐变色"对话框，在"图案"下拉列表中选择"STEEL"选项。在"角度和比例"选项组中，设置比例为 25，设置参数如图 5-34 所示。单击"边界"选项组"添加：拾取点"按钮，在绘图区拾取点以创建填充的范围，填充结果如图 5-35 所示。

图 5-33 环形阵列结果

图 5-34 "图案填充和渐变色"对话框

图 5-35 填充效果

11 以相同的方式对地花的外圈进行填充，效果如图 5-36 所示。

提示：如果一次性选择多个填充区域，在默认情况下，填充的图案是一个整体，如图 5-37 所示和图 5-38 所示。而如果填充时在"图案填充和渐变色"对话框中勾选了"创建独立的图案填充"复选框，那么将创建独立的填充的图案，如图 5-39 所示和图 5-40 所示；是否创建独立的填充图案，要根据具体情况来决定，整体的填充图案便于整体选择；而独立的填充图案则便于单个选择编辑。

第2篇

图 5-36　地花绘制完毕　　　　图 5-37　未勾选复选框　　　　图 5-38　整体的填充图案

图 5-39　勾选"创建独立的图案填充"复选框　　　　图 5-40　独立的填充图案

034　广场中心图案

　　广场是一个可以让人们聚会休息的空间，同时亦是人们逃离城市喧嚣的地方，体现了人们对大自然的亲近与回归。在城市中广场数量不多，所占面积不大，但它的地位和作用很重要，是城市规划布局的重点之一。然而广场还有景观的需要，因此不论广场的形状如何，总要有一个中心地域，能集中表现城市的艺术面貌和特点。本实例讲述广场中心图案的绘制方法。

文件路径：	DWG\05 章\034 例.dwg
视频文件：	AVI\05 章\034 例.avi
播放时长：	6 分 17 秒

 01 单击绘图工具栏 ⊙ 按钮，打开"圆心"捕捉，绘制 9 个同心圆，半径分别为 900、1000、1200、2700、2900、4500、4900、6100 和 6300，效果如图 5-41 所示。

02 将半径为 2700 的圆等分成 8 份，将半径为 1000 的圆等分成 16 份，修改点样式，用多段线将等分点连接起来，删除多余的点，效果如图 5-42 所示。

图 5-41　绘制圆形

图 5-42　连接节点

03　单击修改工具栏 ⊬ 按钮，修剪掉中心部分多余的线，效果如图 5-43 所示。

04　单击绘图工具栏 ╱ 按钮，连接如图 5-44 所示的点 1 和点 2 圆象限点。

图 5-43　修剪线段

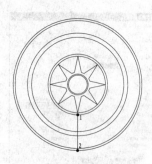

图 5-44　连接点 1 和点 2

05　执行【绘图】|【圆弧】|【起点、端点、半径】菜单命令，指定如图 5-44 所示第 1 点为圆弧的起点，第 2 点为圆弧的端点，输入半径为 2400；单击修改工具栏中的 ⚖ 按钮，指定如图 5-44 所示点 1 和点 2，作为镜像线的第 1 点和第 2 点。再以同样的方法绘制一个半径为 3800 的圆弧，最终效果如图 5-45 所示。

06　执行【修改】|【阵列】|【环形阵列】菜单命令，选择绘制好的图形，以所有圆形共同的圆心作为环形阵列的中心点，输入项目数为 10，指定填充的角度为 360°，按下空格键，环形阵列效果如图 5-46 所示。

图 5-45　绘制圆弧

图 5-46　环形阵列结果

图 5-47　填充结果

07　单击绘图工具栏 ▧ 按钮，打开"图案填充和渐变色"对话框，在"图案"下拉列表中选择"DOTS"选项，为广场中心图案填充材料图例，效果如图 5-47 所示。

🔊 **提 示**：园林铺装有许多功能，其中包括：①空间的分隔和变化作用；②视觉的引导和强化作用；③意境与主题的体现作用。

035 室内铺装

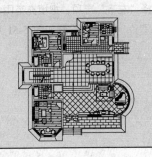

建筑室内铺装表示的是建筑各室内空间的地面铺设材料和方式，其对建筑物室内装饰造型有较大的影响，铺装的方式方法也多种多样。本实例讲述室内铺装的绘制方法和步骤。

	文件路径：	DWG\05 章\035 例.dwg
	视频文件：	AVI\05 章\035 例.avi
	播放时长：	10 分 23 秒

01 打开本书配套光盘"第 05 章/例 035.dwg"文件。单击 按钮，打开"图形特性管理器"，再单击 按钮，新建一个"描边线"图层，将颜色设置为"灰色"，并将其置为当前图层。

技 巧：打开"图形特性管理器"的快捷键为"LA"。

02 单击绘图工具栏 按钮，沿室内墙壁和家具的边线进行描边，以方便图案的填充，效果如图 5-48 所示。

03 绘制门廊铺装。单击绘图工具栏 按钮，在"类型和图案"选项"类型"下拉列表中选择"预定义"选项，选择"AR-B816"填充图案，设置比例为 2，单击"拾取点"按钮，在门廊铺装内单击，填充效果如图 5-49 所示。

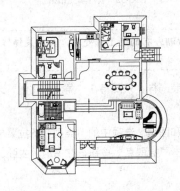

图 5-48 描边结果

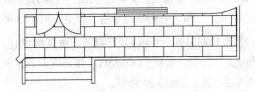

图 5-49 门廊填充结果

04 绘制客厅铺装。按下空格键，再次打开"图案填充和渐变色"对话框，在"类型和图案"选项中的"类型"下拉列表中选择"用户定义"选项，表示按用户定义的填充图案样式进行填充。在"角度和比例"选项中的"角度"为 45，"间距"为 600。勾选"双向"，用于添加与原始水平线成垂直的线，在对话框中选择"边界"范围时使用"添加：拾取点"方式，在客厅铺装内单击，效果如图 5-50 所示。

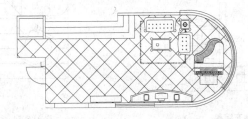

图 5-50 客厅填充结果

05 绘制餐厅铺装。重复 ▨ 按钮，打开"图案填充和渐变色"管理器，在"类型和图案"选项中的"类型"下拉菜单中选择"用户定义"选项，表示按用户定义的填充图案样式进行填充。在"角度和比例"选项中的"角度"为 0，"间距"为 600；勾选"双向"，用于添加与原始水平线成垂直的线；在"图案填充原点"选项中选择"指定的原点"，勾选"默认为边界范围"，在下拉菜单中选择"左下"选项，把填充范围的左下角指定为填充的原点；在对话框中选择"边界"范围时使用"添加：拾取点"方式，设置如图 5-51 所示。在客厅铺装内单击，效果如图 5-52 所示。

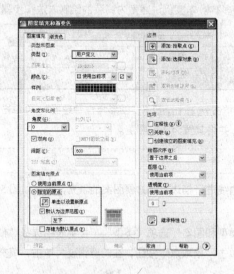

图 5-51 "图案填充和渐变色"对话框

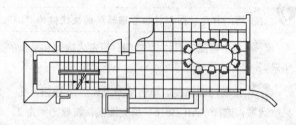

图 5-52 餐厅填充结果

🔊 **提 示：** 地砖是地面材料的一种，质坚、耐压、耐磨，能防潮。有的经上釉处理，具有装饰作用。其按种类可分为 3 种：釉面砖、瓷质砖、拼花砖。

06 绘制厨房铺装。重复 ▨ 按钮，绘制方法同绘制餐厅铺装一样，只要将在"角度和比例"选项中的"间距"改为 300，在厨房内单击，效果如图 5-53 所示。

07 绘制书房、主卧、次卧铺装。重复 ▨ 按钮，在"类型和图案"选项中的"类型"下拉菜单中选择"预定义"选项，选择"DOLMIT"填充图案，比例为 40，单击"拾取点"按钮，在书房、主卧、次卧铺装内单击，效果如图 5-54 所示。

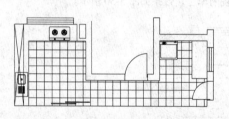

图 5-53 厨房填充结果

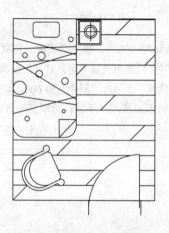

图 5-54 卧室填充结果

08 绘制卫生间铺装。重复 按钮，在"类型和图案"选项中的"类型"下拉菜单中选择"预定义"选项，选择"ANGLE"填充图案，比例为 40，单击"拾取点"按钮，在卫生间铺装内单击，效果如图 5-55 所示。至此，室内铺装绘制完成，其最终结果如图 5-56 所示。

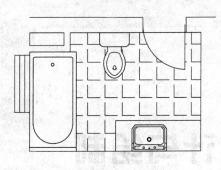

图 5-55　卫生间填充结果

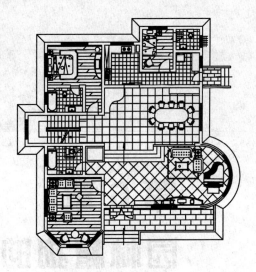

图 5-56　最终结果

第6章
园林植物的设计与绘制

植物是构成园林景观的主要素材。由植物构成的空间，无论是空间变化、时间变化还是色彩变化，反映在景观变化上，都是极为丰富和无与伦比的。除此之外，植物还可以有效地改善城市环境、调节城市空气，提高人们的生活质量。

在本章中，通过实例的介绍来说明园林植物平面及立面的绘制方法和技巧。

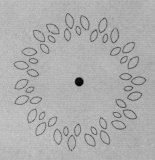  

036　乔木平面-桂花

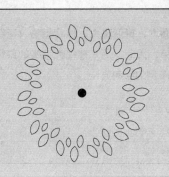

<table>
<tr><td colspan="2">　　桂花树为木樨科，木樨属常绿小乔，树冠呈圆球形，属于芳香植物。桂花树形丰满、树姿优美，可孤植于空旷场所单独成景，也可对植于大门、道路两侧，还可列植于道路两旁，是园林设计中运用得非常广泛的一类植物。本实例讲述桂花树乔木平面图例的绘制方法。</td></tr>
<tr><td>文件路径：</td><td>DWG\06 章\036 例.dwg</td></tr>
<tr><td>视频文件：</td><td>AVI\06 章\036 例.avi</td></tr>
<tr><td>播放时长：</td><td>2 分 4 秒</td></tr>
</table>

01 单击绘图工具栏 按钮，绘制一片树叶，如图 6-1 所示。

 提 示："圆弧"命令的快捷键为"A"。

02 单击修改工具栏中的 按钮，将树叶复制 3 次；单击修改工具栏 按钮，将树叶稍微旋转；单击修改工具栏 按钮，对树叶进行缩放，效果如图 6-2 所示。

图 6-1　绘制树叶　　　　　　　　　　　　　　　图 6-2　复制并缩放树叶

03 单击绘图工具栏 按钮，绘制一个半径为 1200 的圆，将已复制好的树叶移动到圆的轨迹上，并缩放至合适的比例，效果如图 6-3 所示。

04 执行【修改】|【阵列】|【环形阵列】菜单命令，以圆心为中心点，设置阵列数为 11，填充角度为 360°，选择绘制好的树叶作为阵列对象，效果如图 6-4 所示。

 提 示："阵列"命令的快捷键为"AR"。

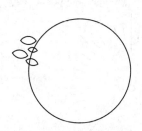

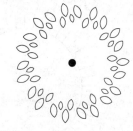

图 6-3　移动并缩放树叶　　　　　图 6-4　阵列树叶　　　　　图 6-5　桂花绘制结果

05 执行【绘图】|【圆环】菜单命令，指定圆环的内半径为 10，外半径为 160，按下空格键，指定圆心为圆环的中心，并删除圆，桂花平面图例绘制完成，效果如图 6-5 所示。

 提 示："圆环"命令的快捷键为"DO"。

037 乔木平面-木棉

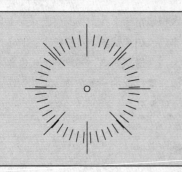

木棉为木棉科落叶大乔木，树形高大，雄壮魁梧，花红如血，硕大如杯，盛极有气势，因此，历来被视为英雄的象征。本实例讲述乔木-木棉平面图例的绘制方法。

	文件路径：	DWG\06 章\037 例.dwg
	视频文件：	AVI\06 章\037 例.avi
	播放时长：	2 分 03 秒

01 单击绘图工具栏 ⊘ 按钮，绘制半径为 610 和 40 的两个同心圆，效果如图 6-6 所示。

02 单击绘图工具栏 ✎ 按钮，指定外圆 0° 象限点为直线第一点，在圆的正上方绘制一条长为 153 的短直线，效果如图 6-7 所示。

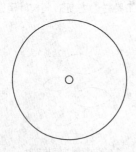

图 6-6　绘制同心圆

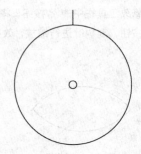

图 6-7　绘制短直线

03 执行【修改】|【阵列】|【环形阵列】菜单命令，以圆心为中心点进行环形阵列，设置阵列数为 45，填充角度为 360°，选择短线，将其环形阵列，效果如图 6-8 所示。

04 单击绘图工具栏 ⚏ 按钮，将外圆向内偏移 150 的距离。使用 "直线" 命令，指定偏移圆上的 0° 象限点为起点，绘制一条 450 的短直线，使用环形阵列命令，选择绘制的短直线，环形阵列 8 个，并删除多余的圆形，得到木棉平面图例，效果如图 6-9 所示。

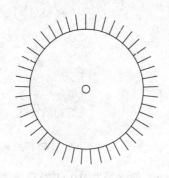

图 6-8　阵列短线

图 6-9　木棉绘制结果

038　乔木立面-棕榈

　　棕榈科植物，树冠多为伞状，植株高大提拔，形态优美。耐寒耐旱，适应性广，为热带、亚热带地区最受欢迎的园林植物之一。适合列植于池畔、路边、楼前后，也可树株群植于庭院之中或草坪角隅，观赏效果极佳。本实例讲述棕榈类植物的立面绘制方法。

文件路径:	DWG\06 章\038 例.dwg
视频文件:	AVI\06 章\038 例.avi
播放时长:	5 分 30 秒

01　单击绘图工具栏～按钮，大致绘制出树干的基本形状，如图 6-10 所示。

提 示："样条曲线"命令的快捷键为"SPL"。

02　单击绘图工具栏⤴按钮，绘制树干的内部纹理，如图 6-11 所示。

提 示："多段线"命令的快捷键为"PL"。

03　单击绘图工具栏～按钮，勾勒出树枝的大体轮廓，如图 6-12 所示。

04　单击绘图工具栏⤴按钮，绘制树叶以及刻画细节，得到棕榈立面图的最终效果，如图 6-13 所示。

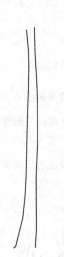  

图 6-10　绘制树干　　　图 6-11　绘制树干内部纹理　　　图 6-12　绘制树枝　　　图 6-13　最终效果

提 示：植物的立面图比较写实，但也不必完全按照植物的外形进行绘制。树冠轮廓线因树种而不同，针叶树可用锯齿形表示，阔叶树则可用弧线形来表示。绘制时，只需大致表现出该植物所属类别即可，如常绿植物、落叶植物、棕榈科植物等等。

039 灌木平面-散尾葵

散尾葵为棕榈科散尾葵属丛生常绿观叶灌木,性喜温暖湿润、半阴且通风良好的环境;其叶片羽状全裂、扩展、拱形,羽状复叶呈披针形。本实例讲述散尾葵平面图的绘制方法与技巧。

	文件路径:	DWG\06 章\039 例.dwg
	视频文件:	AVI\06 章\039 例.avi
	播放时长:	3 分 34 秒

01 单击绘图工具栏 ⊘ 按钮,绘制一个半径为 1190 的圆。

02 执行【绘图】|【圆弧】|【起点、端点、半径】菜单命令,单击圆的圆心作为起点,圆的象限点作为端点,指定半径为 640,绘制一条圆弧,效果如图 6-14 所示。

03 执行【绘图】|【圆弧】|【起点、端点、方向】菜单命令,分别以图 6-14 所示的点 1 为起点,以点2 和点 3 为端点,绘制两条圆弧,效果如图 6-15 所示。

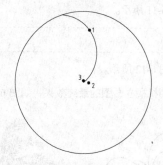

图 6-14 绘制圆弧

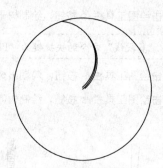

图 6-15 继续绘制圆弧

04 执行【绘图】|【圆弧】|【起点、端点、方向】菜单命令,绘制出树叶,效果如图 6-16 所示。

05 执行【修改】|【阵列】|【环形阵列】菜单命令,将绘制的图形环形阵列 5 份,并删除圆,得到散尾葵平面图的最终效果,如图 6-17 所示。

06 单击绘图工具栏 □ 按钮,将绘制的图形定义为"散尾葵"图块,并将图块插入点定义为图形的中心。

图 6-16 绘制树叶

图 6-17 绘制结果

040　灌木平面-棕竹

棕竹又称观音竹、棕榈竹、矮棕竹，为棕榈科棕竹属常绿观叶植物。棕竹为丛生灌木，茎干直立，高 1～3m。茎纤细如手指，不分节。棕竹株型紧密秀丽、株丛挺拔、叶形清秀、叶色浓绿而带有光泽，既有热带风韵，又有竹的潇洒。棕竹的平面图由几组大小不同的叶子组成，本实例讲述棕竹平面图的绘制方法与操作步骤。

	文件路径：	DWG\06 章\040 例.dwg
	视频文件：	AVI\06 章\040 例.avi
	播放时长：	5 分 01 秒

01 单击绘图工具栏 ⬭ 按钮，在绘图区单击空白处指定椭圆的轴端点，输入 "F8"，打开 "正交" 模式，沿水平方向输入 680 作为长轴，沿垂直方向输入 60 作为短轴，绘制一个椭圆，效果如图 6-18 所示。

🔊 提　示：绘制椭圆时，它的长轴的长度为输入的实际长度，而短轴的长度则为输入长度的 2 倍。

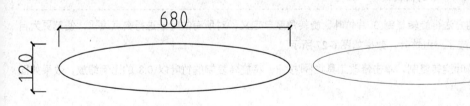

图 6-18　绘制椭圆　　　　　　　　　　　　　　　图 6-19　指定打断点

02 执行【修改】|【打断】菜单命令，选择椭圆为打断对象，当命令行提示 "指定第二个打断点或[第一点（F）]" 时，输入 "F" 表示指定第一个打断点，单击如图 6-19 所示的第 1 点，再单击如图 6-19 所示的第 2 点，将其指定为第二个打断点，打断后的椭圆效果如图 6-20 所示。

🔊 提　示："打断" 命令的快捷键为 "BR"。

03 执行【修改】|【打断】菜单命令，选择打断后的椭圆弧，输入 "F" 表示指定第一个打断点，单击椭圆 180° 上的象限点，当命令提示 "指定第二个打断点" 时，输入 "@"，表示在同一个指定点将对象一分为二，并且不删除某个部分，效果如图 6-21 所示。

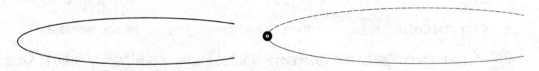

图 6-20　打断后的椭圆弧　　　　　　　　　　　图 6-21　指定同一个打断点

04 使用夹点编辑修改两段椭圆弧的弧度，效果图 6-22 所示。

05 执行【绘图】|【圆弧】|【起点、端点、方向】菜单命令，捕捉两段椭圆弧的端点，指定圆弧的方

向，绘制一条圆弧，这样一片竹叶就绘制完成了，效果如图 6-23 所示。

图 6-22　修改椭圆弧度　　　　　　　　　　　　图 6-23　绘制竹叶

06 单击修改工具 ○ 按钮，以刚刚绘制的圆弧的圆心为基点，将竹叶旋转-7°，效果如图 6-24 所示。

07 单击修改工具 ℅ 按钮，复制一片竹叶，并将其旋转 54°，效果如图 6-25 所示。

08 单击修改工具栏 ▢ 按钮，将复制的竹叶缩放，设置缩放比例为 0.6，效果如图 6-26 所示。

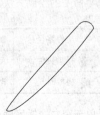

图 6-24　旋转竹叶　　　　　　图 6-25　旋转复制竹叶　　　　　　图 6-26　缩放竹叶

提　示："缩放"命令的快捷键为"SC"。

09 以相同的方法再旋转复制 3 片竹叶，旋转角度自定义，对所有的叶子进行夹点编辑，使其更为自然，这样就绘制完成了一组竹叶，效果如图 6-27 所示。

10 将这组竹叶旋转复制，单击修改工具栏 ▢ 按钮，将旋转复制的竹叶以 0.8 的比例缩放，效果如图 6-28 所示。

11 以同样的方法，以组为单位旋转复制竹叶，并进行适当的移动，调整好竹叶的位置和大小，结果如图 6-29 所示。

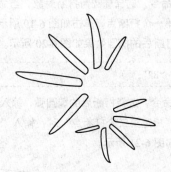

图 6-27　旋转复制竹叶　　　　　　图 6-28　复制缩放竹叶　　　　　　图 6-29　棕竹绘制结果

12 单击绘图工具栏 ▢ 按钮，将绘制好的棕竹平面图定义为图块，名称为"棕竹"，将图块插入点定义为图形的中心，图形绘制完成。

提　示："创建块"命令的快捷键为"B"。

041 绿篱

绿篱是"用植物密植而成的围墙",是园林中比较重要的一种应用形式,它具有隔离和装饰美化作用,广泛应用于公共绿地和庭院绿化。绿篱可分为高篱、中篱、矮篱、绿墙等,多采用常绿树种。本实例讲述绿篱平面的绘制方法和操作步骤。

	文件路径:	DWG\06 章\041 例.dwg
	视频文件:	AVI\06 章\041 例.avi
	播放时长:	2 分 02 秒

01 单击绘图工具栏 □ 按钮,绘制一个尺寸为 2340×594 的矩形,表示绿篱的范围,如图 6-30 所示。

02 单击绘图工具栏 ↗ 按钮,绘制出绿篱的轮廓,如图 6-31 所示。

03 删除矩形。将绘制的绿篱定义为图块,指定图形左上角点为插入点。

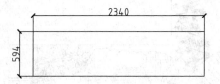

图 6-30 绘制矩形

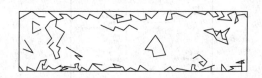

图 6-31 绘制绿篱轮廓

042 地被植物

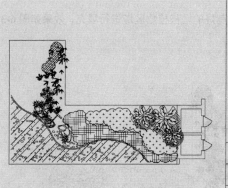

地被植物在园林中功能性极强,能解决环境绿化和美化中的许多实际问题,如护坡、保持水土等。它们能够展现出一种整体性的自然美感。地被植物种类繁多,有草本类、灌木类、藤本类、蕨类、竹类等。对于自然生长、不进行修剪的地被植物来说,可用图块表示。本实例讲述地被植物的绘制方法和操作步骤。

	文件路径:	DWG\06 章\042 例.dwg
	视频文件:	AVI\06 章\042 例.avi
	播放时长:	2 分 21 秒

01 打开本书配套光盘"第 6 章\例 042.dwg"文件,如图 6-32 所示。

02 单击绘图工具栏 ↗ 按钮,通过"拟合"命令,勾勒出地被植物的大致轮廓,效果如图 6-33 所示。

03 单击绘图工具栏 ▨ 按钮,打开"图案填充和渐变色"对话框,在"图案"下拉列表中选择"HOUND"

第 6 章

选项，设置角度为 0，比例为 15，设置参数如图 6-34 所示。

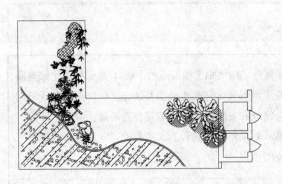

图 6-32 打开原文件　　　　　　　　　　　图 6-33 勾勒地被植物轮廓

04 单击"边界"选项组"添加：拾取点"按钮，选择绘制好的地被植物区域，进行填充，效果如图 6-35 所示。

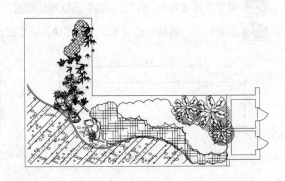

图 6-34 设置填充参数　　　　　　　　　　图 6-35 填充结果

05 单击绘图工具栏 按钮，打开"图案填充和渐变色"对话框，在"图案"下拉列表中选择"CROSS"选项，设置角度为 0，比例为 6，设置参数如图 6-36 所示。

06 单击"边界"选项组"添加：拾取点"按钮，选择绘制好的地被植物区域进行填充，效果如图 6-37 所示。

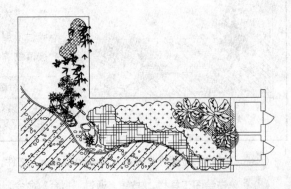

图 6-36 设置填充参数　　　　　　　　　　图 6-37 地被植物绘制结果

043　草坪

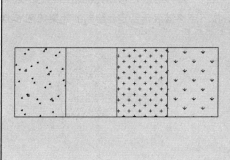

草坪是园林绿化的重要组成部分。草坪就如同园林平面构图中的底色和基调，如果没有草坪的存在，那么树木、花草、建筑、山石等景物就会显得杂乱无章。草坪将这些元素协调统一起来，衬托主景、突出主题，形成一幅完整的图画。本实例讲述草坪的绘制方法。

文件路径：	DWG\06 章\043 例.dwg
视频文件：	AVI\06 章\043 例.avi
播放时长：	3 分 03 秒

01 单击绘图工具栏 □ 按钮，绘制一个矩形，单击绘图工具栏 按钮，打开"图案填充和渐变色"对话框。

02 在"图案"下拉列表中选择"AR-CONC"选项，设置角度为 0，比例为 1，在"边界"选项中，单击"边界"选项组"添加：拾取点"按钮，选择绘制好的草坪区域，进行填充，效果如图 6-38 所示。

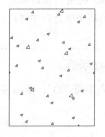

图 6-38　填充效果

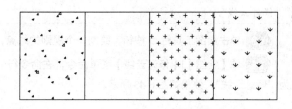

图 6-39　常用的草坪填充图案

提　示： 在 AutoCAD 2013 中，绘制草坪主要是绘制出草坪的轮廓，并对其进行图案填充，较为常用的草坪图案填充有 4 种，如图 6-39 所示。从左往右依次是"AR-CONC"、"AR-SAND"、"CROSS"、"GRASS"，这里只做简单的讲述。

044　种植轮廓线

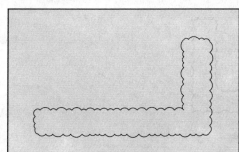

对于植株数量较多的乔灌木，如丛植、群植、林植或篱植等，不宜按照确切数量进行绘制。为了避免图样混乱，通常只绘制出种植轮廓线，及灌木丛或树冠垂直投影在平面上的线。本案例讲述种植轮廓线的绘制方法。

文件路径：	DWG\06 章\044 例.dwg
视频文件：	AVI\06 章\044 例.avi
播放时长：	3 分 38 秒

01 执行【绘图】|【修订云线】菜单命令，当命令行提示"指定起点或［弧长（A）/对象（O）/样式（S）］<对象>:"时，输入"A"，指定新的最小和最大弧长分别为 100 和 300，沿着"十字光标"的移动路径生成云线，效果如图 6-40 所示。

02 可以随时按 Enter 键停止"修订云线"命令，如果要闭合"修订云线"，移动光标返回到它的起点即可。当命令行提示"反转方向［是（Y）否（N）］<否>:"时，按下空格键表示否定，绘制的效果如图 6-41 所示。

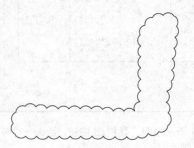

图 6-40　沿着光标生成云线　　　　　　　　　　　图 6-41　绘制种植轮廓线

提示：绘制"修订云线"时，最大弧长不能超过最小弧长的 3 倍，使用"修订云线"可以绘制自然的种植轮廓，但是如果绘制规则种植的绿篱时，则不适用。绘制规则种植的绿篱，可将规则的对象转换为"修订云线"。

03 单击绘图工具栏 按钮，绘制一个规则的绿篱，效果如图 6-42 所示。

04 单【绘图】|【修订云线】菜单命令，在命令行的提示下，输入字母"O"，选择多段线，将其转换为"修订云线"，效果如图 6-43 所示。

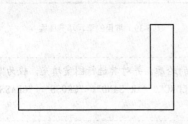

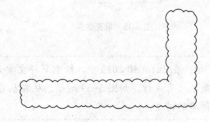

图 6-42　绘制一个规则的绿篱　　　　　　　　　　图 6-43　将多段线转换为修订云线

05 如果需要反转"修订云线"，可在命令行提示"反转方向[是（Y）/否（N）]<否>:"时，输入"Y"表示确定，反转结果如图 6-44 所示。

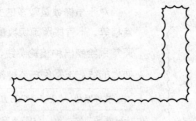

图 6-44　反转修订云线

045　定义植物块属性

为了能够重复使用绘制好的植物图块，方便后面绘制苗木统计表，可以为绘制的植物图形定义属性。属性也是组成图块的一部分，但它不是图形而是文字。一个带有属性的图形可以在不分解的情况下，编辑其属性值，一个植物图形，在插入不同的文字时，规格会改变。本案例讲述为植物块定义属性。

文件路径：	DWG\06 章\045 例.dwg
视频文件：	AVI\06 章\045 例.avi
播放时长：	3 分 55 秒

01 打开本书配套光盘"第 6 章\例 039.dwg"文件；为其创建一个带有属性的植物图块。定义属性特征，执行【绘图】|【块】|【定义属性】菜单命令，弹出"属性定义"对话框，如图 6-45 所示。

02 在"模式"选项组中勾选"不可见"选项，在"属性"选项组中的"标记"文本框中输入"名称"，在"提示"文本框中输入"请输入植物名称"，在"默认"文本框中输入"散尾葵"，在"文字设置"选项组中的"文字高度"文本框中输入 200，如图 6-46 所示。

图 6-45　"属性定义"对话框　　　　图 6-46　"属性定义"对话框

03 单击"确定"按钮，返回绘图窗口，在如图 6-47 所示位置单击，指定文字的插入基点。

图 6-47　指定文字的插入点

04 以相同的方法定义其他属性，不同的是，可以勾选"在上一个属性定义下对齐"复选框，而不再需要指定文字的插入点，如图 6-48 所示。

05 属性定义完毕，最终效果如图 6-49 所示。

图 6-48　"属性定义"对话框

图 6-49　属性定义

06 单击绘图栏工具 按钮，打开"块定义"对话框，在"名称"文本框中输入"散尾葵"，选择如图 6-49 所示的图形和文字，指定图形的中点为图块的插入点，单击"确定"按钮，关闭对话框，在弹出的"编辑属性"对话框中直接单击"确定"按钮，如图 6-50 所示。

07 要编辑带有属性的图块，可以双击图形，弹出"增强属性编辑器"对话框，如图 6-51 所示。

08 单击"属性"标签，选择需要编辑的属性行，在"值"旁边的文本框中输入图形的内容，用相同的方法定义其他的块属性。

图 6-50　"块定义"对话框

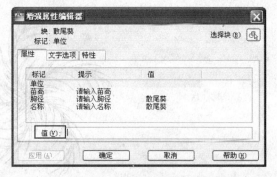

图 6-51　"增强属性编辑器"对话框

046　小景区植物配置

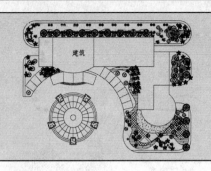

　　园林植物配置是园林规划设计的重要环节。植物种植设计施工是植物种植施工的依据，它能准确表达出设计者的思想和意图。本实例讲述小景区植物的配置，通过该实例的练习掌握地被植物、乔灌木以及绿化的布置方法。

文件路径：	DWG\06 章\046 例.dwg	
视频文件：	AVI\06 章\046 例.avi	
播放时长：	5 分 35 秒	

01 打开本书配套光盘"第 6 章\例 046.dwg"文件，如图 6-52 所示。

02 绘制地被植物。地被植物种类繁多，对于自然生长的，不进行修剪的地被植物来说，可以用图块表现。新建"地被植物"图层，并将该图层置为当前层。单击绘图工具 ∿ 按钮，绘制出地被植物的大致走向及轮廓，单击修改工具栏 ▱ 按钮以及使用"夹点编辑"命令，绘制出地被植物各区域种植轮廓线，效果如图 6-53 所示。

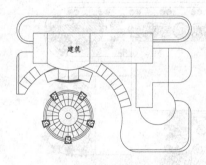

图 6-52　打开原文件

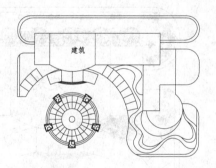

图 6-53　绘制地被植物种植轮廓线

03 单击绘图工具栏 ▨ 按钮，为地被植物进行图案填充，效果如图 6-54 所示。

04 绘制绿篱。新建"绿篱"图层，并将该图层置为当前图层；执行【绘图】|【修订云线】菜单命令以及绘图工具栏 ∿ 按钮，绘制出绿篱的种植轮廓线；单击绘图工具栏 ▨ 按钮，为绿篱进行图案填充，效果如图 6-55 所示。

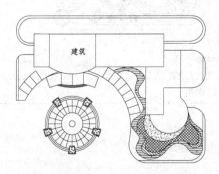

图 6-54　填充地被植物

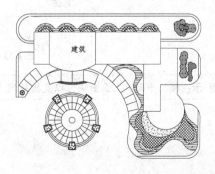

图 6-55　绘制绿篱

05 绘制乔灌木。新建"乔灌木"图层，并将其置为当前图层。执行【插入】|【块】菜单命令，如图 6-56 所示，单击"浏览"按钮，找到本书配套光盘中的"第 6 章\植物平面.dwg"文件，将图块插入至图形中。单击修改工具栏 按钮，调整图块的大小；单击修改工具栏 按钮，选择需要的植物，复制移动到总平面图的位置中，效果如图 6-57 所示。

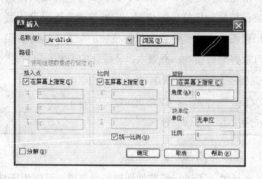

图 6-56 "插入图块"对话框

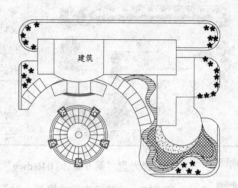

图 6-57 插入乔灌木

06 以同样的方法插入其他乔、灌木植物图块，最终效果如图 6-58 所示。

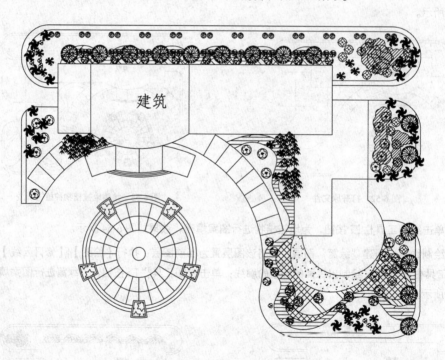

图 6-58 乔灌木绘制结果

🔊 **提 示：** 植物平面、立面图块可以直接从网上下载，进行调用。

第7章
园林水体的设计与绘制

　　自然界的水千姿百态，其风韵、气势等均能给人以美的享受，引起游赏者无穷的遐思，也是人们据以艺术创作的源泉。因此，水是园林风景中非常重要的因素之一。不论是皇家苑囿的沧海湖泊，还是民间园林、庭院的一池一泓，都具有独特的风格和浓郁的自然风貌，包含着诗情画意，体现了我国的理水手法，展现出东方文化的特色。

　　本章通过实例的练习，来掌握园林水体的绘制和表示方法。

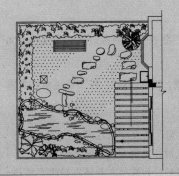

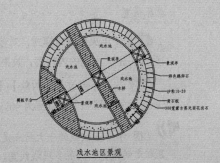

戏水池区景观

047 池岸

　　绘制水体，首先要绘制出池岸，以表现出水体的位置和面积。池岸无论规则与否，通常都会先使用"多段线"命令绘制成直线段或者曲线段。不规则的池岸则是在多线段上添加大小不一的石块。本实例讲述曲线池岸的绘制，通过本实例的学习，掌握池岸的绘制方法和操作步骤。

	文件路径：	DWG\07 章\047 例.dwg
	视频文件：	AVI\07 章\047 例.avi
	播放时长：	5 分 09 秒

　　01 打开本书配套光盘"第 7 章\例 047.dwg"文件，将"水体"置为当前图层。单击绘图工具栏 ⤴ 按钮，绘制一条多段线表示水池的轮廓线，效果如图 7-1 所示。

　　02 执行【修改】|【对象】|【多段线】命令，选择水池的轮廓线，输入"F"，按下空格键表示选择"拟合"命令，再按下空格键，将多段线转换成圆弧，效果如图 7-2 所示。

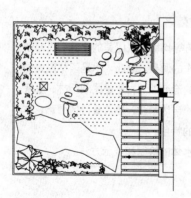

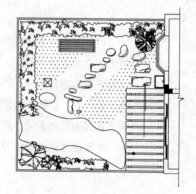

图 7-1 绘制多段线　　　　　　　　　　　　　　图 7-2 拟合多段线

　　　提 示：编辑多段线命令中的"拟合（F）"与"样条曲线（S）"都能将多段线转换为弧线，但又有所不同。"拟合"命令是创建一系列的圆弧合并每对顶点，转换后的弧线与原多段线相差不大，但会产生大量夹点。而"样条曲线"是创建样条曲线的近似线，转换后的弧线变化不大，但夹点数量不变，仍然固定在原位置。

　　03 使用夹点编辑模式，对多段线做出稍微的调整；单击修改工具栏 ⤴ 按钮，将多段线向内偏移 100 的距离，生成水池的内轮廓，效果如图 7-3 所示。

　　04 执行【修改】|【对象】|【多段线】命令，选择需要修改的多段线，输入"W"，按下空格键，并指定所选择的多段线的新线宽为 40，加粗水池的外轮廓，效果如图 7-4 所示。

　　　提 示：多段线的一大特点是，不仅可以给不同的线段设置不同的线宽，而且可以在同一线段内部设置渐变的线宽。设置多段线线宽，需在命令行中选择宽度选项。设置线宽时，先输入线段起点的线宽，再输入线段终点的线宽。如果起点和终点线宽相等，那么线段的宽度是均匀的；如果起点和终点的线宽不相等，那么，将产生由起点线宽到终点线宽的渐变。

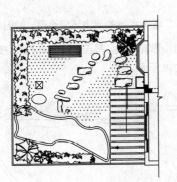

图 7-3 绘制水池内轮廓

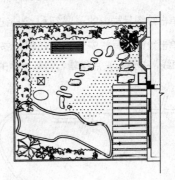

图 7-4 加粗多段线

05 为了美化池岸，可以在岸边添加一些卵石，形成一个卵石驳岸。单击绘图工具栏 按钮，绘制大小不等的椭圆，随机排列在池岸周围，效果如图 7-5 所示。

06 为了增加水面的真实性，可以添加一些水纹效果。单击绘图工具栏 按钮，绘制长短不一的直线；打开"线性管理器"对话框，单击"加载"按钮，在"可用线型"下拉列表中选择"ZIGAG"线型，将线型改为波浪线，表示水体的涟漪，效果如图 7-6 所示。

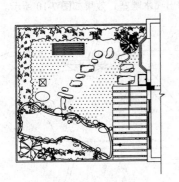

图 7-5 绘制石块驳岸

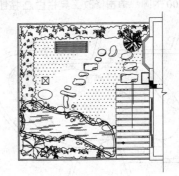

图 7-6 绘制水纹效果

提示：在 AutoCAD 制图中，若转换线型后没有任何变化，双击该线段，在弹出的"特性"对话框的"比例"选项中，输入适当的线型比例数值即可。

---

048 水池、水景平面图

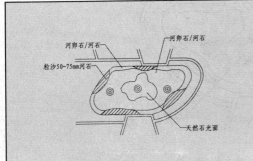

河卵石/河石
河卵石/河石
粒沙50~75mm河石
天然石光面

水池面积相对较小，多取人工水水源，它一般布置在广场中心、门前或门侧、园路尽端以及与亭、廊、花架等组合在一起。水池中还可以种植水生植物、饲养观赏鱼和设喷泉、灯光等。本实例讲述水池以及水面景观的绘制方法和操作步骤。

文件路径：	DWG\07 章\048 例.dwg
视频文件：	AVI\07 章\048 例.avi
播放时长：	4 分 35 秒

第
7
章

01 单击绘图具栏中的 ✏ 按钮和 ✎ 按钮，绘制好道路、小广场等水池的周边环境造型，如图 7-7 所示。

02 单击绘图工具栏中的 ✏ 按钮和 ✎ 按钮，勾勒出水池的外形轮廓线。单击绘图工具栏 ∿ 按钮，绘制水池内轮廓线，并进行夹点编辑，得到水池的基本形状，如图 7-8 所示。

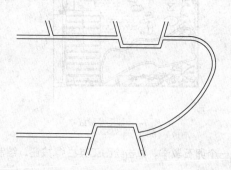

图 7-7 绘制水池周边环境造型

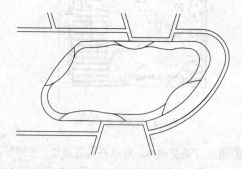

图 7-8 绘制水池基本形状

03 单击绘图工具栏 ⌐ 按钮，绘制水池中心景观的造型，效果如图 7-9 所示。

04 绘制喷水雕塑。在平面图中，喷水雕塑只需绘出其轮廓即可。单击绘图工具栏 ⊙ 按钮，绘制一个半径为 500 的圆；单击修改工具栏栏 ⟳ 按钮和 ⊹ 按钮，绘制出喷水雕塑，效果如图 7-10 所示。

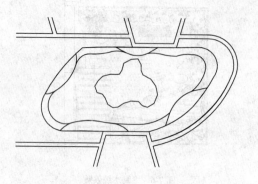

图 7-9 绘制水池中心景观

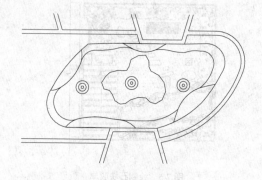

图 7-10 绘制喷水雕塑

05 单击绘图工具栏中的 ▨ 按钮，对水池进行材料图例填充；执行【标注】|【多重引用】菜单命令，为图形注写文字说明，效果如图 7-11 所示。

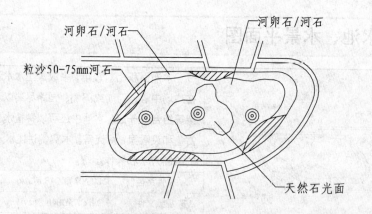

图 7-11 填充材料图例和注写文字说明

049　园林喷水水景平面造型

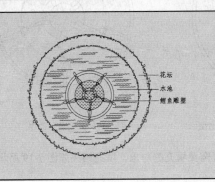

喷水水景造型的应用，使得整个喷水景观更具活力、更为美观。本实例讲述园林喷水水景平面造型的绘制方法。

	文件路径：	DWG\07 章\049 例.dwg
	视频文件：	AVI\07 章\049 例.avi
	播放时长：	10 分 52 秒

01 单击绘图工具栏 ⊘ 按钮，绘制半径为 2500 和 2030 的两个同心圆；单击绘图工具栏 ⊃ 按钮，勾勒出绿篱的轮廓线，绘制好花坛，效果如图 7-12 所示。

02 重复 ⊘ 按钮，以同心圆的圆心为圆心绘制一个半径为 1000 的圆；单击修改工具栏 ◓ 按钮，将其向内依次偏移 100、300、300 和 100 的距离，效果如图 7-13 所示。

03 单击绘图工具栏 ╱ 按钮以及 ∿ 按钮，勾勒出水景周围喷水动物的基本造型，如图 7-14 所示。

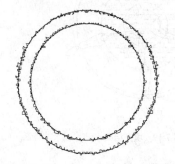 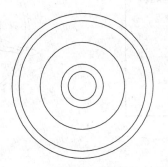 

图 7-12　绘制圆和绿篱轮廓线　　　　图 7-13　绘制并偏移圆　　　　图 7-14　勾画动物造型

🔊 **提示：** "偏移" 命令的快捷键为 "O"，在使用 "偏移" 命令时，须先在命令行中输入偏移距离，然后再选择偏移对象进行偏移，否则，该命令将不能操作。

04 单击绘图工具栏 ╱ 按钮、∿ 按钮以及 ⊘ 按钮，勾画出喷水动物的头部细节以及尾部，头部细节轮廓以及尾部随机勾画，做到形似即可，效果如图 7-15 所示。

05 单击修改工具栏 ▯ 按钮，将绘制的水景动物缩放至合适的比例；单击修改工具栏 ✛ 按钮，将其移动到水池下方位置；单击绘图工具栏 ╱ 按钮，从动物头部向圆心勾画弧形，形成喷水效果，效果如图 7-16 所示。

06 执行【修改】|【阵列】|【环形阵列】菜单命令，以圆心为中心点，设置项目数为 5，填充角度为 360°，选择已绘制好的喷水动物为阵列对象，将其阵列，效果如图 7-17 所示。

07 单击绘图工具栏 ▨ 按钮，打开 "图案填充和渐变色" 对话框，在 "图案" 下拉列表中选择 "DASH" 选项，设置角度为 0，比例为 20，设置参数如图 7-18 所示。

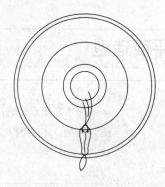

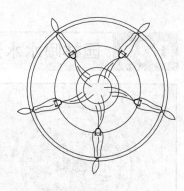

图 7-15　勾画头部细节及尾部　　　　图 7-16　布置动物喷水造型　　　　图 7-17　阵列喷水动物

08 单击"边界"选项组"添加：拾取对象"按钮，选择需要填充的对象，填充结果如图 7-19 所示。

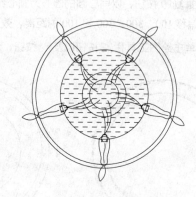

图 7-18　"图案填充及渐变色"对话框　　　　　　　图 7-19　填充结果

09 单击修改工具栏 ✛ 按钮，移动水池到绘制好的花坛内；单击绘图工具栏 ✎ 按钮，绘制长短不一的直线；打开"线性管理器"对话框，单击"加载"按钮，在"可用线型"下拉列表中选择"ZIGAG"线型，将线型改为波浪线，表示水体的涟漪；执行【标注】|【多重引用】菜单命令，为图形注写文字说明，完成园林喷水水景平面造型的绘制，最终效果如图 7-20 所示。

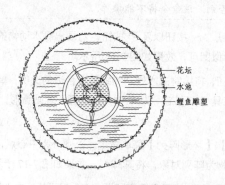

图 7-20　最终效果

🔊　**提示：** 为了简便，也可以通过"直线"命令和"多段线"命令，直接绘制直线，用以表示水纹效果。

050　园林喷水景观立面造型

建筑立面图能清楚、形象地表现出建筑物的特征，使人一目了然。本实例讲述园林喷水景观立面造型的绘制方法与技巧，通过该实例的练习，掌握景观立面图的绘制方法和操作步骤。

	文件路径：	DWG\07 章\050 例.dwg
	视频文件：	AVI\07 章\050 例.avi
	播放时长：	10 分 38 秒

01 平面图参照例 049。单击绘图工具栏 ⌐ 按钮，指定起点，按 "F8" 打开正交模式，输入 "W" 指定多段线线宽为 40，绘制一条水平线作为地平线，如图 7-21 所示。

图 7-21　绘制地平线

02 绘制池底造型。因为此图形为轴对称图形，只需先绘制一半，另外一半可以通过镜像得到。综合使用绘图工具栏 ✐ 按钮和 ✐ 按钮以及修改工具栏 ✐ 按钮和 ✂ 按钮，得到池底的一半，效果如图 7-22 所示。

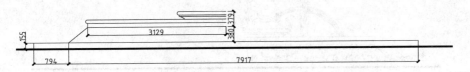

图 7-22　绘制池底

03 绘制植物轮廓线。执行【绘图】|【修改云线】菜单命令，当命令行提示指定起点或 "[弧长（A）/对象（O）/样式（S）] <对象>:" 时，输入 "A"，指定新的最小和最大弧长分别是 100 和 300，沿着 "十字光标" 的移动路径生成云线，绘制出绿篱，效果如图 7-23 所示。

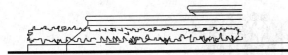

图 7-23　绘制植物轮廓线

04 绘制水池中间喷水动物立面造型。单击绘图工具栏 ✐ 按钮和 ～ 按钮，勾勒出喷水动物头部立面的造型轮廓，做到形似即可，再通过填充可得，效果如图 7-24 所示。

图 7-24　绘制喷水动物头部造型

05 单击绘图栏工具 ✏ 按钮，绘制鱼鳞，单击修改工具栏 ❄ 按钮，复制鱼鳞；单击绘图栏工具 ✏ 按钮，绘制好鱼尾，效果如图 7-25 所示。

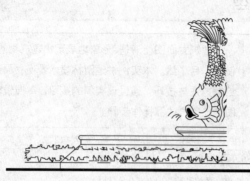

图 7-25　绘制鱼身及鱼尾

06 绘制喷水线和流水线。喷水水线从动物口部射向水池，流水线从动物尾部流向水池。单击绘图工具栏 ✏ 按钮，绘制喷水线和流水线，形成喷水效果，如图 7-26 所示。

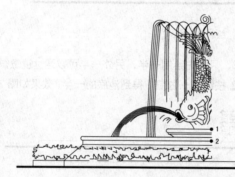

图 7-26　绘制喷水线与流水线

07 单击修改工具栏 ⚏ 按钮，选择需要镜像的物体，按下空格键，指定图 7-26 所示的点 "1" 为镜像线的第一点，指定图 7-26 所示的点 "2" 为镜像线的第二点；当命令行提示 "要删除源对象吗?[是（Y）/否（N）]<N>:" 时，按下空格键表示否定，镜像结果如图 7-27 所示。

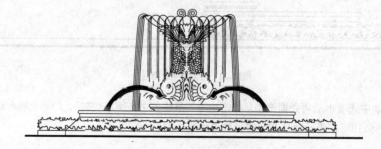

图 7-27　镜像动物喷水造型

🔊 **提　示:** "镜像" 命令的快捷键为 "MI"。

08 绘制乔木立面。执行【插入】|【块】菜单命令，在弹出的对话框中单击 "浏览" 按钮，找到本书配套光盘中的 "第 7 章\植物立面.dwg" 文件，将图块插入至图形中；单击修改工具栏 ⬚ 按钮，调整图块的

大小；单击修改工具栏 按钮，选择需要的植物，复制移动到立面图的位置中。人物立面的绘制方法同乔木的绘制方法大致相同，不再详细讲述，效果如图 7-28 所示。

09 绘制标高符号。单击绘图工具栏 按钮，用细实线绘制出标高符号；单击绘图工具 A 按钮，绘制标高符号上方的数字；单击修改工具栏 按钮，将标高符号和数字移动到标高点上，双击标高数字，即可对其进行修改，效果如图 7-29 所示。

图 7-28　插入植物及人物立面

$$\pm 0.000$$

图 7-29　绘制标高符号

10 为园林喷水景观立面添加标注。执行【标注】|【线性】菜单命令，为其喷水景观立面标注尺寸，最终效果如图 7-30 所示。

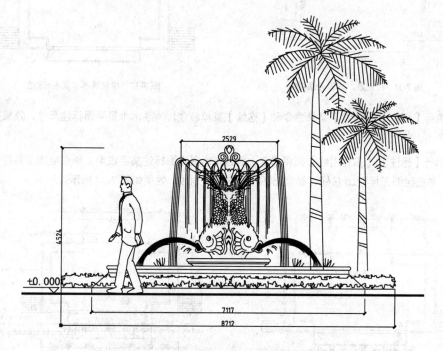

图 7-30　喷水景观立面绘制结果

🔊 **提示：** 在绘制景观的立面图形过程中，一般可以通过使用绘制辅助线的方法，再对其进行修剪得到立面景观的大致轮廓，然后在刻画出立面景观的细部即可。

051 跌水池平面图

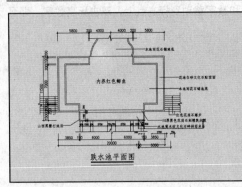

跌水池平面图

园林跌水是园林水景中另一景观，是连接两段高程不同的渠道的阶梯式跌落建筑物，跌水沟底为阶梯型，呈瀑布跌落式的水流；有天然跌水和人工跌水之别，人工跌水主要用于缓解高处落水的冲力。本实例主要讲述园林跌水平面图的绘制方法和操作步骤。

文件路径：	DWG\07 章\051 例.dwg	
视频文件：	AVI\07 章\051 例.avi	
播放时长：	11 分 48 秒	

01 单击绘图工具栏 ✏ 按钮和 ✏ 按钮，绘制跌水水景的轮廓线以及跌水水景周边的设施，效果如图 7-31 所示。

02 单击修改工具栏 ⚏ 按钮，将轮廓线向内偏移；单击修改工具栏 ⚏ 按钮，对图形进行修剪；单击修改工具栏中 ✐ 按钮，删除多余的线条，得到跌水水景平面效果，如图 **7-32** 所示。

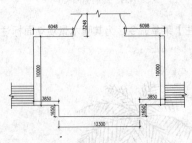

图 7-31 绘制跌水水景轮廓线

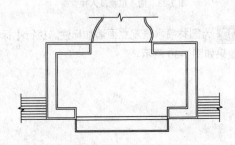

图 7-32 绘制跌水水景内部造型

03 执行【标注】|【线性】菜单命令和【连续】菜单命令，为跌水水景平面标注尺寸，效果如图 7-33 所示。

04 执行【标注】|【多重引线】菜单命令，为跌水水景平面标注文字说明；单击绘图工具栏 **A** 按钮，注写图名；单击绘图工具栏 ↩ 按钮，绘制出图名下方的下划线，效果如图 7-34 所示。

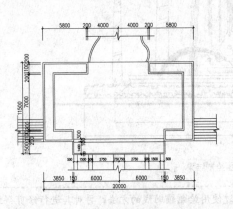

图 7-33 标注尺寸

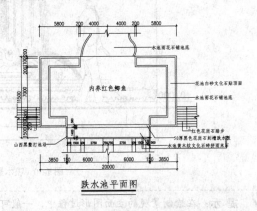

跌水池平面图

图 7-34 注写图名及文字说明

052 跌水池立面图

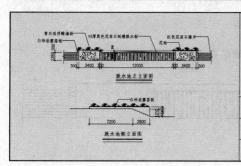

本实例讲述跌水水景正、侧立面图的绘制过程和方法，通过该实例的练习，掌握跌水类水景正、侧立面图的绘制方法和操作步骤。

	文件路径：	DWG\07 章\052 例.dwg
	视频文件：	AVI\07 章\052 例.avi
	播放时长：	13 分 40 秒

01 平面图参考例 051。绘制跌水池正立面。单击绘图工具栏 ✐ 按钮，绘制一条水平直线和垂直直线，效果如图 7-35 所示。

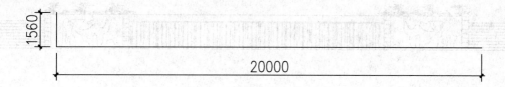

图 7-35　绘制水平直线和垂直线

02 单击修改工具栏 ⟠ 按钮，偏移生成跌水池正立面的辅助线，效果如图 7-36 所示。

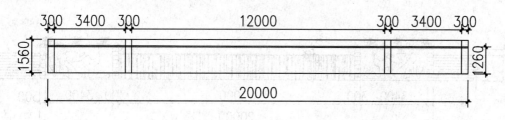

图 7-36　偏移生成辅助线

03 单击修改工具栏 ⊬ 按钮，对辅助线进行修剪，得到跌水池正立面的轮廓，效果如图 7-37 所示。

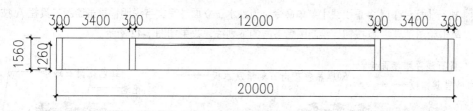

图 7-37　绘制轮廓线

04 单击绘图工具栏 ✐ 按钮以及修改工具栏 ⟠ 按钮，绘制出台阶的正立面以及砂岩板的造型，效果如图 7-38 所示。

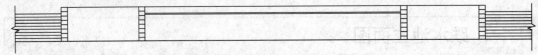

图 7-38　绘制台阶立面

05 单击绘图工具栏 按钮，为跌水水景正立面进行图案填充，效果如图 7-39 所示。

图 7-39　填充立面图例

06 单击绘图工具栏 按钮以及 按钮，绘制出植物、花池及墙面装饰，效果如图 7-40 所示。

图 7-40　绘制植物、花池及墙面装饰

07 执行【标注】|【线性】菜单命令和【连续】菜单命令，为跌水水景正立面标注尺寸，效果如图 7-41 所示。

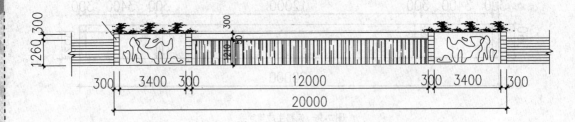

图 7-41　标注尺寸

08 执行【标注】|【多重引线】菜单命令，为跌水正立面注写文字说明；单击绘图工具栏 **A** 按钮，注写图名；单击绘图工具栏 按钮，绘制图名下方的下划线，效果如图 7-42 所示。

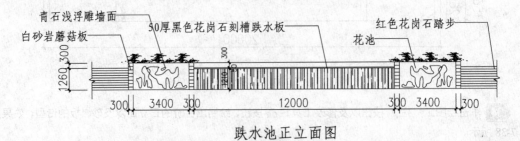

图 7-42　跌水水景正立面

09 绘制跌水池侧立面图。单击绘图工具栏 ⤵ 按钮以及 ⁄ 按钮，绘制跌水水景侧立面，效果如图 7-43 所示。

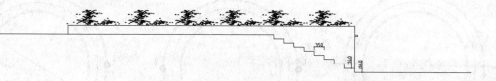

图 7-43　绘制跌水水景侧立面

10 标注及文字说明。方法同绘制跌水水景正立面图相同，不再详细讲述，最终效果如图 7-44 所示。

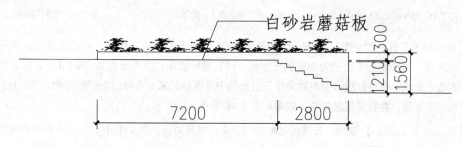

跌水池侧立面图

图 7-44　跌水水池侧立面图

053　戏水池区景观

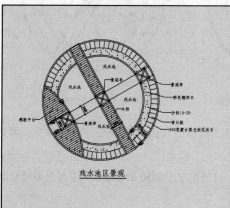

戏水池区景观

在园林中，水体除了造景的功能外，还可以用于各种水上活动，如钓鱼、游泳、嬉戏玩耍、养鱼种藕等，既增加游赏内容，又能增加经济效益。同时水也能制造各种气氛，给人以不同的感受。本实例讲述戏水池的绘制方法和操作步骤。

文件路径：	DWG\07 章\053 例.dwg	
视频文件：	AVI\07 章\053 例.avi	
播放时长：	10 分 57 秒	

01 单击绘图工具栏 ⊙ 按钮，绘制 5 个同心圆，半径分别为 11100、11400、13200、15000 和 15297，效果如图 7-45 所示。

02 单击绘图工具栏 ⁄ 按钮，连接如图 7-46 所示的点 1 和点 2，绘制它的一条垂直线，选择绘制好的两条垂直线，单击修改工具栏 ⟳ 按钮，指定基点为所有圆形共同的圆心，旋转角度为 30°，将直线分别旋

转作为辅助线，效果如图 7-47 所示。

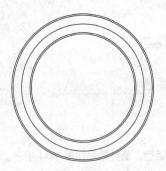

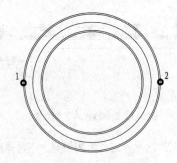

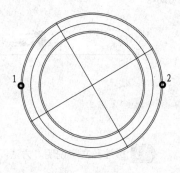

图 7-45　绘制同心圆　　　　　图 7-46　指定点 1、点 2　　　　　图 7-47　旋转辅助线

03 单击绘图工具栏 □ 按钮，绘制一个边长为 3000 的正方形；单击修改工具栏 △ 按钮，将矩形向内偏移 300 的距离；再绘制一个边长为 300 的正方形，对它进行填充，填充图案为 "SOLID"，将它移动复制到大矩形的各个角点；使用直线命令将对角小正方形的中点连接起来；选择绘制好的图形，将其旋转 30°，得到一个景观亭平面，并将其定义成块，效果如图 7-48 所示。

04 单击修改工具栏 ✛ 按钮，选择景观亭的中心点，将其对齐到圆心的中心点，沿着辅助线移动复制景观亭，效果如图 7-49 所示。

05 单击修改工具栏 △ 按钮，指定偏移的距离为 1200，指定如图 7-50 所示的第 1 条辅助线为偏移对象，进行偏移，绘制出木桥的外轮廓线；双击空格键，回到 "偏移" 命令，再指定偏移的距离为 1500，指定如图 7-50 所示的第 1 条辅助线为偏移对象，进行偏移，绘制出木桥的内轮廓线，效果如图 7-50 所示。

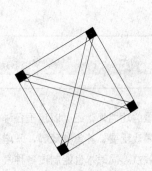

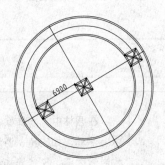

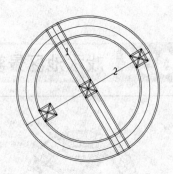

图 7-48　绘制景观亭　　　　　图 7-49　移动复制景观亭　　　　　图 7-50　绘制木桥

06 单击修改工具栏 ⊱ 按钮，对图形进行修剪，单击绘图工具栏 ▨ 按钮，对园桥进行图案填充，填充图案可以选择 "DOLMIT"，效果如图 7-51 所示。

07 绘制砂石路。砂石路的绘制方法同木桥的基本相似，只是指定图 7-50 的第 2 条辅助线为偏移对象就行了，这里不再详细讲述，效果如图 7-52 所示。

08 单击绘图工具栏 ⊘ 按钮，指定所有圆共同的圆心为圆心，绘制两个新圆，半径分别为 23000 和23300；单击修改工具栏 ⤳ 按钮，指定半径为 23300 的圆为选择对象，按下空格键，单击第 2 条辅助线为延伸对象，将其延伸，效果如图 7-53 所示。

09 单击修改工具栏 ✛ 按钮，选择圆形与辅助线的交点为基点，移动两个圆形，将其对齐到第一个景观亭，效果如图 7-54 所示。

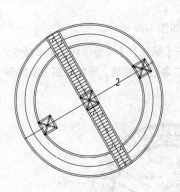

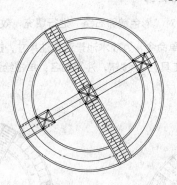
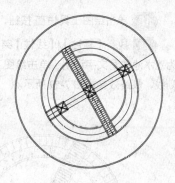

图 7-51　填充图案　　　　图 7-52　绘制砂石路　　　　图 7-53　绘制圆及延伸辅助线

🔊 提示：在命令提示行中输入 "M"，指定多次选择而不高亮显示对象，加快对复杂对象的选择过程。

10　单击修改工具栏 ⊹ 按钮，指定半径为 23300 的圆为选择对象，按下空格键，选择要修剪的对象，修剪掉两部分圆之间交叉的部分；再按下空格键，表示返回上级命令，指定半径为 15297 的圆形为选择对线，修剪掉半径为 15297 以外的圆；并对它进行填充，绘制好模板平台，效果如图 7-55 所示。

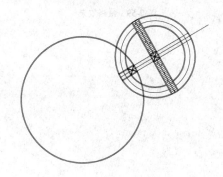
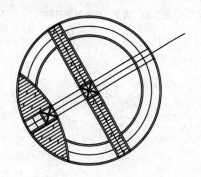

图 7-54　移动对齐圆　　　　　　　　　　图 7-55　绘制模板平台

11　单击绘图工具栏 ✐ 按钮，在半径为 13200 和半径为 15000 的两个圆之间绘制一条直线，如图 7-56 所示。

12　执行【修改】|【阵列】|【环形阵列】菜单命令，选择直线，指定所有圆共同的圆心为阵列的中心点，设置项目数为 60，填充的角度为 360°，绘制出青石板路；单击修改工具栏 ⟳ 按钮，将阵列好的青石板路 "分解"，删除多余的线条，效果如图 7-57 所示。

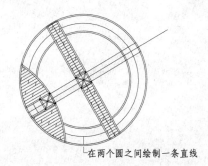
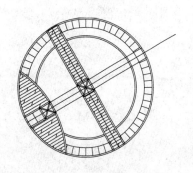

在两个圆之间绘制一条直线

图 7-56　绘制直线　　　　　　　　　　图 7-57　绘制青石板路

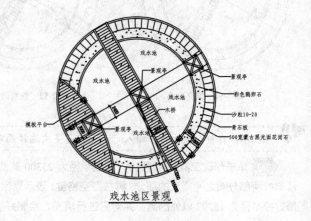

中文版 **AutoCAD 2013**
园林设计经典 **228** 例

13 单击绘图工具栏 █ 按钮，对"彩色鹅卵石路"进行填充，效果如图 7-58 所示。

14 执行【标注】|【线性】菜单命令，为戏水池景观标注尺寸；执行【标注】|【多重引线】菜单命令，为戏水池注写文字说明；单击绘图工具栏 **A** 按钮，注写图名；单击绘图工具栏 ⌐ 按钮，绘制出图名及其下划线，最终效果如图 7-59 所示。

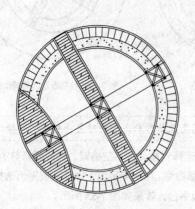

图 7-58　填充"彩色鹅卵石路"

图 7-59　最终效果

戏水池区景观

第 8 章
园林山石的设计与绘制

在园林，特别在庭院中，石是重要的造景素材。我国自古有"园可无山，不可无石"、"石头配树而华，树配石而坚"之说，可见山石在园林中的重要性。园林中的山石有多方面的功能。主要体现在造景与使用两大部分上，这一点与园林建筑极为相似。它可以与园林中的其他元素构成富于变化的景致，弱化人工痕迹，增添自然生趣，如美化驳岸、设置自然式的花台等。

在本章中，通过实例的练习来掌握园林山石的绘制方法和技巧。

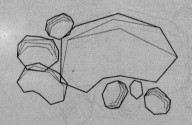

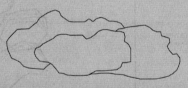

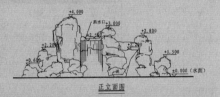

054 池岸景石

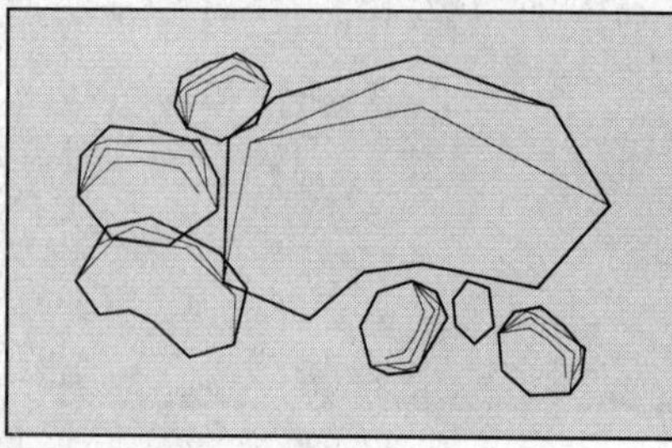

自然水体的边岸，多数是以石砌驳，以重力保持稳定，防止水土流失，同时也可以起到美化池岸、增加水面景观的作用。本实例主要讲述池岸景石的绘制方法和操作步骤。

文件路径：	DWG\08 章\054 例.dwg
视频文件：	AVI\08 章\054 例.avi
播放时长：	3 分 37 秒

01 创建新图层，命名为“池岸景石”，并置为当前图层。

提 示：快速更改图层的方法：选取图层中的任一对象，然后单击图层工具栏的“将对象的图层置为当前图层”按钮即可。

02 单击绘图工具栏 按钮，指定起点，输入“W”命令，指定多段线的宽度为 10，绘制出景石的外部轮廓，效果如图 8-1 所示。

03 单击绘图工具栏 按钮，指定起点，输入“W”命令，指定多段线的宽度为 0，绘制出景石的内部纹理，效果如图 8-2 所示。

提 示：与使用直线绘制的图形不同，使用多段线命令绘制的图形是一个整体，单击时会选择整个图形，不能分别选择编辑，因而使用“偏移”命令偏移时，一次即可完成。而使用直线绘制的图形的各线段是彼此独立的不同图形对象，需要对各个线段分别选择编辑。

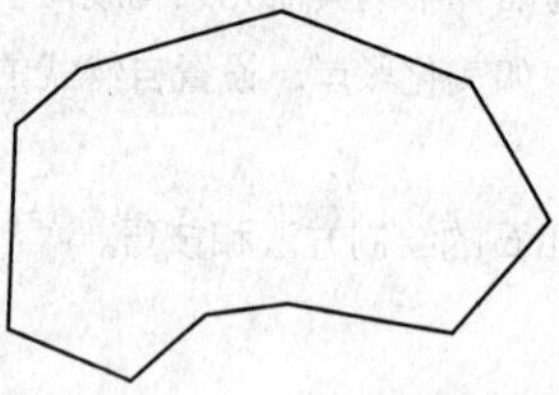

图 8-1 绘制景石外部轮廓

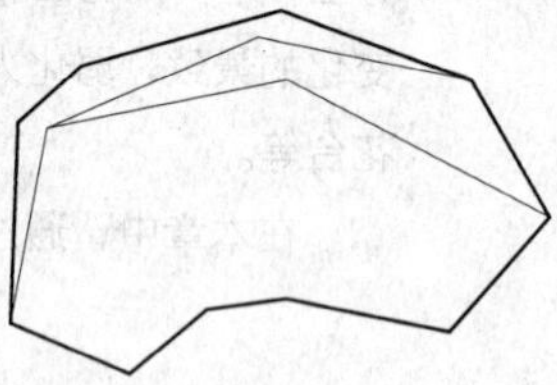

图 8-2 绘制景石内部纹理

04 单击绘图工具栏 按钮，打开“块定义”对话框，将块石定义成块，如图 8-3 所示。

05 用相同的方法绘制其他形状的池岸景石并定义为块，将石块移动到合适的位置，形成石块组合，效果如图 8-4 所示。

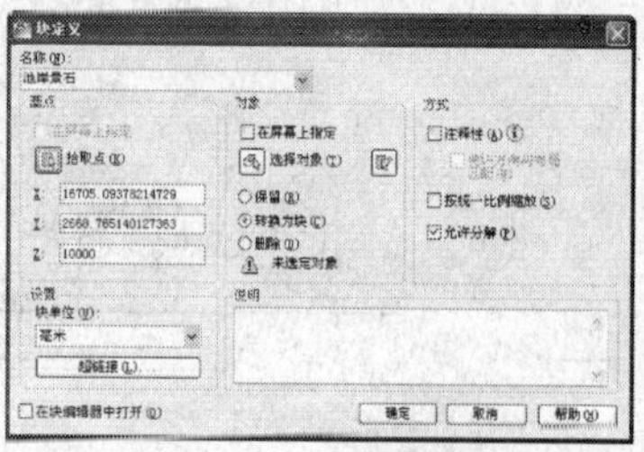

图 8-3 “块定义”对话框

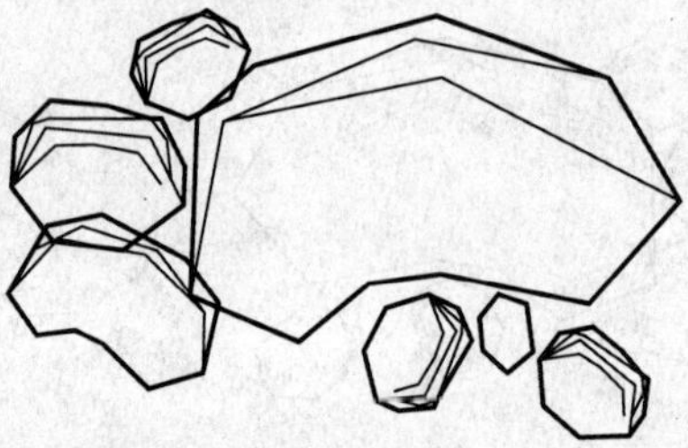

图 8-4 石块组合

第 2 篇

055　草坪步石

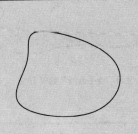

　　草坪步石用的主要是各种天然石块，或者铺装各种预制块料，因表面比较光滑，所以不必表现纹理。本实例讲述草坪步石的绘制方法和操作步骤。

文件路径：	DWG\08 章\055 例.dwg
视频文件：	AVI\08 章\055 例.avi
播放时长：	1 分 47 秒

01 单击绘图工具栏中的 ∿ 按钮，单击绘图区域，指定样条曲线的起点，即如图 8-5 所示的点 1，然后指定点 2-5 以创建样条曲线，输入 "C"，按下空格键闭合样条曲线。

02 创建完成的样条曲线未必令人满意，可以使用编辑夹点命令修改样条曲线的形状以及各个夹点位置，以得到所需要的效果，如图 8-6 所示。

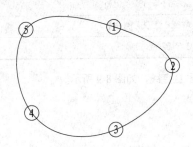

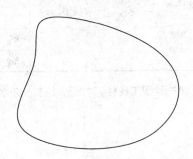

图 8-5　创建样条曲线　　　　　　　　　　图 8-6　编辑夹点修改样条曲线

056　乱石石块

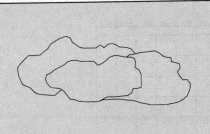

　　乱石石块形状各异，无规律可循，因此可以通过"徒手画线"命令进行绘制。本实例讲述乱石石块的绘制方法。

文件路径：	DWG\08 章\056 例.dwg
视频文件：	AVI\08 章\056 例.avi
播放时长：	1 分 47 秒

01 在命令行中直接输入 "sketch"，按下空格键确认，在"记录增量"提示下，输入最小线段长度为 10，按下空格键确认。

02 在"徒手画"提示下，单击起点表示放下"画笔"。"sketch"不接受光标输入，移动光标时，将以指定的长度绘制临时徒手画线段，临时线段以绿色显示，单击端点收起"画笔"，绘制出石块轮廓，效果如图 8-7 所示。

03 按下空格键，重复"徒手画线"命令，绘制其他线条，效果如图 8-8 所示。

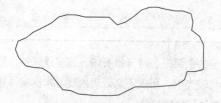

图 8-7 绘制"徒手画"线段

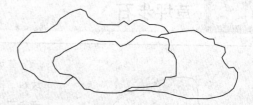

图 8-8 使用"徒手画线"绘制石块

057 假山平面图

假山是园林中以造景为目的，用土、石块等材料堆砌而成的小山。本实例讲述假山平面图的绘制方法和操作步骤。

	文件路径：	DWG\08 章\057 例.dwg
	视频文件：	AVI\08 章\057 例.avi
	播放时长：	3 分 57 秒

01 单击绘图工具栏 按钮，绘制一条水平直线和一条垂直直线，如图 8-9 所示。

图 8-9 绘制水平直线和垂直直线

02 单击修改工具栏 按钮，偏移生成定位轴线，效果如图 8-10 所示。

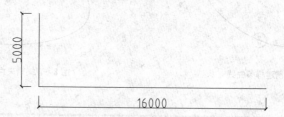

图 8-10 偏移生成定位轴线

03 单击绘图工具栏 按钮和 按钮，依据定位轴线，确定好假山的位置以及勾勒出假山的大体轮廓，效果如图 8-11 所示。

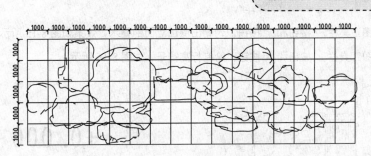

图 8-11　勾勒出假山的轮廓

04 单击绘图工具栏 ✏ 按钮和 **A** 按钮，绘制标高符号及文字，效果如图 8-12 所示。

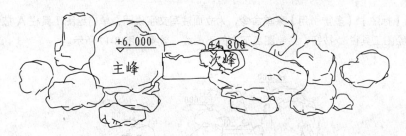

图 8-12　假山平面图绘制结果

058 假山立面图

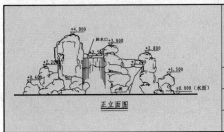

	假山立面的画法非常之简单，只要勾勒出假山立面的大致轮廓，形似即可。本实例讲述假山立面的绘制方法和操作步骤。
文件路径：	DWG\08 章\058 例.dwg
视频文件：	AVI\08 章\058 例.avi
播放时长：	7 分 43 秒

01 单击绘图工具栏 ↵ 按钮，指定起点，按"F8"打开正交模式，输入"W"指定多段线线宽为 40，绘制一条水平线作为地平线，效果如图 8-13 所示。

图 8-13　绘制地平线

02 单击绘图工具栏 ∿ 按钮和 ✐ 按钮，勾勒出假山立面的大体轮廓，效果如图 8-14 所示。

图 8-14　勾勒出假山立面轮廓

03 单击绘图工具栏∿按钮和╱按钮，勾勒出假山立面的叠水，效果如图 8-15 所示。

04 单击绘图工具栏╱按钮和 **A** 按钮，绘制标高符号，如图 8-16 所示。

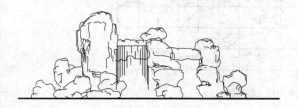

图 8-15　绘制叠水

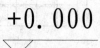

图 8-16　绘制标高符号

05 执行【标注】|【多重引用】菜单命令，为立面注写文字说明；单击绘图工具栏 **A** 按钮，注写立面图名称；单击绘图工具栏↩按钮，绘制图名下方的下画线，效果如图 8-17 所示。

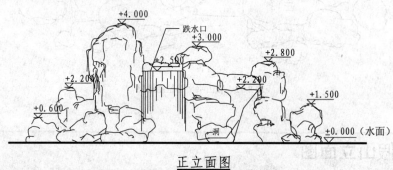

图 8-17　假山绘制结果

第 9 章
园林小品的设计与绘制

　　园林小品，是园林中供休息、装饰、照明、展示和为方便园林管理及游人用的小型建筑设施。一般设有内部空间，体量小巧，造型别致。园林小品既能美化环境，丰富园趣，为游人提供文化休息和公共活动的方便，又能使游人从中获得美的感受和良好的教益。园林小品虽属园林中的小型艺术装饰品，但其影响之深，作用之大，感受之浓的确胜过其它景物。一个个设计精巧、造型优美的园林小品，犹如点缀在大地中的颗颗明珠，光彩照人，对提高游人的生活情趣和美化环境起着重要的作用，成为广大游人所喜闻乐见的点睛之笔。

　　本章通过实例的学习，掌握园林小品的的绘制方法与技巧。

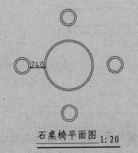

石桌椅平面图 1:20

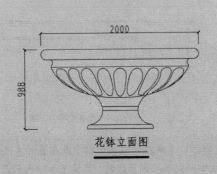

花钵立面图

树池立面图 1:30

059 带坐椅花池平面图

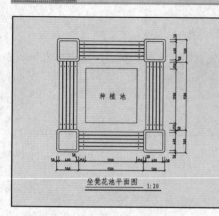

坐凳花池平面图 1:20

　　凡是种植花卉的种植槽，高者为台，低着为池。槽的形状是多种多样的，有单个的，也有组合型的，也有与将花池或休息座椅结合起来的，这样既能栽种植物，起到美化景观的作用，又能给人们提供休息的场所。目前广泛应用于各大建筑、广场、公园等地方。本实例讲述带坐椅花池平面图的绘制方法和操作步骤。

文件路径：	DWG\09 章\059 例.dwg
视频文件：	AVI\09 章\059 例.avi
播放时长：	9 分 3 秒

01 单击绘图工具栏 ▱ 按钮，指定第一个角点，在命令行中输入"D"；指定矩形的长度为 500，宽度为 500，绘制一个矩形，如图 9-1 所示。

02 单击修改工具栏 ▱ 按钮，指定偏移的距离为 50；选择矩形为偏移的对象，向内偏移，作为花池坐凳的角柱，如图 9-2 所示。

03 单击修改工具栏 ▱ 按钮，在命令行中输入"R"，指定圆角半径为 50，对边长为 500 的矩形进行倒圆角，以同样的方法将边长为 400 的矩形倒圆角，指定圆角半径为 15，效果如图 9-3 所示。

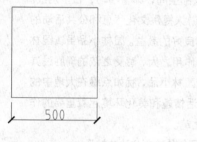

图 9-1　绘制矩形

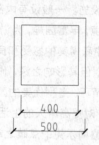

图 9-2　偏移矩形

图 9-3　将矩形倒圆角

04 单击绘图工具栏 ✏ 按钮，选择矩形的中点，按 F8 打开正交模式，绘制一条长度为 1500 的中心线；单击修改工具栏 ▱ 按钮，将中心线向上偏移，效果如图 9-4 所示。

图 9-4　绘制偏移中心线

　　提　示：正交开关打开以后，系统就只能画出水平或垂直的直线。更方便的是，由于正交功能已经限制了直线的方向，所以要绘制一定长度的直线时，只需直接输入长度值，而不再需要输入完整的相对坐标了。

05 以同样的方式将中心线向下偏移，绘制出坐凳的坐立区域；单击绘图工具栏⊘按钮，绘制一个半径为 5 的圆形，将它复制选择到合适的位置，表示孔位，如图 9-5 所示。

图 9-5　绘制坐凳及孔位

06 单击修改工具栏⼔按钮，指定矩形和圆为选择对象，指定图 9-5 所示的点 1 为镜像线的第一点，指定图 9-5 所示的点 2 为镜像线的第二点，按下空格键，将角柱和孔位同时进行镜像，效果如图 9-6 所示。

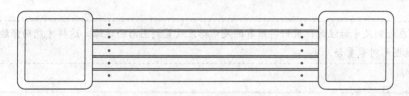

图 9-6　镜像角柱和孔位

🔊 **提 示：** "镜像" 命令需要输入的参数是源对象和对称轴。对称轴通常由轴上的任意两点确定，在命令结束前，系统会询问用户是否保留源对象。"镜像" 命令的快捷键为 MI。

07 按照上述方法，综合使用绘图工具栏／按钮和修改工具栏⼚按钮和⼔按钮，绘制出坐凳的其他部分，效果如图 9-7 所示。

08 单击绘图工具栏▨按钮，打开 "图案填充和渐变色" 按钮，在 "图案" 下拉菜单中选择 "AS-SAND" 选项；单击 "边界" 选项组 "添加：选择对象" 按钮，对角柱进行填充，效果如图 9-8 所示。

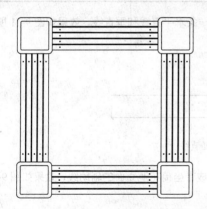
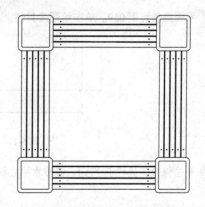

图 9-7　绘制坐凳其他部分　　　　　图 9-8　对角柱进行图案填充

09 单击绘图工具栏▭按钮，绘制一个 1200×1200 的矩形，表示种植池，将其对准移动到坐凳的中心位置，效果如图 9-9 所示。

10 执行【标注】|【线性】菜单命令和【连续】菜单命令，标注带座椅花池各个部分尺寸；单击绘图工具栏 **A** 按钮，绘制图名及比例；单击绘图工具栏↷按钮，绘制图名及比例下方的下画线，最终效果如图 9-10 所示。

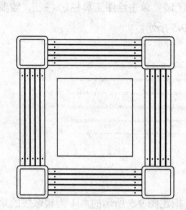

图 9-9　绘制及对齐种植池

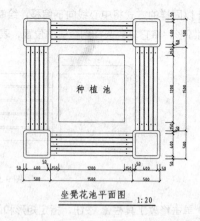

坐凳花池平面图　　1:20

图 9-10　标注尺寸、文字、图名及比例

提 示： 在绘制尺寸标注时，最好将所有的尺寸标注放置到图形的边缘，这样才能确保绘制的尺寸标注不会和其他图形对象重合。

060 带坐椅花池立面图

坐凳花池立面图　1:20

上个实例讲述了带坐椅花池平面图的绘制方法，本实例主要讲述带坐椅花池立面图的绘制方法。

文件路径：	DWG\09 章\060 例.dwg	
视频文件：	AVI\09 章\060 例.avi	
播放时长：	5 分 42 秒	

01 平面图参照例 059。单击绘图工具栏 ✏ 按钮，绘制一条水平直线和垂直线，效果如图 9-11 所示。

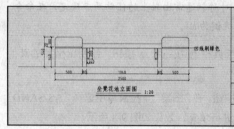

图 9-11　绘制水平线和垂直线

02 单击修改工具栏 ⬚ 按钮，偏移水平线和垂直线，生成带坐椅花池立面的辅助线，效果如图 9-12 所示。

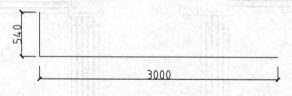

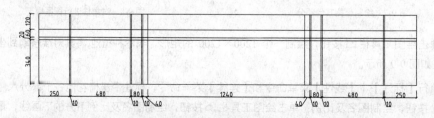

图 9-12　偏移生成辅助线

03 单击修改工具栏 ⊬ 按钮，将辅助线进行修剪，绘制出带坐椅花池的大致轮廓线，效果如图 9-13 所示。

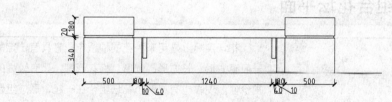

图 9-13　修剪结果

04 单击修改工具栏 ◻ 按钮，在命令行中输入 "R"，指定圆角半径为 50，对其进行倒圆角；单击绘图工具栏 ⊘ 按钮，绘制一个半径为 5 的圆形，表示孔位，并移动复制到合适的位置，效果如图 9-14 所示。

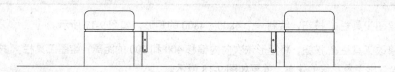

图 9-14　倒圆角并绘制孔位

🔊 **提 示**：正确设置 "倒圆角" 命令，可以直接在命令提示行中输入 "F+空格+R+空格"，再输入圆角半径，选择需要倒圆角的线即可。

05 单击绘图工具栏 ▨ 按钮，打开 "图案填充和渐变色" 按钮，在 "图案" 下拉菜单中选择 "AS-SAND" 选项；单击 "边界" 选项组添加：拾取点" 按钮，对角柱进行填充，效果如图 9-15 所示。

图 9-15　对角柱进行填充

06 执行【标注】|【线性】菜单命令和【连续】菜单命令，标注带座椅花池各个部分尺寸；单击绘图工具栏 **A** 按钮，绘制图名及比例；单击绘图工具栏 ⌐ 按钮，绘制图名及比例下方的下画线，最终效果如图 9-16 所示。

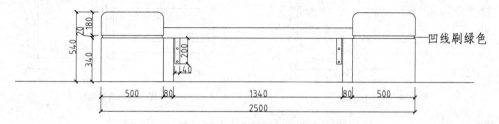

坐凳花池立面图 1:20

图 9-16　最终效果

🔊 **提 示**：有时候在打开 AutoCAD 文件时，系统常会提示找不到字体，此时复制要替换的字库为将被替换的字库名。例如，提示找不到 jd 字库，想用 hztxt.shx 替换它，此时只须把 hztxt.shx 复制一份，命名为 jd.shx 即可。

061 组合花坛平面

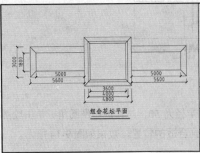

组合花坛平面

花坛实际上是用来种花的种植床，它具有一定的几何图形，一般有方形、长方形、圆形、梅花形等，具有较高的装饰性和观赏价值。现在也有将两个花坛组合在一起，形成组合花坛，作为主景。本实例讲述组合花坛平面图的绘制方法和操作步骤。

	文件路径：	DWG\09 章\061 例.dwg
	视频文件：	AVI\09 章\061 例.avi
	播放时长：	3 分 54 秒

01 单击绘图工具栏 □ 按钮，绘制一个 4800×4800 的矩形，如图 9-17 所示。

02 单击修改工具栏 ⊿ 按钮，将矩形依次向内偏移 400 和 200 的距离；绘图工具栏 ╱ 按钮，连接三个矩形的角点，绘制出主景花坛的轮廓，效果如图 9-18 所示。

图 9-17 绘制矩形

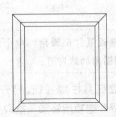

图 9-18 偏移矩形

03 单击绘图工具栏 ╱ 按钮，沿矩形中心绘制一条长为 5600 的线段；单击修改工具栏 ⊿ 按钮，将直线依次向上下分别偏移 900 和 600 的距离，效果如图 9-19 所示。

04 单击绘图工具栏 ╱ 按钮，连接直线；单击修改工具栏 ⊿ 按钮，将直线向右偏移 600 的距离；单击修改工具栏 ╱ 按钮，对图形进行修剪，并将两个矩形的角点连接起来，绘制出配景花坛，效果如图 9-20 所示。

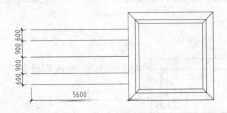

图 9-19 偏移中心线

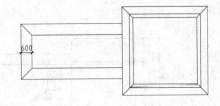

图 9-20 修剪矩形

05 单击修改工具栏 ⚊ 按钮，将配景花坛进行镜像，效果如图 9-21 所示。

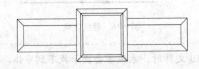

图 9-21 镜像结果

06 执行【标注】|【线性】菜单命令和【连续】菜单命令,标注组合花坛各个部分的尺寸;单击绘图工具栏 **A** 按钮,绘制图名;单击绘图工具栏 按钮,绘制图名下方的下画线,效果如图 9-22 所示。

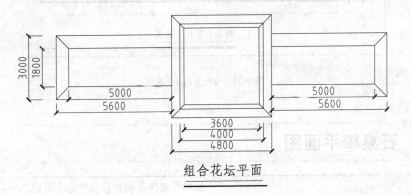

组合花坛平面

图 9-22 标注文字、尺寸、图名及比例

062 组合花坛立面图

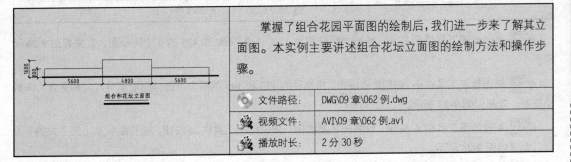

掌握了组合花园平面图的绘制后,我们进一步来了解其立面图。本实例主要讲述组合花坛立面图的绘制方法和操作步骤。	
文件路径:	DWG\09 章\062 例.dwg
视频文件:	AVI\09 章\062 例.avi
播放时长:	2 分 30 秒

01 平面图参照例 061。单击绘图工具栏 按钮,指定起点,输入"W",指定起点宽度为 45,端点宽度为 45,绘制一条多段线,作为地平线,效果如图 9-23 所示。

图 9-23 绘制地平线

02 单击绘图工具栏 按钮,绘制出组合花坛的立面。执行【标注】|【线性】菜单命令和【连续】菜单命令,标注组合花坛各个部分尺寸,效果如图 9-24 所示。

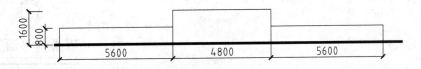

图 9-24 绘制及标注花坛立面

03 单击绘图工具栏 **A** 按钮,绘制图名;单击绘图工具栏 按钮,绘制图名下方的下画线,效果如图 9-25 所示。

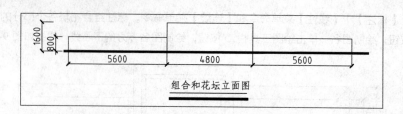

图 9-25 绘制图名及下画线

063 石桌椅平面图

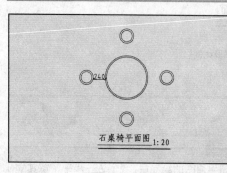

石桌椅平面图 1:20

　　园林石桌椅是园林景观中必不可缺的一项园林小品，一般放置在园林绿地中，为人们休息、玩牌、下棋、就餐提供方便。本实例讲述园林石桌椅平面的绘制方法和操作步骤。

文件路径：	DWG\09 章\063 例.dwg
视频文件：	AVI\09 章\063 例.avi
播放时长：	2 分 24 秒

01 单击绘图工具栏 ⊙ 按钮，绘制半径分别为 110、140、400 和 425 的 4 个同心圆，效果如图 9-26 所示。

02 单击修改工具栏 ✥ 按钮和 ⚒ 按钮，将半径为 110 和 140 的两个小圆分别沿水平方向和垂直方向移动复制，效果如图 9-27 所示。

03 单击绘图工具栏 **A** 按钮，绘制图名及比例；单击绘图工具栏 ꜀ 按钮，绘制图名及比例下方的下画线，效果如图 9-28 所示。

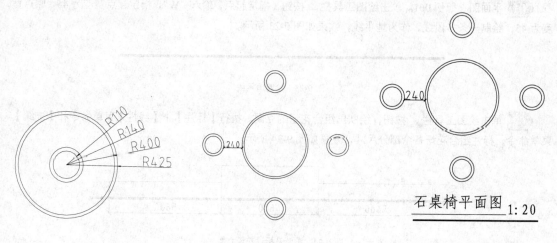

图 9-26 绘制同心圆　　　　　　图 9-27 移动复制小圆　　　　　　图 9-28 注写图名及比例

🔊 **提 示**：绘制相切圆的方法；在平面图中，想要快速地绘制出与已知相切的圆，可在命令提示行输入 Ttr 命令，指定相切的圆，然后分别选择相切对象 A 圆和 B 圆，再输入半径值即可。

064 石桌椅立面图

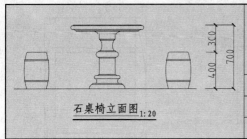

石桌椅立面图 1:20

本实例主要讲述园林石桌椅立面图的绘制方法和操作步骤。

	文件路径：	DWG\09 章\064.dwg
	视频文件：	AVI\09 章\064 例.avi
	播放时长：	9 分 19 秒

01 平面图参照例 063。单击绘图工具栏 ╱ 按钮，绘制一条水平直线和垂直线，如图 9-29 所示。

02 单击修改工具栏 ⟆ 按钮，偏移生成石桌的辅助线，效果如图 9-30 所示。

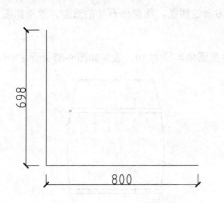

图 9-29 绘制水平直线和垂直线

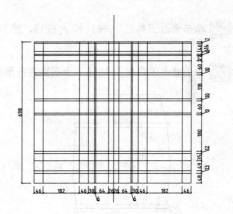

图 9-30 偏移辅助线

03 单击修改工具栏 ⊹ 按钮，将辅助线进行修剪，得到石桌立面的轮廓线，效果如图 9-31 所示。

04 单击绘图工具栏 ╱ 按钮，绘制弧线；单击修改工具栏 ▢ 按钮，给图形倒圆角，绘制出石桌的立面，效果如图 9-32 所示。

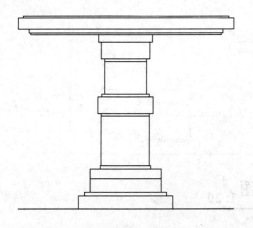

图 9-31 修剪辅助线

图 9-32 绘制石桌立面

05 按照绘制石桌的方发绘制石凳，先绘制辅助线，效果如图 9-33 所示。

06 单击修改工具栏 ∕ 按钮，对辅助线进行修剪，效果如图 9-34 所示。

07 单击绘图工具栏 ∕ 按钮，绘制出石凳的轮廓线，效果如图 9-35 所示。

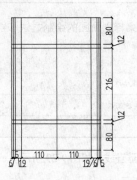
图 9-33 绘制辅助线

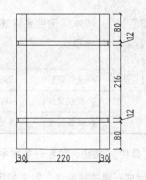
图 9-34 修剪辅助线

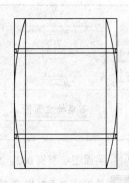
图 9-35 绘制石凳轮廓线

08 单击修改工具栏 ∕ 按钮和 ✐ 按钮，修剪和删除多余的线条，绘制出石凳的造型，效果如图 9-36 所示。

09 单击修改工具栏 ◻ 按钮，为石凳进行倒圆角，设置圆角半径为 10，效果如图 9-37 所示。

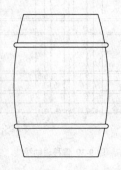
图 9-36 修剪和删除多余的线条

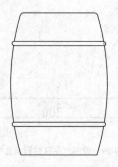
图 9-37 为石凳倒圆角

10 单击修改工具栏 ⚠ 按钮，将石桌进行镜像；执行【标注】|【线性】菜单命令和【连续】菜单命令，标注各个部分尺寸；单击绘图工具栏 **A** 按钮，绘制图名及比例；单击绘图工具栏 ⟲ 按钮，绘制图名及比例下方的下画线，效果如图 9-38 所示。

石桌椅立面图 1:20

图 9-38 标注尺寸、图名及比例

065　木制长凳平面图

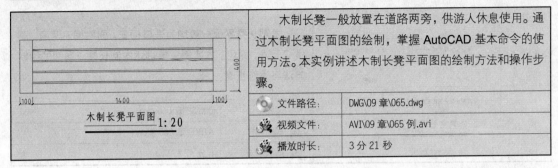

木制长凳一般放置在道路两旁，供游人休息使用。通过木制长凳平面图的绘制，掌握 AutoCAD 基本命令的使用方法。本实例讲述木制长凳平面图的绘制方法和操作步骤。	

文件路径：	DWG\09 章\065.dwg
视频文件：	AVI\09 章\065 例.avi
播放时长：	3 分 21 秒

01 单击绘图工具栏 ∕ 按钮，绘制一条水平直线和垂直线；单击修改工具栏 ⟊ 按钮，偏移生成木制长凳平面的辅助线，效果如图 9-39 所示。

图 9-39　绘制及偏移辅助线

02 单击修改工具栏 ⊬ 按钮，将辅助线进行修剪，得到木制长凳的轮廓线，效果如图 9-40 所示。

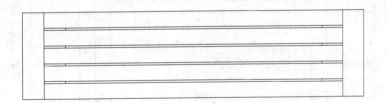

图 9-40　修剪辅助线

03 执行【标注】|【线性】菜单命令和【连续】菜单命令，标注木制长凳各个部分尺寸；单击绘图工具栏 **A** 按钮，绘制图名及比例；单击绘图工具栏 ⟲ 按钮，绘制图名及比例下方的下画线，效果如图 9-41 所示。

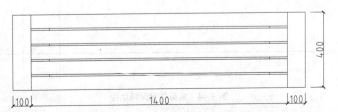

图 9-41　标注尺寸

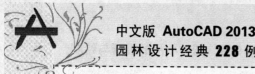

066 木制长凳立面图

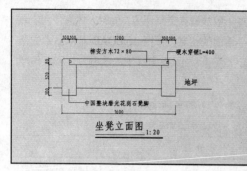

坐凳立面图 1:20

　　木制长凳凳板一般均为进口柳安，刷熟桐油两遍，刷清漆三遍，原色。本实例主要讲述木制长凳立面图的绘制方法与操作步骤。

	文件路径：	DWG\09 章\066.dwg
	视频文件：	AVI\09 章\066 例.avi
	播放时长：	6 分 47 秒

01 平面图可参照例 065。单击绘图工具栏 ✐ 按钮，绘制一条水平直线和垂直线，如图 9-42 所示。

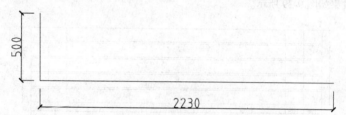

图 9-42　绘制水平直线和垂直线

02 单击修改工具栏 ⏚ 按钮，偏移生成辅助线，效果如图 9-43 所示。

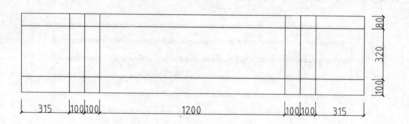

图 9-43　偏移生成辅助线

03 单击修改工具栏 ✄ 按钮和 ✐ 按钮，将辅助线进行修剪和删除，效果如图 9-44 所示。

图 9-44　修剪并删除辅助线

04 单击修改工具栏 ⃝ 按钮，对石凳进行倒圆角，指定圆角半径为 30；单击绘图工具栏 ⤴ 按钮，绘制硬木穿梢，得到木制长凳立面的基本形状，效果如图 9-45 所示。

图 9-45 绘制木制长凳轮廓

05 执行【标注】|【多重引线】菜单命令，为木制长凳添加文字说明，线果如图 9-46 所示。

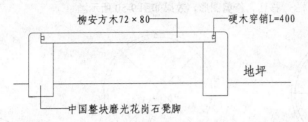

柳安方木72×80 —— 硬木穿销L=400

地坪

中国整块磨光花岗石凳脚

图 9-46 添加文字说明

06 执行【标注】|【线性】菜单命令和【连续】菜单命令，标注木制长凳各部分尺寸；单击绘图工具栏 **A** 按钮，绘制图名及比例；单击绘图工具栏 按钮，绘制图名及比例下方的下画线，效果如图 9-47 所示。

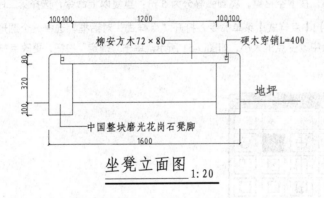

柳安方木72×80 —— 硬木穿销L=400

地坪

中国整块磨光花岗石凳脚

坐凳立面图 1:20

图 9-47 标注文字、尺寸、图名及比例

067 弧形石凳平面图

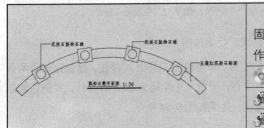

	石凳的造型宜简单朴实、舒适美观、制作方便以及坚固耐用。本实例主要讲述弧形石凳平面图的绘制方法与操作步骤。
文件路径：	DWG\09 章\067.dwg
视频文件：	AVI\09 章\067 例.avi
播放时长：	6 分 21 秒

01 单击绘图工具栏 ⊘ 按钮，绘制两个同心圆，半径分别为 5910 和 5510；单击绘图工具栏 ╱ 按钮，绘制圆的两条垂直线，效果如图 9-48 所示。

02 单击修改工具栏 ○ 按钮，指定圆心为基点，旋转角度为 45°，将直线进行旋转，效果如图 9-49 所示。

提 示： 旋转复制的快速方法：选中图形，并激活其中的夹点，单击两次空格键，调整命令行中命令为旋转，输入 B 按空格键并指定基点，然后输入复制命令 C，按空格键确定命令后，依次旋转鼠标，并在相应位置单击确定，就可以看到完成效果了。

03 单击修改工具栏 ╱ 按钮，修剪图形，效果如图 9-50 所示。

图 9-48　绘制同心圆及垂直线　　　图 9-49　旋转圆形　　　图 9-50　修剪图形

04 执行【绘图】|【点】|【定数等分】菜单命令，选择第一段圆弧，当命令行提示"输入线段数目或【（块）】："时，输入 5，按下空格键，将圆弧等分为 5 份；重复以上命令，选择第二段圆弧。

05 执行【格式】|【点样式】菜单命令，打开"点样式"对话框，选择一个圆形带交叉的点样式，也可以在"点大小"选项中改变点的大小，如图 9-51 所示。单击"确定"按钮，更改点样式后的结果如图 9-52 所示。

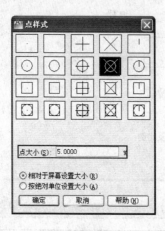
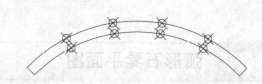

图 9-51　"点样式"对话框　　　　　　图 9-52　更改后点样式

06 单击绘图工具栏 ╱ 按钮，将圆弧的等分点连接起来，效果如图 9-53 所示。

07 单击绘图工具栏 ▭ 按钮，绘制一个边长为 600 的矩形；单击绘图工具栏 ╱ 按钮，绘制矩形的两条中心垂直线；单击绘图工具栏 ⊘ 按钮，以垂直线的交点为中心，绘制一个半径为 200 的圆形，并删除辅助线；单击绘图工具栏 ▱ 按钮，选择矩形和圆，将其创建成块，效果如图 9-54 所示。

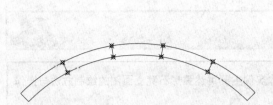
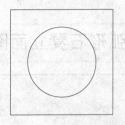

图 9-53　连接点样式　　　　　　　图 9-54　绘制圆和矩形

08 单击修改工具栏 ✛ 按钮，选择矩形和圆，指定它们的中心点为基点，指定直线的中点为第二点，将他移动对齐，效果如图 9-55 所示。

09 单击修改工具栏 ○ 按钮，选择矩形和圆，指定它们的中心为基点，指定旋转角度为 27°，效果如图 9-56 所示。

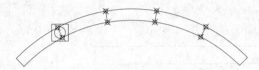
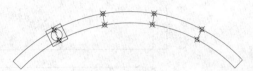

图 9-55　移动矩形和圆　　　　　　　　　　　图 9-56　旋转矩形和圆

📢　**提 示**：有时候，在对图形进行另外一些命令操作的时候，点样式可能会变得很大，这时只需在命令栏中输入重生成命令 "RE"，按下空格键，将其重新生成便可恢复点样式原来的大小。

10 执行【修改】|【阵列】|【路径阵列】菜单命令，指定矩形和圆为 "选择对象"，按下空格键，指定长弧为 "选择路径曲线"，指定 "输入沿路径的项目数" 为 4，按下空格键，点击第一条直线的中点为端点，将其阵列，线果如图 9-57 所示。

11 单击修改工具栏 ✂ 按钮，将矩形内多余的弧线修剪掉；单击修改工具栏 ✐ 按钮，删除多余的辅助线以及点样式，得到弧形石凳的平面效果，如图 9-58 所示。

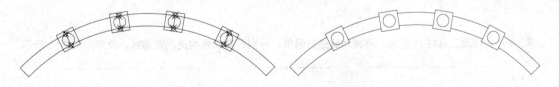

图 9-57　阵列矩形和圆　　　　　　　　　　　图 9-58　石凳平面效果

12 执行【标注】|【多重引线】菜单命令，为弧形石凳添加文字说明；单击绘图工具栏 A 按钮，绘制图名及比例；单击绘图工具栏 ⌒ 按钮，绘制图名及比例下方的下画线，效果如图 9-59 所示。

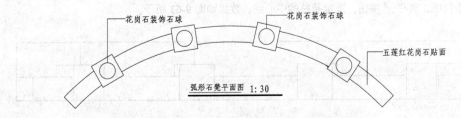

弧形石凳平面图　1:30

图 9-59　标注文字、尺寸、图名及比例

068 弧形石凳立面图

本实例主要讲述弧形石凳立面图的绘制方法与操作步骤。

	文件路径：	DWG\09 章\068.dwg
	视频文件：	AVI\09 章\068 例.avi
	播放时长：	5 分 42 秒

01 平面图参照例 067。单击绘图工具栏 ✐ 按钮，绘制一条水平直线和一条垂直线，效果如图 9-60 所示。

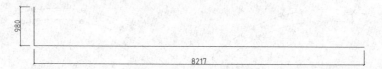

图 9-60　绘制水平直线和垂直线

02 单击修改工具栏 ⚏ 按钮，偏移生成石凳立面的辅助线，效果如图 9-61 所示。

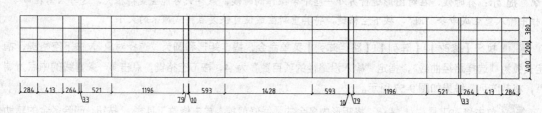

图 9-61　偏移辅助线

03 单击修改工具栏 ✂ 按钮，将辅助线进行修剪，得到石凳立面构造的轮廓线，效果如图 9-62 所示。

图 9-62　生成立面轮廓线

04 单击绘图工具栏 ✐ 按钮，连接石柱的中心线，效果如图 9-63 所示。

图 9-63　连接中心线

05 单击绘图工具栏 ⊘ 按钮，绘制一个半径为 200 的圆形，指定圆形的顶点为基点，将其移动复制到直线的顶端，并将它垂直向下移动 20 的距离，效果如图 9-64 所示。

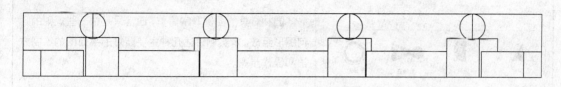

图 9-64　移动复制圆

06 单击修改工具栏 ⊁ 按钮，修剪圆形；单击修改工具栏 ✐ 按钮，删除多余的辅助线，效果如图 9-65 所示。

图 9-65　修剪圆形

07 单击绘图工具栏 ▨ 按钮，为石凳立面进行图案填充，效果如图 9-66 所示。

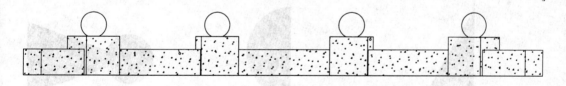

图 9-66　填充图案

08 执行【标注】|【多重引线】菜单命令，为石凳立面添加文字说明；单击绘图工具栏 **A** 按钮，绘制图名及比例；单击绘图工具栏 ⌐ 按钮，绘制图名及比例下方的下画线，效果如图 9-67 所示。

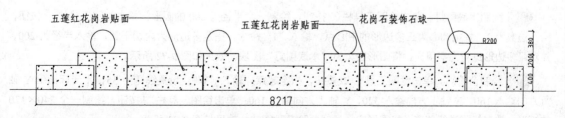

弧形石凳立面图 1∶30

图 9-67　添加标注、尺寸、比例及文字说明

069 园灯平面图例

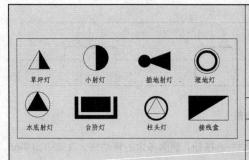

草坪灯　小射灯　插地射灯　埋地灯
水底射灯　台阶灯　柱头灯　接线盒

园林灯具的图例非常简单，通常只是由一些规则的几何图形组成。本实例讲述几种主要园灯的平面图的绘制方法和操作步骤。

	文件路径：	DWG\09 章\069.dwg
	视频文件：	AVI\09 章\069 例.avi
	播放时长：	8 分 05 秒

第 2 篇

01 绘制草坪灯。单击绘图工具栏 △ 按钮，绘制一个三角形，用直线将三角形顶点和中心连接起来，分成两个直角三角形，并将右半边直角三角形进行填充，将绘制的图形定义为"草坪灯"图块，草坪灯绘制完成，效果如图 9-68 所示。

02 绘制小射灯。单击绘图工具栏 ⊙ 按钮，绘制一个半径为 100 的圆形，用直线将圆形的两个端点连接起来，并对右半圆进行"图案填充"，效果如图 9-69 所示。

03 绘制插地射灯。执行【绘图】|【圆环】菜单命令，输入圆环的内径为 0，外径为 100，在绘图区单击一点，指定圆环的中心点；单击绘图工具栏 ⌐ 按钮，单击圆环内一点，指定多段线的起点，输入"W"命令，设置多段线的起点宽度为 0，端点宽度为 150，水平向左绘制多段线，将绘制的图形定义为"插地射灯"图块，效果如图 9-70 所示。

图 9-68　绘制草坪灯

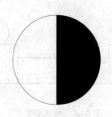
图 9-69　绘制小射灯

图 9-70　绘制插地射灯

04 绘制埋地灯。执行【绘图】|【圆环】菜单命令，输入圆环的内径为 150，外径为 180，在绘图区单击一点，指定圆环的中心点；单击绘图工具栏 ⊙ 按钮，指定圆环的中心点为圆的圆心，绘制一个半径为 110 的圆形，将绘制的图形定义为"埋地灯"图块，效果如图 9-71 所示。

05 绘制水底射灯。单击绘图工具栏 ⊙ 按钮，绘制一个半径为 200 的圆形；单击绘图工具栏 △ 按钮，输入边数为 3，捕捉圆心为正多边形的中心点，输入"I"命令，指定多边形为内切于圆，输入半径为 200，并对正多边形进行图案填充，将图形定义为"水底射灯"图块，效果如图 9-72 所示。

06 绘制台阶灯。单击绘图工具栏 ⌐ 按钮，指定起点，输入"W"，设置线宽为 35，用光标指引 Y 轴负方向输入 160，X 轴正方向输入 320，Y 轴正方向输入 160；单击绘图工具栏 □ 按钮，绘制一个 240×120 的矩形，并对矩形进行填充，将图形定义为"台阶灯"图块，效果如图 9-73 所示。

07 绘制柱头灯。单击绘图工具栏 ⊙ 按钮，绘制半径为 100 和 130 的两个同心圆；单击绘图工具栏 △ 按钮，输入边数为 3，捕捉圆心为正多边形的中心点，输入"I"命令，指定多边形为内切于圆，输入半径为 100，并对两个圆形之间的区域进行填充，将图形定义为"柱头灯"图块，效果如图 9-74 所示。

图 9-71 绘制埋地灯

图 9-72 绘制水底射灯

图 9-73 绘制台阶灯

08 绘制接线盒。单击绘图工具栏口按钮,绘制一个 400×140 的矩形,使用直线命令为矩形绘制一条对角线,并对矩形的一部分进行填充,将图形定义为"接线盒"图块,效果如图 9-75 所示。

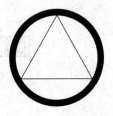

图 9-74 绘制柱头灯

图 9-75 绘制接线盒

070 草坪灯立面图

	草坪灯的光源高度一般设置在视平线以下,高度较矮。光源用磨砂或乳白玻璃罩护,或者为免产生眩光而将上部完全遮挡。主要用于园路两旁或墙垣之侧,能渲染出特殊的灯光效果。本实例主要讲述草坪灯立面图的绘制方法。	
文件路径:	DWG\09 章\070.dwg	
视频文件:	AVI\09 章\070 例.avi	
播放时长:	4 分 14 秒	

01 单击绘图工具栏口按钮,绘制尺寸分别为 320×940 和 320×200 的两个矩形,将它们对齐放好,效果如图 9-76 所示。

02 单击修改工具栏按钮,指定 320×200 的矩形为选择对象,按下空格,将其分解;单击修改工具栏按钮,偏移生成辅助线,效果如图 9-77 所示。

图 9-76 绘制矩形

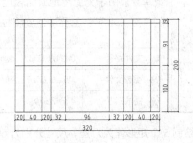

图 9-77 偏移生成辅助线

图 9-78 绘制圆形

03 单击绘图工具栏 ⊙ 按钮，指定第二条直线中点为圆心绘制一个半径为 69 的圆形，并连接辅助线，效果如图 9-78 所示。

04 单击修改工具栏 ⊹ 按钮，对矩形内部进行修剪，效果如图 9-79 所示。

05 单击绘图工具栏 ⊠ 按钮，打开 "图案填充和渐变色" 管理器，在 "图案" 下拉列表中选择 "BRASS" 选项，设置比例为 4，选择需要填充的区域，效果如图 9-80 所示。

06 单击绘图工具栏 ⊙ 按钮，指定第一条直线中点为圆心点绘制一个半径为 160 的圆形；单击修改工具栏 ⊹ 按钮，对圆形进行修改，得到草坪灯的立面效果，如图 9-81 所示。

07 执行【标注】|【线性】菜单命令，标注草坪灯立面图尺寸；单击绘图工具栏 A 按钮，绘制图名及比例；单击绘图工具栏 ⊃ 按钮，绘制图名及比例下方的下画线，效果如图 9-82 所示。

  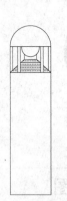 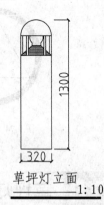

1300

320

草坪灯立面
1:10

图 9-79　修剪辅助线　　　图 9-80　进行图案填充　　　图 9-81　草坪灯立面效果　　　图 9-82　标注尺寸、比例及文字

071　庭院柱灯立面图

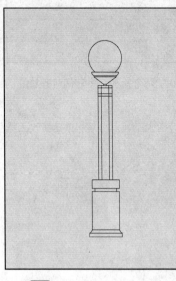

　　园灯是一种引人注目的园林小品，白天可点缀景色，夜间可以照明，具有指示和引导游人的作用。此外，园灯还可以突出重点景色，有层次地展开组景序列和勾画庭院轮廓。一般的庭院主灯都是由灯头、灯杆和灯座三部分组成。园灯的造型美观与否，也是由这三部分比例匀称、色彩调和、富于独创来体现的。这种柱灯可将光源抬升至一定高度，使照射范围扩大，以照靓全庭院或草坪。由于光源距地面比较远，故而使光线呈现出静谧、柔和的气氛。本实例主要讲述庭院柱灯立面图的绘制方法。

	文件路径：	DWG\09 章\071.dwg
	视频文件：	AVI\09 章\071 例.avi
	播放时长：	4 分 35 秒

01 单击绘图工具栏 ☐ 按钮，绘制 5 个矩形作为灯座，尺寸分别为 600×60、500×60、500×650、400×50 和 500×150，使用捕捉命令，将矩形移动对齐，如图 9-83 所示。

02 单击绘图工具栏 ∕ 按钮，连接第一个和第二个矩形的端点，并删除第二个矩形，效果如图 9-84 所示。

03 单击绘图工具栏 □ 按钮，绘制 2 个矩形作为灯杆，矩形大小分别为 140×1600 和 60×1600，使用捕捉将矩形移动对齐，效果如图 9-85 所示。

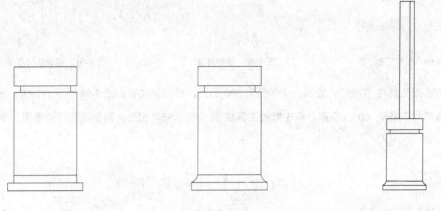

| 图 9-83　绘制 5 个矩形 | 图 9-84　连接矩形端点 | 图 9-85　绘制两个矩形 |

04 单击修改工具栏 ⚓ 按钮，以 140×1600 的矩形中点连线作为中轴，镜像复制 60×1600 的矩形，效果如图 9-86 所示。

05 单击绘图工具栏 □ 按钮，以灯柱左上角为起点，输入相对坐标 "@260，-40"，按下空格键，绘制一个矩形，如图 9-87 所示。

06 单击修改工具栏 ❀ 按钮，以 100 的距离将矩形向下复制，效果如图 9-88 所示。

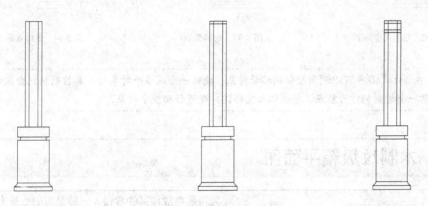

| 图 9-86　偏移矩形 | 图 9-87　绘制矩形 | 图 9-88　向下复制矩形 |

07 单击绘图工具栏 □ 按钮，绘制一个 50×20 的矩形，作为灯头与灯杆的支撑点，将其移动对齐到灯杆的中心位置，如图 9-89 所示。

08 单击绘图工具栏 ╱ 按钮，捕捉 50×20 矩形的右端点，输入相对极坐标 "@220<40"，按下空格键，绘制一条斜线，效果如图 9-90 所示。

09 单击修改工具栏 ⚓ 按钮，以 50×20 矩形的中点为镜像线，镜像复制斜线，效果如图 9-91 所示。

10 单击绘图工具栏 □ 按钮，绘制两个矩形，分别为 410×20 和 490×60，使用捕捉将两个移动对齐到两根斜线；单击绘图工具栏 ╱ 按钮，连接两个矩形的左端点，删除 490×60 的矩形，效果如图 9-92 所示。

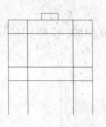

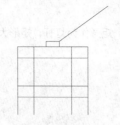

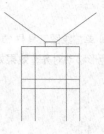

图 9-89　绘制矩形　　　　　　　图 9-90　绘制直线　　　　　　　图 9-91　镜像复制直线

11 单击绘图工具栏 ⊘ 按钮，绘制一个半径为 300 的圆，将它移动到如图 9-93 所示的位置。

12 将圆形向下移动 60 的距离，单击修改工具栏 ⁄ 按钮，修剪圆形，得到庭院灯的里面，效果如图 9-94 所示。

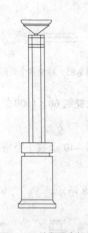

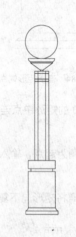

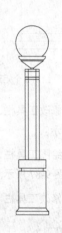

图 9-92　绘制两个矩形　　　　　　图 9-93　绘制圆形　　　　　　　图 9-94　最终效果

 提示： 在 AutoCAD 中可以利用控制柄移动对象。旋转一个或多个对象时，其控制柄就会显示出来，然后旋转任意一个控制柄作为基点，单击依次空格键，即可移动整个对象。

072　木制垃圾箱平面图

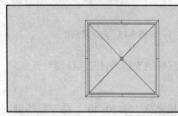

垃圾箱是存放垃圾的容器，一般是方形或长方形。本实例主要讲述垃圾箱平面图的绘制方法。

🔵 文件路径：	DWG\09 章\072.dwg
🎬 视频文件：	AVI\09 章\072 例.avi
🎬 播放时长：	1 分 24 秒

01 单击绘图工具栏 ▱ 按钮，绘制一个尺寸为 560×560 的矩形，使用"直线"命令连接矩形的对角线；单击绘图工具栏 ⊙ 按钮，以对角线的交点为圆心，绘制一个半径为 14 的圆形，如图 9-95 所示。

02 单击绘图工具栏 ◬ 按钮，指定偏移的距离为 10 和 20，以矩形为偏移的对象，往外偏移两个矩形，将偏移的两个矩形的端点和中心点连接起来，得到垃圾箱的平面图，效果如图 9-96 所示。

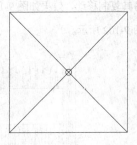

图 9-95　绘制矩形和圆

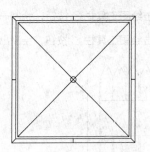

图 9-96　垃圾箱平面图

073 木制垃圾箱立面图

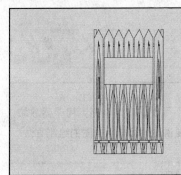

垃圾箱是存放垃圾的容器,一般是方形或长方形。本实例主要讲述垃圾箱立面图的绘制方法。

	文件路径:	DWG\09 章\073.dwg
	视频文件:	AVI\09 章\073 例.avi
	播放时长:	5 分 12 秒

01 平面图参照例 072。单击绘图工具栏 ╱ 按钮,绘制水平直线和垂直直线,代表垃圾箱的高度和宽度,如图 9-97 所示。

02 单击绘图工具栏 ⚏ 按钮,偏移生成垃圾箱立面辅助线,效果如图 9-98 所示。

03 单击修改工具栏 ┵ 按钮,将辅助线进行修剪;单击修改工具栏 ✍ 按钮,删除多余的辅助线,得到所需要的图形样式;单击绘图工具栏 ↻ 按钮,绘制出垃圾箱顶端的造型,效果如图 9-99 所示。

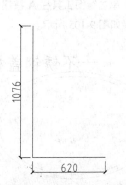

图 9-97　绘制水平直线和垂直线

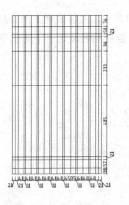

图 9-98　偏移生成辅助线

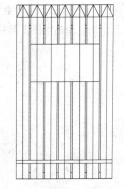

图 9-99　绘制垃圾箱顶端造型

04 使用"修剪"和"删除"命令,将图形进行修剪,得到垃圾箱立面的轮廓图,效果如图 9-100 所示。

06 单击绘图工具栏 ⊙ 按钮，绘制一个半径为 6 的圆形，并将其复制移动，效果如图 9-101 所示。

07 单击绘图工具栏 ∕ 按钮，绘制出垃圾箱的纹理，效果如图 9-102 所示。

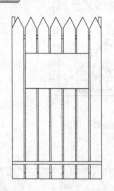

图 9-100　绘制垃圾箱轮廓线

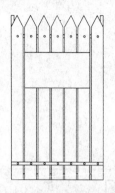

图 9-101　复制移动圆形

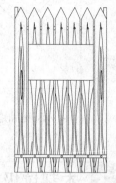

图 9-102　绘制垃圾箱纹理

074　垃圾桶平面图

垃圾桶平面图 1:10

垃圾桶是园林小品中必不可少的应用设施，用于盛放垃圾，保持环境卫生。本实例主要讲述垃圾桶平面图的绘制方法。

文件路径：	DWG\09 章\074.dwg
视频文件：	AVI\09 章\074 例.avi
播放时长：	2 分 26 秒

01 单击绘图工具栏 ⬭ 按钮，绘制一个椭圆，如图 9-103 所示。

02 单击绘图工具栏 ⬱ 按钮，指定偏移的距离为 20，选择椭圆为偏移对象，向外偏移，得到垃圾桶的平面图，效果如图 9-104 所示。

03 执行【标注】|【多重引线】菜单命令，为垃圾桶平面添加文字说明；单击绘图工具栏 A 按钮，绘制图名及比例；单击绘图工具栏 ⌐ 按钮，绘制图名及比例下方的下画线，效果如图 9-105 所示。

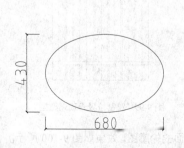

图 9-103　绘制椭圆

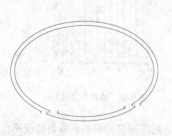

图 9-104　偏移椭圆

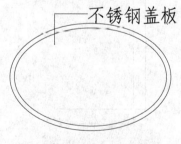

不锈钢盖板

垃圾桶平面图 1:10

图 9-105　添加标注、图名及比例

075　垃圾桶立面图

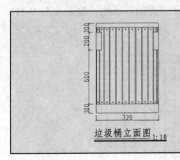

垃圾桶立面图 1:10

　　垃圾桶是园林的主要小品之一，它不仅布置在小区内部，还分布在城市的各个街道，用于维护环境卫生。本实例主要讲述垃圾桶立面图的绘制方法。

文件路径：	DWG\09 章\075.dwg
视频文件：	AVI\09 章\075 例.avi
播放时长：	4 分 17 秒

01 单击绘图工具栏 ╱ 按钮，绘制一条水平直线和垂直直线，代表垃圾桶立面的高度和宽度，如图 9-106 所示。

02 单击绘图工具栏 ⬚ 按钮，偏移生成垃圾桶立面辅助线，效果如图 9-107 所示。

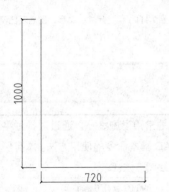

图 9-106　绘制水平线和垂直线

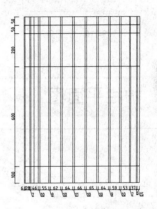

图 9-107　偏移生成辅助线

03 单击修改工具栏 ╱ 按钮，将辅助线进行修剪；单击修改工具栏 ✐ 按钮，对多余的辅助线进行删除，得到垃圾桶的立面轮廓线，效果如图 9-108 所示。

04 单击绘图工具栏 ⊘ 按钮，绘制一个半径为 6 的圆形，并将其复制移动，效果如图 9-109 所示。

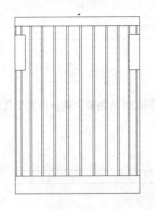

图 9-108　绘制垃圾桶轮廓线

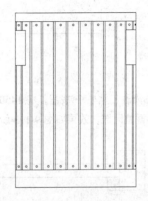

图 9-109　复制移动圆形

05 单击修改工具栏 按钮，输入"R"，指定圆角半径为 20，给垃圾桶左右上端点倒圆角，效果如图 9-110 所示。

06 执行【标注】|【线性】菜单命令和【连续】菜单命令，标注垃圾桶立面图主要尺寸；单击绘图工具栏 A 按钮，绘制图名及比例；单击绘图工具栏 按钮，绘制图名及比例下方的下画线，效果如图 9-111 所示。

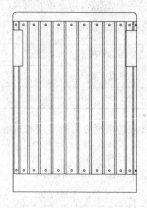

图 9-110 倒圆角

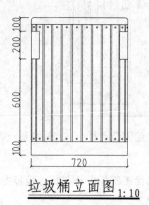

垃圾桶立面图 1:10

图 9-111 标注尺寸、文字、图名及比例

076 护栏平面图

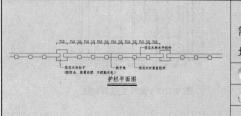

护栏是园林的常用设施之一，通过对护栏平面图的绘制，掌握 AutoCAD 基本命令的使用方法。本实例主要讲述垃护栏平面图的绘制方法。

文件路径：	DWG\09 章\076.dwg
视频文件：	AVI\09 章\076 例.avi
播放时长：	5 分 11 秒

01 单击绘图工具栏 按钮，绘制 2 个矩形作为护栏的大小立柱，尺寸分别为 150×150 和 1450×50，如图 9-112 所示。

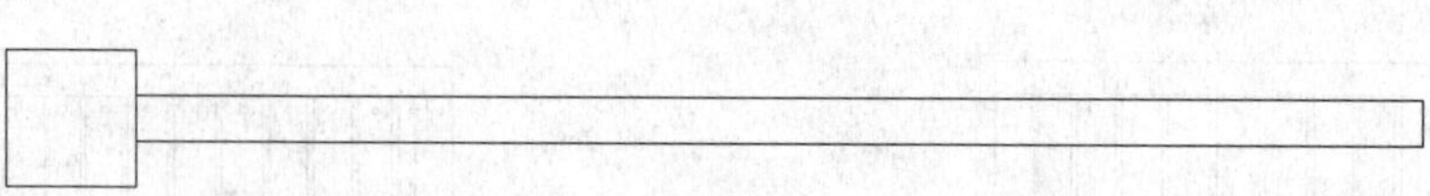

图 9-112 绘制两个矩形

02 单击修改工具栏 按钮，将 1450×50 的矩形向左水平移动 50 的距离；单击修改工具栏 按钮，修剪两个矩形重叠区域，效果如图 9-113 所示。

图 9-113 移动并修剪矩形

03 单击修改工具栏 ⚎ 按钮，将 150×150 的矩形进行镜像，效果如图 9-114 所示。

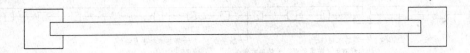

图 9-114　镜像矩形

04 单击绘图工具栏 ▢ 按钮，绘制一个 50×50 的矩形，并将其移动到如图 9-115 所示的位置。

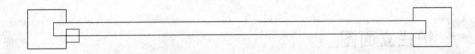

图 9-115　绘制并移动矩形

05 单击修改工具栏 ✛ 按钮，将 50×50 的矩形向右移动 150 的距离；单击修改工具栏 ⬚ 按钮，指定 50×50 的矩形为选择对象，矩形的中点为基点，输入 "A"，按下空格键，输入要阵列的项目数为 6，距离为 200，将矩形进行阵列复制，效果如图 9-116 所示。

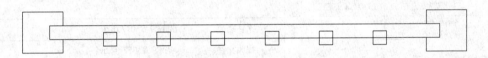

图 9-116　移动并阵列矩形

06 单击修改工具按 ⌿ 按钮，修剪掉小矩形内部的线条，得到一段护栏的轮廓线，效果如图 9-117 所示。

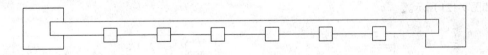

图 9-117　修剪线条

07 单击修改工具栏 ⚎ 按钮，选择绘制好的护栏，分别以 150×150 的矩形中心线为镜像轴向两边镜像，效果如图 9-118 所示。

图 9-118　镜像护栏

🔊 **提　示**：因为护栏的长度一般比较长，其余的部分都可以通过复制或镜像的命令得到，这里只截取一小段进行讲述。

08 执行【标注】|【多重引线】菜单命令，为栏杆平面添加文字说明；执行【标注】|【线性】菜单命令和【连续】菜单命令，标注护栏平面图的主要尺寸；单击绘图工具栏 A 按钮，绘制图名；单击绘图工具栏 ↪ 按钮，绘制图名下方的下画线，效果如图 9-119 所示。

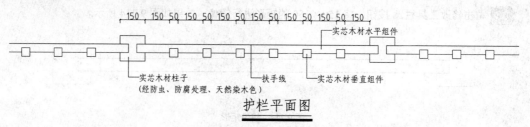

150 150 50 150 50 150 50 150 50 150 50 150 50 150

实芯木材水平组件

实芯木材柱子　　　　　扶手线　　　实芯木材垂直组件
（经防虫、防腐处理、天然染木色）

护栏平面图

图 9-119　标注尺寸、文字说明、图名及比例

077　护栏立面图

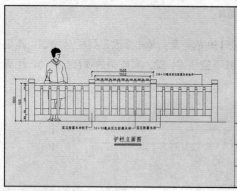

　　护栏是主体的附属品，具有防护与分隔空间的作用。栏杆在绿地中所的占比重甚小，但在园林组景中却大量出现，成为重要的装饰小品和边饰。本实例主要讲述垃护栏立面图的绘制方法。

文件路径：	DWG\09 章\077.dwg
视频文件：	AVI\09 章\077 例.avi
播放时长：	5 分 37 秒

01 平面图参照例 076。单击绘图工具栏 ⧉ 按钮，绘制 3 个矩形作为护栏的大立柱，尺寸分别为 150×900、110×20 和 150×80，将其以中心对中心的位置放好，如图 9-120 所示。

02 单击绘图工具栏 ✎ 按钮，指定 150×900 的矩形右下角点为第一点，绘制一条水平直线和垂直线，效果如图 9-121 所示。

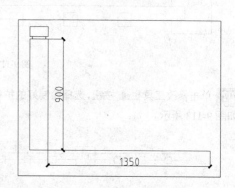

900

1350

图 9-120　绘制 3 个矩形

图 9-121　绘制直线

03 单击修改工具栏 ⚏ 按钮，将护栏大立柱进行镜像，效果如图 9-122 所示。

04 单击修改工具栏 ⚏ 按钮，将水平直线和垂直线进行偏移，生成护栏栏杆的辅助线，效果如图 9-123 所示。

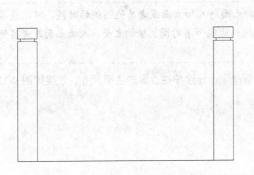

图 9-122　镜像大立柱

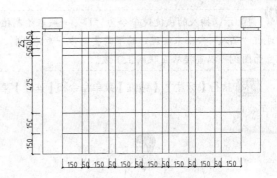

图 9-123　偏移生成辅助线

05 单击修改工具栏 ⊬ 按钮，对辅助线进行修剪，得到一段护栏栏杆轮廓线，效果如图 9-124 所示。

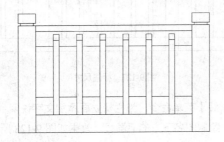

图 9-124　修剪辅助线

06 单击修改工具栏 ⅗ 按钮，复制出另外两段护栏栏杆和护栏柱，效果如图 9-125 所示。

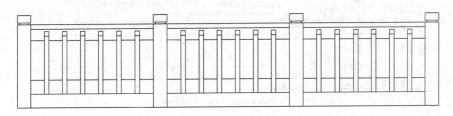

图 9-125　复制护栏和栏杆柱

07 执行【插入】|【块】菜单命令，在弹出的对话框中单击"浏览"按钮，找到本书配套光盘中的"第 9 章/人物立面.dwg"文件，将图块插入至图形中；单击修改工具栏 ▤ 按钮，调整图块的大小；单击修改工具栏 ✦ 按钮，把人物立面移动置立面图中，效果如图 9-126 所示。

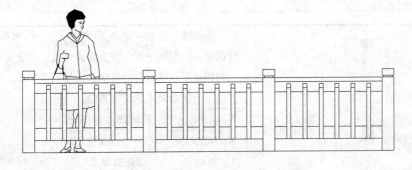

图 9-126　插入"人物立面"图块

提 示：插入的快捷键命令为"I"。一般在绘制植物立面、人物立面或者其他图例的时候，可以直接通过"插入"命令来实现，而不需要一步一步的绘制，这样比较节省时间。植物立面、人物立面或者其他立面图例可以直接从互联网上下载。

08 执行【标注】|【线性】菜单命令和【连续】菜单命令，标注护栏立面的主要尺寸，效果如图 9-127 所示。

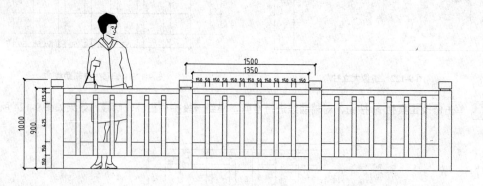

图 9-127　标注尺寸

09 执行【标注】|【多重引线】菜单命令，为栏杆立面添加文字说明；单击绘图工具栏 **A** 按钮，绘制图名；单击绘图工具栏 按钮，绘制图名下方的下画线，效果如图 9-128 所示。

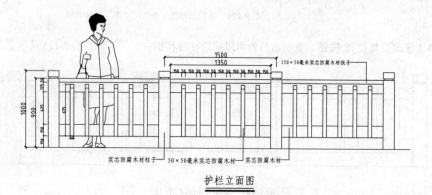

护栏立面图

图 9-128　标注文字说明、图名及比例

078　指示牌立面图

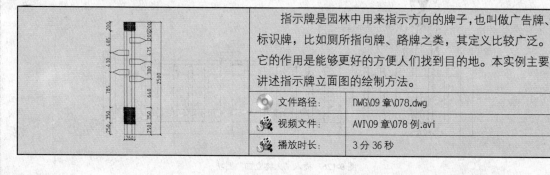

指示牌是园林中用来指示方向的牌子，也叫做广告牌、标识牌，比如厕所指向牌、路牌之类，其定义比较广泛。它的作用是能够更好的方便人们找到目的地。本实例主要讲述指示牌立面图的绘制方法。

文件路径：	DWG\09 章\078.dwg
视频文件：	AVI\09 章\078 例.avi
播放时长：	3 分 36 秒

01 单击绘图工具栏 □ 按钮，绘制 2 个矩形作为指示牌的牌杆，尺寸分别为 120×2500 和 70×2500，并将其移动对齐，如图 9-129 所示。

02 单击修改工具栏 ▲ 按钮，以 120×2500 的矩形的中点连线作为镜像线，镜像复制 70×2500 的矩形，效果如图 9-130 所示。

03 单击绘图工具栏 ╱ 按钮，连接 3 个矩形的底线；单击修改工具栏 ⚐ 按钮，将直线向上依次偏移 250 和 350 的距离，用同样的方法绘制牌杆顶部，往下偏移 200 的距离，效果如图 9-131 所示。

图 9-129　绘制 2 个矩形　　　　图 9-130　镜像复制矩形　　　　图 9-131　偏移直线

04 单击绘图工具栏 ╱ 按钮，绘制一条水平直线和垂直线，如图 9-132 所示。

05 单击修改工具栏 ⚐ 按钮，将水平直线和垂直线进行偏移，生成辅助线；单击绘图工具栏 ╱ 按钮，连接辅助线，效果如图 9-133 所示。

06 单击修改工具栏 ⟋ 按钮和 ✎ 按钮，对辅助线进行修剪和删除，绘制出指示牌的指示箭头，效果如图 9-134 所示。

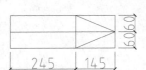

图 9-132　绘制水平线和垂直线　　　图 9-133　偏移生成辅助线　　　图 9-134　修剪删除辅助线

07 单击修改工具栏 ⛁ 按钮，将指示箭头移动复制到指示牌杆的各个位置，效果如图 9-135 所示。

08 单击绘图工具栏 ∿ 按钮以及修改工具栏 ⛁ 按钮，绘制出牌杆顶部和底部的造型，效果如图 9-136 所示。

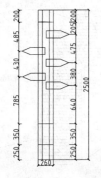
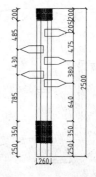

图 9-135　移动复制指示箭头　　　　　　　　图 9-136　最终效果

中文版 **AutoCAD 2013**
园林设计经典 **228** 例

079 木栈台平面图

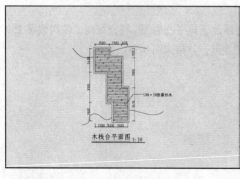

木栈台平面图 1:30

木栈道是位于水域边的一种景观小道，是园林的设施之一。通过木栈道平面图的绘制，掌握 AutoCAD 基本命令的使用方法。本实例讲述木栈道平面图的绘制方法和操作步骤。

	文件路径：	DWG\09 章\079.dwg
	视频文件：	AVI\09 章\079 例.avi
	播放时长：	5 分 06 秒

01 单击绘图工具栏 ✎ 按钮，按下"**F8**"开启正交功能，固定在水平和垂直方向上绘制直线，得到木栈台的轮廓线，效果如图 9-137 所示。

02 单击修改工具栏 ❧ 按钮，指定偏移的距离为 150，生成木栈道的边缘线；单击修改工具栏 ⌒ 按钮，指定倒角半径为 0，将边缘线进行倒角，效果如图 9-138 所示。

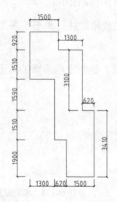

图 9-137 绘制木栈道轮廓线

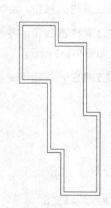

图 9-138 绘制木栈道边缘线

03 单击绘图工具栏 ∿ 按钮，绘制出水域边的一段轮廓线，效果如图 9-139 所示。

04 单击绘图工具栏 ⬚ 按钮，为木栈道填充材料图例，效果如图 9-140 所示。

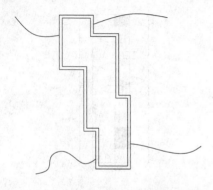

图 9-139 绘制水域边线

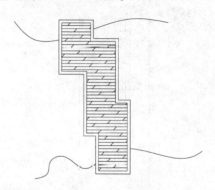

图 9-140 填充材料图例

第 2 篇

05 执行【标注】|【线性】菜单命令和【连续】菜单命令，标注木栈道平面各主要部分的尺寸，效果如图 9-141 所示。

06 执行【标注】|【多重引线】菜单命令，为木栈道标注文字说明；单击绘图工具栏 **A** 按钮，绘制图名及比例；单击绘图工具栏 ⌐ 按钮，绘制图名及比例下方的下画线，效果如图 9-142 所示。

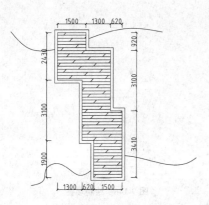

图 9-141 标注尺寸

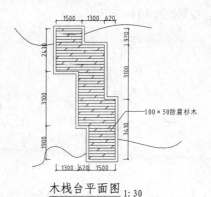

木栈台平面图 1:30

图 9-142 标注文字说明、图名及比例

080 景门及矮柱立面图

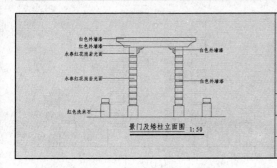

景门及矮柱立面图 1:50

景门是园林设施之一，是园林的标志性小品建筑，因而对其造型要求也较高。本实例讲述景门及矮柱立面图的绘制方法和操作步骤。

文件路径：	DWG\09 章\080.dwg
视频文件：	AVI\09 章\080 例.avi
播放时长：	8 分 03 秒

01 单击绘图工具栏 □ 按钮，绘制一个 400×430 的矩形；单击修改工具栏 ◠ 按钮，对矩形进行倒圆角，指定倒角半径为 20，绘制好景门立柱的柱墩，效果如图 9-143 所示。

02 单击绘图工具栏 □ 按钮，绘制两个矩形，尺寸分别为 260×50 和 300×180，将其以中心位置对齐；单击修改工具栏 ⌐ 按钮，沿 Y 轴方向复制这组矩形，效果如图 9-144 所示。

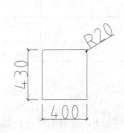

图 9-143 绘制柱墩

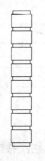

图 9-144 绘制并复制矩形

03 单击绘图工具栏 □ 按钮，绘制一个 260×330 的矩形，将所有矩形以中心点对齐，得到景门立柱，效果如图 9-145 所示。

04 单击绘图工具栏 □ 按钮，绘制 3 个矩形作为矮柱，尺寸分别为 350×500、260×50 和 290×150，以中心点对齐，单击修改工具栏 □ 按钮，对 290×150 的矩形进行倒圆角，指定倒角半径为 20，得到矮柱的立面图，效果如图 9-146 所示。

图 9-145 绘制景门立柱

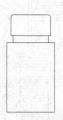

图 9-146 绘制矮柱

05 单击绘图工具栏 ⁄ 按钮，绘制一条地平线，对齐景门立柱和矮柱，指定景门立柱与矮柱之间的距离为 700，效果如图 9-147 所示。

06 单击修改工具栏 ⁂ 按钮，将景门立柱和矮柱进行镜像；单击修改工具栏 ✦ 按钮，将两个景门立柱的距离移动至 1400，效果如图 9-148 所示。

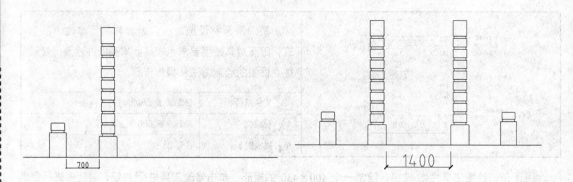

图 9-147 对齐景门立柱与矮墙位置

图 9-148 镜像并移动景门立柱和矮墙

07 单击绘图工具栏 ⁄ 按钮，绘制一条水平直线和垂直线；单击修改工具栏 ⧉ 按钮，生成景门压顶部分的辅助线，效果如图 9-149 所示。

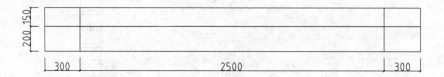

图 9-149 偏移生成辅助线

08 单击绘图工具栏 ⁄ 按钮，绘制压顶圆弧；单击修改工具栏 ⁄ 按钮，对辅助线进行修剪，得到景门压顶立面，效果如图 9-150 所示。

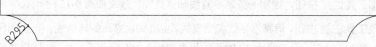

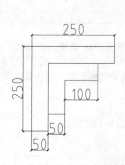

图 9-150 绘制景门压顶

09 单击绘图工具栏 ✏ 按钮和修改工具栏 ✂ 按钮，绘制景门装饰，效果如图 9-151 所示。

10 单击修改工具栏 ✦ 按钮和 🔄 按钮，移动复制景门装饰，得到景门的效果如图 9-152 所示。

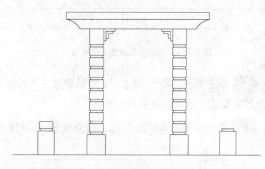

图 9-151 绘制景门装饰　　　　　　图 9-152 得到景门及矮柱效果

11 执行【标注】|【多重引线】菜单命令，标注材料文字说明；单击绘图工具栏 **A** 按钮，绘制图名及比例；单击绘图工具栏 ➷ 按钮，绘制图名及比例下方的下画线，最终效果如图 9-153 所示。

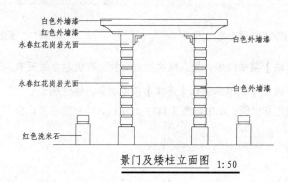

图 9-153 绘制文字说明、图名及比例

081 树池立面图

　　　　　　　　　树池是种植树木的种植槽。树池处理得当，不仅有助于树木生长、美化环境，还具备很多功能。通过树池立面图的绘制，掌握 AutoCAD 基本命令的使用方法。本实例讲述树池立面图的绘制方法和操作步骤。

文件路径：	DWG\09 章\081.dwg
视频文件：	AVI\09 章\081 例.avi
播放时长：	3 分 52 秒

01 单击绘图工具栏 ╱ 按钮，绘制一条水平直线和垂直线，效果如图 9-154 所示。

02 单击修改工具栏 ◢ 按钮，偏移水平线和垂直线，生成树池立面的辅助线；单击绘图工具栏 ⊙ 按钮，在辅助线的交点为圆心，绘制一个半径为 39 的圆，效果如图 9-155 所示。

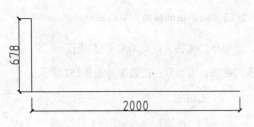

图 9-154 绘制水平直线和垂直线

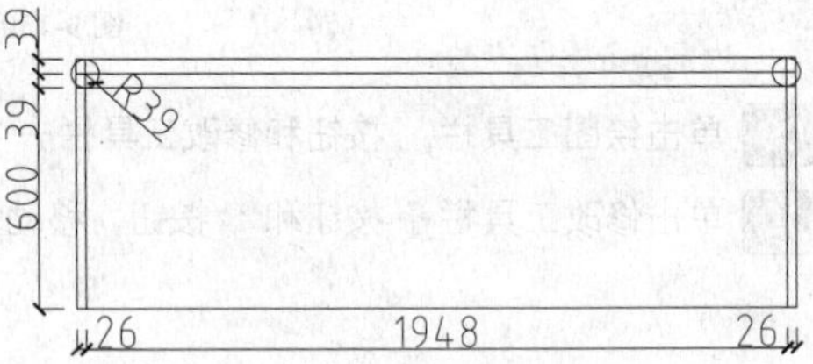

图 9-155 偏移生成辅助线

03 单击修改工具栏 ╱ 按钮，对辅助线进行修剪；单击修改工具栏 ◢ 按钮，删除多余的辅助线，得到树池的轮廓线，效果如图 9-156 所示。

04 单击绘图工具栏 ▨ 按钮，填充树池立面材料图例，效果如图 9-157 所示。

图 9-156 修剪和删除辅助线

图 9-157 填充立面材料

05 执行【插入】|【块】菜单命令，插入植物的立面放置在树池立面图中，效果如图 9-158 所示。

06 执行【标注】|【线性】菜单命令和【连续】菜单命令，标注树池立面各主要部分的尺寸；单击绘图工具栏 **A** 按钮，绘制图名及比例；单击绘图工具栏 ↝ 按钮，绘制图名及比例下方的下画线，最终效果如图 9-159 所示。

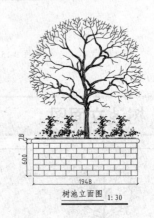

树池立面图 1:30

图 9-158 插入立面植物

图 9-159 标注尺寸、图名及比例

🔊 **提示：**插入的快捷方式；插入图块时，除了使用"块"命令之外，还可以使用 Ctrl+C 和 Ctrl+V 组合键进行复制、粘贴操作。

082 花钵立面图

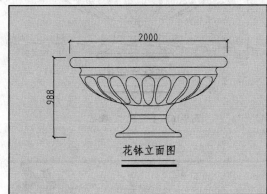

花钵立面图

花钵是种花用的器皿，为口大底端小的倒圆台或倒棱台形状，质地多为砂岩、泥、瓷、塑料及木制品。目前，种植花卉的花钵形式多样，大小不一。花卉生产者或养花人士可以根据花卉的特性和需要以及花盆的特点选用花钵。本实例讲述花钵立面图的绘制方法和操作步骤。

文件路径：	DWG\09 章\082.dwg
视频文件：	AVI\09 章\082 例.avi
播放时长：	6 分 43 秒

01 单击绘图工具栏 ✎ 按钮，绘制一条水平直线和垂直线，效果如图 9-160 所示。

02 单击修改工具栏 ⊜ 按钮，偏移水平线和垂直线，生成花钵立面的辅助线，效果如图 9-161 所示。

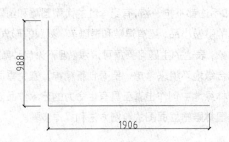

图 9-160　绘制水平直线和垂直线

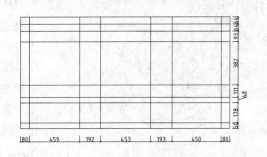

图 9-161　偏移生成辅助线

03 单击绘图工具栏 ∕ 按钮和 ∼ 按钮，绘制花钵的造型线，效果如图 9-162 所示。

04 单击修改工具栏 ✄ 按钮，对辅助线进行修剪；单击修改工具栏 ✐ 按钮，删除多余的辅助线，得到花钵的轮廓线，效果如图 9-163 所示。

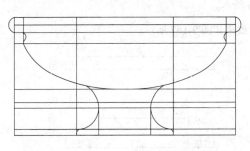

图 9-162　绘制花钵造型线

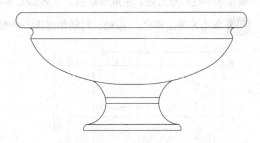

图 9-163　修剪图形

05 单击绘图工具栏 ∼ 按钮，勾勒出花钵上面的花纹，效果如图 9-164 所示。

06 执行【标注】|【线性】菜单命令，标注花钵立面各主要部分的尺寸；单击绘图工具栏 A 按钮，绘制图名；单击绘图工具栏 ↺ 按钮，绘制图名下方的下画线，效果如图 9-165 所示。

第 9 章

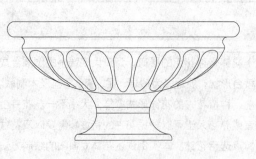

图 9-164 绘制花纹

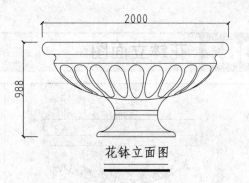

花钵立面图

图 9-165 标注尺寸、图名

083 园林雕塑立面图

花岗石基座

入口雕塑正立面图

　　雕塑在园林中所占的比重较小，可是它的存在赋予了园林鲜明而生动的主题，给园林增色不少。园林雕塑的题材、形式和手法都不拘一格，有纪念性的大型圆雕和组雕，有装饰性的雕塑小品，还有浮雕和透雕等；刻划的形象可自然可抽象；表达的主题可严肃可浪漫。但不论何种雕塑都必须结合绿地环境来考虑，要有创新精神，避免雷同，才能在园林绿地中创作出真正具有生命力的艺术作品。本实例讲述园林雕塑立面图的绘制方法和操作步骤。

文件路径：	DWG\09 章\083.dwg	
视频文件：	AVI\09 章\083 例.avi	
播放时长：	6 分 14 秒	

01 绘制雕塑基座部分。单击绘图工具栏 ✎ 按钮，绘制一条水平直线和垂直线；单击修改工具栏 ⬓ 按钮，偏移水平线和垂直线，生成辅助线，效果如图 9-166 所示。

02 单击修改工具栏 ⼂ 按钮，对辅助线进行修剪，效果如图 9-167 所示。

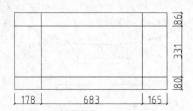

图 9-166 绘制基座辅助线

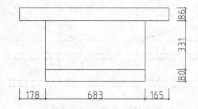

图 9-167 修剪辅助线

03 单击绘图工具栏 ⟋ 按钮，连接两个小矩形，效果如图 9-168 所示。

04 单击修改工具栏 ⬓ 按钮，对小矩形进行倒圆角，指定圆角半径为 0，得到雕塑基座的轮廓，效果如图 9-169 所示。

图 9-168 连接矩形

图 9-169 绘制雕塑基底轮廓

05 单击绘图工具栏 ⁄ 按钮，绘制圆弧，开始勾勒雕塑主体的轮廓，效果如图 9-170 所示。

06 单击绘图工具栏 ⁄ 按钮和 ⁄ 按钮，继续勾勒出雕塑的主体轮廓，只需做到形似即可，效果如图 9-171 所示。

图 9-170 绘制圆弧

图 9-171 勾勒出主体轮廓

07 执行【标注】|【多重引线】菜单命令，标注材料文字说明；单击绘图工具栏 **A** 按钮，绘制图名；单击绘图工具栏 ⌐ 按钮，绘制图名下方的下画线，最终效果如图 9-172 所示。

花岗石基座

入口雕塑正立面图

图 9-172 雕塑最终效果

第 9 章

第 10 章
常用园林建筑设施的
设计与绘制

　　园林建筑是建造在园林和城市绿化地段内供人们游憩或观赏的常用的建筑物，常见的有亭、榭、廊、舫、台、楼阁、花架、厅堂等。这些设施主要起到为园林中造景和为游览者提供观赏景点的视点和场所，还有提供休憩及活动的空间等作用。而随着园林设施的现代化水平不断提高，园林建筑的内容越来越复杂多样，地位也日益重要。

　　本章主要讲述园林中一些常用建筑设施的绘制方法和操作技巧。

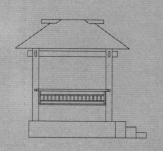

欧式穹形亭立面图

方亭立面图 1:50

084 凉亭平面图

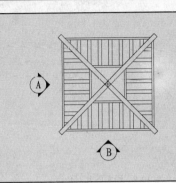

亭是我国传统的园林建筑之一，在古典园林、现代公园、自然风景区以及城市绿化中，都可以见到各种各样的亭子悠然伫立，在园林和绿地中，亭是不可缺少的组成部分，常起着画龙点睛的作用。本实例讲述凉亭平面图的绘制方法和操作步骤。

	文件路径：	DWG\10 章\084 例.dwg
	视频文件：	AVI\10 章\084 例.avi
	播放时长：	4 分 46 秒

01 单击绘图工具栏 □ 按钮，绘制一个 2620×2620 的矩形，单击修改工具栏 按钮，将矩形向内偏移 4 次，偏移的距离分别是 60、50、700 和 50，得到凉亭平面图的基库，效果如图 10-1 所示。

02 单击绘图工具栏 按钮，连接 2620×2620 矩形的对角线；单击修改工具栏 按钮，将对角线分别向两边偏移，偏移的距离为 60，效果如图 10-2 所示。

03 单击绘图工具栏 按钮，连接两条直线的端点和中心；单击修改工具栏 按钮，删除对角线和 2620×2620 的矩形，得到凉亭的横梁，效果如图 10-3 所示。

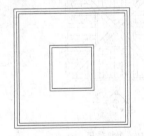

图 10-1　绘制矩形并偏移

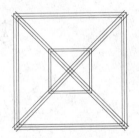

图 10-2　偏移对角线

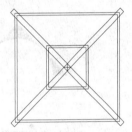

图 10-3　绘制横梁

04 单击修改工具栏 按钮，修剪直线，效果如图 10-4 所示。

05 单击绘图工具栏 按钮，打开"图案填充和渐变色"对话框，在"图案"下拉列表中选择为"ANSI32"选项，设置角度为 135，比例为 30；单击"边界"选项组"添加：拾取点"按钮，选择水平方向相对的两个梯形，表示亭顶木结构材料，填充结果如图 10-5 所示。

06 以相同的方法填充亭顶的另外两个梯形，将填充角度改为 45，效果如图 10-6 所示。

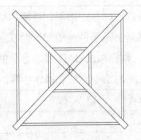

图 10-4　修剪直线

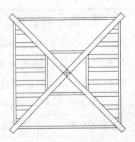

图 10-5　填充亭顶

图 10-6　继续填充

第 10 章

07 单击绘图工具栏 ▭ 按钮，绘制一个 450×450 的矩形；单击修改工具栏 ○ 按钮，将矩形旋转 45°，效果如图 10-7 所示。

08 执行【绘图】|【圆】|【三点】菜单命令，捕捉矩形三边的中点绘制一个圆形；单击绘图工具栏 ╱ 按钮，连接矩形的对角线，效果如图 10-8 所示。

图 10-7　绘制并旋转矩形

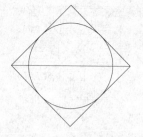

图 10-8　绘制圆和对角线

09 单击修改工具栏 ╱ 按钮，修剪矩形和直线；单击绘图工具栏 ▨ 按钮，对图形进行填充，绘制出立面的视图符号，效果如图 10-9 所示。

10 单击绘图工具栏 A 按钮，绘制立面视图符号里面的文字；单击修改工具栏 ░ 按钮，将绘制好的立面视图符号复制一份，双击文字进行修改，最终效果如图 10-10 所示。

图 10-9　修剪矩形并进行图案填充

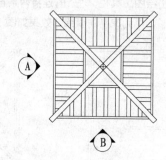

图 10-10　最终效果

提示："复制"命令 COPY 与"平移"命令相似，只不过它在平移图形的同时，会在源图形位置处创建一个副本。所以"复制"命令需要输入的参数仍然是复制对象、基点起点和基点终点。

085　凉亭 A 立面图

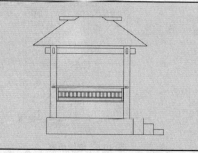

亭是园林绿地中最多见的供眺览、休息、遮阳、避雨的点景建筑。凉亭的 A 立面图能够看到走上凉亭的台阶和背对视线的座椅。通过凉亭 A 立面的绘制，掌握 AutoCAD 基本命令的使用方法。本实例讲述凉亭 A 立面图的绘制方法和操作步骤。

文件路径：	DWG\10 章\085 例.dwg
视频文件：	AVI\10 章\085 例.avi
播放时长：	8 分 17 秒

01 平面图参照例 084。单击绘图工具栏 ▭ 按钮，绘制一个 2500×450 的矩形作为凉亭的基座，效果如图 10-11 所示。

02 单击绘图工具栏 ▭ 按钮，以刚绘制的矩形左端点为起点，绘制一个 180×2000 的矩形，作为凉亭的立柱，效果如图 10-12 所示。

03 单击修改工具栏 ✛ 按钮，将矩形水平向右移动 100 的距离，效果如图 10-13 所示。

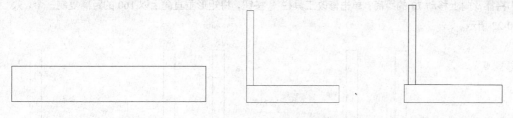

图 10-11　绘制凉亭基座　　　　图 10-12　绘制凉亭立柱　　　　图 10-13　水平向右移动矩形

04 单击修改工具栏 ⚏ 按钮，以基座的中点为镜像线的第一点和第二点，镜像复制立柱，效果如图 10-14 所示。

05 单击绘图工具栏 ▭ 按钮，以矩形的端点为起点，绘制一个 1940×30 的矩形，并将矩形垂直向上移动 450 的距离，作为凉亭的坐凳，如图 10-15 所示。

06 单击绘图工具栏 ▭ 按钮，绘制一个 2200×50 的矩形，选择矩形的中点移动对齐到 1930×30 矩形的中点，并垂直向上移动 350 的距离，作为凉亭坐凳靠背，最终效果如图 10-16 所示。

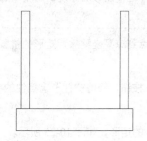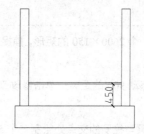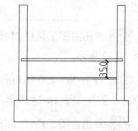

图 10-14　镜像复制立柱　　　　图 10-15　绘制凉亭坐凳　　　　图 10-16　绘制凉亭坐凳靠背

07 单击绘图工具栏 ▭ 按钮，绘制一个 30×30 的矩形作为靠背与柱子的连接部分，移动矩形到靠背的左中点，如图 10-17 所示。

08 单击修改工具栏 ✛ 按钮，将 30×30 的矩形水平向右移动 50 的距离；单击修改工具栏 ⚏ 按钮，镜像复制矩形，效果如图 10-18 所示。

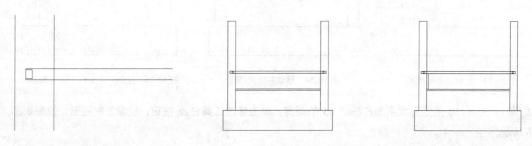

图 10-17　绘制移动 30×30 的矩形　　　图 10-18　移动并镜像复制矩形　　　图 10-19　绘制一个 40×350 的矩形

09 单击绘图工具栏 ▭ 按钮，在如图 10-19 所示位置绘制一个 40×350 的矩形。

10 单击修改工具栏 ✛ 按钮，将矩形水平向右移动 10 的距离；单击修改工具栏 ⚼ 按钮，镜像复制矩形，效果如图 10-20 所示。

11 单击绘图工具栏 ▭ 按钮，绘制一个 1840×25 的矩形，作为凉亭靠背的横木条，效果如图 10-21 所示。

12 将靠背向上移动 70 的距离；单击修改工具栏 ⚼ 按钮，将矩形垂直向上以 160 的距离复制一个，效果如图 10-22 所示。

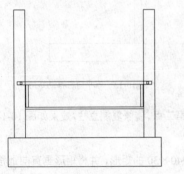 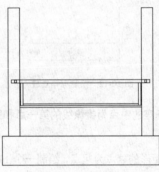 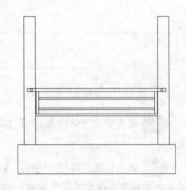

图 10-20　移动并镜像复制矩形　　　图 10-21　绘制一个 1840×25 的矩形　　　图 10-22　向上移动并复制矩形

🔊 **提 示**：进行复制时，尽量选择比较容易被捕捉到的点作为复制的基点，这样能够确保复制的精确程度。

13 单击绘图工具栏 ▭ 按钮，绘制一个 2600×150 的矩形，捕捉其中心点到凉亭坐凳靠背矩形的位置，如图 10-23 所示。

14 将 2600×250 的矩形垂直向上移动 900 的距离；单击修改工具栏 ⊬ 按钮，修剪被柱子遮挡住的横梁线条，效果如图 10-24 所示。

15 单击绘图工具栏 ▭ 按钮，在横梁与柱子的交点处绘制一个 50×150 的矩形，如图 10-25 所示。

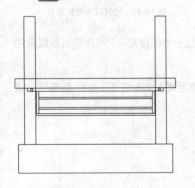 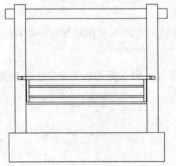 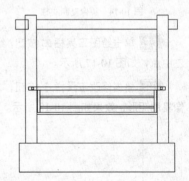

图 10-23　绘制凉亭的横梁　　　图 10-24　移动并修剪横梁　　　图 10-25　绘制一个 50×150 的矩形

16 将 50×150 的矩形水平向右移动 65 的距离；单击修改工具栏 ⚼ 按钮，镜像复制矩形，效果如图 10-26 所示。

17 单击绘图工具栏 ╱ 按钮，在坐凳靠背位置处绘制一条直线，水平向右移动 80 的距离，效果如图 10-27 所示。

18　单击修改工具栏 按钮，将直线向右偏移 30 的距离；单击修改工具栏 按钮，选择两条直线为对象，按下空格键，指定 1840×25 矩形的端点为基点，输入 "A"，输入要进行阵列的项目数为 16，指定直线与矩形的垂直点为第二点，复制阵列直线，效果如图 10-28 所示。

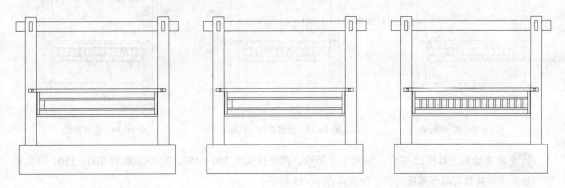

图 10-26　移动并镜像矩形　　　　图 10-27　绘制一条直线　　　　图 10-28　偏移并阵列直线

19　单击绘图工具栏 按钮，绘制一个 3300×700 的矩形，捕捉其中心点到横梁的中心点位置，如图 10-29 所示。

20　将矩形垂直向上移动 70 的距离，并对矩形进行夹点编辑，按 "F8" 键打开正交模式，将矩形左上端点水平向右移动 1000，右上端点水平向左移动 1000，得到凉亭的顶，效果如图 10-30 所示。

21　单击绘图工具栏 按钮，绘制一个 1800×100 的矩形，捕捉其中心点到凉亭顶的中心点的位置，作为凉亭顶上的梁，再绘制一个 50×100 的矩形作为凉亭顶上梁的横截面，将其与 1800×100 的矩形对齐，并镜像复制，效果如图 10-31 所示。

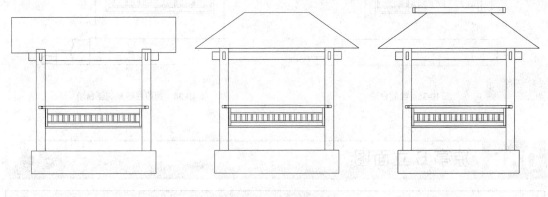

图 10-29　绘制矩形　　　　　图 10-30　绘制凉亭的顶　　　　　图 10-31　绘制凉亭顶上的梁

22　单击修改工具栏 按钮，指定凉亭的顶为选择对象，按下空格键，将其分解；单击修改工具栏 按钮，选择 1800×100 的矩形为对象，按下空格键，选择两条斜线，将其延伸，效果如图 10-32 所示。

提　示：："分解"的快捷键命令为 "X"，想要分解哪个图形，只要先选中它，输入 "X"，按下空格键，就能将其分解；而 "延伸"的快捷键命令为 "EX"。

23　单击修改工具栏 按钮，将两条斜线分别向左右各偏移 100 的距离；单击修改工具栏 按钮，将其延伸，效果如图 10-33 所示。

24　单击修改工具栏 按钮，修剪图形，得到凉亭侧立面效果，如图 10-34 所示。

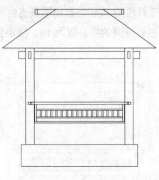

图 10-32　延伸斜线

图 10-33　偏移并延伸斜线

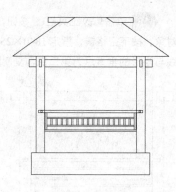

图 10-34　修剪图形

25　单击绘图工具栏 口 按钮，绘制 3 个矩形，尺寸分别为 300×450、300×300 和 300×150，作为凉亭的台阶，并将其与凉亭基座对齐，效果如图 10-35 所示。

提示：有一些亭子的台阶可能没有经过人工修剪，而是一些自然石块，这时可以使用宽度为 10 左右的多段线随意勾画出台阶，从而表示出石块的凹凸不平以及自然形状，如图 10-36 所示。

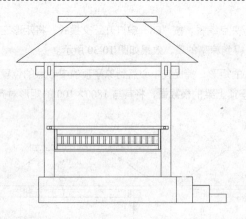

图 10-35　绘制台阶

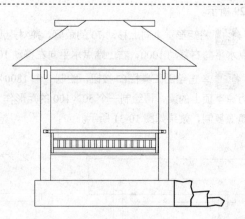

图 10-36　用段线随意勾画台阶

086　凉亭 B 立面图

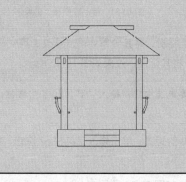

　　凉亭的 B 立面图大部分与 A 立面图相同，可以复制后稍加修改再继续绘制。通过凉亭 B 立面图的绘制，掌握 AutoCAD 基本命令的使用方法。本实例讲述凉亭 B 立面图的绘制方法和操作步骤。

文件路径：	DWG\10 章\086 例.dwg
视频文件：	AVI\10 章\086 例.avi
播放时长：	3 分

01　打开本书配套光盘中"第 10 章\例 085.dwg"文件。单击修改工具栏 按钮，复制一份凉亭 A 立

面图；单击修改工具栏 ✐ 按钮，删除多余的部分。

02 单击绘图工具栏 ▢ 按钮，并以 A 立面图上的坐凳靠背作为参考，绘制两个矩形，尺寸分别为 170×30 和 300×30，效果如图 10-37 所示。

03 单击修改工具栏 ✐ 按钮，删除 A 立面图上的坐凳靠背，将 170×30 的矩形水平向左移动 50 的距离，300×30 的矩形水平向右移动 60 的距离，效果如图 10-38 所示。

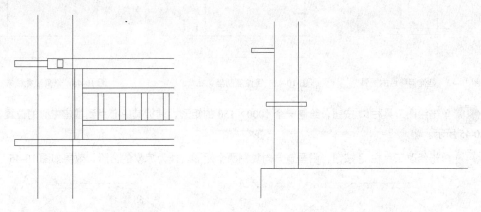

图 10-37　绘制两个矩形　　　　　　　　　图 10-38　移动矩形

04 单击绘图工具栏 ▢ 按钮，绘制一个 50×50 的矩形，将其对齐到 170×30 的矩形，作为 B 立面图的坐凳靠背，并将矩形水平向右移动 20 的距离，效果如图 10-39 所示。

05 单击修改工具栏 ⊬ 按钮，对坐凳靠背进行修剪，效果如图 10-40 所示。

06 执行【绘图】|【圆弧】|【起点、端点、半径】菜单命令，指定如图 10-40 所示的点 1 为圆弧的起点，点 2 为圆弧的终点，输入圆弧半径为 37，绘制一条圆弧，效果如图 10-41 所示。

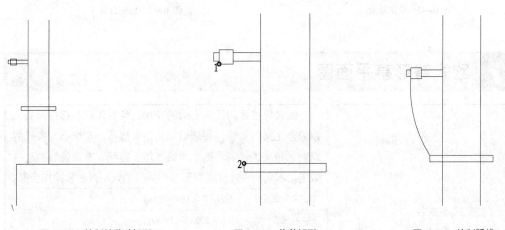

图 10-39　绘制并移动矩形　　　　图 10-40　修剪矩形　　　　图 10-41　绘制弧线

提 示：在绘制圆弧时，要根据实际情况，选择合适的绘制方法，这样才能够有效地提高绘图效率。

07 单击修改工具栏 ⬕ 按钮，向右偏移圆弧，距离为 40；单击修改工具栏 ⊣ 按钮，以矩形为边界，延伸偏移后的圆弧，效果如图 10-42 所示。

08 单击修改工具栏 ⚏ 按钮，镜像复制坐凳和靠背，效果如图 10-43 所示。

09 单击修改工具栏 ⊬ 按钮，修剪掉被柱子遮挡的坐凳线条，效果如图 10-44 所示。

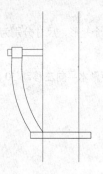
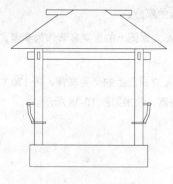

图 10-42　延伸偏移后的圆弧　　　　图 10-43　镜像复制坐凳靠背　　　　图 10-44　修剪坐凳线条

10 单击绘图工具栏 □ 按钮，绘制一个 1000×150 的矩形，捕捉其中心点到基座中心的位置，效果如图 10-45 所示。

11 单击修改工具栏 ◦ 按钮，沿垂直方向复制两个矩形，作为凉亭的台阶，效果如图 10-46 所示。

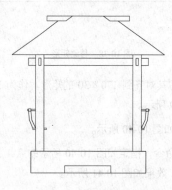
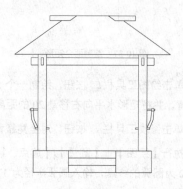

图 10-45　绘制矩形　　　　　　　　　　　图 10-46　绘制台阶

087　欧式穹形亭平面图

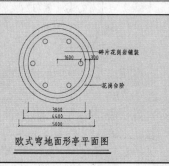

欧式穹地面形亭平面图

　　欧式风格强调线形流动的变化，色彩华丽。它在形式上以浪漫主义为基础，装修材料常用大理石、花岗石、多彩的织物、精美的铺装，整个风格豪华、富丽，充满强烈的动感效果。本实例讲述欧式穹形亭平面图的绘制方法和操作步骤。

	文件路径：	DWG\10 章\087 例.dwg
	视频文件：	AVI\10 章\087 例.avi
	播放时长：	3 分 56 秒

01 单击绘图工具栏 ╱ 按钮，绘制两条垂直的线段作为辅助线，效果如图 10-47 所示。

02 单击绘图工具栏 ⊙ 按钮，以辅助线的交点为圆心，绘制 3 个同心圆，半径分别为 2500、2200 和 1900，效果如图 10-48 所示。

　　提示：绘制同心圆可以首先绘制一个圆，然后利用捕捉工具捕捉到圆心，绘制出另一个不同半径的圆。或者先绘制一个圆，然后使用"偏移"命令将该圆向内或者向外偏移复制。

图 10-47　绘制两条垂直的辅助线

图 10-48　绘制同心圆

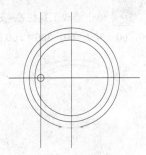

图 10-49　偏移直线并绘制圆

03　单击修改工具栏 ⊲ 按钮，将竖线向左偏移 1600 的距离；单击绘图工具栏 ⊙ 按钮，以偏移的直线与横线的交点为圆心，绘制一个半径为 176 的圆形，效果如图 10-49 所示。

04　执行【修改】|【阵列】|【环形阵列】菜单命令，选择半径为 176 的圆形为阵列对象，指定 3 个大圆共同的圆心为阵列的中心点，输入项目数为 6，指定填充的角度为 360°，按下空格键，将其环形阵列，作为欧式亭的柱子；单击修改工具栏 ✐ 按钮，删除辅助线，效果如图 10-50 所示。

05　执行【标注】|【多重引线】菜单命令，标注欧式亭平面图的文字说明，效果如图 10-51 所示。

06　执行【标注】|【线性】菜单命令，标注欧式亭各部分的主要尺寸；单击绘图工具栏 A 按钮，绘制图名；单击绘图工具栏 ꜱ 按钮，绘制图名下方的下画线，效果如图 10-52 所示。

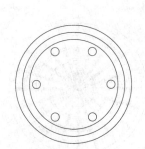

图 10-50　阵列圆形

碎片花岗岩铺装

花岗台阶

图 10-51　标注文字说明

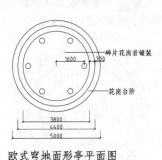

碎片花岗岩铺装

花岗台阶

1600　300

3800
4400
5000

欧式穹地面形亭平面图

图 10-52　标注尺寸和图名

088　欧式穹形亭屋顶平面图

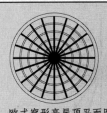

欧式穹形亭屋顶平面图

　　亭的屋顶平面图表示的是亭顶的布置，通过对亭屋顶平面图的绘制，掌握 AutoCAD 基本命令的使用方法和操作步骤。本实例讲述欧式穹形亭屋顶平面图的绘制方法和操作步骤。

📀 文件路径：	DWG\10 章\088 例.dwg
🎞 视频文件：	AVI\10 章\088 例.avi
🎬 播放时长：	5 分 05 秒

01　单击绘图工具栏 ⊙ 按钮，绘制一个半径为 1900 的圆形，表示欧式亭的尺寸线；单击修改工具栏 ⊲ 按钮，将圆向外偏移 150 的距离，表示亭顶的轮廓线，效果如图 10-53 所示。

02 单击修改工具栏 按钮，指定半径为 1900 的圆形为选择对象，向内依次偏移 300、60、300、60、300、60、300、60、300 和 60 的距离，效果如图 10-54 所示。

图 10-53 绘制并偏移圆形

图 10-54 向内偏移圆形

图 10-55 "点样式"对话框

03 执行【绘图】|【点】|【定数等分】菜单命令，选择半径为 1900 的圆形；当命令行提示"输入线段数目或【(块)】:"时，输入 20，按下空格键，将圆形等分为 20 份。

04 执行【格式】|【点样式】菜单命令，打开"点样式"对话框。选择一个圆形带交叉的点样式，如图 10-55 所示；单击"确定"按钮，更改点样式后的结果如图 10-56 所示。

05 单击绘图工具栏 按钮，连接圆的等分点与圆心的连线，效果如图 10-57 所示。

06 单击修改工具栏 按钮，将每条直线向两边各偏移 30 的距离；单击修改工具栏 按钮，删除点样式，效果如图 10-58 所示。

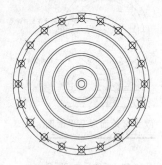

图 10-56 更改后的点样式

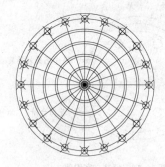

图 10-57 连接点样式与圆心

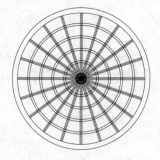

图 10-58 向两边偏移直线

07 单击修改工具栏 按钮，删除辅助线，效果如图 10-59 所示。

08 单击绘图工具栏 按钮，对图案进行填充；单击绘图工具栏 A 按钮，绘制图名；单击绘图工具栏 按钮，绘制图名下方的下画线，最终效果如图 10-60 所示。

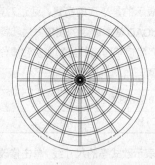

图 10-59 删除辅助线

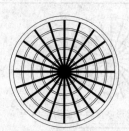

欧式穹形亭屋顶平面图

图 10-60 最终效果

089 欧式穹形亭立面图

欧式穹形亭立面图

通过对欧式穹形亭立面图的绘制，能够更加直接地感受到欧式风格中线形流动的变化，罗马柱、拱形和尖肋拱顶，都充满强烈的动感效果。并基本掌握 AutoCAD 基本命令的使用方法和操作步骤。本实例讲述欧式穹形亭立面图的绘制方法和操作步骤。

	文件路径：	DWG\10 章\089 例.dwg
	视频文件：	AVI\10 章\089 例.avi
	播放时长：	7 分 29 秒

01 平面图参照例 087。单击绘图工具栏 ✎ 按钮，绘制一条水平直线和垂直线，效果如图 10-61 所示。

02 单击修改工具栏 ▣ 按钮，偏移生成亭子立面的水平和垂直辅助线，效果如图 10-62 所示。

图 10-61　绘制水平直线和垂直线

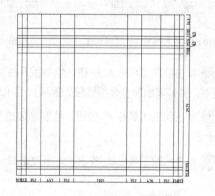

图 10-62　偏移生成辅助线

03 单击修改工具栏 ⊹ 按钮，将辅助线进行修剪；单击绘图工具栏 ✐ 按钮，删除多余的辅助线，效果如图 10-63 所示。

04 单击绘图工具栏 ✎ 按钮，沿辅助线中心绘制一条垂直线，效果如图 10-64 所示。

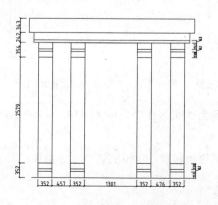

图 10-63　修剪并删除辅助线

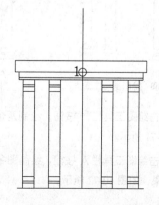

图 10-64　绘制中心垂直线

05 单击绘图工具栏 ⊘ 按钮，指定如图 10-64 所示的点 1 为圆心，绘制一个半径为 1925 的圆形；单击修改工具栏 ⚏ 按钮，将垂直线往左右分别偏移 40 的距离，效果如图 10-65 所示。

06 单击修改工具栏 ⊹ 按钮，将圆形和辅助线进行修剪；单击绘图工具栏 ✎ 按钮，删除垂直线，效果如图 10-66 所示。

07 单击修改工具栏 ⚏ 按钮，指定最上一条直线为选择对象，将其向上依次偏移 332、54、332、54、332 和 54 的距离；单击修改工具栏 ⊹ 按钮，对偏移线段进行修剪，效果如图 10-67 所示。

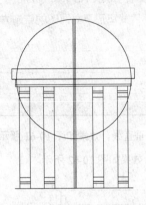 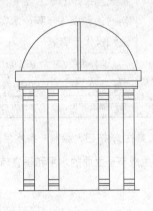 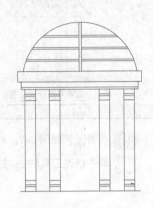

　图 10-65　绘制圆形并偏移辅助线　　　图 10-66　修剪图形　　　图 10-67　偏移并修剪辅助线

08 单击绘图工具栏 ⟋ 按钮，绘制罗马柱的造型；单击修改工具栏 ⚎ 按钮和 ⚏ 按钮，将造型线进行镜像复制，并修剪删除多余的线段，效果如图 10-68 所示。

09 单击绘图工具栏 ⟋ 按钮，绘制亭顶造型；单击修改工具栏 ⊹ 按钮，修剪多余的线段，效果如图 10-69 所示。

10 单击绘图工具栏 ⌇ 按钮，为亭顶绘制一个避雷针，效果如图 10-70 所示。

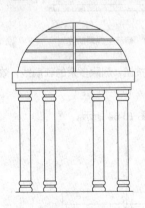 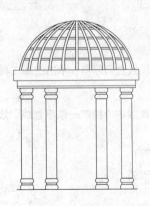 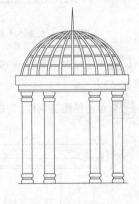

　图 10-68　绘制罗马柱造型　　　图 10-69　绘制亭顶造型　　　图 10-70　绘制避雷针

11 单击绘图工具栏 ▭ 按钮，绘制两个矩形，尺寸分别为 5302×117 和 4614×117，作为亭的台阶，效果如图 10-71 所示。

12 单击绘图工具栏 **A** 按钮，绘制图名；单击绘图工具栏 ⌇ 按钮，绘制图名下方的下画线，得到亭立面的最终效果，如图 10-72 所示。

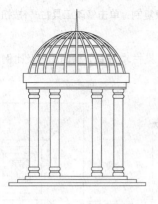

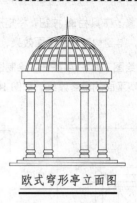

欧式穹形亭立面图

图 10-71　绘制台阶　　　　　　　　　图 10-72　最终效果

090　构架亭平面图

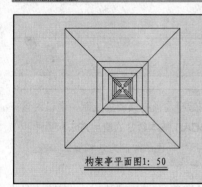

构架亭平面图1∶50

园林中，亭的形式多种多样，造型也各不相同，这更为园林景观增加了一道独特的风景。一般来讲，亭的造型及体量应与园林性质和它所处的环境和位置相适应。本章通过对构架亭平面图的绘制，掌握 AutoCAD 基本命令的使用方法和操作步骤。本实例讲述构架亭平面图的绘制方法和操作步骤。

文件路径：	DWG\10 章\090 例.dwg
视频文件：	AVI\10 章\090 例.avi
播放时长：	3 分 29 秒

01 单击绘图工具栏 □ 按钮，绘制一个 4000×4000 的矩形；单击绘图工具栏 ✏ 按钮，绘制矩形的两条对角线，效果如图 10-73 所示。

02 单击修改工具栏 ⊿ 按钮，向内偏移矩形，偏移距离依次为 1110、200、200、140、70 和 55，效果如图 10-74 所示。

03 单击修改工具栏 ⊿ 按钮，将其中一条对角线向下依次偏移 100 和 300 的距离，将另一条对角线分别向上下各偏移 50 的距离，如图 10-75 所示的位置。

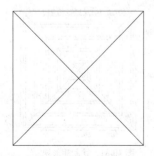

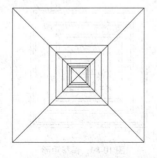

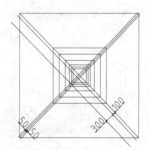

图 10-73　绘制矩形　　　　　　图 10-74　向内偏移矩形　　　　　　图 10-75　偏移对角线

04 单击修改工具栏 ✂ 按钮，修剪线条，得到一个小矩形，将它创建成块，效果如图 10-76 所示。

05 单击修改工具栏 ⚎ 按钮，将矩形块向四个方向进行镜像复制；单击修改工具栏 ⁄- 按钮，修剪矩形块里面的线条，得到构架亭的平面效果，如图 10-77 所示。

06 单击绘图工具栏 **A** 按钮，绘制图名及比例；单击绘图工具栏 ⌐ 按钮，绘制图名及比例下方的下画线，得到构架亭平面的最终效果，如图 10-78 所示。

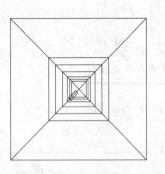

图 10-76 修剪线条

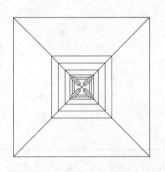

图 10-77 绘制圆形并偏移辅助线

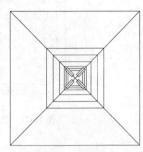

构架亭平面图1：50

图 10-78 标注图名及比例

091 构架亭屋顶平面图

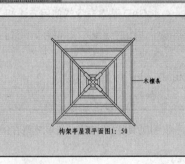

构架亭屋顶平面图1：50

现在，我们将介绍构架亭屋顶平面图的绘制，通过对该知识点的了解，掌握 AutoCAD 基本命令的使用方法和操作步骤。本实例讲述构架亭屋顶平面图的绘制方法和操作步骤。

文件路径：	DWG\10 章\091 例.dwg
视频文件：	AVI\10 章\091 例.avi
播放时长：	6 分 05 秒

01 单击绘图工具栏 ▭ 按钮，绘制一个 4200×4200 的矩形；单击修改工具栏 ⚎ 按钮，向外偏移矩形，偏移距离依次为 200 和 80；单击绘图工具栏 ∕ 按钮，绘制矩形的两条对角线，效果如图 10-79 所示。

02 单击修改工具栏 ⚎ 按钮，向内偏移矩形，距离依次为 320、100、320、100、320、100、320 和 100，效果如图 10-80 所示。

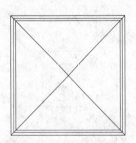

图 10-79 绘制并偏移矩形

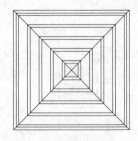

图 10-80 偏移矩形

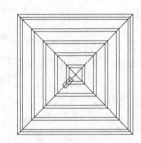

图 10-81 绘制矩形块

03 单击修改工具栏 ⚎ 按钮，将其中一条对角线向下依次偏移 200 和 400 的距离，将另一条对角线分别向上下各偏移 80 的距离；单击修改工具栏 ⁄- 按钮，修剪线条，得到一个小矩形，并将它创建成块，效果如图 10-81 所示。

04 单击修改工具栏 ⚹ 按钮，将矩形块向四个方向进行镜像复制；单击修改工具栏 ⊹ 按钮，修剪矩形块里面的线条，得到构架亭顶的平面效果如图 10-82 所示。

05 执行【绘图】|【多线】菜单命令，输入 "S"，输入多段比例为 80，按下空格键；输入 "J"，再输入 "Z"，指定两条对角线为起点，绘制两条多线，如图 10-83 所示。

06 单击绘图工具栏 ✐ 按钮，连接两条多线的端点；单击修改工具栏 ⊹ 按钮，修剪线条；单击绘图工具栏 ✐ 按钮，删除对角线和最外面的矩形，得到构架亭屋顶平面效果如图 10-84 所示。

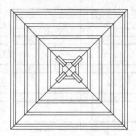
图 10-82　镜像复制矩形

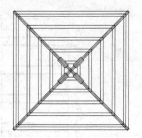
图 10-83　绘制多线

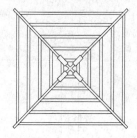
图 10-84　得到构架亭屋顶平面图

提示： 多段线命令的快捷键为 "ML"。

07 执行【标注】|【多重引线】菜单命令，为构架亭屋顶平面添加文字说明，如图 10-85 所示。

08 单击绘图工具栏 **A** 按钮，绘制图名及比例；单击绘图工具栏 ⟲ 按钮，绘制图名及比例下方的下画线，得到亭立面的效果如图 10-86 所示。

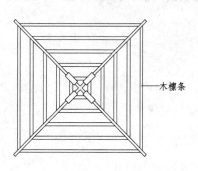
——木檩条

图 10-85　添加文字说明

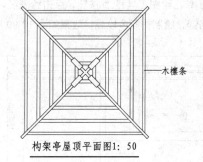
——木檩条

构架亭屋顶平面图1：50

图 10-86　标注图名及比例

092　构架亭立面图

构架亭立面图1：50

作为园林的主要设施之一，亭可供人们休闲和乘凉之用。通过对构架亭立面的绘制，掌握 AutoCAD 基本命令的使用方法和操作步骤。本实例讲述构架亭立面图的绘制方法和操作步骤。

文件路径：	DWG\10 章\092 例.dwg
视频文件：	AVI\10 章\092 例.avi
播放时长：	5 分 26 秒

01 平面图参照例 090。单击绘图工具栏 ✎ 按钮，绘制一条水平直线和垂直线，效果如图 10-87 所示。

02 单击修改工具栏 ⬟ 按钮，偏移生成构架亭立面的水平和垂直辅助线，如图 10-88 所示。

图 10-87　绘制水平直线和垂直线

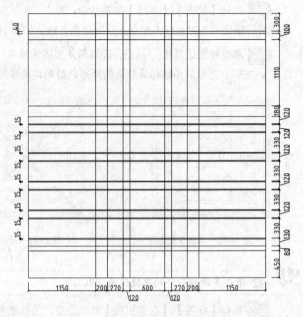

图 10-88　偏移生成辅助线

03 单击修改工具栏 ✂ 按钮，将辅助线进行初步修剪，效果如图 10-89 所示。

04 单击绘图工具栏 ⌐ 按钮，点击绘图区，指定多段线的起点，输入"（@2306<28）、（@2306-<28）"，按下空格键，绘制一条多段线，效果如图 10-90 所示。

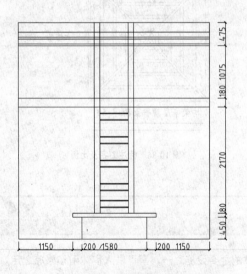

图 10-89　修剪辅助线

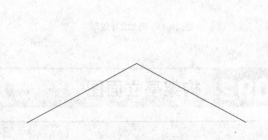

图 10-90　绘制多段线

05 单击修改工具栏 ✛ 按钮，指定多段线的顶点捕捉对齐到辅助线的中点，效果如图 10-91 所示。

06 单击修改工具栏 ⬟ 按钮，将多段线向上依次偏移 30 和 55 的距离；单击绘图工具栏 ✎ 按钮，连接多段线的端点，效果如图 10-92 所示。

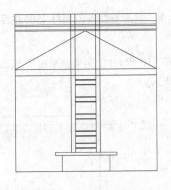

图 10-91 移动多段线

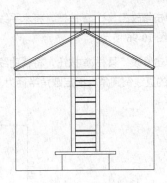

图 10-92 偏移多段线

07 单击绘图工具栏 ✎ 按钮，绘制构架亭的顶部造型；单击修改工具栏 ✦ 按钮，对图形进行修剪；单击绘图工具栏 ✐ 按钮，删除多余的线条，效果如图 10-93 所示。

08 单击绘图工具栏 ▨ 按钮，对构架亭屋顶进行填充；单击绘图工具栏 **A** 按钮，绘制图名及比例；单击绘图工具栏 ↷ 按钮，绘制图名及比例下方的下画线，得到构架亭立面的最终效果，如图 10-94 所示。

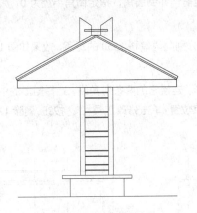

图 10-93 绘制顶部造型

构架亭立面图1：50

图 10-94 最终效果

093 中式方亭平面图

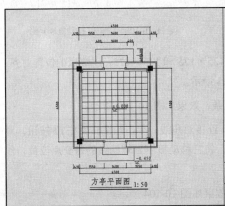

中式风格是以宫廷建筑为代表的中国古典建筑的艺术风格；气势恢宏、壮丽华贵、高空间、大进深、雕梁画栋、金碧辉煌；造型讲究对称，色彩讲究对比，装饰材料以木材为主，图案多为龙、凤、龟、狮等；精雕细琢、瑰丽奇巧。通过对中式方亭平面图的绘制，掌握 AutoCAD 基本命令的使用方法。本实例讲述构中式方亭的绘制方法和操作步骤。

文件路径：	DWG\10 章\093 例.dwg
视频文件：	AVI\10 章\093 例.avi
播放时长：	10 分 39 秒

方亭平面图 1：50

01 单击绘图工具栏 ✎ 按钮，绘制一条水平和垂直交叉线，效果如图 10-95 所示。

第
10
章

02 单击修改工具栏 按钮，将水平线向右偏移 4500 的距离，将垂直线向上偏移 4500 的距离，生成辅助线，如图 10-96 所示。

03 单击修改工具栏 按钮，将辅助线向 4 个方向依次偏移 350 和 60 的距离；单击修改工具栏 按钮，给偏移的直线倒圆角，指定圆角半径为 0，效果如图 10-97 所示。

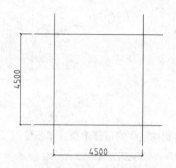
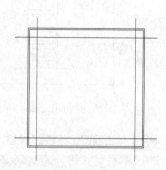

图 10-95　绘制水平和垂直交叉线线　　　图 10-96　偏移生成辅助线　　　图 10-97　向外偏移辅助线并倒圆角

04 以同样的方法将辅助线向内依次偏移 50 和 110 的距离，并倒圆角，指定倒角半径为 0，效果如图 10-98 所示。

05 单击修改工具栏 按钮，将垂直方向的两条辅助线分别向内偏移 1550 的距离，效果如图 10-99 所示。

06 单击绘图工具栏 按钮，绘制一个 120×120 的矩形，连接它的两条对角线，选择矩形的中心点移动并复制矩形到偏移后的两条垂直辅助线与水平辅助线的交点位置；单击修改工具栏 按钮，删除 120×120 矩形内部的对角线，效果如图 10-100 所示。

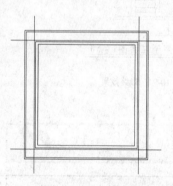
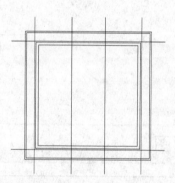
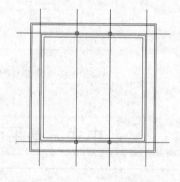

图 10-98　向内偏移辅助线并倒圆角　　　图 10-99　偏移辅助线　　　图 10-100　绘制并移动复制矩形

07 单击绘图工具栏 按钮，绘制两个矩形，尺寸分别为 125×125 和 175×175，以端点的位置对齐；单击修改工具栏 按钮，将两个矩形镜像复制，效果如图 10-101 所示。

08 单击修改工具栏 按钮和 按钮，修剪删除多余的线条，效果如图 10-102 所示。

09 单击绘图工具栏 按钮，绘制一个 300×300 的矩形，连接对角线；单击绘图工具栏 按钮，对矩形内部进行填充；单击修改工具栏 按钮，选择矩形的中心，将它移动复制到辅助线的各交点位置，作为方亭的立柱，效果如图 10-103 所示。

10 单击绘图工具栏 按钮，对方亭内部进行图案填充，效果如图 10-104 所示。

11 单击绘图工具栏 按钮，绘制两个矩形，尺寸分别为 1600×400 和 2400×800，作为方亭的台阶，单击修改工具栏 按钮，将其镜像，效果如图 10-105 所示。

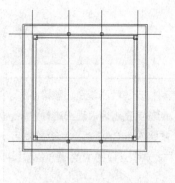

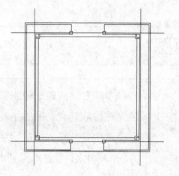

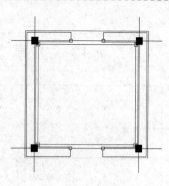

图 10-101 绘制并镜像复制矩形　　　图 10-102 修剪删除多余的线条　　　图 10-103 移动复制矩形

12 单击绘图工具栏 ✎ 按钮，绘制出标高符号；单击绘图工具栏 **A** 按钮，绘制出标高符号上面的数字；单击修改工具栏 ❤ 按钮，复制一个标高符号，双击标高数字，对标高数字进行修改，效果如图 10-106 所示。

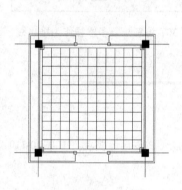

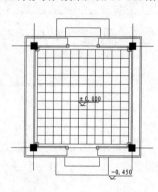

图 10-104 图案填充　　　　　图 10-105 绘制台阶　　　　　图 10-106 绘制标高符号

提 示： 标高表示建筑物某一部位相对于基准面（标高的零点）的垂直高度，是纵向定位的依据。标高按基准面选取的不同分为绝对标高和相对标高。标高符号是用细实线绘制，高为 3mm 的等腰直角三角形。

13 执行【标注】|【线性】菜单命令和【连续】菜单命令，为方亭平面各部分标注尺寸，效果如图 10-107 所示。

14 单击绘图工具栏 **A** 按钮，绘制图名及比例；再单击绘图工具栏 ⤴ 按钮，绘制图名及比例下方的下画线，得到方亭平面图最终效果，如图 10-108 所示。

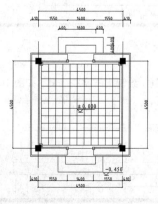

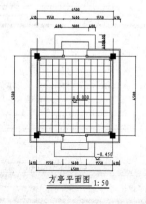

图 10-107 标注尺寸　　　　　　　图 10-108 注写图名及比例

094 中式方亭立面图

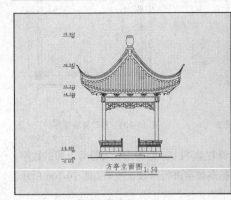

方亭立面图 1:50

中式古典建筑一般讲究气势恢宏、壮丽华贵、雕梁画栋、造型对称。其立面图的绘制，能够更直观地表现出这种效果。通过对中式方亭立面的绘制，掌握 AutoCAD 基本命令的使用方法和操作步骤。本实例讲中式方亭立面图的绘制方法和操作步骤。

	文件路径：	DWG\10 章\094 例.dwg
	视频文件：	AVI\10 章\094 例.avi
	播放时长：	17 分 27 秒

01 平面图参照例 093。单击绘图工具栏 ⌐⋅ 按钮，指定多段线宽度为 30，绘制一条多段线作为地平线，如图 10-109 所示。

图 10-109 绘制地平线

02 单击绘图工具栏 ╱ 按钮，以及修改工具栏 按钮和 按钮，绘制方亭的底座造型，效果如图 10-110 所示。

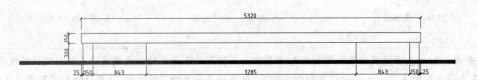

图 10-110 绘制方亭底座

03 单击绘图工具栏 □ 按钮，绘制两个矩形，尺寸分别为 2400×150 和 1600×150，移动对齐到地平线的中心点，作为方亭的台阶，效果如图 10-111 所示。

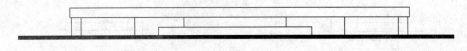

图 10-111 绘制台阶

04 单击绘图工具栏 ╱ 按钮以及修改工具栏 按钮和 按钮，绘制出方亭的坐凳，如图 10-112 所示。

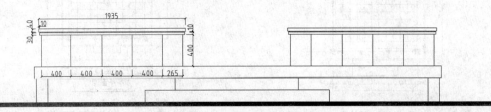

图 10-112 绘制坐凳

05 单击绘图工具栏 $\sim$ 按钮，绘制出栏杆的造型；单击修改工具栏 按钮和 按钮，绘制出栏杆的轮廓，效果如图 10-113 所示。

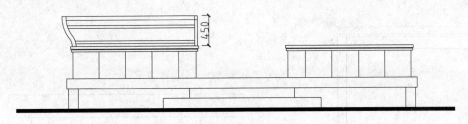

图 10-113　绘制栏杆造型及轮廓

06 单击绘图工具栏 按钮和修改工具栏 按钮，绘制出栏杆的短支柱，效果如图 10-114 所示。

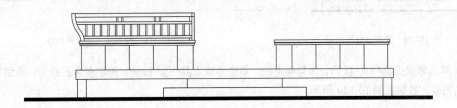

图 10-114　绘制栏杆短立柱

07 单击绘图工具栏 按钮、 按钮以及 按钮，绘制栏杆造型柱的基本轮廓，效果如图 10-115 所示。

08 单击修改工具栏 按钮，修剪线条，并移动对齐到栏杆的位置，如图 10-116 所示。

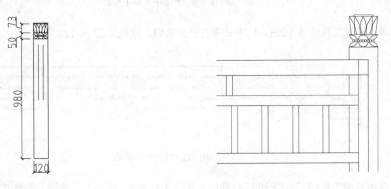

图 10-115　绘制栏杆柱　　　　　　　　　　图 10-116　修剪移动栏杆柱

09 单击修改工具栏 按钮，将栏杆部分进行镜像，效果如图 10-117 所示。

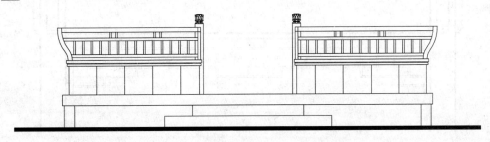

图 10-117　镜像栏杆

10 单击修改工具栏 📇 按钮和 ✂ 按钮，绘制出方亭的立柱和横梁部分，效果如图 10-118 所示。

11 单击绘图工具栏 ✏ 按钮和修改工具栏 📇 按钮，绘制中式垂花造型的辅助线，如图 10-119 所示。

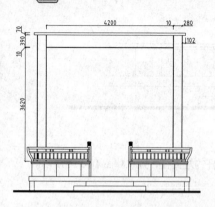

图 10-118 绘制立柱和横梁

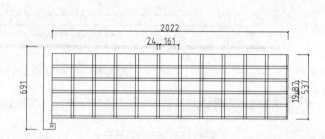

图 10-119 绘制中式垂花辅助线

12 单击修改工具栏 ✂ 按钮，修剪辅助线；单击修改工具栏 ✐ 按钮，删除多余的线条，得到中式垂花一部分的造型，效果如图 10-120 所示。

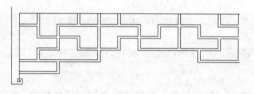

图 10-120 绘制中式垂花造型

13 单击修改工具栏 ⚏ 按钮，将中式垂花进行镜像，效果如图 10-121 所示。

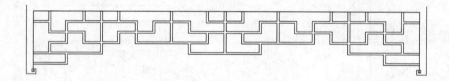

图 10-121 镜像中式垂花

14 单击绘图工具栏 ✏ 按钮和 ⌒ 按钮以及修改工具栏 📇 按钮和 ⬜ 按钮，绘制其他部分的图案造型，效果如图 10-122 所示。

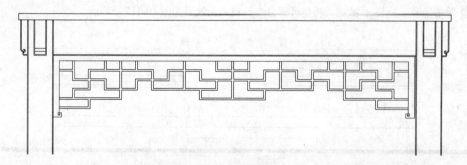

图 10-122 绘制图案造型

15 单击修改工具栏 按钮，将横梁线段向上偏移 3887 的距离；单击绘图工具栏 按钮，连接两条直线的中点，效果如图 10-123 所示。

16 单击绘图工具栏 按钮和 按钮以及修改工具栏 按钮，绘制出凉亭屋檐的造型轮廓弧线，效果如图 10-124 所示。

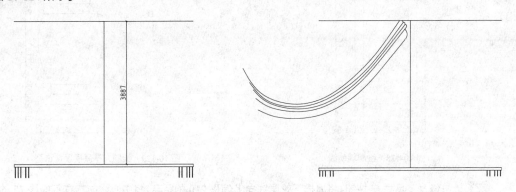

图 10-123　偏移并连接直线　　　　　　　　图 10-124　绘制屋檐轮廓弧线

17 单击绘图工具栏 按钮和 按钮以及 按钮，勾画出屋檐线尾部收口造型，效果如图 10-125 所示。

18 单击修改工具栏 按钮，将横梁线段向上偏移 233 的距离；单击绘图工具栏 按钮，绘制屋檐，并删除辅助线，效果如图 10-126 所示。

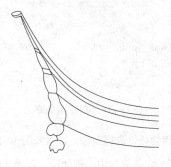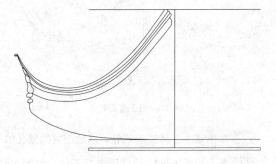

图 10-125　绘制屋檐线尾部收口造型　　　　　　图 10-126　绘制屋檐

19 单击修改工具栏 按钮，将绘制的屋檐轮廓以中心线为镜像线，进行镜像复制；单击绘图工具栏 按钮，连接两个屋檐，效果如图 10-127 所示。

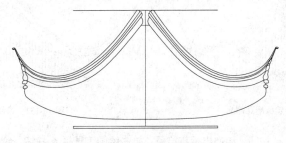

图 10-127　镜像屋檐

20 单击绘图工具栏 按钮和修改工具栏 按钮，绘制好方亭顶端造型的辅助线，效果如图 10-128 所示。

21 单击绘图工具栏 按钮，绘制方亭顶端的造型；单击修改工具栏 按钮，修剪辅助线；单击修改工具栏 按钮，删除多余的线条，得到方亭屋顶顶端造型，效果如图 10-129 所示。

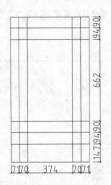

图 10-128 绘制辅助线

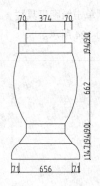

图 10-129 绘制方亭屋顶顶端造型

22 单击修改工具栏 按钮，将屋檐下轮廓线向上偏移 210 的距离，将中心线向左右各偏移 75 的距离；单击绘图工具栏 按钮和 按钮，绘制屋瓦的轮廓线，效果如图 10-130 所示。

23 单击修改工具栏 按钮，将绘制的屋瓦轮廓线向左以 137 的距离进行移动复制；单击修改工具栏 按钮和绘图工具栏 按钮，对复制后的轮廓线进行修剪和连接，效果如图 10-131 所示。

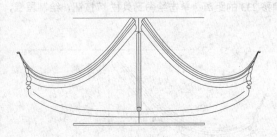

图 10-130 绘制屋瓦轮廓

图 10-131 复制屋瓦轮廓

24 单击修改工具栏 按钮，将绘制好的屋瓦以中心线为镜像线，进行镜像，效果如图 10-132 所示。

25 单击绘图工具栏 按钮和 按钮，绘制方亭的其它部分，并删除中心辅助线，效果如图 10-133 所示。

图 10-132 镜像屋瓦轮廓

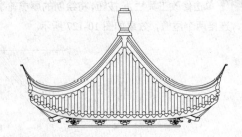

图 10-133 绘制其它部分

26 单击绘图工具栏 按钮，绘制出标高符号；单击绘图工具栏 **A** 按钮，绘制出标高数字；单击修改工具栏 按钮，复制一个标高符号，双击标高数字，对标高数字进行修改，效果如图 10-134 所示。

27 单击绘图工具栏 **A** 按钮，绘制图名及比例；再单击绘图工具栏 按钮，绘制图名及比例下方的下画线，得到方亭立面最终效果，如图 10-135 所示。

图 10-134　绘制标高符号

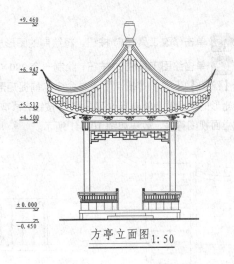

方亭立面图 1:50

图 10-135　标注图名及比例

095　园桥平面图

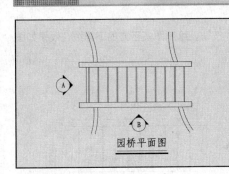

园桥平面图

园林中的桥梁可以联系风景点的水路交通，组织浏览线路，交换观赏视线，点缀水景，增加水面层次，兼有交通和艺术欣赏的双重作用。本实例讲述园桥平面图的绘制方法和操作步骤。

	文件路径:	DWG\10 章\095 例.dwg
	视频文件:	AVI\10 章\095 例.avi
	播放时长:	4 分 21 秒

01 单击绘图工具栏 ▢ 按钮，绘制两个矩形，尺寸分别为 700×2000 和 100×2300；单击修改工具栏 ✛ 按钮，捕捉两个矩形的中点，将其对齐，效果如图 10-136 所示。

02 单击修改工具栏 ◢ 按钮，将 100×2300 的矩形进行镜像，效果如图 10-137 所示。

03 单击绘图工具栏 ▨ 按钮，打开"图案填充和渐变色"对话框，在"图案"下拉列表中选择"JIS-LC-8A"选项，设置"角度"为 315，"比例"为 25，对图形进行填充，效果如图 10-138 所示。

图 10-136　绘制矩形并对齐

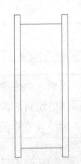

图 10-137　镜像矩形

图 10-138　图案填充

04 单击绘图工具栏 〜 按钮和修改工具栏 ◢ 按钮，绘制出水域边的一段轮廓线，效果如图 10-139 所

示。

05 单击修改工具栏 ○ 按钮，将绘制的图形旋转 90°，效果如图 10-140 所示。

06 单击绘图工具栏 □ 按钮，绘制一个 280×280 的矩形；单击修改工具栏 ○ 按钮，将矩形旋转 45°，执行【绘图】|【圆】|【三点】菜单命令，捕捉矩形 3 条边的中点绘制一个圆形；单击绘图工具栏 ✎ 按钮，连接矩形的对角线；单击修改工具栏 ⊹ 按钮，修剪矩形和直线；单击绘图工具栏 ▨ 按钮，对图形进行填充，绘制立面视图符号，效果如图 10-141 所示。

  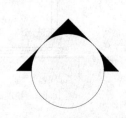

图 10-139　绘制轮廓线　　　　图 10-140　旋转图形　　　　图 10-141　绘制立面视图符号

07 单击绘图工具栏 **A** 按钮，绘制立面视图符号文字；单击修改工具栏 ❀ 按钮，将绘制好的立面视图符号复制一份，双击文字进行修改，效果如图 10-142 所示。

08 单击绘图工具栏 **A** 按钮，绘制图名；单击绘图工具栏 ↶ 按钮，绘制图名下方的下画线，效果如图 10-143 所示。

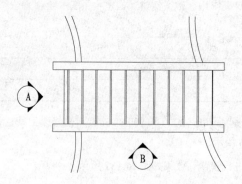 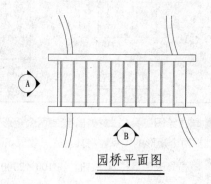

园桥平面图

图 10-142　绘制立面视图符号文字　　　　图 10-143　标注图名

096　园桥 A 立面图

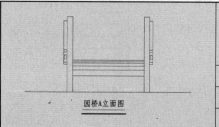

园林A立面图

园桥，是构成园林景观的一个重要部分。通过对园桥 A 立面图的绘制，掌握 AutoCAD 基本命令的使用方法。本实例讲述园桥 A 立面图的绘制方法和操作步骤。

文件路径：	DWG\10 章\096 例.dwg
视频文件：	AVI\10 章\092 例.avi
播放时长：	3 分 11 秒

01 平面图参照例 095。单击绘图工具栏 ✐ 按钮，绘制一条长度为 1500 的直线作为地平线。

02 单击绘图工具栏 ▭ 按钮，绘制一个 650×275 的矩形，作为园桥主体部分，捕捉矩形其中一条边上的点，移动到直线的中点上，效果如图 10-144 所示。

03 单击绘图工具栏 ▭ 按钮，绘制一个 50×650 的矩形作为园桥的栏杆；捕捉矩形右下角端点，移动到绘制好的矩形的左下角点上，如图 10-145 所示。

| 图 10-144 绘制园桥主体部分 | 图 10-145 绘制园桥栏杆 |

04 单击绘图工具栏 ▭ 按钮，绘制一个 30×250 的矩形，捕捉对齐到绘制好的栏杆的左上端点，再垂直向下移动矩形，距离为 35，效果如图 10-146 所示。

05 单击绘图工具栏 ▭ 按钮，绘制两个矩形，尺寸分别为 30×18 和 30×90；单击修改工具栏 ⚖ 按钮，镜像 30×18 的矩形，作为园桥的横断面，效果如图 10-147 所示。

| 图 10-146 绘制并移动矩形 | 图 10-147 绘制并镜像矩形 |

06 单击绘图工具栏 ▭ 按钮，绘制一个 20×38 的矩形，移动到横断面的中心位置，作为两条扶手的支撑杆，效果如图 10-148 所示。

07 单击修改工具栏 ⚖ 按钮，以园桥主体部分的矩形中点为镜像的第一点和第二点，镜像园桥的栏杆和扶手，如图 10-149 所示。

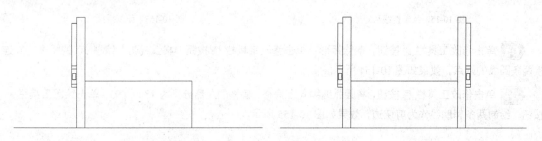

| 图 10-148 绘制支撑杆 | 图 10-149 镜像栏杆和扶手 |

08 单击修改工具栏 ⬚ 按钮，将园桥主体部分的矩形分解；单击修改工具栏 ⬚ 按钮，将直线向下偏移 5 次，偏移的距离分别为 10、15、25、35 和 50，偏移结果如图 10-150 所示。

09 单击绘图工具栏 **A** 按钮，绘制图名；单击绘图工具栏 ⤴ 按钮，绘制图名下方的下画线，效果如图

第
1
0
章

10-151 所示。

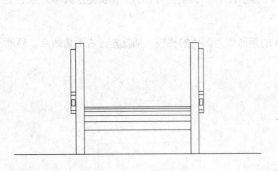

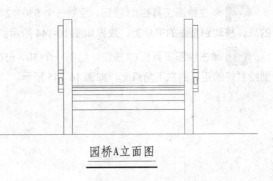

园桥A立面图

图 10-150　偏移直线　　　　　　　　　　　　　图 10-151　绘制图名

097　园桥 B 立面图

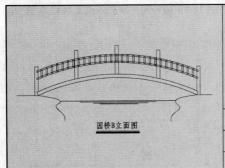

园桥B立面图

　　园桥不但起组织游览线路和交通以及变换游人观景的视线角度的功能，还可点缀水景，分隔水面，增加水景层次。相当于线（路）与面（水）之间的中介。通过对园桥 B 立面图的绘制，掌握 AutoCAD 基本命令的使用方法。本实例讲述园桥 B 立面图的绘制方法和操作步骤。

文件路径：	DWG\10 章\097 例.dwg
视频文件：	AVI\10 章\097 例.avi
播放时长：	5 分 11 秒

01 平面图参照例 095。击绘图工具栏 ✒ 按钮，绘制一条长度为 3500 的直线作为地平线；单击绘图工具栏 ▢ 按钮，绘制一个 2300×245 的矩形，捕捉矩形的中点移动到直线的中点上，效果如图 10-152 所示。

02 单击绘图工具栏 ⌒ 按钮，以矩形来确定起点、端点和经过的第二个点来绘制一条圆弧作为桥身，效果如图 10-153 所示。

图 10-152　绘制直线和矩形　　　　　　　　　　图 10-153　绘制桥身

03 单击修改工具栏 ✎ 按钮，删除矩形；单击修改工具栏 ⬧ 按钮，将弧线向上偏移 50 的距离，并连接两条圆弧的端点，效果如图 10-154 所示。

04 单击修改工具栏 ⬧ 按钮，将圆弧继续向上偏移，偏移的距离分别为 180 和 95；单击绘图工具栏 ✒ 按钮，绘制两条辅助线作为剪切边，效果如图 10-155 所示。

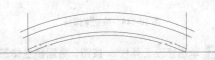

图 10-154　偏移并连接圆弧　　　　　　　　　　图 10-155　偏移圆弧

05 单击修改工具栏 ✂ 按钮和 ✎ 按钮，修剪圆弧多余的部分并删除辅助线；单击修改工具栏 ⬧ 按钮，将两段圆弧各自向下偏移 20 的距离，并连接圆弧，效果如图 10-156 所示。

06 单击绘图工具栏 ▭ 按钮，绘制一个 50×400 的矩形作为园桥栏杆柱，捕捉矩形的右端点移动到第一条圆弧与地平线交点的位置，效果如图 10-157 所示。

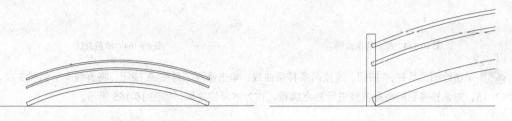

图 10-156 偏移并连接圆弧   图 10-157 绘制园桥栏杆柱

07 单击修改工具栏 ⚟ 按钮，将栏杆柱进行镜像，效果如图 10-158 所示。

08 执行【绘图】|【点】|【定数等分】菜单命令，指定第二条弧线为等分的对象，输入线段数目为 4；执行【格式】|【点样式】菜单命令，选择一个"圆形待叉"的点样式符号，效果如图 10-159 所示。

图 10-158 镜像栏杆   图 10-159 等分圆弧

09 单击修改工具栏 ✥ 按钮，将栏杆柱移动复制到圆弧的等分点的位置，效果如图 10-160 所示。

10 单击修改工具栏 ✂ 按钮，修剪圆弧及栏杆柱重叠的部分；单击修改工具栏 ✎ 按钮，删除点样式，效果如图 10-161 所示。

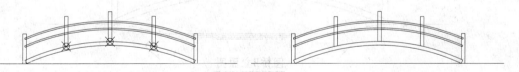

图 10-160 移动复制栏杆   图 10-161 修剪圆弧和栏杆

11 单击绘图工具栏 ▭ 按钮，绘制一个 20×100 的矩形，将其定义成"栏杆支柱"的图块；单击绘图工具栏 📌 按钮，指定一个插入点，执行【绘图】|【点】|【定数等分】菜单命令，选择第 4 条弧线为等分的对象，输入"B"，输入插入的块名为"栏杆支柱"，图块不对齐圆弧，等分数量为 30，等数等分栏杆，效果如图 10-162 所示。

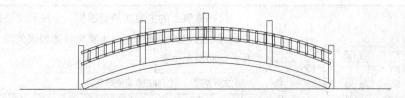

图 10-162 定数等分插入栏杆

12 单击绘图工具栏 ∿ 按钮，在弧线和直线的交点处绘制样条曲线作为池岸，效果如图 10-163 所示。

13 单击修改工具栏 ⚡ 按钮，剪切样条曲线之间的直线，效果如图 10-164 所示。

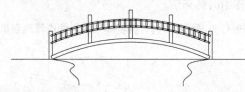

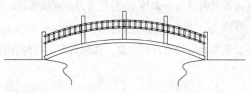

图 10-163　绘制样条曲线　　　　　　　　　　图 10-164　修剪直线

14 单击绘图工具栏 ✏ 按钮，连接两条样条曲线；单击修改工具栏 ⚄ 按钮，将直线向下偏移 3 次，距离均为 15，对偏移得到的两条直线进行夹点编辑，作为水面的效果，如图 10-165 所示。

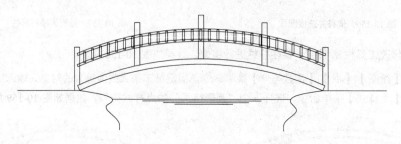

图 10-165　绘制水面

15 单击绘图工具栏 **A** 按钮，绘制图名；单击绘图工具栏 ⤵ 按钮，绘制图名下方的下画线，效果如图 10-166 所示。

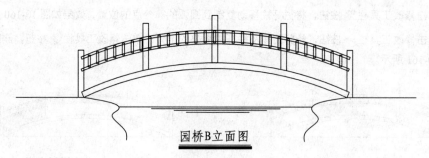

园桥B立面图

图 10-166　标注图名

098　公园大门立面图

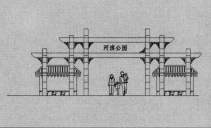

　　门在建筑上的主要功能是围护、分隔和交通疏散，并兼有采光、通风和装饰作用。本实例讲述公园大门立面图的绘制方法和操作步骤。

	文件路径：	DWG\10 章\098 例.dwg
	视频文件：	AVI\10 章\098 例.avi
	播放时长：	13 分 22 秒

01 单击绘图工具栏 ✏ 按钮，绘制一条长为 15000 直线作为地平线，并绘制一条它的中心垂直线；单

击绘图工具栏 ▢ 按钮，绘制一个 395×580 的矩形，移动对齐到直线的位置上，效果如图 10-167 所示。

02 单击修改工具栏 ❀ 按钮，将矩形进行纵向复制 10 个，得到公园大门的一个门柱，效果如图 10-168 所示。

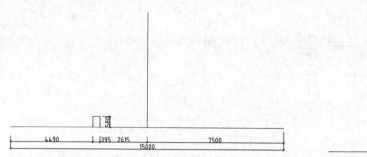

图 10-167　绘制直线和矩形　　　　　　　　图 10-168　纵向复制矩形

03 单击修改工具栏 ❀ 按钮，将门柱向左边复制两组，其中一组由 9 个长方形组成，另外一个由 7 个长方形组成，3 组门柱之间的尺寸如图 10-169 所示。

04 单击修改工具栏 ⚡ 按钮，将绘制的 3 组门柱，以中心轴为镜像线的第一点和第二点，进行镜像复制，效果如图 10-170 所示。

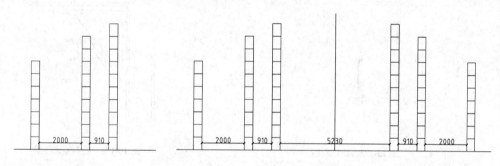

图 10-169　复制门柱　　　　　　　图 10-170　镜像复制门柱

05 单击修改工具栏 ⬚ 按钮，将地平线向上依次偏移 3300 和 1340 的距离，效果如图 10-171 所示。

06 单击绘图工具栏 ▢ 按钮，绘制尺寸为 10440×400 和 15410×400 的矩形，捕捉矩形中心移动到偏移的两条辅助线的交点上，效果如图 10-172 所示。

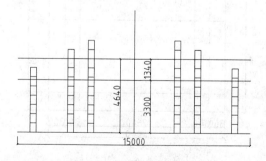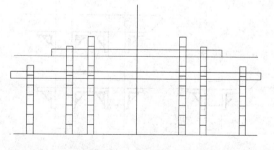

图 10-171　偏移直线　　　　　　　图 10-172　绘制并移动矩形

07 单击修改工具栏 ✐ 按钮，删除两条偏移的辅助线；单击修改工具栏 ⬠ 按钮，输入 "D"，指定第一个倒角距离为 290，第二个倒角距离为 290，按下空格键，选择要倒角的两条直线，效果如图 10-173 所示。

08 单击绘图工具栏 按钮，绘制横梁与立柱之间的直角装饰图案，具体尺寸如图 10-174 所示。

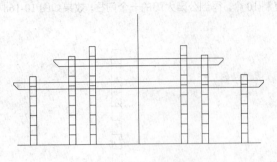

图 10-173 倒直角

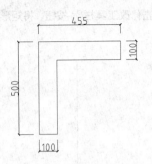

图 10-174 绘制多段线

09 单击修改工具栏 按钮，将装饰图案向内偏移 10 的距离，并对齐进行倒圆角；单击绘图工具栏 按钮，绘制一条直角斜边，效果如图 10-175 所示。

10 单击修改工具栏 按钮，将三角形图案向内偏移 3 次，偏移的距离均为 15，对其进行倒圆角，并将装饰图案定义成块，效果如图 10-176 所示。

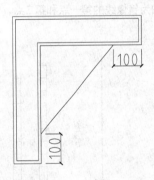

图 10-175 绘制斜线

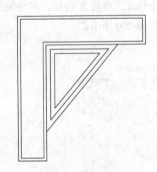

图 10-176 绘制装饰图案

11 单击修改工具栏 按钮和 按钮，将装饰图案复制镜像到其他位置，效果如图 10-177 所示。

12 单击绘图工具栏 按钮，绘制一条水平直线和垂直线；单击修改工具栏 按钮，偏移生成门岗轮廓辅助线，效果如图 10-178 所示。

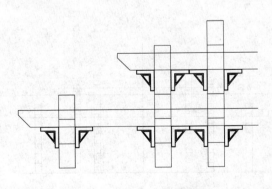

图 10-177 镜像复制装饰图案

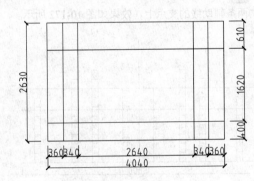

图 10-178 绘制门岗轮廓辅助线

13 单击绘图工具栏 按钮和 按钮以及修改工具栏 按钮和 按钮，绘制出门岗，效果如图 10-179 所示。

14　单击修改工具栏 ✛ 按钮，将绘制的门岗移动至图形中；单击修改工具栏 ⊬ 按钮，对门岗进行修剪，效果如图 10-180 所示。

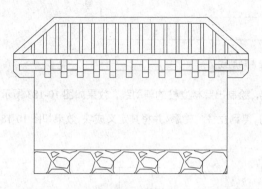

图 10-179　绘制门岗

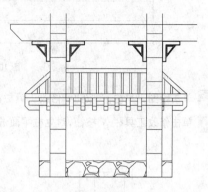

图 10-180　移动并修剪门岗

15　单击修改工具栏 ⚮ 按钮，将门岗镜像；单击绘图工具栏 A 按钮，绘制出公园名称；单击绘图工具栏 ⛶ 按钮，插入人物立面图块，最终效果如图 10-181 所示。

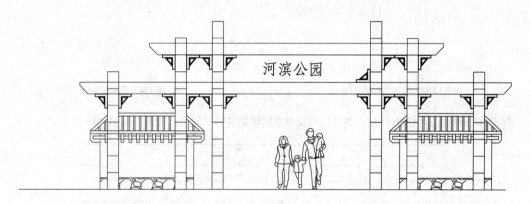

图 10-181　最终效果

099 牌楼平面图

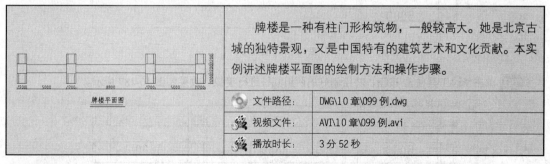
牌楼平面图

　　牌楼是一种有柱门形构筑物，一般较高大。她是北京古城的独特景观，又是中国特有的建筑艺术和文化贡献。本实例讲述牌楼平面图的绘制方法和操作步骤。

	文件路径：	DWG\10 章\099 例.dwg
	视频文件：	AVI\10 章\099 例.avi
	播放时长：	3 分 52 秒

01　单击绘图工具栏 ✏ 按钮，绘制一条水平直线和垂直线；单击修改工具栏 ⚏ 按钮，偏移生成牌楼平面的辅助线，效果如图 10-182 所示。

第
10
章

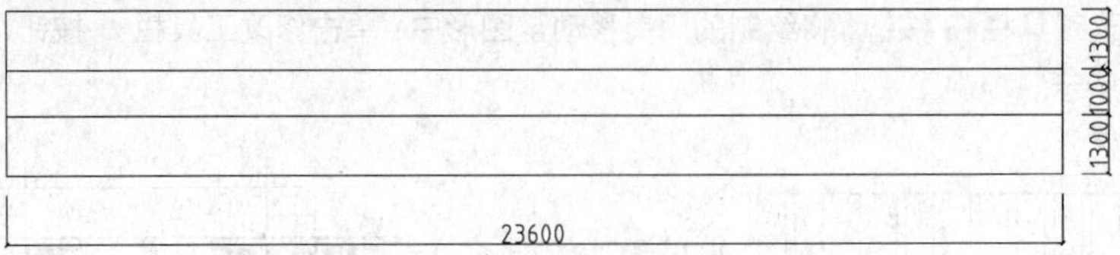

23600

图 10-182 绘制辅助线

02 单击绘图工具栏 ✎ 按钮和修改工具栏 △ 按钮，绘制出牌楼立柱的辅助线，效果如图 10-183 所示。

03 单击修改工具栏 ✂ 按钮，对立柱平面进行修剪，得到立柱的轮廓，并将其定义成块，效果如图 10-184 所示。

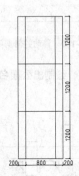

图 10-183 绘制立柱辅助线

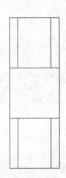

图 10-184 修剪辅助线

04 单击修改工具栏 ✛ 按钮，将立柱捕捉对齐到辅助线的左端点，效果如图 10-185 所示。

图 10-185 移动对齐立柱

05 单击修改工具栏 ⊙ 按钮，复制一组立柱，距离为 5000，效果如图 10-186 所示。

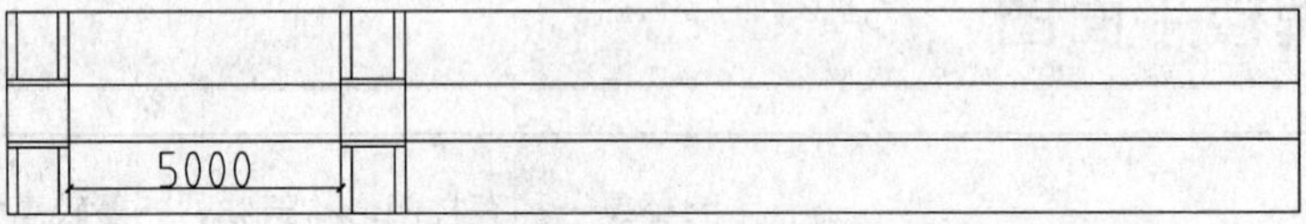

5000

图 10-186 复制柱子

06 单击修改工具栏 ◭ 按钮，将绘制好的两组立柱进行镜像，效果如图 10-187 所示。

5000   8800   5000

图 10-187 镜像立柱

07 单击修改工具栏 ✂ 按钮，对辅助线进行修剪；单击修改工具栏 ✐ 按钮，删除多余的线段，得到牌楼平面图的轮廓，效果如图 10-188 所示。

图 10-188 修剪删除线段

08 执行【标注】|【线性】菜单命令和【连续】菜单命令，标注牌楼各部分的主要尺寸；单击绘图工具栏 A 按钮，绘制图名；单击绘图工具栏 ⌐ 按钮，绘制图名下方的下画线，效果如图 10-189 所示。

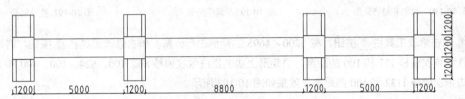

牌楼平面图

图 10-189 标注尺寸及图名

100 牌楼立面图

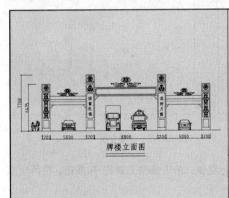

牌楼立面图

牌楼的种类很多，有木牌楼、琉璃牌楼、石牌楼、水泥牌楼、彩牌楼等。而从形式上分，牌楼又分为柱"出头式"和"不出头式"，它们均有"一间二柱"、"三间四柱"、"五间六柱"等形式。一般来说，牌楼不外乎是：作为装饰性建筑、增强主体建筑的气势，表彰、纪念某人或某事；作为街巷区域的分界标志等。本实例讲述牌楼立面图的绘制方法和操作步骤。

	文件路径：	DWG\10 章\100 例.dwg
	视频文件：	AVI\10 章\100 例.avi
	播放时长：	13 分 16 秒

01 单击绘图工具栏 ／ 按钮，绘制一条直线作为地平线。

02 单击绘图工具栏 ▢ 按钮，绘制 5 个矩形，尺寸分别为 1200×300、800×1200、1200×4695、1000×150 和 1200×1000，并将它们以中心点对中心点的方式位置对齐，作为牌楼的小立柱，效果如图 10-190 所示。

03 单击修改工具栏 ▱ 按钮，将 1200×1000 的矩形向内偏移 123，效果如图 10-191 所示。

04 单击修改工具 ⁑ 按钮，将绘制的小立柱复制一份；执行【修改】|【拉伸】菜单命令，按照从右向左的框选方式，选择 1200×4695 矩形及以上部分，按下空格键，将其向上拉伸 1555 的距离，作为大立柱的轮廓，效果如图 10-192 所示。

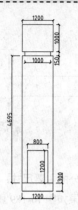

图 10-190 绘制并对齐矩形

图 10-191 偏移矩形

图 10-192 拉伸矩形

05 单击修改工具栏 按钮，将 1200×4695 的矩形进行分解；单击修改工具栏 按钮，将矩形左右两边的直线依次偏移 117 和 100 的距离，将矩形上边的直线依次偏移 86、100、824、100、100 和 100 的距离，下边依次偏移 1132 和 100 的距离，效果如图 10-193 所示。

06 单击修改工具栏 按钮，将线段进行修剪，得到牌楼的大立柱，效果如图 10-194 所示。

07 单击修改工具栏 按钮，将大小立柱移动到地平线上，两根立柱之间的距离为 5000，效果如图 10-195 所示。

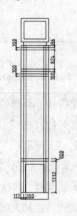

图 10-193 偏移线段

图 10-194 修剪线段

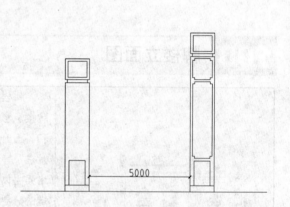

图 10-195 移动立柱

08 单击修改工具栏 按钮，将绘制好的两组大小立柱进行镜像；单击修改工具栏 按钮，将两组立柱之间移动至 8800 的距离，效果如图 10-196 所示。

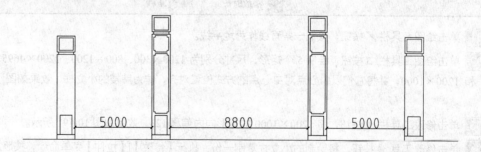

图 10-196 镜像并移动柱子

09 单击修改工具栏 ⚏ 按钮，将地平线向上进行偏移，偏移的距离依次为 3578、450、300、450 和 1200；单击修改工具栏 ⊬ 按钮，对辅助线进行修剪，得到牌楼立面的横梁，效果如图 10-197 所示。

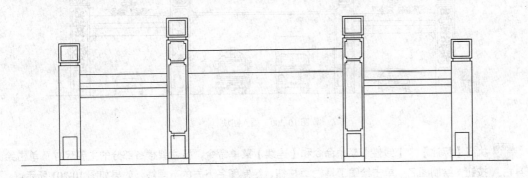

图 10-197　绘制横梁

10 单击修改工具栏 ⚏ 按钮，将中心位置的横梁上下各依次偏移 109 和 100 的距离，左右各依次偏移 106 和 100 的距离；单击修改工具栏 ⊬ 按钮，对辅助线进行修剪，绘制出牌匾，效果如图 10-198 所示。

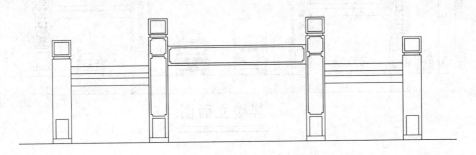

图 10-198　绘制牌匾

11 单击绘图工具栏 ⟋ 按钮，勾勒出横梁与立柱之间的花纹；单击绘图工具栏 **A** 按钮，绘制牌楼大立柱间的文字，效果如图 10-199 所示。

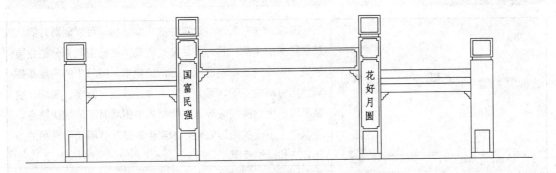

图 10-199　绘制花纹及文字

12 单击绘图工具栏 ⚏ 按钮，为牌楼的横梁与立柱间增加一些花纹图案以及插入一些人物和车的立面图块，使图形更加形象，效果如图 10-200 所示。

🔊 　**提 示：** 对于插入图形中的图块，还需要根据实际情况来对其进行调整。

第
10
章

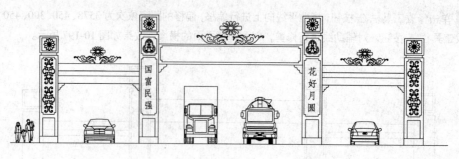

图 10-200　插入图块

13 执行【标注】|【线性】菜单命令和【连续】菜单命令，标注牌楼各部分的主要尺寸；单击绘图工具栏 A 按钮，绘制图名；单击绘图工具栏 ↺ 按钮，绘制图名下方的下画线，效果如图 10-201 所示。

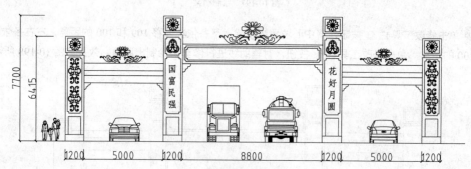

牌楼立面图

图 10-201　标注尺寸及绘制图名

101　围墙平面图

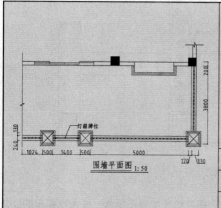

围墙平面图 1:50

　　围墙，一方面作为建筑物的外维结构，可以隔离外界、起到防御的作用；另一方面又是建筑师进行空间划分的主要手段，用来满足建筑功能、空间的要求。园林中的围墙根据其使用材料的不同，可分为竹木类、混凝土围墙、砖墙、金属围墙、生态围墙等等，不同材质的围墙有不同的优缺点，可以产生不同的造园效果。本实例讲述园林围墙平面图的绘制方法和操作步骤。

文件路径：	DWG\10 章\101 例.dwg
视频文件：	AVI\10 章\101 例.avi
播放时长：	10 分 26 秒

01 单击绘图工具栏 ✐ 按钮，绘制一条水平直线和垂直线作为围墙平面的辅助线；单击修改工具栏 ⬈ 按钮，将垂直线向左依次偏移 1274、1900 和 5500 的距离，效果如图 10-202 所示。

02 单击绘图工具栏 ⬜ 按钮，绘制一个 740×740 的矩形，连接矩形的对角线；单击修改工具栏 ⬈ 按钮，将矩形向内依次偏移两个 60 的距离，将矩形定义成块，作为围墙的承重墙柱，效果如图 10-203 所示。

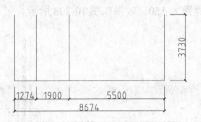

图 10-202　绘制辅助线

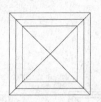

图 10-203　绘制承重墙

03 单击修改工具栏 按钮，移动复制承重墙柱到辅助线的各个交点位置，效果如图 10-204 所示。

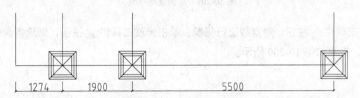

图 10-204　移动并复制承重墙柱

04 单击修改工具栏 按钮，将水平辅助线向上下各依次偏移 25 和 95 的距离，垂直辅助线向左右各依次偏移 25 和 95 的距离，作为围墙的墙体，效果如图 10-205 所示。

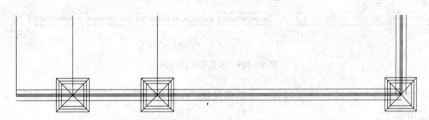

图 10-205　绘制围墙墙体

05 单击修改工具栏 按钮，将辅助线向上偏移 3550 和 180 的距离，绘制建筑物本身的墙线。

06 单击修改工具栏 按钮和 按钮，绘制建筑物的门和飘窗的平面，效果如图 10-206 和图 10-207 所示。

图 10-206　绘制门

图 10-207　绘制飘窗

07 单击绘图工具栏 □ 按钮，绘制一个 30×30 的矩形，作为围墙的小柱，移动对齐到辅助线的右端点；单击修改工具栏 ░ 按钮，将矩形向上和向左阵列复制，指定距离为 150，效果如图 10-208 所示。

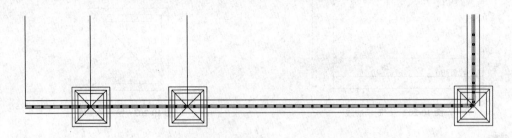

图 10-208　阵列复制矩形

08 单击修改工具栏 ⊣ 按钮，对直线进行修剪；单击修改工具栏 ◢ 按钮，删除多余的线段和矩形，得到围墙的平面轮廓，效果如图 10-209 所示。

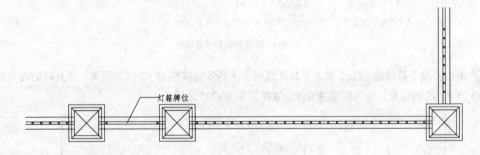

灯箱牌位

图 10-209　修剪和删除线段

09 单击绘图工具栏 □ 按钮和 ▦ 按钮，绘制建筑物的承重墙；单击绘图工具栏 ↺ 按钮，绘制折断线，效果如图 10-210 所示。

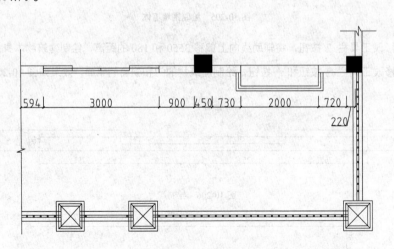

| 594 | 3000 | 900 | 450 | 730 | 2000 | 720 |

220

图 10-210　绘制承重墙和折断线

10 执行【标注】|【多重引线】菜单命令，标注围墙平面文字说明；执行【标注】|【线性】菜单命令和【连续】菜单命令，标注围墙平面各部分的主要尺寸；单击绘图工具栏 **A** 按钮，绘制图名和比例；单击绘图工具栏 ↺ 按钮，绘制图名和比例下方的下画线，效果如图 10-211 所示。

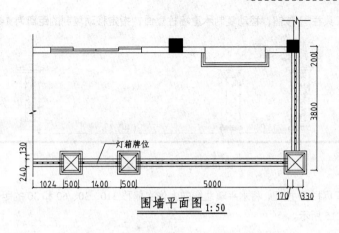

图 10-211　标注文字说明、尺寸、图名及比例

102　围墙立面图

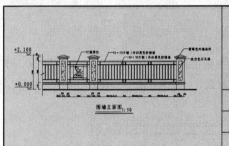

　　围墙在建筑学上是指一种垂直方向的空间隔断结构，用来围合、分割或保护某一区域，在园林设计中，围墙也具有重要的作用。本实例讲述园林围墙立面图的绘制方法和操作步骤。

文件路径：	DWG\10 章\102 例.dwg
视频文件：	AVI\10 章\102 例.avi
播放时长：	15 分 02 秒

01 平面图参照例 101。单击绘图工具栏 ⌐ 按钮，绘制一条多段线作为地平线；单击绘图工具栏 ╱ 按钮，绘制一条直线作为辅助线。

02 单击绘图工具栏 □ 按钮，绘制 8 个矩形，尺寸依次为 500×310、560×30、620×60、560×30、500×1420、560×60、620×30 和 740×60，并将它们移动对齐，作为围墙的承重墙柱，效果如图 10-212 所示。

03 单击绘图工具栏 ⌐ 按钮，绘制承重墙柱顶部的造型；单击修改工具栏 ⊿ 按钮，将 500×1420 的矩形向内偏移 120；单击绘图工具栏 ▒ 按钮，给偏移的矩形填充图案，得到承重墙柱的立面，并将它定义成块，效果如图 10-213 所示。

图 10-212　绘制并移动对齐矩形

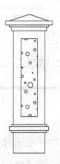

图 10-213　绘制承重墙柱立面

04 单击修改工具栏 ⬚ 按钮，移动复制承重墙柱立面，指定移动复制的距离为 1400 和 5000，效果如图 10-214 所示。

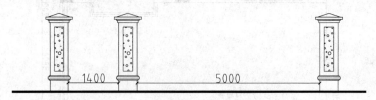

图 10-214 移动复制承重墙柱

05 单击修改工具栏 ⬚ 按钮，将水平辅助线向上依次偏移 310、30、60 和 30 的距离，作为承重墙柱的底座，效果如图 10-215 所示。

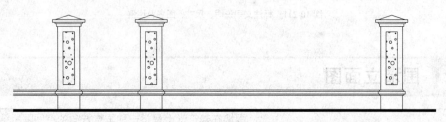

图 10-215 绘制底座

06 单击修改工具栏 ⬚ 按钮，将底座线继续向上偏移，距离依次为 150、30、890、30、150 和 50，作为墙柱的栏杆线；单击绘图工具栏 ╱ 按钮，连接底线和顶线的垂直线，效果如图 10-216 所示。

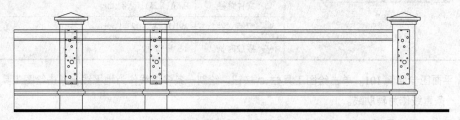

图 10-216 偏移直线

07 单击修改工具栏 ⬚ 按钮，将垂直线往右依次偏移 150 和 30 的距离；单击修改工具栏 ⬚ 按钮，输入"A"，指定偏移的距离为 180，选择绘制的两条垂直线为对象，进行阵列复制；单击修改工具栏 ╱ 按钮，对栏杆柱进行修剪，效果如图 10-217 所示。

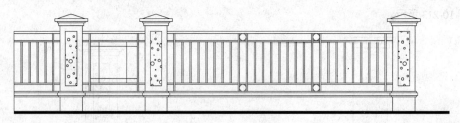

图 10-217 绘制栏杆柱

08 单击绘图具栏 ╱ 按钮和 A 按钮，绘制围墙的灯箱牌位，效果如图 10-218 所示。

09 单击绘图工具栏 ╱ 按钮，绘制出标高符号；单击绘图工具栏 A 按钮，绘制出标高符号上面的数字；单击修改工具栏 ⬚ 按钮，复制一个标高符号，双击标高数字，对标高数字进行修改，效果如图 10-219 所示。

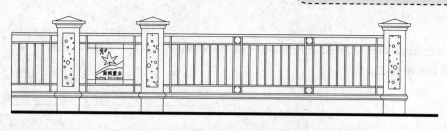

图 10-218　绘制灯箱牌位

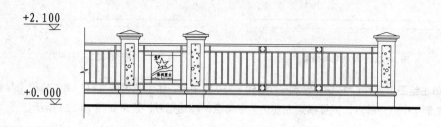

图 10-219　绘制标高符号

10 执行【标注】|【多重引线】菜单命令，标注围墙立面的说明文字；执行【标注】|【线性】菜单命令和【连续】菜单命令，标注围墙立面各部分的主要尺寸；单击绘图工具栏 **A** 按钮，绘制图名和比例；单击绘图工具栏 ⌐ 按钮，绘制图名和比例下方的下画线，效果如图 10-220 所示。

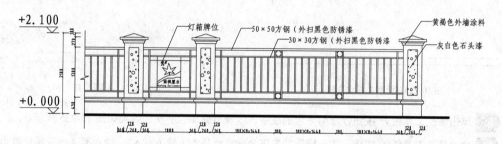

围墙立面图 1:50

图 10-220　标注文字说明、尺寸、图名及比例

103 直型双柱花架平面图

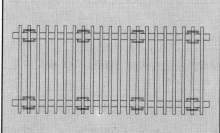

花架可作遮阴休息之用，也可以点缀圆景。花架设计要了解所配置植物的原产地和生长习性，以创造适宜于植物生长的条件和造型的要求。本实例讲述园林双柱花架平面图的绘制方法和操作步骤。

文件路径：	DWG\10 章\103 例.dwg	
视频文件：	AVI\10 章\103 例.avi	
播放时长：	4 分 05 秒	

01 单击绘图工具栏 ☐ 按钮，绘制一个 5959×180 的矩形，作为花架的第一根横梁，效果如图 10-221

所示。

02 单击修改工具栏 ░ 按钮，选择绘制的矩形，沿 Y 轴正方向复制一个矩形，距离为 1800，得到第二根横梁，效果如图 10-222 所示。

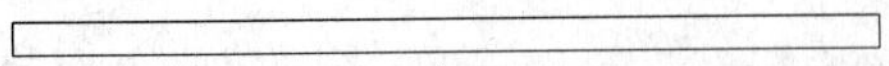

图 10-221 绘制花架横梁　　　　　　图 10-222 复制横梁

03 单击绘图工具栏 ▢ 按钮，绘制一个 350×350 的矩形，作为花架的立柱；单击修改工具栏 ✛ 按钮，以小矩形左侧边中点为基点，捕捉横梁左侧边为参考点，移动矩形，效果如图 10-223 所示。

04 单击修改工具栏 ▱ 按钮，将矩形向内偏移 30；单击修改工具栏 ✛ 按钮，选择两个矩形，沿 X 轴正方向移动，距离为 325，效果如图 10-224 所示。

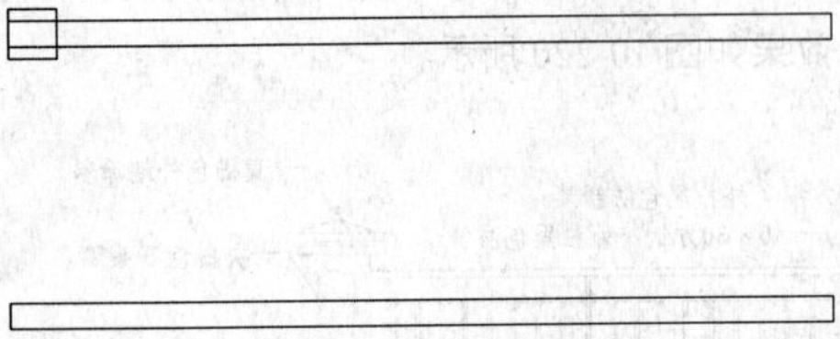

图 10-223 绘制并移动立柱 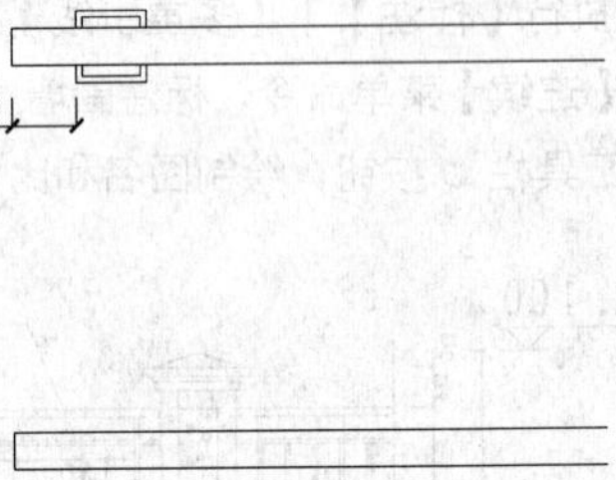　　　　　　图 10-224 偏移立柱

05 单击修改工具栏 ⊹ 按钮，修剪多余的线条，以表示叠加的层次，效果如图 10-225 所示。

06 单击修改工具栏 ░ 按钮，指定横梁的左下角端点为基点，输入 "A"，输入要进行的项目数为 4，输入距离为 1650，按下空格键，复制阵列一组立柱，效果如图 10-226 所示。

图 10-225 修剪立柱 　　　　　　图 10-226 复制阵列立柱

07 单击修改工具栏 ░ 按钮，选择绘制好的立柱，以上方横梁的左上角端点为基点，下方横梁的左上角端点为第二点，对立柱进行复制，效果如图 10-227 所示。

08 单击绘图工具栏 ▢ 按钮，绘制一个 80×2580 的矩形，作为花架的木枋，效果如图 10-228 所示。

09 单击修改工具栏 ░ 按钮，输入 "A"，将木枋进行阵列复制，项目数为 21，距离为 275，效果如图 10-229 所示。

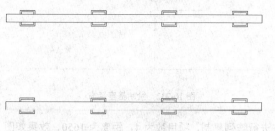

图 10-227 复制立柱

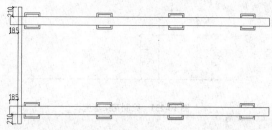

图 10-228 绘制木枋

10 单击修改工具栏 ⌖ 按钮，修剪直型花架多余的线条，效果如图 10-230 所示。

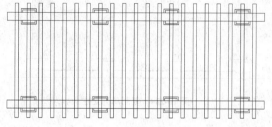

图 10-229 阵列复制木枋

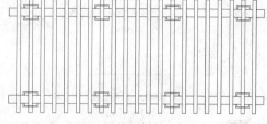

图 10-230 直型花架平面图绘制结果

技 巧：修剪的快捷键命令为 "TR+两下空格键"，这样可以一次选择多个边界或修剪对象，从而实现快速修剪。

104 直型双柱花架立面图

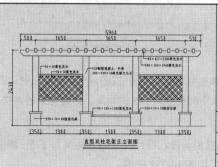
直型双柱花架正立面图

花架有两方面的作用：一是供人歇足休息、欣赏风景；二是创造攀援植物生长的条件。通过花架立面图的绘制，掌握 AutoCAD 基本命令的使用方法。本实例讲述直型双柱花架立面图的绘制方法和操作步骤。

文件路径：	DWG\10 章\104 例.dwg
视频文件：	AVI\10 章\104 例.avi
播放时长：	7 分 54 秒

01 平面图参照例 103。单击绘图工具栏 ✐ 按钮，绘制一条水平直线作为地平线；单击绘图工具栏 ⌒ 按钮，捕捉地平线的一点为起点，沿 Y 轴正方向输入 400，X 轴正方向输入 350，Y 轴负方向输入 400，按下空格键，绘制一条多段线，表示花架立柱的基座，效果如图 10-231 所示。

02 单击绘图工具栏 ☐ 按钮，绘制一个 420×50 的矩形；单击修改工具栏 ✣ 按钮，捕捉矩形下方水平方向的边中点，移动至基座上方边的中点，表示花架立柱基座的装饰，效果如图 10-232 所示。

03 单击绘图工具栏 ☐ 按钮，绘制一个 200×1800 的矩形，捕捉矩形下方水平方向的边中点，移动至基座装饰上方边的中点，得到花架立柱的效果如图 10-233 所示。

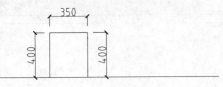

图 10-231 绘制花架基座

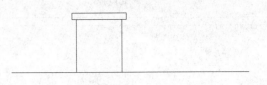

图 10-232 绘制基座装饰

04 单击修改工具栏 按钮，输入"A"，将立柱进行阵列复制，项目数为 4，距离为 1650，效果如图 10-234 所示。

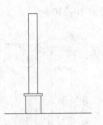

图 10-233 绘制立柱

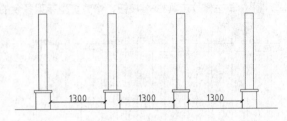

图 10-234 复制阵列立柱

05 单击绘图工具栏 按钮，绘制一个 5960×180 的矩形；单击绘图工具栏 按钮，连接左右两边立柱的端点作为辅助线，捕捉矩形下方水平方向的边中点，移动至辅助线中点，效果如图 10-235 所示。

06 单击修改工具栏 按钮，输入"D"，指定第一个倒角距离为 100，第二个倒角距离为 100，按下空格键，选择要倒角的两条直线，得到横梁的两端的倒角装饰，效果如图 10-236 所示。

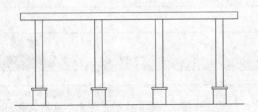

图 10-235 绘制并移动对齐矩形

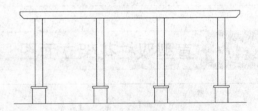

图 10-236 绘制横梁倒角装饰

07 单击绘图工具栏 按钮，绘制一个 80×120 的矩形；单击修改工具栏 按钮，指定矩形左侧边的中点为移动基点，捕捉花架横梁的左上角端点，再沿 X 轴方向水平向右移动 185 的距离，作为花架的木枋，效果如图 10-237 所示。

08 单击修改工具栏 按钮，输入"A"，将木枋进行阵列复制，输入项目数为 21，距离为 275；单击修改工具栏 按钮，修剪多余的线条，花架木枋绘制完成，效果如图 10-238 所示。

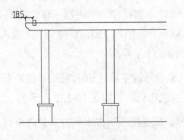

图 10-237 绘制并移动木枋

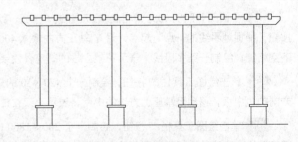

图 10-238 阵列修剪花架木枋

第 2 篇

09 单击修改工具栏 按钮，将地平线向上依次偏移 300 和 50 的距离；单击修改工具栏 按钮，修剪多余的直线，绘制出花架的座椅，效果如图 10-239 所示。

10 单击修改工具栏 按钮，将地平线向上依次偏移 800 和 50 的距离；单击修改工具栏 按钮，选择偏移的两条直线，沿 Y 轴正方向移动，距离为 800，效果如图 10-240 所示。

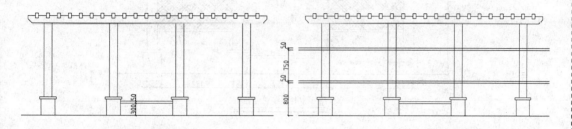

图 10-239　绘制花架座椅　　　　　图 10-240　偏移复制直线

11 单击修改工具栏 按钮，修剪多余的直线，绘制花架的立柱装饰，效果如图 10-241 所示。

12 单击绘图工具栏 按钮，打开"图案填充和渐变色"对话框，在"图案"下拉列表中选择 "ANSI32" 选项，设置角度为 0，比例为 10；单击"边界"选项组"添加：拾取点"按钮，选择填充的部分，填充结果如图 10-242 所示。

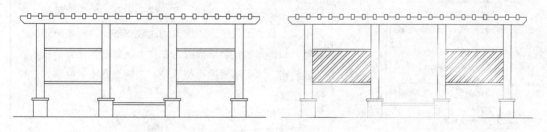

图 10-241　修剪立柱装饰　　　　　图 10-242　填充图案

13 单击绘图工具栏 按钮，打开"图案填充和渐变色"对话框，在"图案"下拉列表中选择 "ANSI32" 选项，设置角度为 90，比例为 10；单击"边界"选项组"添加：拾取点"按钮，选择填充的部分，填充结果如图 10-243 所示。

14 执行【标注】|【多重引线】菜单命令，标注花架立面的文字说明，效果如图 10-244 所示。

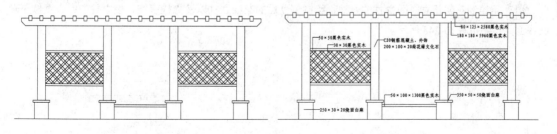

图 10-243　填充图案　　　　　图 10-244　标注文字说明

15 执行【标注】|【线性】菜单命令和【连续】菜单命令，标注花架立面各部分的主要尺寸；单击绘图工具栏 A 按钮，绘制图名；单击绘图工具栏 按钮，绘制图名下方的下画线，效果如图 10-245 所示。

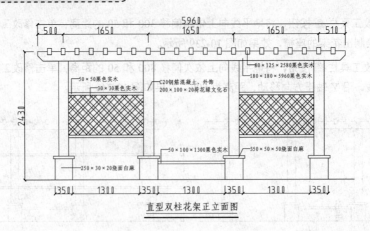

直型双柱花架正立面图

图 10-245　标注图名及尺寸

105　直型双柱花架侧立面图

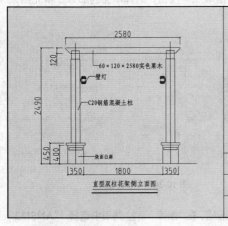

直型双柱花架侧立面图

花架的造型比较灵活和富于变化，最常见的形式就是双柱花架，这种花架先立柱，再沿柱子排列的方向布置梁，在两排梁上垂直于柱的方向设置间距较小的枋，两端向外挑出悬臂，如供藤本植物攀援时，在枋上还要布置更细的枝条以形成网格。本实例讲述直型双柱花架侧立面图的绘制方法和操作步骤。

	文件路径：	DWG\10 章\105 例.dwg
	视频文件：	AVI\10 章\105 例.avi
	播放时长：	6 分 47 秒

01 平面图参照例 103。单击绘图工具栏 按钮，绘制两条长为 3000 的垂直辅助线，两辅助线之间的距离为 1800，如图 10-246 所示。

02 单击绘图工具栏 按钮，于辅助线下端绘制一条水平直线，作为地平线，如图 10-247 所示。

03 用绘制花架正立面图立柱的方法，绘制侧立面的花架立柱以及立柱装饰，使立柱的中心点位于辅助线上，效果如图 10-248 所示。

图 10-246　绘制垂直辅助线　　　　图 10-247　绘制地平线　　　　图 10-248　绘制立柱侧立面图

04 单击绘图工具栏 按钮，绘制一个 300×50 的矩形；单击修改工具栏 按钮，以矩形上边的中点为基点，捕捉立柱基座装饰下面边的点，沿 Y 轴方向输入 50，定位矩形的位置，效果如图 10-249 所示。

05 单击绘图工具栏 □ 按钮，绘制一个 200×1800 的矩形；单击修改工具栏 ✛ 按钮，指定矩形下方的中点为基点，捕捉立柱装饰矩形的中点，效果如图 10-250 所示。

06 单击绘图工具栏 □ 按钮，绘制一个 180×180 的矩形，作为花架的横梁；单击修改工具栏 ✛ 按钮，捕捉小矩形下方的中点，移动至 200×1800 矩形上方边的中点，效果如图 10-251 所示。

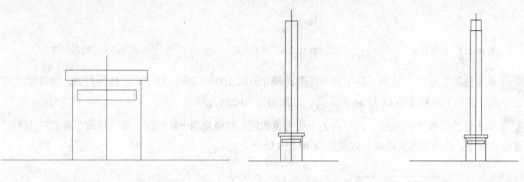

图 10-249 绘制并移动矩形　　　　图 10-250 绘制矩形　　　　图 10-251 绘制横梁

07 单击修改工具栏 ⅋ 按钮，将绘制的立柱和横梁复制一份，把立柱的中心放置在另一条辅助线上；单击绘图工具栏 ✎ 按钮，绘制一条连接两横梁的辅助直线，效果如图 10-252 所示。

08 单击绘图工具栏 □ 按钮，绘制一个尺寸为 2580×120 的矩形，作为花架的木枋；单击修改工具栏 ✛ 按钮，指定矩形上侧边中点为基点，捕捉辅助直线的中点，沿 Y 轴方向输入 60，删除辅助线，效果如图 10-253 所示。

09 单击修改工具栏 ◿ 按钮，输入 "D"，指定第一个倒角距离为 100，第二个倒角距离为 100，按下空格键，选择要倒角的两条直线，得到木枋的两端的倒角装饰，效果如图 10-254 所示。

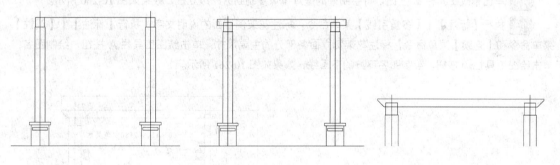

图 10-252 绘制辅助线并复制立柱　　　图 10-253 绘制木枋　　　图 10-254 绘制木枋倒角装饰

10 绘制花架的壁灯。单击绘图工具栏 □ 按钮，绘制一个 13×63 的矩形，作为灯座，并将其移动至立柱右上角端点下方 420 处位置，如图 10-255 所示。

11 单击绘图工具栏 □ 按钮，绘制一个 27×25 的矩形，作为灯柄，并将其移动至灯座右方垂直边的中点，效果如图 10-256 所示。

单击绘图工具栏 □ 按钮，绘制一个 75×160 的矩形，作为灯具，并将其移动至灯柄右方垂直边的中点，效果如图 10-257 所示。

第 10 章

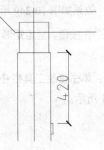

图 10-255 绘制灯座

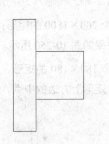

图 10-256 绘制灯柄

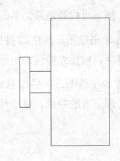

图 10-257 绘制灯饰

13 单击绘图工具栏 ▭ 按钮，绘制两个矩形，尺寸分别 100×13 和 110×13，作为灯饰，将其移动至灯具的中点，并向下分别移动 11 和 36 的距离，效果如图 10-258 所示。

14 单击修改工具栏 ⚊ 按钮，以灯具的中线为镜像线，镜像复制一组矩形；单击修改工具栏 ╱ 按钮，修剪多余的线条，并将其定义成块，效果如图 10-259 所示。

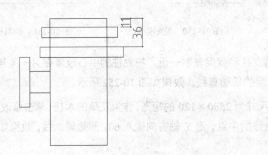

图 10-258 绘制并移动灯饰

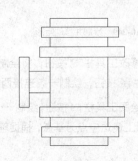

图 10-259 镜像复制壁灯

15 单击修改工具栏 ⚊ 按钮，将绘制好的壁灯镜像复制到另一边立柱，效果如图 10-260 所示。

16 执行【标注】|【多重引线】菜单命令，标注花架侧立面的说明文字；执行【标注】|【线性】菜单命令和【连续】菜单命令，标注花架侧立面各部分的主要尺寸；单击绘图工具栏 **A** 按钮，绘制图名；单击绘图工具栏 ⤵ 按钮，绘制图名下方的下画线，效果如图 10-261 所示。

图 10-260 镜像复制壁灯

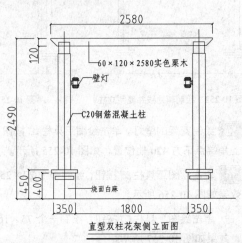

图 10-261 标注文字说明、尺寸及图名

106　弧形花架平面图

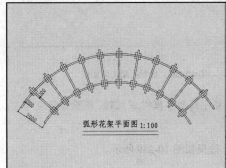

弧形花架平面图 1:100

　　花架作为园林中常用的建筑小品之一，在园林景观布局中占据着举足轻重的位置。通过弧形花架平面图的绘制，掌握 AutoCAD 基本命令的使用方法。本实例讲述弧形花架平面图的绘制方法和操作步骤。

	文件路径:	DWG\10 章\106 例.dwg
	视频文件:	AVI\10 章\106 例.avi
	播放时长:	8 分 18 秒

01 单击绘图工具栏 ⊙ 按钮，绘制一个半径为 5950 的圆；单击绘图工具栏 ✏ 按钮，绘制 3 条经过圆心的重合垂直线，效果如图 10-262 所示。

02 单击修改具栏 ○ 按钮，将一条直线旋转 57°，另一条直线旋转 -58°，效果如图 10-263 所示。

03 单击修改工具栏 ✂ 按钮，将圆进行修剪；单击修改工具栏 ✐ 按钮，删除辅助线，得到弧形花架的一条圆弧，效果如图 10-264 所示。

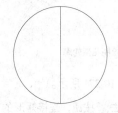

图 10-262　绘制圆及重合垂直线

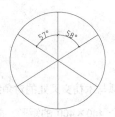

图 10-263　旋转直线

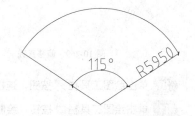

图 10-264　绘制圆弧

04 执行【绘图】|【点】|【定距等分】菜单命令，将绘制的圆弧等分成 12 等份；执行【格式】|【点样式】菜单命令，选择一个"圆形待叉"的点样式，效果如图 10-265 所示。

05 单击修改工具栏 ◓ 按钮，将圆弧向下偏移 350 的距离，再向上依次偏移 100、1800、100 和 350 的距离，生成花架的其他圆弧；单击修改工具栏 ✐ 按钮，删除辅助线，效果如图 10-266 所示。

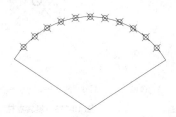

图 10-265　等分圆弧

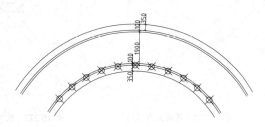

图 10-266　偏移圆弧

06 执行【绘图】|【点】|【定距等分】菜单命令，将向上偏移的第二条圆弧等分为 12 等份；单击绘图工具栏 ✏ 按钮，通过等分点向两条弧线引垂线，效果如图 10-267 所示。

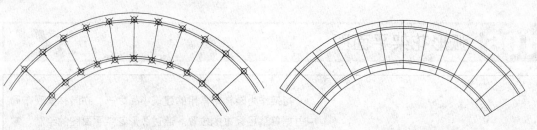

图 10-267　绘制圆弧的垂线　　　　　　　　图 10-268　绘制花架内辅助线

07 单击修改工具栏 -/ 按钮，将直线延伸至最外面的圆弧；单击修改工具栏 ✦ 按钮，删除等分点样式，效果如图 10-268 所示。

08 单击修改工具栏 ⚏ 按钮，偏移直线，偏移距离为 100，效果如图 10-269 所示。

09 单击修改工具栏 ⁒ 按钮，对图形进行修剪；单击修改工具栏 ✦ 按钮，删除多余的线段，得到花架轮廓，效果如图 10-270 所示。

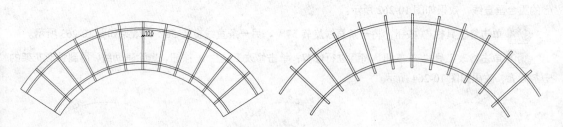

图 10-269　偏移直线　　　　　　　　　　　图 10-270　绘制花架轮廓

10 单击绘图工具栏 ∕ 按钮，连接圆弧与木枋交叉处的对角线，效果如图 10-271 所示。

11 单击绘图工具栏 ▭ 按钮，绘制一个 400×400 的矩形；单击绘图工具栏 ∕ 按钮，连接矩形的中心垂直线，作为花架的立柱；单击修改工具栏 ✛ 按钮，以矩形对角线的交点为基点，捕捉圆弧与木枋交叉处对角线的交点，效果如图 10-272 所示。

12 单击修改工具栏 ○ 按钮，指定矩形的中心为基点，将矩形旋转 47°；单击修改工具栏 ✦ 按钮，删除辅助线，效果如图 10-273 所示。

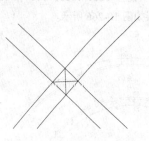
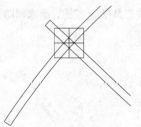
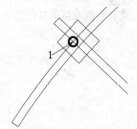

图 10-271　连接对角线　　　　　图 10-272　绘制并移动立柱　　　　　图 10-273　旋转立柱

13 执行【修改】|【阵列】|【路径阵列】菜单命令，选择"立柱"为对象，"花架最外边的圆弧"为路径曲线，输入沿路径的项数为 11，指定如图 10-273 所示的点 1 为终点，将立柱阵列，效果如图 10-274 所示。

14 以同样的方式绘制花架另外一部分的立柱。单击修改工具栏 ⌷ 按钮，分解阵列的两组立柱；单击

修改工具栏 ∕∕ 按钮，对图形进行修剪，效果如图 10-275 所示。

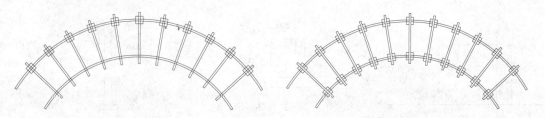

图 10-274　阵列立柱　　　　　　　　图 10-275　绘制另一组立柱并修剪图形

15 执行【标注】|【对齐】菜单命令，标注弧形花架平面各部分的主要尺寸；单击绘图工具栏 **A** 按钮，绘制图名及比例；单击绘图工具栏 ⌐ 按钮，绘制图名及比例下方的下画线，效果如图 10-276 所示。

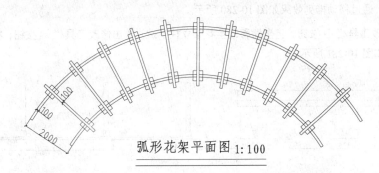

弧形花架平面图 1:100

图 10-276　标注尺寸、图名及比例

107　弧形花架立面图

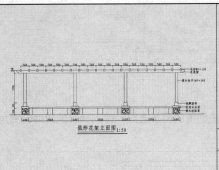

弧形花架立面图 1:50

　　花架的设计往往同其他建筑小品相结合，形成一组内容丰富的小品建筑，如布置坐凳使人休息，墙面墙面开设景窗，柱间或嵌以花墙，周围点缀叠石小池以形成吸引游人的景点。花架在园林中的布局可以是依附于建筑，属于建筑的一部分或是建筑空间的延续。本实例讲述弧形花架立面图的绘制方法和操作步骤。

	文件路径：	DWG\10 章\107 例.dwg
	视频文件：	AVI\10 章\107 例.avi
	播放时长：	8 分 15 秒

01 平面图参照例 106。单击绘图工具栏 ∕ 按钮，绘制一条水平直线作为地平线；单击绘图工具栏 ▢ 按钮，绘制一个 400×390 的矩形，作为弧形花架立柱的基座，效果如图 10-277 所示。

02 单击绘图工具栏 ▢ 按钮，绘制 450×100 和 210×215 的两个矩形；单击修改工具栏 ✛ 按钮，捕捉矩形下方水平方向的边中点，移动至基座上方边的中点，表示花架立柱基座的装饰；单击修改工具栏 ⌐ 按钮，给基座装饰倒圆角，指定圆角半径为 30，效果如图 10-278 所示。

03 单击绘图工具栏 ▢ 按钮，绘制一个 160×1710 的矩形，捕捉矩形下方水平方向的边中点，移动至

基座装饰上方边的中点，得到花架立柱的效果如图 10-279 所示。

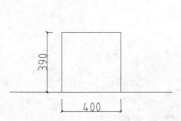

图 10-277 绘制花架基座   图 10-278 绘制基座装饰

图 10-279 绘制立柱

04 单击绘图工具栏口按钮，绘制四个矩形，尺寸分别为 2550×70、200×380、300×380 和 200×380，作为花架的坐凳，通过移动排列效果如图 10-280 所示。

05 单击修改工具栏✛按钮，将坐凳移动至花架立柱下端；单击修改工具栏✥按钮，将花架立柱和木坐凳复制，效果如图 10-281 所示。

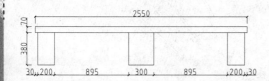

图 10-280 绘制花架坐凳

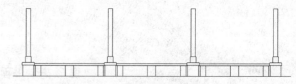

图 10-281 复制花架立柱和坐凳

06 单击绘图工具栏口按钮，绘制一个 10000×160 的矩形，作为横梁；单击绘图工具栏╱按钮，连接左右两边立柱的端点作为辅助线，捕捉矩形下方水平方向的边中点，移动至辅助线中点，效果如图 10-282 所示。

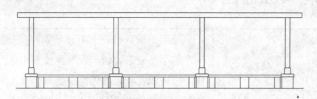

图 10-282 绘制并移动矩形

07 单击修改工具栏◰按钮，指定圆角半径为 160，选择要倒角的两条直线，得到横梁的两端的倒角装饰，效果如图 10-283 所示。

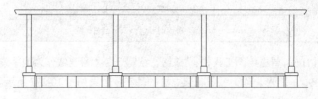

图 10-283 绘制横梁倒角装饰

08 单击绘图工具栏口按钮，绘制一个 80×120 的矩形；单击修改工具栏✛按钮，指定矩形左侧边的中点为移动基点，捕捉花架横梁的左上角端点，沿 X 轴方向水平向右移动 210 的距离，作为花架的木枋，效果如图 10-284 所示。

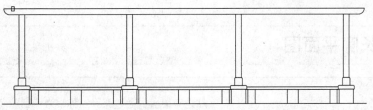

图 10-284　绘制并移动木枋

09　单击修改工具栏 按钮，输入 "A"，将木枋进行阵列复制，项目数为 20，距离为 500；单击修改工具栏 按钮，修剪多余的线条，绘制出花架木枋，效果如图 10-285 所示。

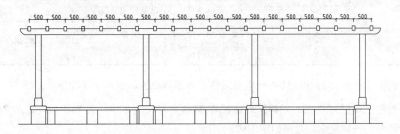

图 10-285　绘制花架木枋

10　单击绘图工具栏 按钮，选择填充图案为 "GRAVEL"，为花架基座填充图案；执行【标注】|【多重引线】菜单命令，标注花架立面的说明文字，效果如图 10-286 所示。

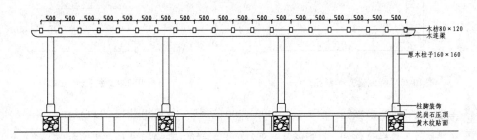

图 10-286　填充图案及标注文字说明

11　执行【标注】|【线性】菜单命令和【连续】菜单命令，标注花架立面各部分的主要尺寸；单击绘图工具栏 A 按钮，绘制图名及比例；单击绘图工具栏 按钮，绘制图名及比例下方的下画线，效果如图 10-287 所示。

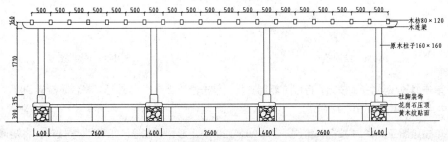

弧形花架立面图 1:50

图 10-287　标注尺寸图名及比例

108 长廊平面图

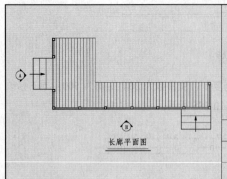

长廊平面图

　　凡是有覆盖的通道都可以称之为"廊"。廊不仅是联系建筑的重要部分，而且是划分空间、组成一个个景区的重要手段。通过长廊平面图的绘制，掌握 AutoCAD 基本命令的使用方法。本实例讲述长廊平面图的绘制方法和操作步骤。

文件路径：	DWG\10 章\108 例.dwg	
视频文件：	AVI\10 章\108 例.avi	
播放时长：	8 分 53 秒	

01 单击绘图工具栏 按钮，绘制一段多段线，表示模拟主体建筑外墙轮廓，如图 10-288 所示。

02 单击绘图工具栏 按钮，沿建筑轮廓线 Y 轴负方向输入 3200，X 轴正方向输入 7400，Y 轴正方向输入 1200，绘制出长廊轮廓，效果如图 10-289 所示。

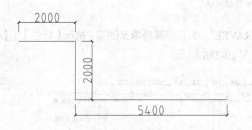

图 10-288　绘制建筑外墙轮廓

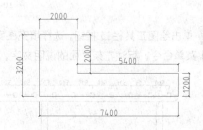

图 10-289　绘制长廊轮廓

03 单击绘图工具栏 按钮，绘制一个 1400×300 的矩形，效果如图 10-290 所示。

04 单击修改工具栏 按钮，将矩形复制两个，作为台阶，效果如图 10-291 所示。

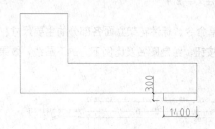

图 10-290　绘制矩形

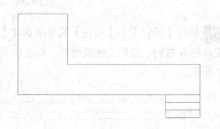

图 10-291　绘制台阶

05 单击修改工具栏 按钮，将台阶复制一份；单击修改工具栏 按钮，将台阶旋转 90°，移动到长廊左边的中点，效果如图 10-292 所示。

06 单击绘图工具栏 按钮，绘制一个 120×120 的矩形；单击修改工具栏 按钮，将矩形向内偏移 20，作为长廊的栏杆木柱，将柱子定义成块，指定矩形的中心为基点，效果如图 10-293 所示。

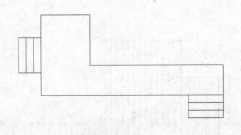

图 10-292　复制旋转台阶

图 10-293　绘制栏杆木柱

07 单击修改工具栏 按钮,将长廊的下边线向上偏移 60 的距离,作为辅助线;选择辅助线的一个端点,激活为红色,打开正交模式,沿 X 轴负方向移动 60,按下空格键;以同样的方式选择辅助线的另一端点,沿 X 轴正方向移动 60,这样,将辅助线两端分别缩短 60 的距离,效果如图 10-294 所示。

08 执行【绘图】|【点】|【定距等分】菜单命令,将辅助线等分为 6 等份;插入 "栏杆木柱" 图块,效果如图 10-295 所示。

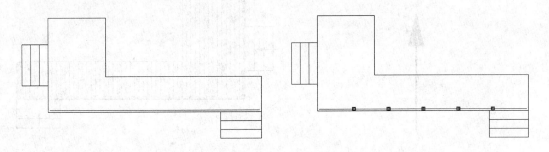

图 10-294　缩短辅助线　　　　　　　　　　　　　图 10-295　插入栏杆木柱

09 单击修改工具栏 按钮,复制栏杆木柱,效果如图 10-296 所示。

10 单击修改工具栏 按钮,将辅助线向左右各偏移 20,删除辅助线;以同样的方法绘制垂直方向的栏杆,效果如图 10-297 所示。

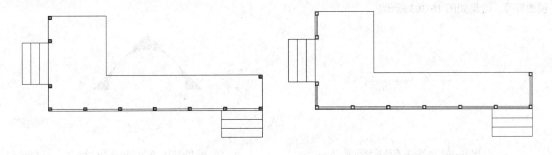

图 10-296　复制栏杆柱　　　　　　　　　　　　　图 10-297　绘制垂直方向栏杆

11 单击绘图工具栏 按钮,选择填充图案为 "JIS-WOOD",角度为 45,比例为 200,给长廊进行图案填充,效果如图 10-298 所示。

12 单击绘图工具栏 按钮,设置多段线线宽为 12,沿长廊的轮廓进行描边,效果如图 10-299 所示。

13 单击绘图工具栏 按钮,指定起点,输入 "W",指定起点宽度为 10,按下空格,指定端点宽度为 10,绘制一条长度为 1200 的多段线,继续输入 "W",指定起点宽度为 50,端点宽度为 0,长度为 150

的箭头，表示台阶的方向，效果如图 10-300 所示。

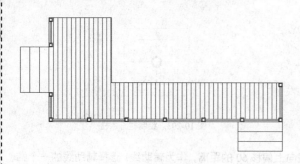

图 10-298　填充图案

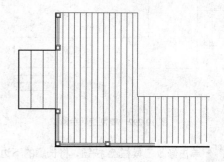

图 10-299　描边结果

14 单击修改工具栏 %° 按钮和 ↻ 按钮，将指示箭头旋转复制并移动到台阶的位置，长廊绘制完成，效果如图 10-301 所示。

图 10-300　绘制台阶方向箭头

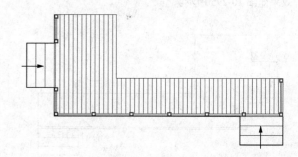

图 10-301　旋转复制箭头

15 单击绘图工具栏 ▭ 按钮，绘制一个 450×450 的矩形；执行【绘图】|【圆】|【三点】菜单命令，沿着矩形的边绘制一个圆形；单击修改工具栏 ↻ 按钮，将矩形和圆旋转 45°，单击绘图工具栏 ╱ 按钮，连接矩形的对角线，效果如图 10-302 所示。

16 单击修改工具栏 ⊸ 按钮，修剪矩形和直线；单击绘图工具栏 ▨ 按钮，对图形进行填充，绘制立面视图符号，效果如图 10-303 所示。

图 10-302　绘制并旋转矩形和圆

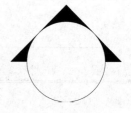

图 10-303　绘制立面视图符号

17 单击绘图工具栏 **A** 按钮，绘制立面视图符号里面的文字；单击修改工具栏 %° 按钮，将绘制好的立面视图符号复制一份，双击文字进行修改，最终效果如图 10-304 所示。

18 单击绘图工具栏 **A** 按钮，绘制图名；单击绘图工具栏 ↰ 按钮，绘制图名下方的下画线，效果如图 10-305 所示。

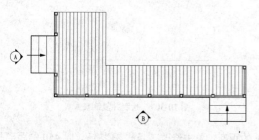

图 10-304 复制并修改立面视图符号

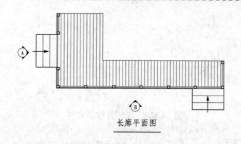

长廊平面图

图 10-305 绘制图名

109 长廊 A 立面图

廊的特点是狭长而流畅，弯曲而通透，是用来连接景区和景点的纽带，可作为动态观赏的游览路线。狭长而流畅能促使游人产生某种期待与寻求的情绪，以达到"引人入胜"的目的；弯曲而通透可观赏到千变万化的景色，达到可以步移景异的效果。本实例讲述长廊 A 立面图的绘制方法和操作步骤。

长廊A立面图

	文件路径：	DWG\10 章\109 例.dwg
	视频文件：	AVI\10 章\109 例.avi
	播放时长：	4 分 11 秒

01 平面图参照例 108。单击绘图工具栏 □ 按钮，绘制一个 100×1350 的矩形，作为长廊的立柱；以立柱左下端点为起点，绘制一个 3200×100 的矩形，作为长廊的平台，效果如图 10-306 所示。

02 单击修改工具栏 ✛ 按钮，将平台的矩形垂直向上移动 350 的距离；单击修改工具栏 ⁄- 按钮，修剪被平台遮挡的立柱部分，效果如图 10-307 所示。

图 10-306 绘制立柱和平台

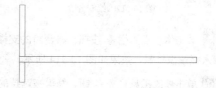

图 10-307 修剪立柱

03 单击修改工具栏 ⁕ 按钮，以 750 的距离将立柱水平向右复制一份；单击修改工具栏 ⚏ 按钮，以平台的中点为镜像的第一点和第二点，将两组立柱进行镜像，效果如图 10-308 所示。

提 示： 修剪柱子时，为了避免误修剪了平台的线条，可以选择平台；单击右键选择"绘图次序" | "后置"，这样在修剪的过程中就会优先选择立柱。

04 单击绘图工具栏 □ 按钮，绘制一个 130×100 的矩形，作为柱头；单击修改工具栏 ⁕ 按钮，将柱头复制到每根柱子上，效果如图 10-309 所示。

05 单击绘图工具栏 □ 按钮，绘制一个 650×50 的矩形，移动到两根立柱之间的基点位置，作为长廊的栏杆，效果如图 10-310 所示。

第 10 章

图 10-308　复制并镜像立柱

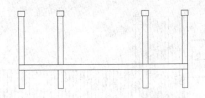

图 10-309　绘制并复制柱头

06 单击修改工具栏 ✛ 按钮，将矩形向上移动 250 的距离；单击修改工具栏 ❄ 按钮，以 450 的距离将矩形向上复制；单击修改工具栏 ⚊ 按钮，镜像复制栏杆，效果如图 10-311 所示。

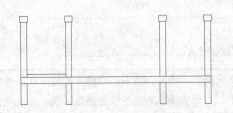

图 10-310　绘制栏杆

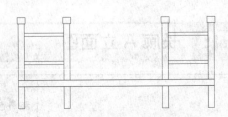

图 10-311　移动并复制矩形

07 单击绘图工具栏 ▭ 按钮，绘制一个 1440×50 的矩形，作为长廊的木制台阶，以矩形下边的中点为基点，捕捉平台下边中点；单击修改工具栏 ❄ 按钮，以 150 和 300 的距离将台阶向下复制两次，效果如图 10-312 所示。

08 单击绘图工具栏 ▭ 按钮，绘制一个 50×400 的矩形，作为台阶的支撑木板，如图 10-313 所示。

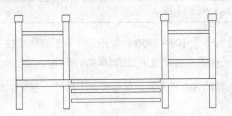

图 10-312　绘制台阶

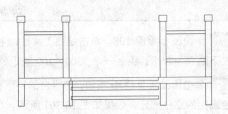

图 10-313　绘制台阶支撑木板

09 单击修改工具栏 ✛ 按钮，将台阶的支撑木板水平向右移动 150 的距离；单击修改工具栏 ⚊ 按钮，将支撑木板镜像复制，效果如图 10-314 所示。

10 单击修改工具栏 ⁄ 按钮，修剪被遮挡的多余线条；单击绘图工具栏 A 按钮，绘制图名；单击绘图工具栏 ⌐ 按钮，绘制图名下方的下画线，最终效果如图 10-315 所示。

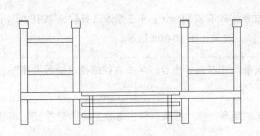

图 10-314　移动并镜像支撑木板

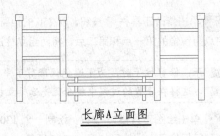

长廊A立面图

图 10-315　最终效果

第2篇

110　长廊 B 立面图

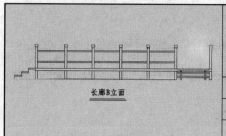

长廊B立面

从总体上说，长廊的尺度不应太大，以玲珑轻巧为佳，其高度与宽度都应按照人体的尺度比例来设定。本实例讲述长廊 B 立面图的绘制方法和操作步骤。

	文件路径：	DWG\10 章\110 例.dwg
	视频文件：	AVI\10 章\110 例.avi
	播放时长：	4 分 50 秒

01 平面图参照例 108。单击绘图工具栏 ▭ 按钮，绘制一个 100×1350 的矩形，作为长廊的立柱；绘制一个 130×100 的矩形，作为柱头，并将它们定义为"立柱和柱头"块，效果如图 10-316 所示。

02 单击绘图工具栏 ▭ 按钮，绘制一个 300×50 的矩形；以矩形右侧的角点为基点，捕捉立柱右角点，并将矩形向上移动 100 的距离，效果如图 10-317 所示。

03 单击修改工具栏 ％ 按钮，将矩形向上复制两次，距离分别为 150 和 300，效果如图 10-318 所示。

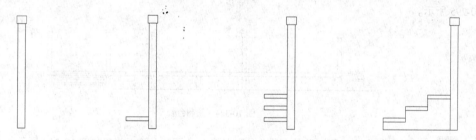

图 10-316　绘制立柱和柱头　　　图 10-317　绘制矩形　　　图 10-318　复制矩形　　　图 10-319　绘制台阶立面

04 单击修改工具栏 ✛ 按钮，依次移动复制后的矩形，距离分别为 300 和 600，并连接它们的角点，绘制出台阶的立面，效果如图 10-319 所示。

图 10-320　绘制矩形

05 单击绘图工具栏 ▭ 按钮，绘制一个 7600×100 的矩形，以矩形左下端点为基点，捕捉立柱的左下端点，效果如图 10-320 所示。

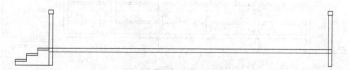

图 10-321　镜像复制立柱和柱头

06 单击修改工具栏 ✛ 按钮，将矩形垂直向上移动 350 的距离；单击修改工具栏 ⚏ 按钮，以长矩形的中点为镜像线的第一点和第二点，镜像复制立柱和柱头，效果如图 10-321 所示。

图 10-322　移动复制立柱和柱头

07 单击修改工具栏 按钮，以 1505 的距离水平向左复制一组立柱和柱头；单击修改工具栏 按钮，修剪被遮挡的多余线条，效果如图 10-322 所示。

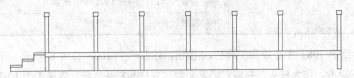

图 10-323　定数等分插入图块

08 单击绘图工具栏 按钮，绘制第一根立柱右下角端点和第二根立柱左下角端点的连线；执行【绘图】|【点】|【定距等分】菜单命令，将线段等分为 5 份；插入"立柱和柱头"图块，修剪图形，效果如图 10-295 所示。

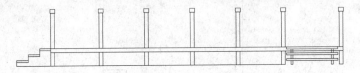

图 10-324　绘制台阶

09 按照绘制长廊 A 立面台阶的方法，绘制长廊 B 立面的台阶，效果如图 10-324 所示。

10 单击修改工具栏 按钮，将立柱的连线依次向上偏移 700、50、400、50；单击修改工具栏 按钮，将线段进行修剪，得到长廊的栏杆，并删除辅助线，效果如图 10-325 所示。

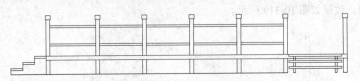

图 10-325　绘制栏杆

11 单击绘图工具栏 A 按钮，绘制图名；单击绘图工具栏 按钮，绘制图名下方的下画线，最终效果如图 10-326 所示。

长廊B立面

图 10-326　绘制图名

第 11 章
园林其他设施以及
园林地形的设计与绘制

除了前面章节中讲述的一些小品和建筑设施外，园林中还有其他的一些设施，比如行进盲道、提示盲道、运动场地、运动器材等。

另外，在园林设计的过程中，地形也是极其重要的。很多时候原有的地形未必符合设计要求，需要在充分利用原有地形的情况下，对其进行改造，使其最大限度地发挥出综合功能，以便统筹安排整个园林要素的关系。改造地形的范围很广，包括平整土地、堆石叠山、凿池蓄水等，地形图作为施工的参考，要求准确、清晰。

本章主要讲解园林中其他一些设施以及园林地形平面及立面图的绘制方法。

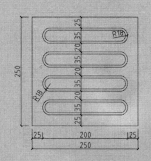

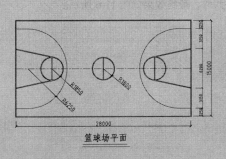

篮球场平面

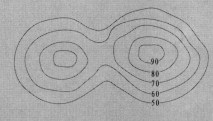

111 行进盲道

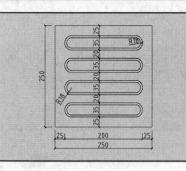

盲道是为盲人提供行路方便和安全的道路设施。分为行进盲道和提示盲道，行进盲道一般是由条形引导砖铺设而成，引导盲人放心前行。通过行进盲道的绘制，掌握 AutoCAD 基本命令的使用方法。本实例讲述行进盲道的绘制方法和操作步骤。

	文件路径：	DWG\11 章\111 例.dwg
	视频文件：	AVI\11 章\111 例.avi
	播放时长：	3 分 24 秒

01 单击绘图工具栏 ▭ 按钮，绘制一个 250×250 的矩形，表示盲道砖块的大小；单击修改工具栏 ◰ 按钮，将矩形分解，如图 11-1 所示。

02 单击修改工具栏 ⬜ 按钮，偏移线段，生成辅助线，效果如图 11-2 所示。

03 执行【绘图】|【圆弧】|【起点、端点、半径】菜单命令，绘制一条半径为 18 的圆弧，效果如图 11-3 所示。

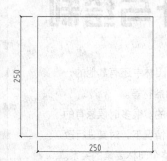

图 11-1 绘制并分解矩形

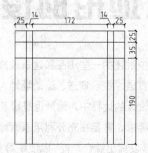

图 11-2 偏移生成辅助线

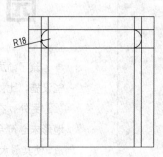

图 11-3 绘制圆弧

04 单击修改工具栏 ⊹ 按钮，修剪辅助线，单击修改工具栏 ✐ 按钮，删除多余的线段，效果如图 11-4 所示。

05 单击修改工具栏 ⬜ 按钮，将绘制的长条形向上下左右各偏移 5 的距离；单击修改工具栏 ⊹ 按钮，修剪偏移的线段，效果如图 11-5 所示。

06 单击修改工具栏 ⬚ 按钮，将长条形以 55 的距离向下复制；执行【标注】|【线性】菜单命令和【连续】菜单命令，为行进盲道标注尺寸，最终效果如图 11-6 所示。

图 11-4 修剪并删除辅助线

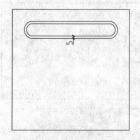

图 11-5 偏移并修剪辅助线

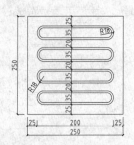

图 11-6 行进盲道效果

112　提示盲道

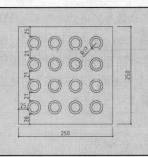

　　提示盲道，一般是由带有圆点的提示砖铺设而成，提示盲人前面有障碍，该转弯了。通过提示盲道的绘制，掌握 **AutoCAD** 基本命令的使用方法。本实例讲述提示盲道的绘制方法和操作步骤。

文件路径：	DWG\11 章\112 例.dwg	
视频文件：	AVI\11 章\112 例.avi	
播放时长：	3 分 56 秒	

01 单击绘图工具栏 □ 按钮，绘制一个 250×250 的矩形，表示盲道砖块的大小；单击修改工具栏 按钮，将矩形分解，效果如图 11-7 所示。

02 单击修改工具栏 按钮，偏移生成提示盲道的辅助线，效果如图 11-8 所示。

03 单击绘图工具栏 按钮，以辅助线的交点位置为圆心，绘制一个半径为 17 的圆；单击修改工具栏 按钮，将圆形向内偏移 5 的距离，效果如图 11-9 所示。

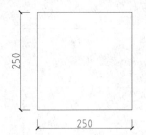

图 11-7　绘制并分解矩形

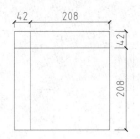

图 11-8　绘制辅助线

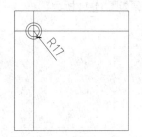

图 11-9　绘制并偏移圆形

04 单击修改工具栏 按钮，指定圆心为基点，输入 "A"，输入要进行阵列的项目数为 4，阵列的距离为 55，效果如图 11-10 所示。

05 以同样的方式将复制的圆形向下复制阵列 4 组；单击修改工具栏 按钮，删除辅助线，效果如图 11-11 所示。

06 执行【标注】|【线性】菜单命令和【连续】菜单命令，为提示盲道标注尺寸，效果如图 11-12 所示。

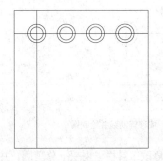

图 11-10　复制阵列圆形

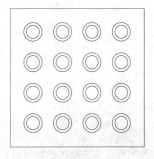

图 11-11　复制阵列圆形

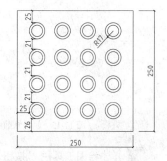

图 11-12　标注尺寸

113 篮球场平面图

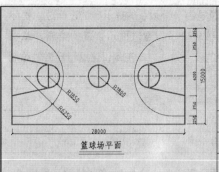

篮球场平面

篮球场主要是供人们运动健身所用。目前国际篮联标准的尺寸要求为：长 28m，宽 15m，室内篮球场的话，则天花板或最低障碍物的高度至少应为 7m。通过篮球场平面图的绘制，掌握 AutoCAD 基本命令的使用方法。本实例讲述篮球场平面的绘制方法和操作步骤。

	文件路径：	DWG\11 章\113 例.dwg
	视频文件：	AVI\11 章\113 例.avi
	播放时长：	7 分 13 秒

01 单击绘图工具栏 □ 按钮，绘制一个 28000×15000 的矩形，作为篮球场的轮廓；单击修改工具栏 按钮，将矩形分解，效果如图 11-13 所示。

02 单击绘图工具栏 按钮，连接矩形的中心垂直线；单击绘图工具栏 按钮，以垂直线的交点为圆心，绘制一个半径为 1800 的圆；单击修改工具栏 按钮，将圆形向内偏移 100 的距离，表示篮球场的中圈，效果如图 11-14 所示。

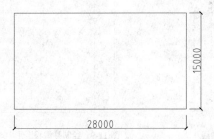

图 11-13　绘制并分解矩形

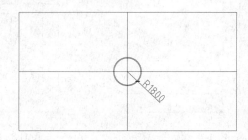

图 11-14　绘制中圈

03 单击修改工具栏 按钮，将矩形的辅助垂直线分别向两边偏移 50 的距离；单击修改工具栏 按钮，修剪线段，效果如图 11-15 所示。

04 单击修改工具栏 按钮，将矩形的左边向右偏移 1950 的距离；单击绘图工具栏 按钮，捕捉辅助线和垂直线的交点为圆心，绘制一个半径为 6250 的圆，效果如图 11-16 所示。

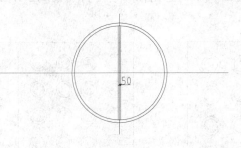

图 11-15　偏移修剪线段

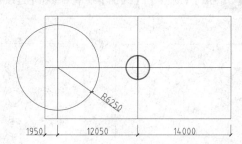

图 11-16　偏移辅助线并绘制圆

05 单击绘图工具栏 按钮，连接圆的端点与左短边的垂直线；单击修改工具栏 按钮，修剪圆，并删除辅助线，得到篮球场的三分投篮区，效果如图 11-17 所示。

06 单击修改工具栏 ⚏ 按钮，将矩形的左边向右偏移 5800 的距离；单击绘图工具栏 ⊙ 按钮，捕捉辅助线和垂直线的交点为圆心，绘制一个半径为 1850 的圆，效果如图 11-18 所示。

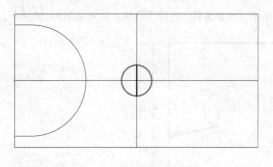

图 11-17　绘制三分投篮区

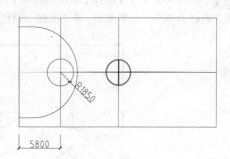

图 11-18　偏移直线并绘制圆

07 单击修改工具栏 ⚏ 按钮，将圆形向内偏移 100，同时将矩形的上下边分别向内偏移 4400 的距离；单击绘图工具栏 ╱ 按钮，连接圆与垂点的连线，效果如图 11-19 所示。

08 单击修改工具栏 ⚏ 按钮，将连线与垂直于长边的辅助线各向内偏移 100 的距离；单击修改工具栏 ✂ 按钮，对图形进行修剪，并删除辅助线，得到篮球场的半场，效果如图 11-20 所示。

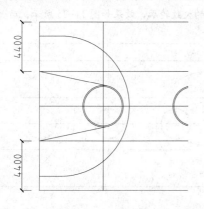

图 11-19　连接圆与垂点

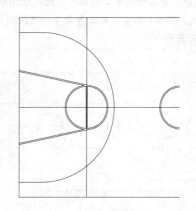

图 11-20　绘制篮球场半场

09 单击修改工具栏 ⚏ 按钮，将篮球半场镜像，并删除辅助线，得到篮球场的平面图形，效果如图 11-21 所示。

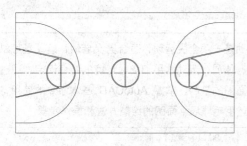

图 11-21　镜像篮球半场

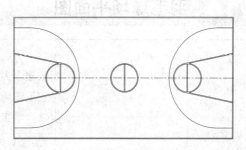

图 11-22　绘制并偏移多段线

10 单击绘图工具栏 ⌐ 按钮，指定多段线线宽为 5，沿矩形边绘制一圈；单击修改工具栏 ⚏ 按钮，将绘制的多段线向外偏移 100 的距离；单击修改工具栏 ⌐ 按钮，给偏移的直线倒 0° 的圆角，效果如图 11-22 所示。

提 示： 篮球场长边的界线为边线，短边的界线为端线，球场上各线必须十分清晰，线宽为 5cm。

11 执行【标注】|【线性】菜单命令和【连续】菜单命令，标注篮球场平面各部分的主要尺寸；单击绘图工具栏 **A** 按钮，绘制图名；单击绘图工具栏 按钮，绘制图名下方的下画线，效果如图 11-23 所示。

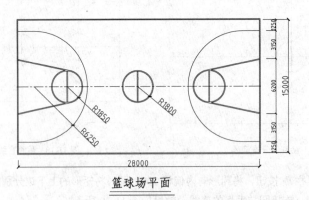

篮球场平面

图 11-23　标注尺寸及图名

提 示： 篮球场的平面图还可以通过使用辅助线的方式来绘制，效果如图 11-24 所示；然后通过综合使用直线、偏移、修剪、删除等命令，可绘制出篮球场平面的大致轮廓，效果如图 11-25 所示。后面的绘制方法同前面一样。

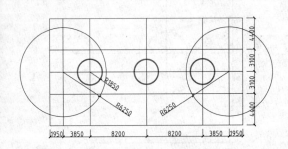

图 11-24　绘制辅助线和圆

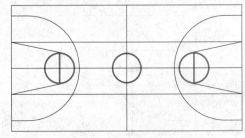

图 11-25　绘制篮球场轮廓

114 羽毛球场平面图

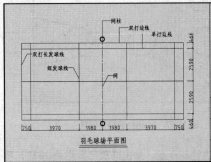

羽毛球场平面图

　　羽毛球运动是一项全民运动，适合男女老幼，运动量可以根据个人年龄、体质、运动水平和场地环境的特点而定。通过羽毛球场地平面图的绘制，掌握 AutoCAD 基本命令的使用方法。本实例讲述羽毛球场平面图的绘制方法和操作步骤。

文件路径：	DWG\11 章\114 例.dwg
视频文件：	AVI\11 章\114 例.avi
播放时长：	4 分 41 秒

01 单击绘图工具栏 按钮，绘制一个 13400×6100 的矩形，作为羽毛球场的轮廓；单击修改工具栏 按钮，将矩形分解，效果如图 11-26 所示。

02 单击修改工具栏 按钮，偏移生成羽毛球场的平面辅助线，效果如图 11-27 所示。

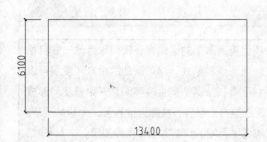

图 11-26 绘制并分解矩形

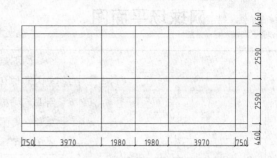

图 11-27 偏移生成辅助线

03 选择矩形的中线，编辑夹点，将其向上向下分别拉升 300 的距离；执行【绘图】|【圆环】菜单命令，指定圆环内半径为 300，外半径为 400，移动至中线的两端，表示羽毛球场的网柱，效果如图 11-28 所示。

04 执行【标注】|【多重引用】菜单命令，为羽毛球场平面注写文字说明，并改变中心垂直线的线形，效果如图 11-29 所示。

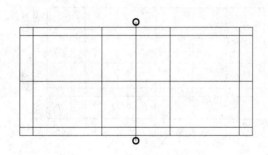

图 11-28 绘制网柱

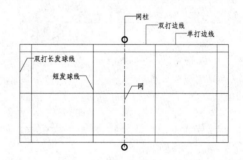

图 11-29 标注文字说明

05 执行【标注】|【线性】菜单命令和【连续】菜单命令，标注羽毛球场平面各部分的主要尺寸；单击绘图工具栏 **A** 按钮，绘制图名；单击绘图工具栏 按钮，绘制图名下方的下画线，效果如图 11-30 所示。

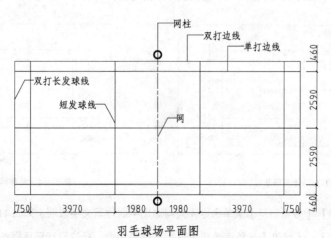

羽毛球场平面图

图 11-30 标注尺寸和文字

第
11
章

115 网球场平面图

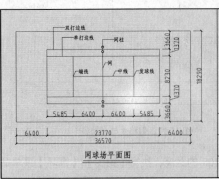

网球场平面图

网球是一项优美而激烈的运动，现代网球运动一般包括室内网球和室外网球两种形式。网球运动的由来和发展可以用四句话概括：孕育在法国，诞生在英国，开始普及和形成高潮在美国，现在盛行全世界，被称为世界第二大球类运动。本实例讲述网球场平面图的绘制方法和操作步骤。

	文件路径：	DWG\11 章\115 例.dwg
	视频文件：	AVI\11 章\115 例.avi
	播放时长：	6 分 31 秒

01 单击绘图工具栏 ▭ 按钮，绘制一个 36570×18290 的矩形，作为网球场的轮廓；单击修改工具栏 按钮，将矩形分解，效果如图 11-31 所示。

02 单击修改工具栏 按钮，偏移生成网球场的平面辅助线，效果如图 11-32 所示。

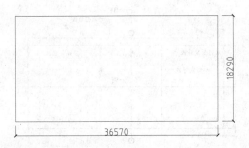

图 11-31　绘制并分解矩形

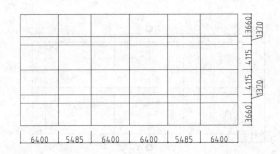

图 11-32　生成辅助线

03 单击修改工具栏 按钮，将辅助线进行修剪，效果如图 11-33 所示。

04 选择矩形的中线，编辑夹点，将其向上向下分别拉升 235 个单位；执行【绘图】|【圆环】菜单命令，指定圆环内半径为 400，外半径为 500，移动至中线的两端，表示网球场的网柱，效果如图 11-34 所示。

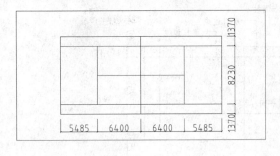

图 11-33　修剪辅助线

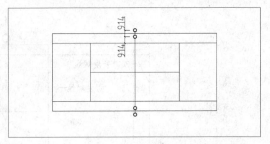

图 11-34　绘制网柱

05 执行【标注】|【多重引用】菜单命令，为网球场平面注写文字说明，如图 11-35 所示。

06 执行【标注】|【线性】菜单命令和【连续】菜单命令，标注网球场平面各部分的主要尺寸；单击绘图工具栏 A 按钮，绘制图名；单击绘图工具栏 按钮，绘制图名下方的下画线，效果如图 11-36 所示。

第 2 篇

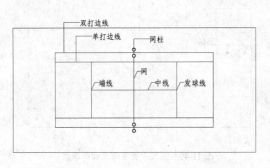

图 11-35　注写文字说明

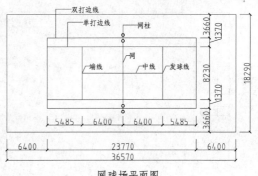

网球场平面图

图 11-36　标注尺寸及图名

116　足球场平面图

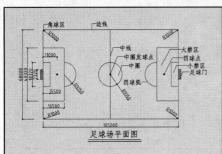

足球场平面图

现代生活中再也没有比足球更令人激动不已的运动了。足球是一项古老的体育活动，源远流长。通过足球场平面图的绘制，掌握 AutoCAD 基本命令的使用方法。本实例讲述足球场平面图的绘制方法和操作步骤。

	文件路径：	DWG\11 章\116 例.dwg
	视频文件：	AVI\11 章\116 例.avi
	播放时长：	6 分 26 秒

01　单击绘图工具栏 □ 按钮，绘制一个 105000×68000 的矩形，作为足球场的轮廓，效果如图 11-37 所示。

02　单击绘图工具栏 ╱ 按钮，绘制足球场的中线；单击绘图工具栏 ⊙ 按钮，以中线的中点为圆心，绘制一个半径为 9150 的圆，作为足球场的中圈，效果如图 11-38 所示。

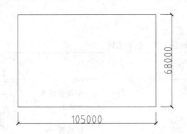

图 11-37　绘制矩形

图 11-38　绘制足球场中线和中圈

03　单击绘图工具栏 □ 按钮，绘制一个 2000×7320 的矩形，作为足球门，并对其进行填充；绘制一个 5500×18320 的矩形作为足球场小禁区；绘制一个 16500×40320 的矩形，作为足球场的大禁区，选择矩形的中点对齐到足球场的短边，效果如图 11-39 所示。

04　执行【绘图】|【圆环】菜单命令，指定圆环内半径为 500，外半径为 1200，作为中圈发球点和罚球点，效果如图 11-40 所示。

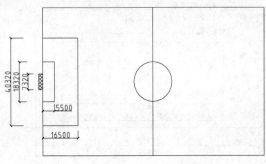

图 11-39 绘制足球门、小禁区和大禁区

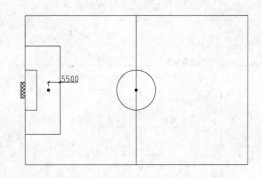

图 11-40 绘制中圈发球点和罚球点

05 单击绘图工具栏 ⊘ 按钮，以矩形的左上角点和左下角点为圆心，分别绘制两个半径为 1000 的圆；再以 16500×40320 的矩形的长边的中点为圆心绘制一个半径为 9150 的圆，效果如图 11-41 所示。

06 单击修改工具栏 ╱ 按钮，修剪圆形，效果如图 11-42 所示。

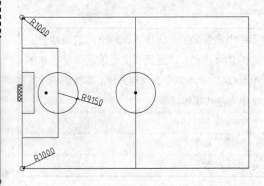

图 11-41 绘制圆形

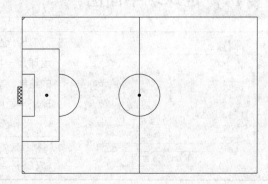

图 11-42 修剪圆形

07 单击修改工具栏 ⚟ 按钮，将足球场左半边进行镜像，得到足球场的平面图，效果如图 11-43 所示。

08 执行【标注】|【多重引用】菜单命令，为足球场平面注写文字说明；执行【标注】|【线性】菜单命令，标注足球场平面各部分的主要尺寸；单击绘图工具栏 A 按钮，绘制图名；单击绘图工具栏 ↩ 按钮，绘制图名下方的下画线，效果如图 11-44 所示。

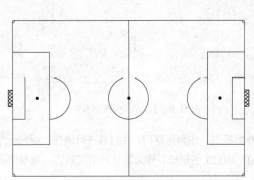

图 11-43 绘制足球场平面图

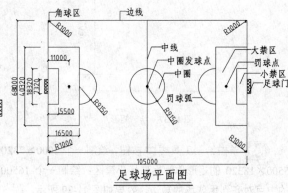

图 11-44 标注文字说明、尺寸及图名

117 压腿器

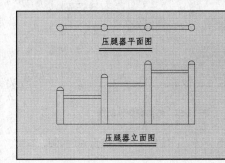

压腿器是园林中常用的健身器材之一，主要锻炼人的腿部力量。通过压腿器平面及立面图的绘制，掌握 AutoCAD 基本命令的使用方法。本实例讲述压腿器平面及立面的绘制方法和操作步骤。

	文件路径：	DWG\11 章\117 例.dwg
	视频文件：	AVI\11 章\117 例.avi
	播放时长：	4 分 23 秒

01 绘制压腿器平面图。单击绘图工具栏 ✎ 按钮，绘制一条长为 2400 的直线；单击绘图工具栏 ⊙ 按钮，以直线的左端点为圆心，绘制一个半径为 60 的圆，效果如图 11-45 所示。

02 单击修改工具栏 ⛴ 按钮，指定圆心为基点，输入 "A"，输入要进行阵列的数目为 4，阵列的距离为 800，将圆形复制阵列，效果如图 11-46 所示。

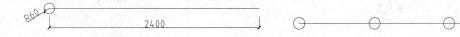

图 11-45 绘制直线和圆 　　　　　　　　　　图 11-46 复制阵列圆

03 单击修改工具栏 ⛴ 按钮，将直线向上下分别偏移 32 的距离，效果如图 11-47 所示。

04 单击修改工具栏 ⊹ 按钮，修剪辅助线；单击修改工具栏 ✐ 按钮，删除中线，得到压腿器的平面图，效果如图 11-48 所示。

图 11-47 偏移辅助线 　　　　　　　　　　图 11-48 绘制压腿器平面图

05 绘制压腿器立面图。单击绘图工具栏 ✎ 按钮，绘制水平直线和垂直线；单击修改工具栏 ⛴ 按钮，偏移生成压腿器立面的辅助线，效果如图 11-49 所示。

06 单击修改工具栏 ⊹ 按钮，修剪辅助线；单击修改工具栏 ✐ 按钮，删除多余的辅助线，得到压腿器的立柱，效果如图 11-50 所示。

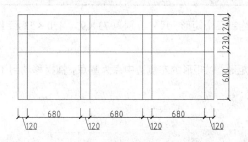

图 11-49 偏移生成辅助线

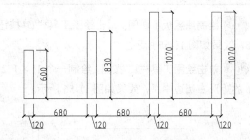

图 11-50 修剪并删除辅助线

07 单击修改工具栏 ⛴ 按钮，将水平直线依次向上偏移 460、50、170、50、185 和 50 的距离，效果如图 11-51 所示。

08 单击修改工具栏 ⁄ 按钮，修剪辅助线，单击修改工具栏 ✐ 按钮，删除多余的辅助线，得到压腿器的压杆，效果如图 11-52 所示。

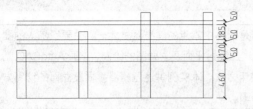

图 11-51　偏移辅助线　　　　　　　　　　　　　　图 11-52　修剪删除辅助线

09 单击绘图工具栏 ⊙ 按钮，以压腿器的各立柱的上边的中点为圆心，绘制 4 个半径为 60 的圆，作为立柱的装饰，效果如图 11-53 所示。

10 单击修改工具栏 ⁄ 按钮，对圆形进行修剪，得到压腿器立面的效果如图 11-54 所示。

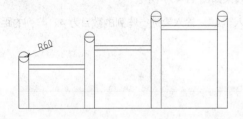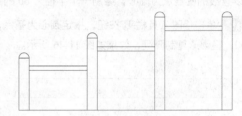

图 11-53　绘制圆形　　　　　　　　　　　　　　　图 11-54　绘制压腿器立面

118　翘翘板

　　翘翘板是一种由两人及两人以上参与的玩具，深受广大儿童的欢迎，通过对翘翘板的绘制，掌握 AutoCAD 基本命令的使用方法。本实例讲述翘翘板平面、正立面以及侧立面的绘制方法和操作步骤。

	文件路径：	DWG\11 章\118 例.dwg
	视频文件：	AVI\11 章\118 例.avi
	播放时长：	7 分 02 秒

01 绘制翘翘板平面图。单击绘图工具栏 ▭ 按钮，绘制三个矩形，尺寸分别为 73×93、470×53 和 130×96，效果如图 11-55 所示。

02 单击绘图工具栏 ▭ 按钮，绘制一个 11×172 的矩形，以矩形的左侧边中点为基点，捕捉移动到 130×96 的矩形右侧边中点，效果如图 11-56 所示。

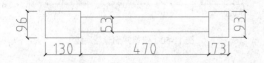

图 11-55　绘制三个矩形　　　　　　　　　　　　　图 11-56　绘制并移动矩形

03 单击修改工具栏 ✛ 按钮，将矩形水平向右移动 39 的距离；单击修改工具栏 ⚖ 按钮，以 73×93 的矩形的中点为镜像的第一点和第二点，将其进行镜像，效果如图 11-57 所示。

04 单击绘图工具栏 ▭ 按钮，绘制一个 45×113 的矩形，以矩形下侧边中点为基点，捕捉中心矩形上侧边中点，效果如图 11-58 所示。

| 图 11-57　镜像图形 | 图 11-58　绘制矩形 |

05 单击绘图工具栏 ⊙ 按钮，以中心矩形的上侧边为中点绘制一个半径为 39 的圆；单击修改工具栏 ✛ 按钮，将圆形水平向下移动 56 的距离，效果如图 11-59 所示。

06 单击修改工具栏 ╱ 按钮，修剪圆形内的矩形；单击修改工具栏 ⚖ 按钮，将圆和矩形往下镜像，得到翘翘板平面图，效果如图 11-60 所示。

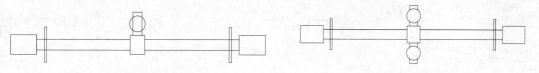

| 图 11-59　绘制并移动圆 | 图 11-60　绘制跷跷板平面 |

07 绘制翘翘板正立面图。单击绘图工具栏 ╱ 按钮，绘制一条直线作为水平线；单击绘图工具栏 ▭ 按钮，绘制一个 123×672 的矩形，将矩形放置在水平线上，效果如图 11-61 所示。

08 单击绘图工具栏 ⊙ 按钮，以矩形上侧边的中点为圆心，绘制一个半径为 62 的圆；单击修改工具栏 ╱ 按钮，修剪圆形，作为翘翘板的立杆，效果如图 11-62 所示。

| 图 11-61　绘制水平线和矩形 | 图 11-62　绘制并修剪圆 |

09 单击修改工具栏 ▱ 按钮，将水平线向上依次偏移 365 和 88 的距离；单击修改工具栏 ◠ 按钮，输入 "R"，指定圆角半径为 0，选择偏移的两条直线，给两条直线倒圆角，作为翘翘板的跷杆，效果如图 11-63 所示。

10 单击修改工具栏 ○ 按钮，指定上面的直线与矩形的交点为基点，将翘翘板的翘杆旋转 8°，效果如图 11-64 所示。

| 图 11-63　绘制翘杆 | 图 11-64　旋转图形 |

11 单击绘图工具栏 □ 按钮，绘制一个 365×14 的矩形；单击修改工具栏 ○ 按钮，将矩形旋转 8°，放置在翘杆的上面，作为翘翘板的坐板，效果如图 11-65 所示。

12 单击绘图工具栏 □ 按钮，绘制一个 344×22 的矩形；单击修改工具栏 ▱ 按钮，将矩形分解；单击修改工具栏 □ 按钮，输入 "R"，指定圆角半径为 0，给两条直线倒圆角，并删除多余的线段；单击修改工具栏 ○ 按钮，将图形旋转 8°，放置在坐板前面，作为翘翘板的扶手，效果如图 11-66 所示。

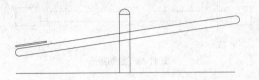

图 11-65 绘制坐板

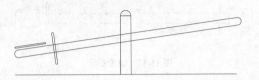

图 11-66 绘制扶手

13 单击修改工具栏 ⅋ 按钮，将坐板和扶手复制到翘翘板的另一侧，最终效果如图 11-67 所示。

14 单击修改工具栏 ⼂ 按钮，对图形进行修剪，得到翘翘板正立面图，效果如图 11-68 所示。

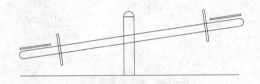

图 11-67 复制坐板和扶手

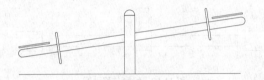

图 11-68 绘制翘翘板正立面图

15 绘制翘翘板侧立面图。单击绘图工具栏 ╱ 按钮，绘制一条直线作为水平线；单击绘图工具栏 □ 按钮，绘制一个 123×672 的矩形，将矩形放置在水平线上，效果如图 11-69 所示。

16 单击绘图工具栏 ⊘ 按钮，以矩形上边的中点为圆心，绘制一个半径为 62 的圆形；单击修改工具栏 ⼂ 按钮，修剪圆，效果如图 11-70 所示。

17 单击修改工具栏 ⅋ 按钮，将绘制好的图形向右以 363 的距离复制一份；单击绘图工具栏中的 ╱ 按钮，连接两个矩形的下端点的连线作为辅助线，效果如图 11-71 所示。

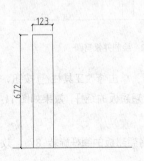

图 11-69 绘制水平线和矩形

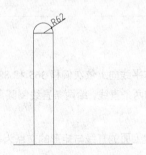

图 11-70 绘制并修剪圆形

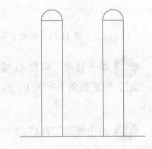

图 11-71 复制矩形并连接下端点

18 单击绘图工具栏 □ 按钮，绘制一个 539×32 的矩形，捕捉矩形的下边中点为基点移动至辅助线的中点，效果如图 11-72 所示。

19 单击修改工具栏 ⊕ 按钮，将矩形垂直向上移动 457 的距离，效果如图 11-73 所示。

20 单击绘图工具栏 □ 按钮，绘制一个 149×78 的矩形，捕捉矩形的下边中点为基点移动至辅助线的中点；单击修改工具栏 ✥ 按钮，将矩形垂直向上移动 434 的距离，效果如图 11-74 所示。

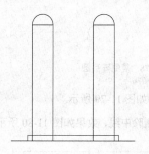

图 11-72　绘制并移动矩形

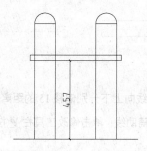

图 11-73　向上移动矩形

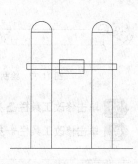

图 11-74　绘制并移动矩形

21 单击绘图工具栏 ⊙ 按钮，绘制一个半径为 62 的圆，捕捉圆形的下端点移动至 149×78 的矩形的上边的中点，效果如图 11-75 所示。

22 单击修改工具栏 ✥ 按钮，将圆形垂直向下移动 6 的距离；单击修改工具栏 ⊀ 按钮，对图形进行修剪，得到翘翘板的侧立面图，效果如图 11-76 所示。

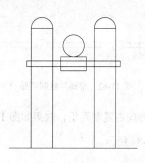

图 11-75　绘制并移动圆

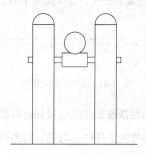

图 11-76　绘制翘翘板侧立面图

119　漫步训练器

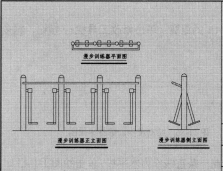

漫步训练器是一种较为大众的运动休闲器材，供人们茶余饭后休息锻炼使用。通过漫步训练器的绘制，掌握 AutoCAD 基本命令的使用方法。本实例讲述漫步训练器的绘制方法和操作步骤。

文件路径：	DWG\11 章\119 例.dwg
视频文件：	AVI\11 章\119 例.avi
播放时长：	8 分 46 秒

01 绘制漫步训练器平面图。单击绘图工具栏 ╱ 按钮，绘制一条长为 1560 的直线；单击绘图工具栏 ⊙ 按钮，以直线的左端点为圆心，绘制一个半径为 38 的圆，效果如图 11-77 所示。

02 单击绘修改工具栏 ❀ 按钮，指定圆心为基点，输入 "A"，输入要进行阵列的数目为 4，指定阵列的距离为 525，将圆形复制阵列，效果如图 11-78 所示。

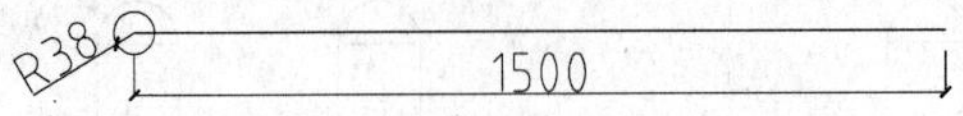

图 11-77　绘制直线和圆 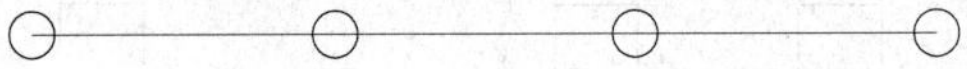　　　　　　　　　图 11-78　复制阵列圆

03 单击修改工具栏 ⊘ 按钮，将直线向上下分别偏移 15 的距离，效果如图 11-79 所示。

04 单击修改工具栏 ⊁ 按钮，修剪辅助线；单击修改工具栏 ✐ 按钮，删除中线，效果如图 11-80 所示。

图 11-79　偏移辅助线 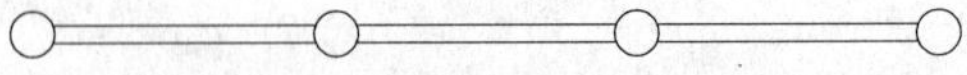　　　　　　　　　图 11-80　修剪并删除辅助线

05 单击绘图工具栏 ▢ 按钮，绘制一个 71×129 的矩形；单击修改工具栏 ✥ 按钮，移动矩形，效果如图 11-81 所示。

06 单击修改工具栏 ✥ 按钮，将矩形水平向右移动 34 的距离；单击绘修改工具栏 ⟍⟋ 按钮，将矩形以 205 的距离向右复制一个，效果如图 11-82 所示。

图 11-81　绘制并移动矩形　　　　　　　　图 11-82　移动并复制矩形

07 单击绘修改工具栏 ⟍⟋ 按钮，以圆心为基点，将绘制的矩形向右复制两组，效果如图 11-83 所示。

08 单击修改工具栏 ⊁ 按钮，对图形进行修剪，效果如图 11-84 所示。

图 11-83　辅助矩形　　　　　　　　　　图 11-84　修剪图形

09 单击绘图工具栏 ⤵ 按钮，指定左边的圆的下端点为基点，沿 Y 轴负方向输入 100，沿 X 轴正方向输入 1560，沿 Y 轴正方向输入 100，效果如图 11-85 所示。

10 单击修改工具栏 ⊘ 按钮，将多段线向上向下分别偏移 15 的距离；单击修改工具栏 ⟍⟋ 按钮，将多段线延伸，得到漫步训练器平面图，效果如图 11-86 所示。

图 11-85　绘制多段线　　　　　　　　　图 11-86　绘制漫步训练器平面图

11 绘制漫步训练器正立面图。单击绘图工具栏 ⟋ 按钮，绘制一条直线作为水平线；单击绘图工具栏 ▢ 按钮，绘制一个 123×1232 的矩形，将矩形放置在水平线上，效果如图 11-87 所示。

12 单击绘图工具栏 ⊘ 按钮，以矩形上边的中点为圆心，绘制一个半径为 62 的圆形；单击修改工具栏 ⊁ 按钮，修剪圆，得到漫步训练器正立面的立柱，效果如图 11-88 所示。

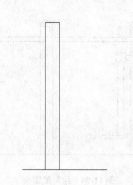

图 11-87　绘制水平线和矩形

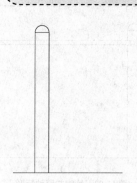

图 11-88　绘制并修剪圆

13 单击修改工具栏 按钮，将立柱依次向右以 910 的距离复制 3 个，效果如图 11-89 所示。

14 单击修改工具栏 按钮，将水平线依次向上偏移 1090 和 40；单击修改工具栏 按钮，输入 "R"，指定圆角半径为 0，给两条直线倒圆角，作为漫步训练器的抓手，效果如图 11-90 所示。

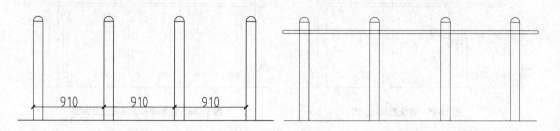

图 11-89　复制图形

图 11-90　偏移直线并倒圆角

15 单击修改工具栏 按钮，选择两条直线，按下空格，将其两端拉伸，效果如图 11-91 所示。

 技 巧：拉伸的快捷键为 "S"，选择要拉伸的图形，直接输入 "S" 键，即可拉伸图形。

16 单击修改工具栏 按钮，将图形进行修剪，效果如图 11-92 所示。

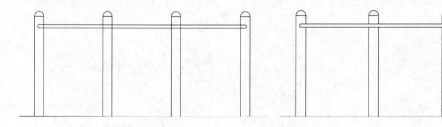

图 11-91　拉伸图形

图 11-92　修剪图形

17 单击绘图工具栏 按钮，绘制一个 50×50 的矩形，捕捉矩形的左下角点移动到第一根立柱的右下角点；单击修改工具栏 按钮，将矩形垂直向上移动 910 的距离，效果如图 11-93 所示。

18 单击绘图工具栏 按钮，绘制三个矩形，分别为 96×88、58×737、214×33，将他们移动对齐，作为漫步训练器的踏脚板，效果如图 11-94 所示。

第 11 章

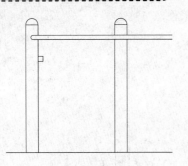

图 11-93　绘制并移动矩形

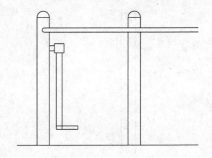

图 11-94　绘制踏脚板

19 单击绘图工具栏 ∕ 按钮，连接第一根和第二根立柱之间角点的连线；单击修改工具栏 ⚎ 按钮，将踏脚板以两根立柱之间的连线的中点作为镜像轴进行镜像，效果如图 11-95 所示。

20 单击修改工具栏 ⚎ 按钮，将踏脚板进行镜像，得到漫步训练器正立面，效果如图 11-96 所示。

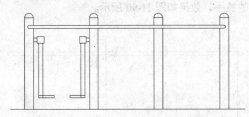

图 11-95　镜像踏脚板

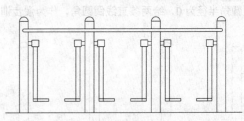

图 11-96　绘制漫步训练器正立面图

21 绘制漫步训练器侧立面图。按照绘制正立面的方法，单击绘图工具栏 ∕ 按钮，绘制一条直线作为水平线；单击绘图工具栏 ▭ 按钮，绘制一个 123×1232 的矩形，将矩形放置在水平线上，效果如图 11-97 所示。

22 单击绘图工具栏 ⊘ 按钮，以矩形上边的中点为圆心，绘制一个半径为 62 的圆形；单击修改工具栏 ⊹ 按钮，修剪圆，作为漫步训练器侧立面的立柱，效果如图 11-98 所示。

23 单击绘图工具栏 ▭ 按钮，绘制一个 350×38 的矩形；捕捉矩形的右下角点移动到立柱的右下角点，效果如图 11-99 所示。

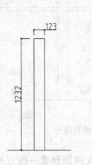

图 11-97　绘制直线和矩形

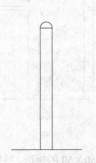

图 11-98　绘制并修剪圆

图 11-99　绘制并移动矩形

24 单击修改工具栏 ▦ 按钮，将矩形进行分解；单击修改工具栏 ⌐ 按钮，输入 "R"，指定圆角半径为 0，给其倒圆角，删除多余的线条；单击修改工具栏 ✛ 按钮，将图形垂直向上移动 1020 的距离，效果如图 11-100 所示。

25 单击修改工具栏 ○ 按钮，指定直线与立柱的交点为基点，将图形旋转-23°；单击修改工具栏中 ⊹

按钮，修剪图形，并删除多余的线条，效果如图 11-101 所示。

26 单击修改工具栏 ⟠ 按钮，将水平线依次向上偏移 640 和 58 的距离；单击修改工具栏 ⟳ 按钮，指定直线与立柱的交点为基点，将偏移的两根直线旋转 74°，效果如图 11-102 所示。

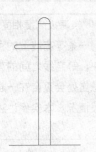　　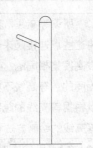　　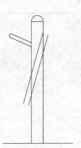

　　图 11-100　给矩形倒圆角并移动矩形　　　图 11-101　旋转并修剪图形　　　图 11-102　偏移并旋转直线

27 单击修改工具栏 ⟋ 按钮，将线段延伸至水平线；单击修改工具栏 ⟠ 按钮，将水平线向上依次偏移 147 和 23，效果如图 11-103 所示。

28 单击绘图工具栏 ⟋ 按钮，连接偏移直线的左边两个端点；单击修改工具栏按钮 ⟠ 按钮，将直线向右偏移 266 的距离；单击修改工具栏 ⟋ 按钮，修剪图形，效果如图 11-104 所示。

　　　　　　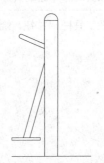

　　　图 11-103　延伸直线　　　　　　　　　　图 11-104　修剪图形

29 单击修改工具栏 ⟳ 按钮，将小矩形旋转-20°；单击修改工具栏 ⟋ 按钮，将线段延伸至小矩形，效果如图 11-105 所示。

30 单击修改工具栏 ⚖ 按钮，指定立柱的中点为镜像的第一点和第二点进行镜像，得到漫步训练器侧立面图，效果如图 11-106 所示。

　　　　　　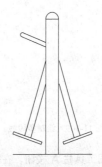

　　　图 11-105　旋转矩形并延伸直线　　　　　图 11-106　绘制漫步训练器侧立面图

120 地形等高线

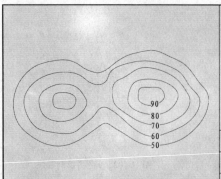

所谓等高线，就是在户外地形上收集海拔高度相同的点，将这些点连接起来形成闭合曲线。同一条等高线上的点，海拔高度是相同的；在同一幅图纸当中，等高线之间的高差是相同的；等高线不能交叉，但是在悬崖处会重合在一起；可以根据等高线的疏密来判断坡度陡缓情况。本实例讲述地形等高线的绘制方法和操作步骤。

文件路径：	DWG\11 章\120 例.dwg	
视频文件：	AVI\11 章\120 例.avi	
播放时长：	3 分 51 秒	

01 单击绘图工具栏 ⁄ 按钮，勾勒出一条等高线，作为等高线的首曲线，效果如图 11-107 所示。

提示：等高线按其作用不同，可以分为首曲线、计曲线、间曲线和助曲线。目前，绘制等高线有专门的软件，而在 AutoCAD 中绘制只需大概地表现出地标的高低情况即可。

02 单击绘图工具栏 ⁄ 按钮，绘制出等高线的其他曲线，效果如图 11-108 所示。

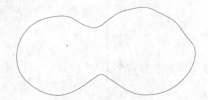

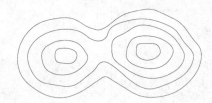

图 11-107　绘制等高线首曲线

图 11-108　绘制等高线其他曲线

提示：在绘制等高线时，还可以使用另外一种方法：单击绘图工具栏 按钮，绘制一条多段线，如图 11-109 所示。执行【修改】|【对象】|【多段线】菜单命令，选择绘制好的多段线，在命令行的提示下，输入 "F"，按下空格键，表示 "拟合"，再按下空格键结束命令，效果如图 11-110 所示。用同样的方法即可绘制等高线的其他曲线。

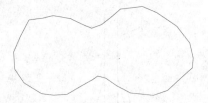

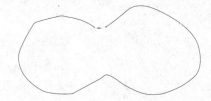

图 11-109　绘制多段线

图 11-110　拟合多段线

03 单击绘图工具栏 A 按钮，在等高线上分别输入 50、60、70、80、90，标记等高线的高程，效果如图 11-111 所示。

04 执行【修改】|【打断】菜单命令，选择高程为 50 的等高线作为打断的对象，在命令行的提示下，

输入"F"，按下空格键在文字"50"左侧的等高线上或空白处单击，表示指定打断的第一点，在其右侧等高线上或空白处单击，表示指定打断的第二点；以同样的方法打断另外的等高线，效果如图 11-112 所示。

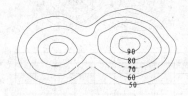

图 11-111　标记高程

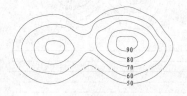

图 11-112　打断等高线

技 巧：**"打断"**的快捷键命令为**"BR"**，**"打断"**命令用于打断实体，使用中也可以通过一点来断开实体。用法是在需要打断处单击选择对象，当提示指定第二个打断点是输入"@"。该方法常用于将一条线分为两段，一段作为点划线，另一段作为实线。

121　地形剖面图

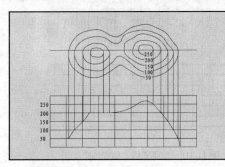

地形剖面图是根据平面的等高线绘制出来的。它好比沿等高线地形图上某条剖面线切开，从而显露出来的地形垂直剖面，能够非常直观地反映出地势的起伏状况。本实例讲述地形剖面图的绘制方法和操作步骤。

	文件路径：	DWG\11 章\121 例.dwg
	视频文件：	AVI\11 章\121 例.avi
	播放时长：	4 分 56 秒

01　单击绘图工具栏 按钮，确定好剖面线，效果如图 11-113 所示。

02　单击修改工具栏 按钮，向下复制剖面线作为第一条横坐标轴，效果如图 11-114 所示。

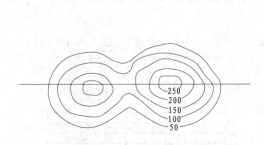

图 11-113　确定剖面线

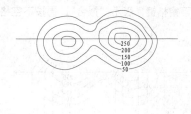

图 11-114　绘制第一条横坐标轴

03　单击修改工具栏 按钮，将横坐标轴以 50 的距离依次向上偏移 6 次，效果如图 11-115 所示。

注 意：横坐标轴长度通常与原图的剖面线相等，也可以按比例进行缩放。但是垂直坐标轴的比例一般比原图大。

04　单击绘图工具栏 按钮，绘制第一条纵坐标轴；单击修改工具栏 按钮，输入"A"，输入要进行的项目数为 10，输入阵列的距离为 98，复制阵列纵坐标，效果如图 11-116 所示。

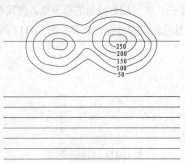

图 11-115　偏移横坐标

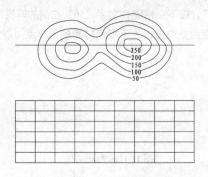

图 11-116　绘制并复制阵列纵坐标

05 单击绘图工具栏 **A** 按钮，在坐标网格上标注与等高线相对应的高度，效果如图 11-117 所示。

06 单击绘图工具栏 ∕ 按钮，把剖面线与等高线相交的各个交点确定在水平基线上，并标记在相应的高度坐标网格上，如图 11-118 所示。

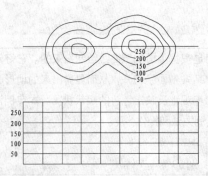

图 11-117　标注标高

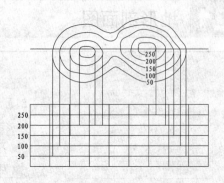

图 11-118　水平基线上确定各交点

07 单击绘图工具栏 ┗┛ 按钮，连接剖面线上的各个点，效果如图 11-119 所示。

08 执行【修改】|【对象】|【多段线】菜单命令，选择刚才绘制的多段线，在命令行的提示下，输入"F"，按下空格键，表示"拟合"，再按下空格键结束命令，效果如图 11-120 所示。

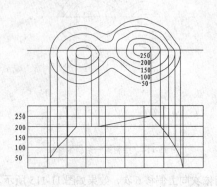

图 11-119　连接各点

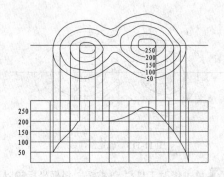

图 11-120　拟合多段线

第
2
篇

第 12 章
住宅小区园林设计实例

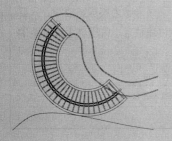
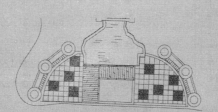

　　本园林是某住宅小区的一块宅间休闲绿地，属自然式园林设计风格，设计时以自然式水体为主要造景元素，其他景观内容在此基础上进行了自然而合理地分布，旨在为居民创造一处舒适、合理的休闲之处。绿地中植物的配置相当丰富，层次明显，园林小品的设置亦合理而自然，主要有：围水而置的景石和假山、临水而设的景观亭、下沉式的中心广场等。

　　本章主要讲述住宅小区园林景观设计实例。本章绘制完成的景观总平面图如图 12-1 所示。

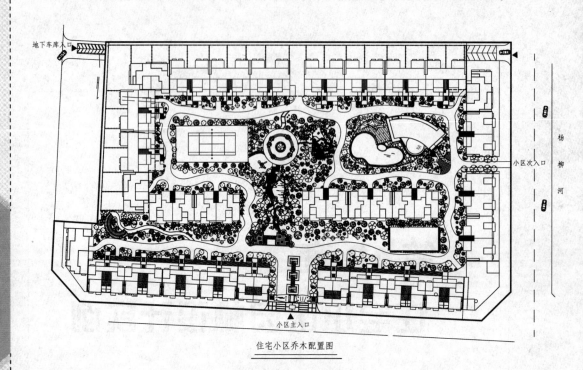

图 12-1　住宅小区景观设计总平面图

12.1 住宅小区总平面图设施的绘制

122　绘制园路

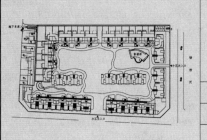

	本例中的园路为休闲小径，连接各个建筑物，主要供居民休闲漫步、观赏水池景色使用，园路形状为不规则曲线，只要大概勾勒出其形状即可。本实例讲述住宅小区园林主体道路的绘制方法和操作步骤。
文件路径：	DWG\12 章\122 例.dwg
视频文件：	AVI\12 章\122~136 例.avi
播放时长：	70 分 13 秒

　　01　打开本书配套光盘"第 12 章\住宅小区原建筑图纸.dwg"文件，在原有的建筑基础上进行园路的绘制，如图 12-2 所示。

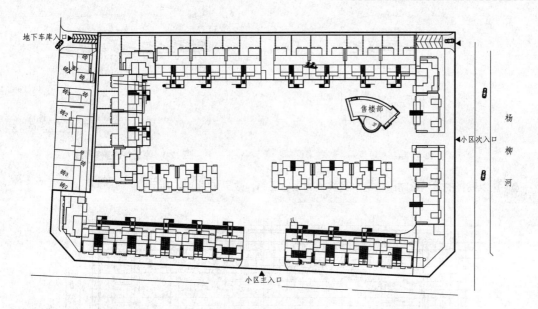

图 12-2　插入基础图形

🔊　**提　示**：一般由建筑专业的设计师提供小区建筑总平面 CAD 图，使用 CAD 软件，对总平面图进行修改整理，关闭或删除其中一些不需要的图线。

02　单击工具栏 ⬜ 按钮，打开"图层特性管理器"，新建一个名为"园路"的图层，并将其置为当前图层；单击绘图工具栏 ✐ 按钮，绘制水平线和垂直线；单击修改工具栏 ⬥ 按钮，偏移的距离均为 5000，生成网格，可通过网格定位的方法来确定园路的方向，效果如图 12-3 所示。

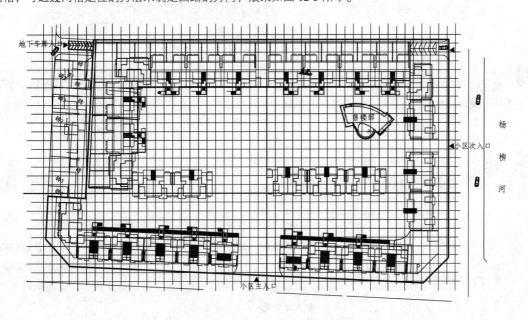

图 12-3　绘制方格网

03　单击绘图工具栏 ⤵ 按钮，绘制出园路的大致走向，效果如图 12-4 所示。

04　选择绘制好的多段线，输入"PE"命令，再输入"F"表示"拟合"多段线，按下空格键退出；这时，绘制的多段线就会变成样条曲线，然后通过夹点编辑命令，调整样条曲线，效果如图 12-5 所示。

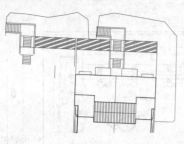

图 12-4　绘制多段线

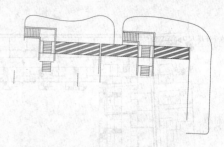

图 12-5　拟合并调整多段线

05 以同样的方法绘制出住宅小区其他的主体园路，效果如图 12-6 所示。

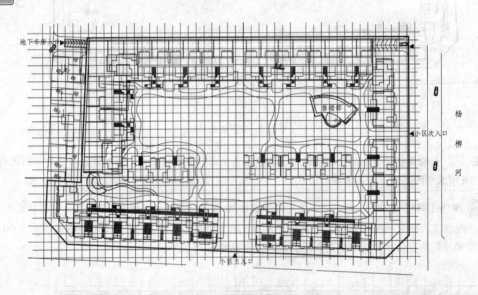

图 12-6　绘制园路

> 提 示：如果是绘制直型的园路，可以通过直线和偏移等命令绘制；如果绘制弯曲的道路造型，除了上面的方法，一般常用的是结合样条曲线和弧线命令进行绘制；一主体园路宽度通常为 3000～4000mm，而园路匝道一般可以为 1000～1500mm。

123 绘制园林自然式水体

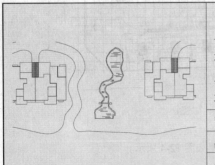

　　池岸的形状决定了园林水体的外形，所以绘制水体，实际上就是绘制水体池岸。本实例中的自然式水体为不规则式水体，无规则可循，讲究的是蜿蜒曲折，故绘制时不需要非常精确，只要把握大概的位置即可。本实例讲述住宅小区中园林自然式水体的绘制方法和操作步骤。

文件路径：	DWG\12 章\123 例.dwg	
视频文件：	AVI\12 章\122～136 例.avi	
播放时长：	70 分 13 秒	

01 新建"自然式水体"图层，并将其置为当前图层；单击绘图工具栏 ⌒ 按钮，指定多段线线宽为 0，绘制池岸的内部轮廓，效果如图 12-7 所示。

02 重复"多段线"命令，指定多段线宽度为 30，绘制出池岸的外部轮廓；单击绘图工具栏 ∕ 按钮以及修改工具栏 ⊹ 按钮，绘制水池的截流部分，效果如图 12-8 所示。

03 单击绘图工具栏 ∕ 按钮，绘制长短不一的直线；打开"线性管理器"对话框，单击"加载"按钮，在"可用线性"下拉列表中选择"ZIGAG"线型，修改为波浪线型，表示水体的涟漪；单击 ⌐ 按钮，将其创建成块，效果如图 12-9 所示；单击修改工具栏 ✦ 按钮，将图形移动至总平面图中。

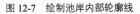

图 12-7　绘制池岸内部轮廓线

图 12-8　绘制池岸外部轮廓线

图 12-9　绘制自然式水池

124 绘制小区出入口景观

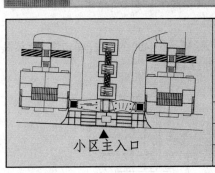

小区主入口

　　本例中出入口处的景观为一个小型的跌水景观，使居民一进入到小区内便可感到一阵浓厚的自然气息扑鼻而来，含蓄地表现出小区景致的神秘与趣味。本实例讲述住宅小区中出入口景观的绘制方法和操作。

	文件路径：	DWG\12 章\124 例.dwg
	视频文件：	AVI\12 章\122～136 例.avi
	播放时长：	70 分 13 秒

01 新建"出入口景观"图层，并将其置为当前图层；单击绘图工具栏 ∕ 按钮，绘制水平线和垂直线；单击修改工具栏 ⿴ 按钮，偏移生成辅助线，效果如图 12-10 所示。

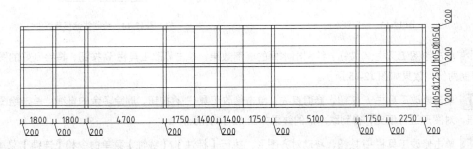

图 12-10　绘制辅助线

02 单击修改工具栏 ⊬ 按钮，修剪辅助线，效果如图 12-11 所示。

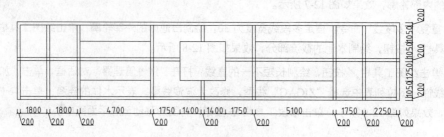

图 12-11　修剪辅助线

03 单击绘图工具栏 ⁄ 按钮、⌒ 按钮、◫ 按钮以及修改工具栏 ◠ 按钮和 ⊬ 按钮，继续绘制出小区出入口景观，效果如图 12-12 所示。

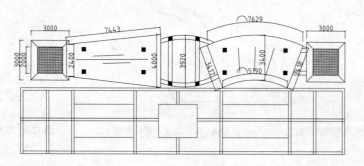

图 12-12　继续绘制小区出入口景观

04 单击绘图工具栏 ▭ 按钮，绘制一个 6000×5000 的矩形；单击修改工具栏 ◠ 按钮，将矩形依次向内偏移 200、800 和 200 的距离，作为跌水台，效果如图 12-13 所示。

05 单击绘图工具栏 ⁄ 按钮，捕捉最内的小矩形的上边的中心绘制一条 4400 的直线；单击修改工具栏 ◠ 按钮，将直线向两边分别依次偏移 800 和 200 的距离，效果如图 12-14 所示。

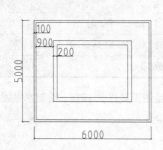

图 12-13　绘制跌水台

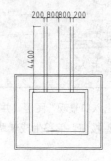

图 12-14　绘制并偏移直线

06 单击绘图工具栏 ⁄ 按钮，绘制出水面的涟漪效果；单击修改工具栏 ◌ 按钮，将绘制好的图形垂直向上复制两份，效果如图 12-15 所示。

07 单击修改工具栏 ⊬ 按钮，修剪直线；单击修改工具栏 ✐ 按钮，删除多余的直线；单击绘图工具栏 ▨ 按钮，对图形进行填充，得到跌水池的效果如图 12-16 所示。

08 单击修改工具栏 ✥ 按钮，移动对齐图形；执行【标注】|【线性】菜单命令和【连续】菜单命令，为小区出入口景观标注尺寸，得到小区出入口景观最终效果；单击绘图工具栏 ▱ 按钮，将其创建成块，如

图 12-17 所示。单击修改工具栏○ 按钮，将图形旋转-3°，单击修改工具栏⊕ 按钮，将图形移动至总平面图中。

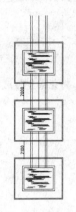

图 12-15　向上复制图形

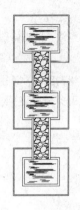

图 12-16　绘制跌水池

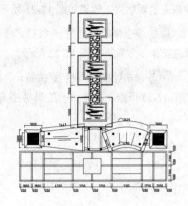

图 12-17　最终效果

125　绘制弧形单柱花架

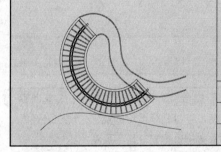

　　本例中的弧形单柱花架位于小区的最西边，主要供小区居民观赏风景以及聊天休闲之用，设计现代简洁，与整个小区的建筑设计风格协调一致。本实例讲述住宅小区中弧形单柱花架的绘制方法和操作步骤。

	文件路径：	DWG\12 章\125 例.dwg
	视频文件：	AVI\12 章\122～136 例.avi
	播放时长：	70 分 13 秒

　01　新建"花架"图层，并将其置为当前图层；单击绘图工具栏⊙ 按钮，绘制一个半径为 7300 的圆；单击修改工具栏▢ 按钮，将圆向内依次偏移 990、120、180、120 和 1590，效果如图 12-18 所示。

　02　单击绘图工具栏／ 按钮，连接大圆垂直方向的两个端点；单击修改工具栏○ 按钮，将直线旋转 49°；重复直线命令，并将直线旋转 38°；单击修改工具栏／ 按钮，修剪直线和圆，效果如图 12-19 所示。

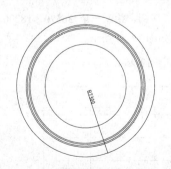

图 12-18　绘制并偏移圆

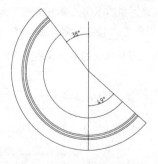

图 12-19　修剪直线和圆

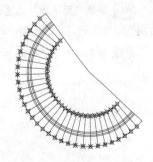

图 12-20　等分弧形

　03　执行【格式】|【点样式】菜单命令，选择一个圆形带叉的点样式；执行【绘图】|【点】|【定数等分】菜单命令，将最外边和最里边的弧形分别等分成 32 等份；单击绘图工具栏／ 按钮，将两个圆的等分点

连接起来，效果如图 12-20 所示。

04 单击修改工具栏 ⚎ 按钮，将每条直线分别向两边各偏移 50 的距离；单击修改工具栏 ✐ 按钮，删除原来的辅助线，效果如图 12-21 所示。

05 单击修改工具栏 ⊬ 按钮，修剪弧线和直线；单击修改工具栏 ✐ 按钮，删除多余的直线，得到弧形单柱花架的效果，如图 12-22 所示。

06 单击绘图工具栏 ⊞ 按钮，为花架填充材料图例；单击绘图工具栏 ⊡ 按钮，将花架创建成块，效果如图 12-23 所示。单击修改工具栏 ⊹ 按钮，将图形移动至总平面图中。

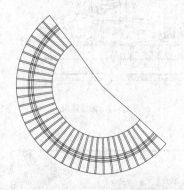
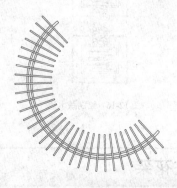
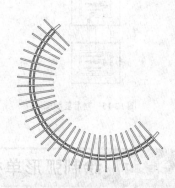

图 12-21　偏移直线并删除辅助线　　　图 12-22　得到弧形花架的效果　　　图 12-23　填充材料图例

126　绘制网球场平面图

网球运动最早起源于 **12** 至 **13** 世纪法国传教士在教堂回廊里用手掌击球的一种游戏，经过几个世纪的发展，现在已经成为最流行的运动之一。本实例讲述网球场平面图的绘制方法和操作步骤。

文件路径：	DWG\12 章\126 例.dwg
视频文件：	AVI\12 章\122～136 例.avi
播放时长：	70 分 13 秒

01 新建"网球场"图层，并将其置为当前图层；单击绘图工具栏 ▭ 按钮，绘制一个 36570×18290 的矩形，作为网球场的轮廓；单击修改工具栏 ⊡ 按钮，将矩形分解，效果如图 12-24 所示。

02 单击修改工具栏 ⚎ 按钮，偏移生成网球场的平面辅助线，效果如图 12-25 所示。

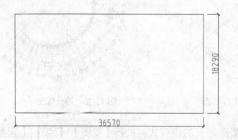
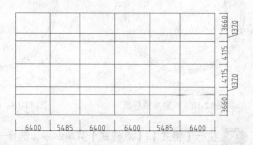

图 12-24　绘制并分解矩形　　　　　　　　图 12-25　生成辅助线

03 单击修改工具栏 ✕ 按钮，将辅助线进行修剪，效果如图 12-26 所示。

04 选择矩形的中线，编辑夹点，将其向上向下分别拉升 235 个单位；执行【绘图】|【圆环】菜单命令，指定圆环内半径为 400，外半径为 500，移动至中线的两端，表示网球场的网柱，效果如图 12-27 所示。

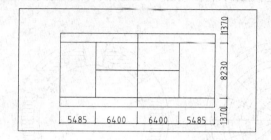

图 12-26　修剪辅助线

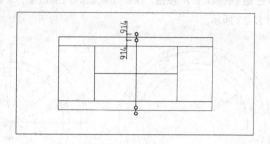

图 12-27　绘制网柱

05 执行【标注】|【多重引用】菜单命令，为网球场平面注写文字说明，如图 12-28 所示。

06 执行【标注】|【线性】菜单命令和【连续】菜单命令，标注网球场平面各部分的主要尺寸；单击绘图工具栏 **A** 按钮，绘制图名；单击绘图工具栏 ⌒ 按钮，绘制图名下方的下划线，效果如图 12-29 所示。单击修改工具栏 ✛ 按钮，将图形移动至总平面图中。

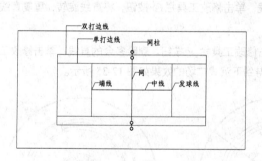

图 12-28　注写文字说明

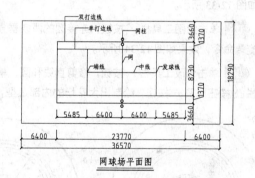

网球场平面图

图 12-29　标注尺寸及图名

127 绘制下沉式广场景观区

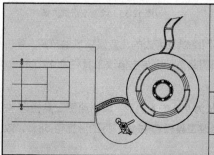

　　下沉式广场是一种目前较新的空间形式，在布局手法上，可分为规划的、自然的或两者混合的等。本小区的下沉式广场属于比较规则的，位于中心的位置，是一个让居民聚会休息的好地方。本实例讲述下沉式广场平面图的绘制方法和操作步骤。

	文件路径：	DWG\12 章\127 例.dwg
	视频文件：	AVI\12 章\122~136 例.avi
	播放时长：	70 分 13 秒

01 新建 "下沉式广场" 图层，并将其置为当前图层；单击绘图工具栏 ⊙ 按钮，绘制一个半径为 1800 的圆；单击修改工具栏 ⬳ 按钮，将圆向外依次偏移 200、400 和 200 的距离，效果如图 12-30 所示。

第 12 章

02 单击绘图工具栏 ✏ 按钮，连接圆的两条垂直线；单击修改工具栏 ⟳ 按钮，将直线旋转；重复直线和旋转命令，效果如图 12-31 所示。

03 单击修改工具栏 ⊹ 按钮，修剪直线和圆；单击修改工具栏 ✐ 按钮，删除多余的直线；单击修改工具栏 ⟲ 按钮以及 ⊹ 按钮，绘制出花坛的内部造型；单击绘图工具栏 ⊞ 按钮，为坐凳填充材料图例，效果如图 12-32 所示。

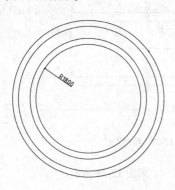
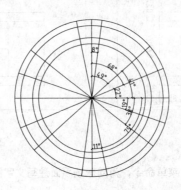
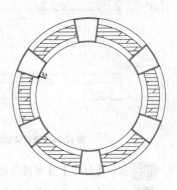

图 12-30　绘制并偏移圆　　　　　图 12-31　绘制并旋转直线　　　　　图 12-32　修剪直线和圆

04 单击修改工具栏 ⟲ 按钮，将外圆继续向外偏移 2800、400、400、400、400、2500 和 100 距离，效果如图 12-33 所示。

05 单击绘图工具栏 ✏ 按钮，连接圆的两条垂直线；单击修改工具栏 ⟳ 按钮，将直线旋转；重复直线和旋转命令，效果如图 12-34 所示。

06 单击修改工具栏 ⊹ 按钮，修剪直线和圆；单击修改工具栏 ✐ 按钮，删除多余的直线；单击修改工具栏 ⟲ 按钮以及 ⊹ 按钮，绘制出大花坛的内部造型，得到下沉式广场的效果如图 12-35 所示。

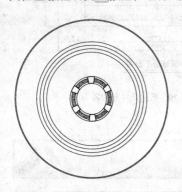
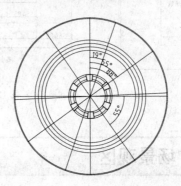
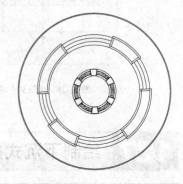

图 12-33　继续偏移圆形　　　　　图 12-34　绘制并旋转直线　　　　　图 12-35　绘制下沉式广场

07 单击绘图工具栏 ✐ 按钮和 ∿ 按钮，勾勒出广场周围的小园路以及旁边的儿童娱乐场的范围；单击绘图工具栏 ▭ 按钮以及修改工具栏 ⟳ 按钮和 ⟲ 按钮，绘制出块石园路造型；单击修改工具栏 ⟲ 按钮和 ⊹ 按钮，绘制出青石板园路的造型，效果如图 12-36 所示。

08 绘制儿童娱乐设施。单击绘图工具 ⬡ 按钮，绘制一个边长为 990 的 6 边形；单击绘图工具栏 ⊙ 按钮，以 6 边形的 6 个角点为圆心绘制 6 个半径为 55 的圆；单击修改工具栏 ⟳ 按钮，将图形旋转-58°，效果如图 12-37 所示。

09 单击绘图工具栏 ✏ 按钮，连接 6 边形的各对角线以及中心垂直线；单击绘图工具栏 ⊙ 按钮，以各对角线的交点为圆心绘制一个半径为 145 的圆，以左上边的中点为圆心绘制半径为 130 和 55 的两个圆，效果如图 12-38 所示。

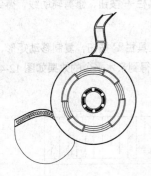

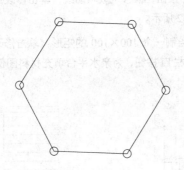

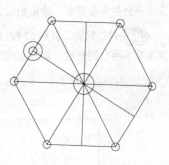

图 12-36　绘制下沉式广场周围设施　　　　图 12-37　绘制 6 边形和圆　　　　图 12-38　绘制对角线和圆

10 单击修改工具栏 ⚏ 按钮，偏移直线；单击修改工具栏 ⁄ 按钮，修剪图形；单击绘图工具栏 ⬚ 按钮，填充小圆形，效果如图 12-39 所示。

11 单击修改工具栏 ⬡ 按钮，复制一份绘制好的图形；单击修改工具栏 ✐ 按钮，删除重复的线条，效果如图 12-40 所示。

12 单击绘图工具栏 ╱ 按钮和 ⊙ 按钮以及修改工具栏 ⚏ 按钮和 ⁄ 按钮，绘制儿童娱乐设施的其他部分；单击绘图工具栏 ⬓ 按钮，将其创建成块，效果如图 12-41 所示。单击修改工具栏 ✥ 按钮，将图形移动至总平面图中。

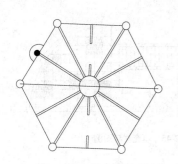

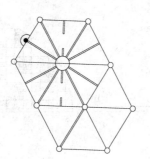

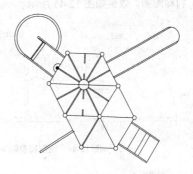

图 12-39　修剪图形　　　　　　　图 12-40　复制图形　　　　　　图 12-41　绘制儿童娱乐设施

128 绘制水帘区景观布置平面图

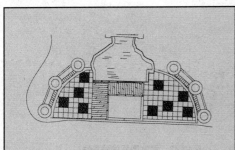

下水帘区景观位于水池的边缘，主要包括亲水平台、铺装地面以及带坐凳树池等，供小区居民聚集休息、玩耍、观赏水景用。本实例讲述水帘区景观布置平面图的绘制方法和操作步骤。

💿 文件路径：	DWG\12 章\128 例.dwg
🎬 视频文件：	AVI\12 章\122~136 例.avi
⏱ 播放时长：	70 分 13 秒

第 12 章

01 新建"水帘区景观"图层，并将其置为当前图层；绘制亲水平台。单击绘图工具栏 ✏ 按钮，绘制水平线和垂直线，单击修改工具栏 ⚏ 按钮，偏移生成辅助线；单击修改工具栏 ✂ 按钮，修剪辅助线，得到亲水平台的平面轮廓，效果如图 12-42 所示。

02 单击绘图工具栏 ▢ 按钮，绘制一个 100×100 的矩形；单击修改工具栏 ⚏ 按钮，复制移动矩形，作为亲水平台的立柱；单击绘图工具栏 ▨ 按钮，为亲水平台填充材料图例，得到亲水平台的效果如图 12-43 所示。

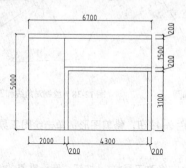

图 12-42 绘制亲水平台轮廓

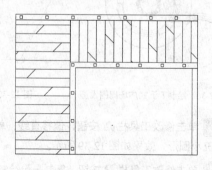

图 12-43 绘制立柱并填充材料图例

03 绘制铺装部分。单击绘图工具栏 ✏ 按钮和 ⌒ 按钮以及修改工具栏 ⚏ 按钮和 ✂ 按钮，绘制水帘区景观铺装轮廓，效果如图 12-44 所示。

04 单击修改工具栏 ⚏ 按钮和 ✂ 按钮，绘制铺装；单击绘图工具栏 ▨ 按钮，为水帘区铺装部分填充材料图例，效果如图 12-45 所示。

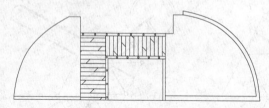

图 12-44 绘制铺装轮廓

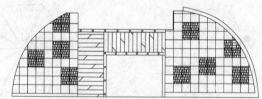

图 12-45 填充材料图例

05 绘制带坐凳树池部分。单击绘图工具栏 ⊙ 按钮，绘制半径为 513 和 900 的两个同心圆；打开"草图设置"对话框，勾选"启用极轴追踪"选项，设置"增量角"为 20；单击绘图工具栏 ✏ 按钮，绘制一条长度为 3800 的直线，效果如图 12-46 所示。

06 单击修改工具栏 ⚏ 按钮，将圆形复制；单击修改工具栏 ⚏ 按钮，将直线向上依次偏移 400 和 200 的距离，向下依次偏移 200 和 450 的距离，效果如图 12-47 所示。

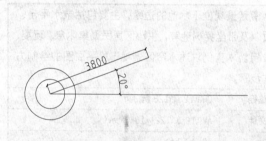

图 12-46 绘制增量角为 20° 的直线

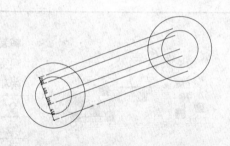

图 12-47 复制圆并偏移直线

第 3 篇

07 单击修改工具栏 ⊁ 按钮，修剪直线；单击修改工具栏 ⚌ 按钮，将图形进行镜像，效果如图 12-48 所示。

08 单击修改工具栏 ○ 按钮，将树池旋转 71°；单击修改工具栏 ⚌ 按钮，将树池进行镜像，得到水帘区景观的效果，并将其创建成块，如图 12-49 所示。单击修改工具栏 ○ 按钮，将图形旋转-2°，并将图形移动对齐至总半面图中。

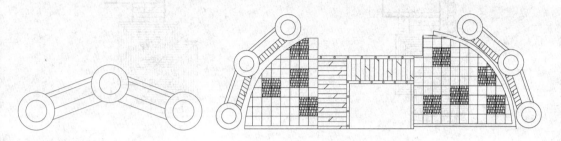

图 12-48 绘制树池平面　　　　　　　图 12-49 绘制水帘景观平面

129 绘制观景亭景区平面图

本小区的亭是一个双亭的形式，其位置高于周围四周的地形，因而需设置阶梯；其主要作用是供小区居民休息、乘凉或观景及娱乐。本实例讲述观景亭景区平面图的绘制方法和操作步骤。

文件路径：	DWG\12 章\129 例.dwg
视频文件：	AVI\12 章\122～136 例.avi
播放时长：	70 分 13 秒

01 新建"观景亭景区"图层，并将其置为当前图层；单击绘图工具栏 ▢ 按钮，绘制一个 4000×4000 的矩形；单击修改工具栏 ❀ 按钮，复制移动矩形，得到观景亭的大致轮廓，效果如图 12-50 所示。

02 单击绘图工具栏 ⁄ 按钮，连接观景亭的各对角线；单击修改工具栏 ⊁ 按钮，修剪矩形；单击绘图工具栏 ▨ 按钮，为观景亭填充材料图例，效果如图 12-51 所示。

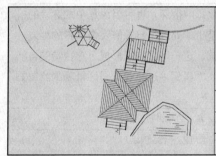

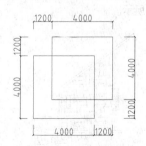

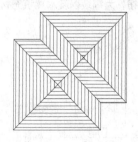

图 12-50 绘制观景亭轮廓　　　　　　图 12-51 填充材料图例

03 单击绘图工具栏 ⁄ 按钮以及修改工具栏 ⬟ 按钮，绘制观景亭的楼梯部分；单击绘图工具栏 ▢ 按钮以及 ⊙ 按钮，绘制楼梯栏杆，效果如图 12-52 所示。

04 单击绘图工具栏 ▨ 按钮，为楼梯部分的大平台填充材料图例；单击绘图工具栏 ⁄ 按钮以及 ▨ 按

钮，绘制剖度符号；单击绘图工具栏 **A** 按钮，绘制剖度符号的文字，观景亭景区绘制完成，将其创建成块，效果如图 12-53 所示。单击修改工具栏 ✛ 按钮，将图形移动至总平面图中。

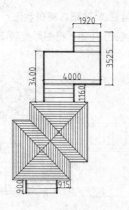

图 12-52　绘制观景亭楼梯及栏杆

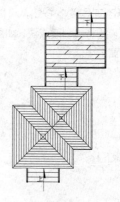

图 12-53　绘制观景亭景区

130　绘制日式景园区景观

日本园林受中国文化影响很深，也可以说是中式庭院的一个精巧的微缩版本，细节上的处理是日式庭院最精彩的地方，此外，由于日本为一岛国，这一地理特征形成了它独特的自然景观，较为单纯和凝练。本实例讲述日式景园区景观的绘制方法和操作步骤。

💿 文件路径：	DWG\12 章\130 例.dwg	
📹 视频文件：	AVI\12 章\122～136 例.avi	
🎬 播放时长：	70 分 13 秒	

01 新建"日式景园区景观"图层，并将其置为当前图层；单击绘图工具栏 ⌐ 按钮以及修改工具栏 ⌐ 按钮，绘制日式景园区的主体铺装部分，效果如图 12-54 所示。

02 单击绘图工具栏 ⌐ 按钮，绘制一个矩形作为木凳；单击修改工具栏 ⼁ 按钮，修剪多段线；单击绘图工具栏 ⼁ 按钮，为铺装以及木凳填充材料图例，效果如图 12-55 所示。

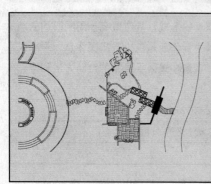

图 12-54　绘制主体铺装

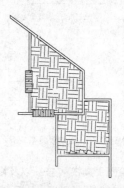

图 12-55　填充材料图例

03 单击绘图工具栏 □ 按钮，绘制一个 320×120 的矩形作为景观的休息区；单击绘图工具栏 ╱ 按钮及修改工具栏 ⚏ 按钮，绘制围栏；单击绘图工具栏 ⊙ 按钮以及修改工具栏 ⚒ 按钮，绘制围的立柱，效果如图 12-56 所示。

04 单击绘图工具栏 □ 按钮，绘制一个 3000×1200 的矩形；单击修改工具栏 ⚏ 按钮，将矩形向内偏移 50；单击修改工具栏 ⚒ 按钮按钮，将绘制的两个矩形复制；单击绘图工具栏 ▨ 按钮，为铺装填充材料图例，效果如图 12-57 所示。

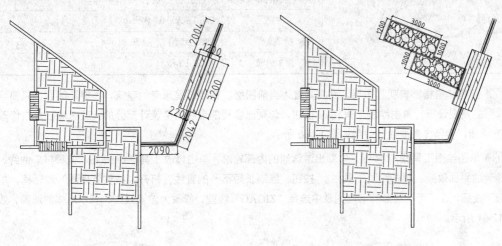

图 12-56 绘制休息区及栅栏　　　　　　　　　　图 12-57 绘制铺装

05 单击绘图工具栏 ╱ 按钮，勾勒出景石以及假山区和绿地区的轮廓；单击绘图工具栏 □ 按钮，绘制栅栏；单击绘图工具栏 ⟳ 按钮，绘制出假山和景石的效果如图 12-58 所示。

06 单击绘图工具栏 ╱ 按钮，绘制出园路；单击绘图工具栏 ⟳ 按钮，绘制出块石路；单击绘图工具栏 ⬠ 按钮和 ⊙ 按钮，绘制出景灯，效果如图 12-59 所示。单击修改工具栏 ✛ 按钮，将图形移动至总平面图中。

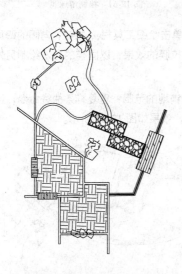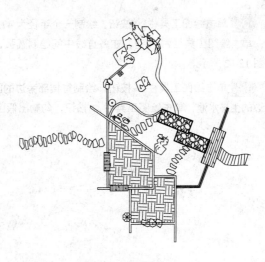

图 12-58 绘制假山和景石　　　　　　　　　　图 12-59 绘制园路和景灯

131　绘制售楼部景观

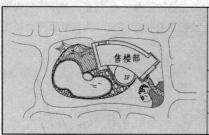

在本住宅小区中，售楼部的景观主要包括张拉膜景观、游泳池、生态假山水池景观、匝道以及铺装等。本实例讲述住宅小区售楼部景观部分的绘制方法和操作步骤。

	文件路径：	DWG\12 章\131 例.dwg
	视频文件：	AVI\12 章\122～136 例.avi
	播放时长：	70 分 13 秒

01 新建"售楼部景观"图层，并将其置为当前图层。售楼部是原有的建筑，不需要绘制，只要绘制出其周围的景观设施。单击绘图工具栏 ∿ 按钮，勾勒出售楼部景观所需设计部分的大致区域；单击修改工具栏 ⬓ 按钮，偏移样条曲线，效果如图 12-60 所示。

02 单击绘图工具栏 ∿ 按钮，勾勒出游泳池的内部轮廓；单击修改工具栏 ⬓ 按钮，偏移样条曲线，得到游泳池的平面效果；单击绘图工具栏 ✎ 按钮，绘制长短不一的直线；打开"线性管理器"对话框，单击"加载"按钮，在"可用线形"下拉列表中选择"ZIGAG"线型，修改为波浪线型，表示水体的涟漪，效果如图 12-61 所示。

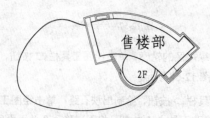

图 12-60　绘制及偏移样条曲线

图 12-61　绘制游泳池

03 单击绘图工具栏 ⊙ 按钮，绘制一个半径为 473 的圆；单击绘图工具栏 ✎ 按钮，向圆的四周绘制直线；单击绘图工具栏 ⌒ 按钮，在各直线中间绘制圆弧，得到张拉膜的效果；以同样的方法绘制另外一组，如图 12-62 所示。

04 单击绘图工具栏 ∿ 按钮，绘制售楼部旁边的匝道以及铺地的范围；重复样条曲线命令，绘制铺地旁边的生态水池；单击绘图工具栏 ⌐ᴖ 按钮，勾勒出假山的轮廓，效果如图 12-63 所示。

图 12-62　绘制张拉膜景观

图 12-63　绘制匝道、铺地以及水景

05 单击绘图工具栏 ▨ 按钮，为售楼部景观区填充材料图例；执行【标注】|【多重引用】菜单命令，为售楼部景观区注写文字说明，效果如图 12-64 所示。单击修改工具栏 ✛ 按钮，将图形移动至总平面图中

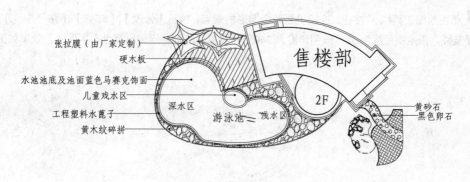

图 12-64　绘制售楼部景观

132　绘制住宅小区其他设施

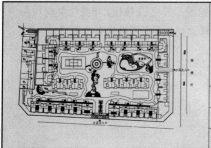

经过上面一些实例的绘制，该住宅小区的大体景观已经基本绘制完成。接下来，就是要绘制住宅小区内的其他一些设施，使其更完善。本实例讲述住宅小区其他设施的绘制方法和操作步骤。

文件路径：	DWG\12 章\132 例.dwg
视频文件：	AVI\12 章\122～136 例.avi
播放时长：	70 分 13 秒

01　绘制生态水池边的木挑台。单击绘图工具栏 按钮，绘制出木挑台的轮廓，效果如图 12-65 所示。

提 示：为了使木挑台同水池边达成统一的结果，可以根据水池边的轮廓来绘制木挑台；其尺寸可根据现场情况来确定。

02　单击绘图工具栏 按钮，设置线宽为 30，绘制木挑台的拉杆；单击绘图工具栏 按钮，绘制木挑台的栏杆立柱；单击绘图工具栏 按钮，为木挑台填充材料图例，效果如图 12-66 所示。

03　绘制自然式水池边的小道。单击绘图工具栏 按钮，勾勒出小道的样式；单击修改工具栏 按钮，偏移样条曲线，效果如图 12-67 所示。

图 12-65　绘制木挑台轮廓

图 12-66　绘制木挑台

图 12-67　绘制池边小道轮廓

04　单击绘图工具栏 按钮，绘制出小道内的青石板，效果如图 12-68 所示。以同样的方式绘制水池下方的小道。

05　绘制磨盘石。磨盘石是放在水池内供行走用的，其功能相当于汀步。单击绘图工具栏 按钮，绘制一个半径为 600 的圆；单击修改工具栏 按钮，将圆形依次向外偏移 4000 和 600，效果如图 12-69 所示。

06 单击绘图工具栏 ✎ 按钮，连接里面两个圆形的端点；执行【修改】|【阵列】|【路径阵列】菜单命令，选择直线，指定项目数为 30，阵列角度为 360°，将直线阵列，绘制出磨盘石平面图，效果如图 12-70 所示。

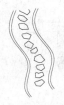

图 12-68 绘制青石板

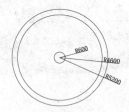

图 12-69 绘制并偏移圆

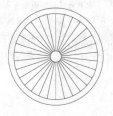

图 12-70 绘制磨盘石

07 绘制景石。单击绘图工具栏 ﹏ 按钮，设置线宽为 30，绘制出景石的外部轮廓线；重复"多段线"命令，设置线宽为 0，绘制出景石内部轮廓；单击绘图工具栏 ♋ 按钮，绘制出景石旁边的小卵石，效果如图 12-71 所示。以同样的方法可以绘制出其他地方的景石。

08 绘制坐凳。单击绘图工具栏 ▭ 按钮，绘制一个矩形；单击绘图工具栏 ▨ 按钮，填充坐凳材料图例，得到坐凳的平面图效果，如图 12-72 所示。通过旋转复制，将坐凳移动到总平面图中的各个区域。

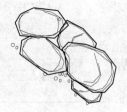

图 12-71 绘制景石

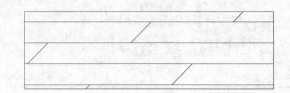

图 12-72 绘制坐凳平面

🔊 **提示：** 很多的景观在设计过程中，不会把所有的空间都用完，而会留出一块空地，作为备用，可以用圆形或者矩形将它框出来。至此，住宅小区内各主要景观设施已经绘制完成，效果如图 12-73 所示。

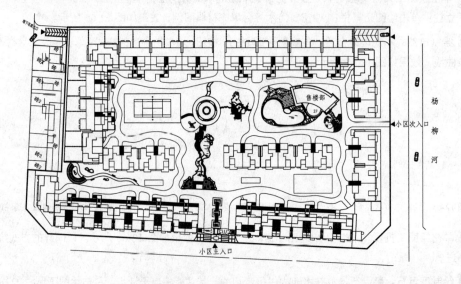

图 12-73 绘制园林设施总平图

12.2 住宅小区配电图的绘制

133 绘制住宅小区配电图

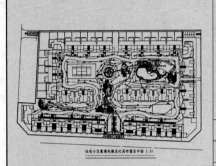

住宅小区重观电器及灯具布置总平面 1:35

电力系统中直接与用户相连接并向用户分配电能的环节称为配电。配电系统是由变电所、高压配电线路、配电变压器、低压配电线路以及相应的控制保护设备组成。配电系统中常用的供电方式有交流供电方式和直流供电方式。本实例讲述住宅小区配电图的绘制方法和操作步骤。

	文件路径:	DWG\12 章\133 例.dwg
	视频文件:	AVI\12 章\122~136 例.avi
	播放时长:	70 分 13 秒

01 绘制园灯图例。园灯的绘制方法在前面的章节中已经具体讲述过。单击绘图工具栏 ⊙ 按钮、 ✎ 按钮、 ☒ 按钮以及修改工具栏 ⫽ 按钮，绘制出园灯的图例；单击绘图工具栏 **A** 按钮，绘制园灯图例的文字说明，效果如图 12-74 所示。

图例	名称	数量（盏）	回路编号	图例	名称	数量（盏）	回路编号
⊕	庭院灯1	34	C、D回路	▽	嵌壁灯	40	E回路
◉	庭院灯2（入口）	6	D回路	⊗	地射灯	12	G、J、L回路
◎	射灯1	6	G、F回路	⊞	草坪灯	71	A、B、E回路
⦿	射灯2	25	G、F、H回路	⊗		23	K、J回路

图 12-74　绘制园灯图例

提示：回路是指从电源的正极或负极开始连接各元件再回到正极或负极的电路。布置园灯，没有硬性的规定；设计师可以根据当地场景的具体情况来定，本着以方便居民的原则来进行布置。

02 布置庭院灯 1。单击修改工具栏 ⊙ 按钮，选择"庭院灯 1 图例"，将其复制移动到已经设计好的总平图中；单击绘图工具栏 ⊃ 按钮，将复制移动的所有"庭院灯 1 图例"连接起来，表示电路线；单击绘图工具栏 **A** 按钮，在电路线上绘制"回路"编号；这样，"庭院灯 1"绘制完成，共 34 盏，效果如图 12-75 所示。

03 以相同的方式布置好其他的庭院灯。需要说明的是，因为所有的电量的输出都是来自售楼部，所以所有庭院灯的电路线都应该首先从售楼部的配电箱连接出来，如图 12-76 所示。

提示：在绘制开关线路时，若用弧线连接，则弧线与弧线之间不能相互交叉，一根线只能串联一种类型的灯具。

第 12 章

中文版 **AutoCAD 2013**
园林设计经典 **228** 例

图 12-75 布置"庭院灯 1"

图 12-76 连接配电箱

12.3 住宅小区植物配置图的绘制

134 绘制住宅小区地被植物配置图

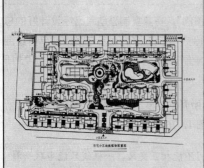

所谓地被植物，是指某些有一定观赏价值，铺设于大面积裸露平地或坡地，或适于阴湿林下和林间隙地等各种环境覆盖地面的多年生草本和低矮丛生、枝叶密集或偃伏性或半蔓性的灌木以及藤本。它一般可分为草本类地被植物和灌木类地被植物，其高度一般通常不超过 1.2m。本实例讲述住宅小区地被植物配置图的绘制方法和操作步骤。

文件路径：	DWG\12 章\134 例.dwg
视频文件：	AVI\12 章\122~136 例.avi
播放时长：	70 分 13 秒

第3篇

- 242 -

01 新建 "地被" 图层，并将其置为当前图层；单击绘图工具栏 按钮，勾勒出地被植物的轮廓，如图 12-77 所示。

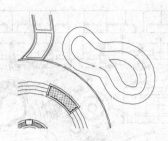

图 12-77 绘制地被轮廓

02 重复执行 "样条曲线" 命令，用相同的方法绘制其余的地被轮廓线，如图 12-78 所示。

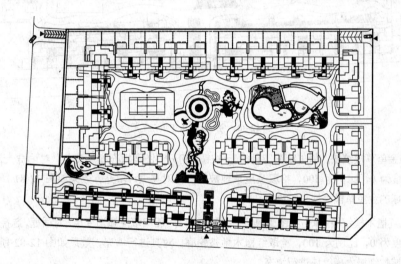

图 12-78 地被轮廓绘制结果

03 填充金叶女贞模纹块。单击绘图工具栏 按钮，打开 "图案填充和渐变色" 对话框，选择 "AR-PARQ1" 图案类型，角度为 0，比例为 5000。拾取金叶女贞地被轮廓，对其进行填充，效果如图 12-79 所示。

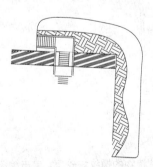

图 12-79 金叶女贞填充结果

🔊 **提 示：** 填充地被的目的是为了区分不同的植物种类，了解不同植物的分布情况。本例中将相同的地被用一种图案进行填充。

04 用相同的方法对其他区域的金叶女贞进行填充，填充效果如图 12-80 所示。

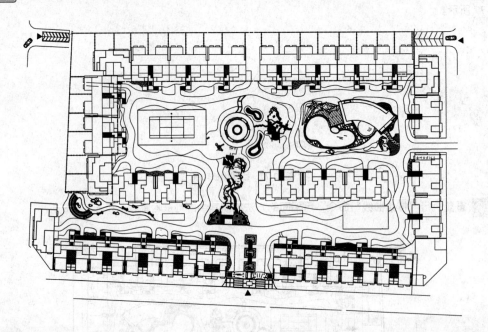

图 12-80 金叶女贞地被填充范围

05 填充金鱼草模纹块。单击绘图工具栏 ▨ 按钮，打开"图案填充和渐变色"对话框，选择"GRASS"图案类型，角度为 0，比例为 500，拾取金鱼草地被轮廓，对其进行填充，效果如图 12-81 所示。用相同的方法对其他区域的金鱼草模纹块进行填充。

06 填充红檵木模纹块。单击绘图工具栏 ▨ 按钮，打开"图案填充和渐变色"对话框，选择"AR-RSHKE"图案类型，角度为 0，比例为 100，拾取红檵木地被轮廓，对其进行填充，效果如图 12-82 所示。用相同的方法对其他区域的红檵木模纹块进行填充。

图 12-81 金鱼草填充结果

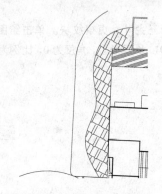

图 12-82 红檵木填充结果

07 以同样的方式填充好其他地被植物的模纹块轮廓。单击绘图工具栏 ✐ 按钮和 ⊙ 按钮，绘制出常春藤；单击修改工具栏 ❀ 按钮，将其复制成片，效果如图 12-83 所示。

08 单击绘图工具栏 ⊙ 按钮和 ✐ 按钮以及修改工具栏 ⊬ 按钮，绘制出睡莲，效果如图 12-84 所示。

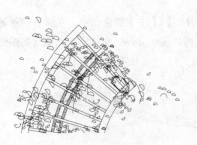

图 12-83　绘制常春藤

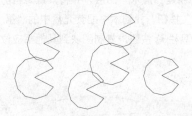

图 12-84　绘制睡莲

09 执行【标注】|【多重引用】菜单命令，为地被植物注写文字说明；单击绘图工具栏 **A** 按钮，注写图名；单击↶按钮，绘制图名下面的下划线，效果如图 12-85 所示。

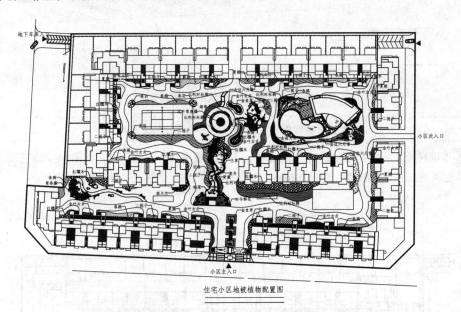

住宅小区地被植物配置图

图 12-85　标注文字说明及图名

135 绘制住宅小区灌木配置图

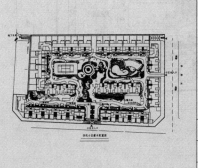

灌木是指那些没有明显的主干、呈丛生状态的树木，一般可分为观花、观果、观枝干等几类，矮小而丛生的木本植物。其植株一般比较矮小，不会超过 6m，从近地面的地方就开始丛生出横生的枝干。都是多年生且一般为阔叶植物，也有一些针叶植物是灌木，如刺柏。本实例讲述住宅小区地被灌木配置图的绘制方法和操作步骤。

文件路径：	DWG\12 章\135 例.dwg
视频文件：	AVI\12 章\122～136 例.avi
播放时长：	70 分 13 秒

01 新建"灌木"图层，并将其置为当前图层；执行【插入】|【块】菜单命令，在弹出的对话框中单击"浏览"按钮，找到本书配套光盘中的"第 12 章\住宅小区植物图例.dwg"文件，将其插入到图形中。单击修改工具栏 ^{○_○} 按钮，复制图块到其他相应位置，并调节其大小，效果如图 12-86 所示。

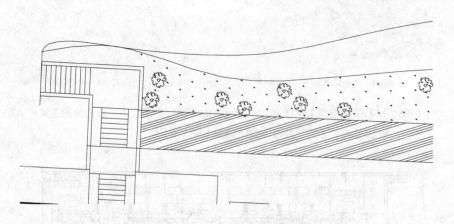

图 12-86　插入灌木图块并调整其位置

> 🔊 **提 示：** 在插入图片时，要根据实际图形，对插入的图块进行相适应的调整。

02 以同样的方法绘制其他灌木。执行【标注】|【多重引用】菜单命令，为灌木注写文字说明；单击绘图工具栏 **A** 按钮，注写图名；单击 [⌐] 按钮，绘制图名下面的下划线。效果如图 12-87 所示。

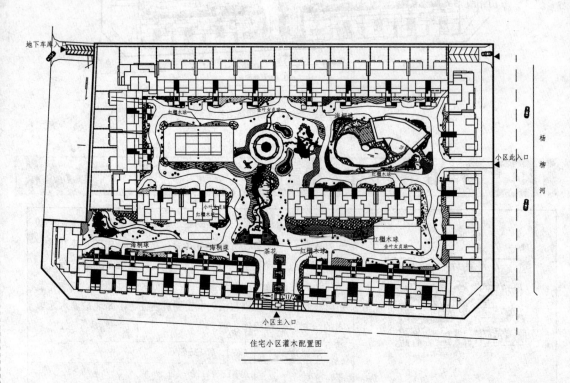

图 12-87　标注文字说明及图名

136 绘制住宅小区乔木配置图

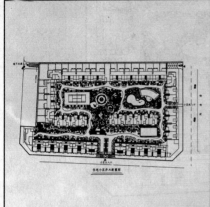

乔木是园林中的骨干树种，无论在功能上还是在艺术上都能起主导作用，诸如界定空间、提供绿荫、防止眩光、调节气候等。其中多数乔木在色彩、线条、质地和树形方面随叶片的生长与凋落可形成丰富的季节性变化。大量观赏型乔木树种的种植，应达到三季有花。特别强调的是在植物的选配上采用慢生树与快生树相结合的方式，即使其能快速成景，又能保证长期的观赏价值。本实例讲述住宅小区乔木的配置图的绘制方法和操作技巧。

文件路径：	DWG\12 章\136 例.dwg	
视频文件：	AVI\12 章\122～136 例.avi	
播放时长：	70 分 13 秒	

01 新建 "乔木" 图层，并将其置为当前图层。绘制银杏。执行【插入】|【块】菜单命令，在弹出的对话框中单击 "浏览" 按钮，找到本书配套光盘中的 "第 12 章\住宅小区植物图例.dwg" 文件，将其插入到图形中。选择银杏图块，单击修改工具栏 □ 按钮，将银杏图块缩放至合适的大小；单击修改工具栏 按钮，复制银杏图例到其他相应位置，效果如图 12-88 所示。

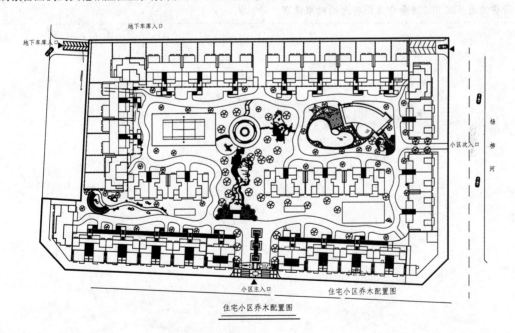

图 12-88 银杏绘制结果

提 示： 银杏作为一种独特的观赏性植物，逐渐受到越来越多人的青睐；它既可以作为孤植树，单独种植；也可以对植，行到一道风景线。

02 以同样的方式绘制其他的乔木，效果如图 12-89 所示。

图 12-89　乔木绘制最终结果

> **提 示**：图形中常存在一些没用的图层、图块、文字样式、尺寸标注样式、线性等。这些不仅增大了文件内存耗用量，而且降低了软件的性能。用户应使用 PURGE 命令进行清理。由于图形经常出现嵌套，所以需要使用多次 PURGE 命令才能将无用对象清理干净。

第 13 章
道路绿化设计实例

在绿地系统规划中，应确定园林景观路与主干路的绿化景观特色。园林景观路应配置观赏价值高、有地方特色的植物，并与街景结合；主干路应体现城市道路绿化景观风貌；同一道路不同路段的绿化形式可有所变化，同一路段上的各类绿带，在植物配置上应相互配合，并应协调空间层次、树形组合、色彩搭配和季相变化的关系。

本章讲述道路设计实例。

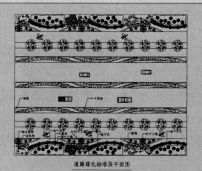

道路绿化标准段平面图

道路绿化断面图

13.1 道路绿化标准段设计实例

137 道路绿化标准段设计实例

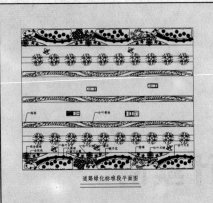

道路绿化标准段平面图

　　道路绿化要提高公路绿化层次的差异，从高大乔木、小乔木、花灌木、色叶小灌木、地被植物形成多层次、高落差的绿化格局。要多栽乔木，少栽甚至不栽草，实现从"路边有绿化，到道路从森林中穿过"设计理念的跨越，实现公路绿化带长远性与可持续性。本实例讲述道路绿化标准段的绘制方法和操作步骤。

	文件路径：	DWG\13章\137例.dwg
	视频文件：	AVI\13章\137例.avi
	播放时长：	13分28秒

01 单击绘图工具栏 ╱ 按钮，绘制一条水平直线和一条垂直线，效果如图 13-1 所示。

02 单击修改工具栏 ⚎ 按钮，生成辅助线，效果如图 13-2 所示。

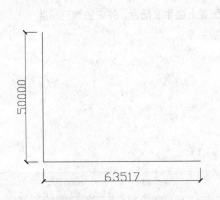

图 13-1　绘制水平线和垂直线

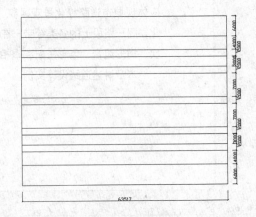

图 13-2　偏移辅助线

03 单击绘图工具栏 口 按钮，绘制一个 2000×2000 的矩形；单击修改工具栏 ⚎ 按钮，将矩形向内偏移 100 距离，作为树池，效果如图 13-3 所示。

04 单击修改工具栏 ✛ 按钮，捕捉矩形的左下角点移动至图形的左下角点，再将矩形垂直向上移动 10000 的距离，水平向左移动 5000 的距离，效果如图 13-4 所示。

05 单击修改工具栏 ⌗ 按钮，输入 "A"，输入要进行阵列的项目数为 10，距离为 6000，将树池阵列复制，效果如图 13-5 所示。

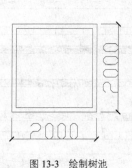

图 13-3　绘制树池

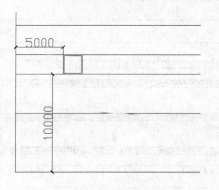

图 13-4　移动矩形

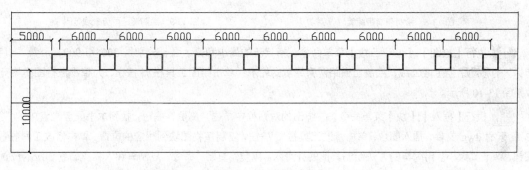

图 13-5　阵列复制树池

06 单击修改工具栏 ⚓ 按钮，将树池镜像，得到道路绿化段的树池，效果如图 13-6 所示。

07 单击绘图工具栏 ╱ 按钮，绘制弧线，使用夹点编辑功能，调整弧线，作为道路绿化带的轮廓；单击绘图工具栏 ⤴ 按钮，绘制内部植物的纹案，效果如图 13-7 所示。

图 13-6　镜像树池

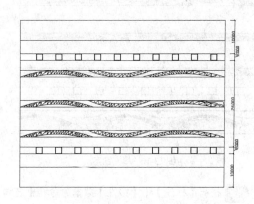

图 13-7　绘制绿化带

08 执行【绘图】|【修订云线】菜单命令，当命令行提示 "指定起点或 [弧长 (A) /对象 (O) /样式 (S)] <对象>:" 时，输入 "A"，指定新的最小和最大弧长分别是 200 和 600，沿着 "十字光标" 的移动路径生成云线，绘制出绿篱的轮廓，效果图 13-8 所示。

09 绘制道路两旁的景观带。单击绘图工具栏 ╱ 按钮以及 〰 按钮，勾勒出道路两旁景观的大致范围，因为此段道路两边的景观带一致，所以只需绘制一边，另外一边通过镜像可得，效果如图 13-9 所示。

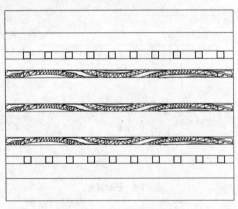

图 13-8　绘制隔离带绿篱

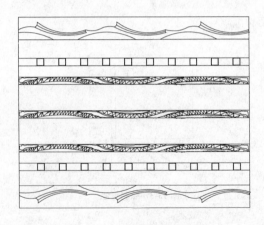

图 13-9　绘制道路两旁景观范围

10 执行【绘图】|【修订云线】菜单命令，指定新的最小和最大弧长分别是 300 和 900，沿着"十字光标"的移动路径生成云线，绘制出道路两旁绿篱的轮廓；单击绘图工具栏 按钮，为植物进行图案填充，效果图 13-10 所示。

11 执行【插入】|【块】菜单命令，在弹出的对话框中单击"浏览"按钮，找到本书配套光盘中的"第 13 章/素材.dwg"文件，插入图块；单击修改工具栏 按钮，复制植物图块到相应的位置；单击修改工具栏 按钮，调节其大小。用同样的方法绘制其他的乔灌木。重复"复制"命令，复制车和人物立面到相应的位置，效果如图 13-11 所示。

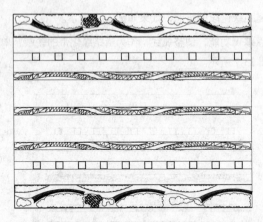

图 13-10　填充图案

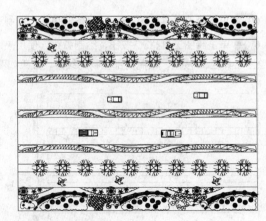

图 13-11　插入图块

12 执行【标注】|【线性】菜单命令和【连续】菜单命令，为道路绿化段标注尺寸，效果如图 13-12 所示。

13 执行【标注】|【多重引线】菜单命令，为其注写文字说明；单击绘图工具栏 A 按钮，注写图名；单击绘图工具栏 按钮，绘制出图名下方的下画线，效果如图 13-13 所示。

14 绘制苗木表。单击绘图工具栏 按钮，绘制一个 19400×7750 的矩形；单击修改工具栏 按钮，将矩形分解；单击修改工具栏 按钮，偏移生成表格，效果如图 13-14 所示。

15 单击修改工具栏 按钮，复制植物图块，并将其缩放至合适的大小；单击绘图工具栏 A 按钮，为植物图例书写文字注解，效果如图 13-15 所示。

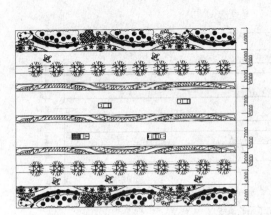

图 13-12　标注尺寸

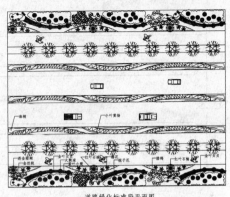

道路绿化标准段平面图

图 13-13　绘制文字说明、图名及比例

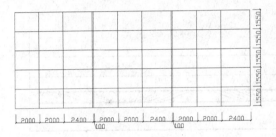

图 13-14　绘制表格

编号	图例	名称	编号	图例	名称	编号	图例	名称
1		洒金珊瑚	5		金叶女贞	9		紫叶小檗
2		金丝桃	6		楸树	10		腊梅
3		樱花	7		栀子花	11		小叶黄杨
4		火棘球	8		红叶石楠	12		海桐

图 13-15　插入植物图块并输入文字

13.2 城镇道路绿化设计实例

138　城镇道路绿化平面图的绘制

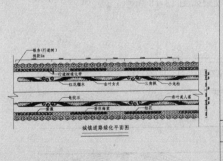

城镇道路绿化平面图

道路绿化的总体目标是：以绿为主，在满足交通功能的前提下，注意保护环境、减少水土流失，增加与周围景观的协调性。植物选择应考虑生物学特性、公路结构特点、立地条件、管理养护条件等诸多因素。本实例讲述城市道路绿化平面图的绘制方法和操作步骤。

	文件路径：	DWG\13 章\138 例.dwg
	视频文件：	AVI\13 章\138 例.avi
	播放时长：	9 分 33 秒

01 单击绘图工具栏 ╱ 按钮，绘制一条直线；单击修改工具栏 ⊿ 按钮，偏移直线，生成道路的主体轮廓；单击绘图工具栏 ⌁ 按钮，绘制折断线；单击修改工具栏 ⌐ 按钮，指定圆角半径为 0，为绿化池倒圆角，效果如图 13-16 所示。

第 13 章

图 13-16 绘制道路轮廓线

02 单击绘图工具栏 ～ 按钮，绘制绿化池植物的模纹图案；单击绘图工具栏 ／ 按钮，勾勒出绿篱的轮廓线，效果图 13-17 所示。

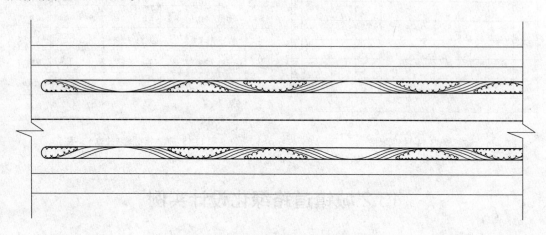

图 13-17 绘制模纹图案以及绿篱轮廓

03 单击修改工具栏 □ 按钮，绘制一个矩形作为人行道上面的种植池；单击绘图工具栏 ⊙ 按钮，绘制圆，作为树池；单击修改工具栏 🎇 按钮，输入"A"，输入阵列的项目数为 10，距离为 4000，将圆形阵列；重复"复制"命令，选择绘制好的矩形和圆，将其移动复制，效果如图 13-18 所示。

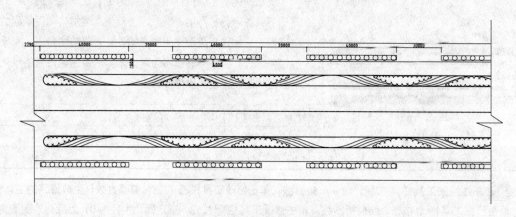

图 13-18 绘制人行道上绿化带

04 单击绘图工具栏 按钮，打开"图案填充和渐变色"对话框，选择"AR-HBONE"图案类型，为
人行道铺装填充材料图例，效果如图 13-19 所示。

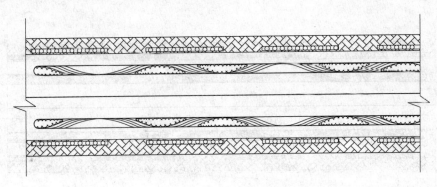

图 13-19 填充人行道铺砖

05 单击绘图工具栏 按钮，打开"图案填充和渐变色"对话框，选择"ANSI36"图案类型，为小龙
柏填充材料图例；重复"图案填充"命令，用同样的方式为其他绿篱及模纹块填充材料图例，效果如图 13-20
所示。

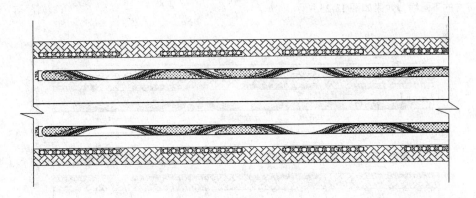

图 13-20 填充植物材料图例

06 执行【插入】|【块】菜单命令，在弹出的对话框中单击"浏览"按钮，找到本书配套光盘中的"第
13 章/素材.dwg 文件，将其插入，选择银杏植物图块；单击修改工具栏 按钮，复制图块到相应的位置，并
调节其大小，效果图 13-21 所示。

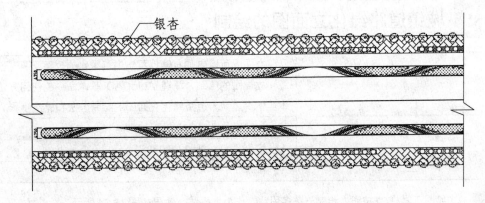

银杏

图 13-21 插入银杏图块

07 以同样的方式插入其他植物图块。单击绘图工具栏 ⌐⊃ 按钮，指定线宽为 150，绘制景石，效果如图 13-22 所示。

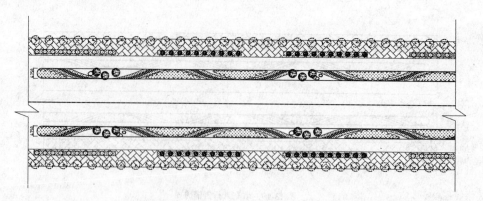

图 13-22　插入其他植物图块以及绘制景石

08 执行【标注】|【线性】菜单命令和【连续】菜单命令，为道路标注尺寸；执行【标注】|【多重引线】菜单命令，为其注写文字说明；单击绘图工具栏 **A** 按钮，注写图名；单击绘图工具栏 ⌐⊃ 按钮，绘制出图名下方的下画线，效果如图 13-23 所示。

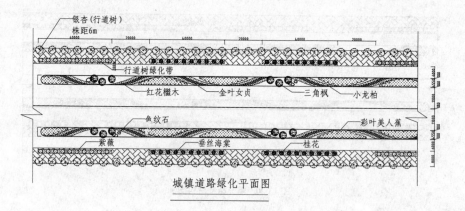

图 13-23　标注文字说明、尺寸及图名

139　城镇道路绿化立面图的绘制

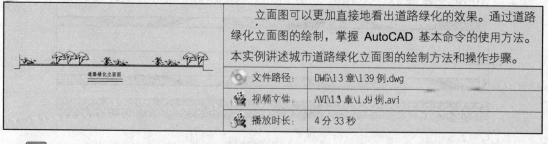

立面图可以更加直接地看出道路绿化的效果。通过道路绿化立面图的绘制，掌握 AutoCAD 基本命令的使用方法。本实例讲述城市道路绿化立面图的绘制方法和操作步骤。

文件路径	DWG\13 章\139 例.dwg	
视频文件	AVI\13 章\139 例.avi	
播放时长	4 分 33 秒	

01 单击绘图工具栏 ⌐⊃ 按钮，绘制一条多段线，作为地平线，效果如图 13-24 所示。

图 13-24 绘制地平线

02 单击绘图工具栏✏按钮，绘制绿篱的立面轮廓；单击绘图工具栏▨按钮，为绿篱立面填充材料图例，效果如图 13-25 所示。

图 13-25 绘制绿篱立面

03 执行【插入】|【块】菜单命令，在弹出的对话框中单击"浏览"按钮，找到本书配套光盘中的"第 13 章/素材.dwg 文件，选择植物立面图块；单击修改工具栏❊按钮，复制图块到相应的位置，并调节其大小；单击绘图工具栏↪按钮，指定其线宽为 100，绘制出景石立面，效果图 13-26 所示。

图 13-26 插入图块并绘制景石立面

04 单击绘图工具栏 **A** 按钮，注写图名；单击绘图工具栏↪按钮，绘制出图名下方的下画线，效果如图 13-27 所示。

道路绿化立面图

图 13-27 注写图名

140 城镇道路绿化断面图的绘制

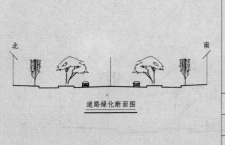

道路绿化断面图

断面图是假想用剖切面剖开物体后，仅画出该剖切面与物体接触部分的正投影。通过道路绿化断面图的绘制，掌握 AutoCAD 基本命令的使用方法。本实例讲述城市道路绿化断面图的绘制方法和操作步骤。

文件路径：	DWG\13 章\140 例.dwg
视频文件：	AVI\13 章\140 例.avi
播放时长：	4 分 20 秒

01 单击绘图工具栏↪按钮，绘制一条多段线，作为地平线；单击绘图工具栏✏按钮，以多段线的两端点为起点，绘制两条直线，效果如图 13-28 所示。

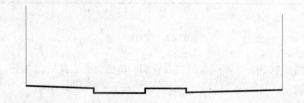

图 13-28　绘制地平线及直线

02 执行【插入】|【块】菜单命令，在弹出的对话框中单击"浏览"按钮，找到本书配套光盘中的"第13章/素材.dwg 文件，选择植物立面图块；单击修改工具栏 ❀ 按钮，复制图块到相应的位置，并调节其大小，效果图 13-29 所示。

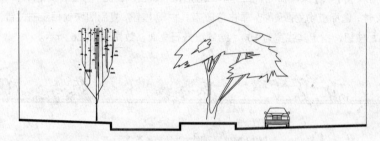

图 13-29　插入植物图块

03 单击修改工具栏 ⚠ 按钮，将图形镜像；单击绘图工具栏 ✐ 按钮，绘制断面图的方向指示符号；单击图工具栏 **A** 按钮，绘制符号上方的文字，效果图 13-30 所示。

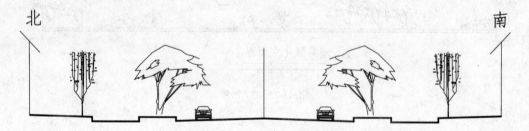

图 13-30　镜像图形

04 单击绘图工具栏 **A** 按钮，注写图名；单击绘图工具栏 ⌒ 按钮，绘制出图名下方的下画线，效果如图 13-31 所示。

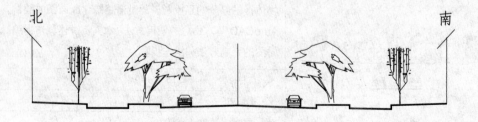

道路绿化断面图

图 13-31　注写图名

141　图案大样图的绘制

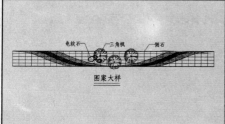

通过道路图案大样图的绘制，掌握 AutoCAD 基本命令的使用方法。本实例讲述城市道路绿化图案大样图的绘制方法和操作步骤。

	文件路径：	DWG\13 章\141 例.dwg
	视频文件：	AVI\13 章\141 例.avi
	播放时长：	3 分 12 秒

01 单击绘图工具栏 ／ 按钮，绘制一条水平线和垂直线；单击修改工具栏 按钮，偏移生成网格，效果如图 13-32 所示。

图 13-32　绘制网格

02 单击绘图工具栏 ∕ 按钮，勾勒出植物的模纹图案；执行【插入】|【块】菜单命令，在弹出的对话框中单击"浏览"按钮，找到本书配套光盘中的"第 13 章/素材.dwg 文件，选择植物平面图块；单击修改工具栏 按钮，复制图块到相应的位置，并调节其大小；单击绘图工具栏 按钮，指定线宽为 100，绘制景石，得到图案大样的平面，效果如图 13-33 所示。

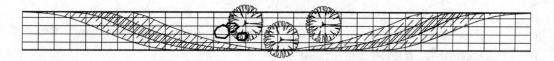

图 13-33　绘制图案大样

03 单击绘图工具栏 ／ 按钮以及 按钮，绘制指北针；执行【标注】|【多重引线】菜单命令，为图案大样图注写文字说明；单击绘图工具栏 **A** 按钮，注写图名；单击绘图工具栏 按钮，绘制出图名下方的下画线，效果如图 13-34 所示。

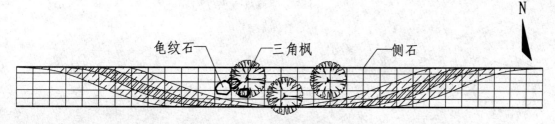

图案大样

图 13-34　绘制指北针以及标注文字说明和图名

第 14 章
别墅庭院设计实例

  别墅生活，人生梦想的家园。随着生活品质的迅速提高，人们强烈追求更加高尚的居住格调与生活品质，逃离嘈杂的都市喧嚣，回归纯朴自然的别墅生活已成为广大城市精英们的共识。

  别墅因为其独特的建筑特点，它的设计跟一般的居家住宅设计有着明显的区别。别墅设计不但要进行室内的设计，而且要进行室外的设计，这是和一般房子设计的最大区别。因为设计的空间范围大大增加，所以在别墅的设计中，需要侧重的是一个整体效果。

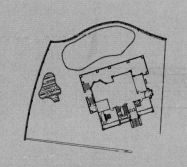
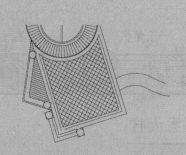
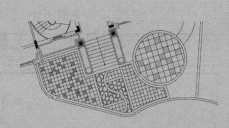

本章主要讲述别墅庭院平面图的绘制方法和操作步骤。本章绘制完成的总平面图如图 14-1 所示。

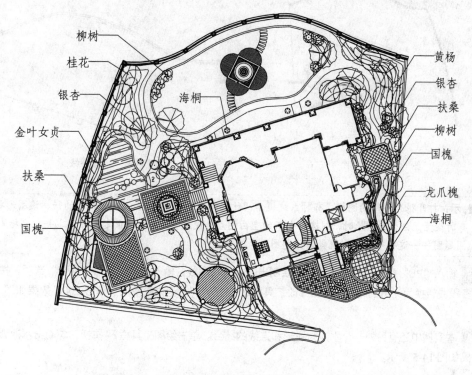

图 14-1　别墅庭院总平面图

14.1 绘制园林景观及常用设施

142　绘制别墅庭院内园林水体

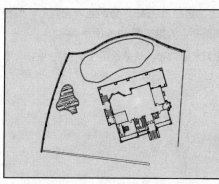

池岸的形状决定了园林水体的外形，所以绘制水体，实际上就是绘制水体池岸。本例中的水体为自然式，一般自然式水体都是无轨迹可循的曲线，讲究蜿蜒曲折，自由流畅，故绘制时不需要非常精确，只要把握大致的位置即可。本实例讲述别墅庭院中水体的绘制方法和操作步骤。

文件路径：	DWG\14 章\142 例.dwg
视频文件：	无
播放时长：	无

01 执行【文件】|【打开】菜单命令，打开本书配套光盘中的 "第 14 章\别墅庭院原建筑图样.dwg 文件，效果如图 14-2 所示。

02 新建 "水体" 图层并将其置为当前图层；单击绘图工具栏 按钮，指定多段线的起点位置，根据水体的走势定点以创建多段线，效果如图 14-3 所示。

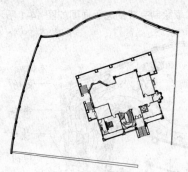

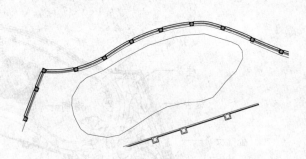

图 14-2　基础图形

图 14-3　绘制多段线

提示：打开很久不用的图样，有时系统提示"致命错误"，若退出 AutoCAD 软件的话，该图形将一无所获，有时设置无法恢复。此时，创建一个新的空白图层，使边界、单位与问题图相同，并在坐标（0，0）处插入问题图——这样可能可以挽救该问题图。

03 输入 "PE" 命令，根据提示选择绘制出的水体轮廓线，输入 "F"，激活 "拟合" 选项，按下空格键，将多段线转换为光滑的圆弧；单击修改工具栏 ⚊ 按钮，将水池内轮廓向外偏移 200，效果如图 14-4 所示。

04 本实例中还有另外一个水池为弧形和直线的结合。单击绘图工具栏 ⁓ 按钮，勾勒出水池弧形的部分，效果如图 14-5 所示。

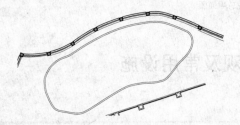

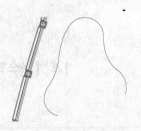

图 14-4　绘制水池

图 14-5　绘制样条曲线

05 单击绘图工具栏 ⌐ 按钮，绘制水池直线部分；单击修改工具栏 ⚊ 按钮，将水池内轮廓向外偏移 200；单击修改工具栏 ◻ 按钮，设置圆角半径为 0，对图形进行倒圆角，效果如图 14-6 所示。

06 单击绘图工具栏 ⊙ 按钮，绘制几个大小不同的圆形，作为水池汀步；单击绘图工具栏 ▨ 按钮，填充水池图例，效果如图 14-7 所示。

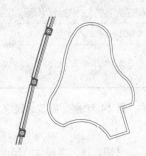

图 14-6　绘制水池

图 14-7　绘制汀步及填充图例

143 绘制园路

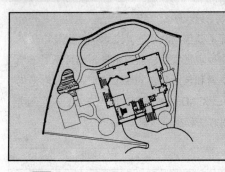

本例中的园路依别墅四周和园林水体而建，主要供休闲漫步、娱乐之用以及观赏水景使用，园路形状为不规则曲线，可直接用样条曲线绘制。通过园路的绘制，掌握 AutoCAD 基本命令的使用方法。本实例讲述园路的绘制方法和操作步骤。

文件路径：	DWG\14 章\143 例.dwg	
视频文件：	无	
播放时长：	无	

01 新建"园路"图层，并将其置为当期图层；单击绘图工具栏 ⁄ 按钮，指定样条曲线的大概起点位置，在绘图区域空白处根据园路的走势指定以创建样条曲线，效果如图 14-8 所示。

02 使用夹点编辑功能，调整样条曲线；使用同样的方式绘制别墅庭院内其他的园路；单击绘图工具栏 ⁄ 按钮，绘制直形园路部分，效果如图 14-9 所示。

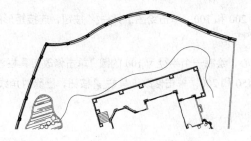

图 14-8　绘制样条曲线

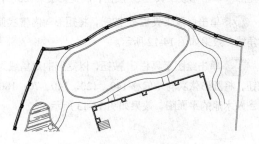

图 14-9　继续绘制园路

03 单击绘图工具栏 ⊙ 按钮和 ⁄ 按钮以及修改工具栏 ⊹ 按钮和 ✐ 按钮，绘制出广场及铺装的边线，并将经过园路和铺装部分的多余水域边进行修剪，效果如图 14-10 所示。

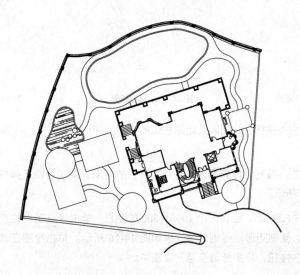

图 14-10　绘制广场及铺装边线

144 绘制大水池内景观

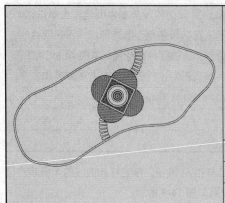

大水池内的景观主要包括跌水池、亲水平台以及汀步，它们不仅能够起到交换观赏视线、点缀水景，而且还能够增加水面层次，兼有交通和艺术欣赏的双重作用。通过水池内景观的绘制，掌握 AutoCAD 基本命令的使用方法。本实例讲述水池内景观的绘制方法和操作步骤。

文件路径：	DWG\14 章\144 例.dwg
视频文件：	无
播放时长：	无

01 新建"大水池内景观"图层，并将其置为当前图层；单击绘图工具栏 □ 按钮，绘制一个 3500×3500 的矩形；单击修改工具栏 ○ 按钮，将矩形旋转-26°，效果如图 14-11 所示。

02 单击修改工具栏 △ 按钮，将矩形向内依次偏移 200 和 100；单击绘图工具栏 ／ 按钮，连接矩形的对角线，效果如图 14-12 所示。

03 单击绘图工具栏 ⊙ 按钮，以矩形的对角线为圆心，绘制一个半径为 100 的圆；单击修改工具栏 △ 按钮，将圆形依次向外偏移 140、120、140、70、180、450 和 200；单击修改工具栏 ✐ 按钮，删除对角线，得到跌水池的平面图，效果如图 14-13 所示。

图 14-11　绘制并旋转矩形

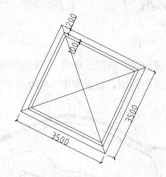

图 14-12　偏移矩形

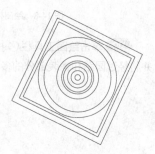

图 14-13　绘制并偏移圆

04 单击绘图工具栏 ⊙ 按钮，分别以大矩形的边的中点为中心，绘制 4 个半径为 1750 的圆，效果如图 14-14 所示。

05 单击修改工具栏 ✂ 按钮，修剪圆形，得到木平台的轮廓；单击绘图工具栏 ▨ 按钮，为图形填充材料图例，效果如图 14-15 所示。

06 单击绘图工具栏 □ 按钮，绘制一个 1000×300 的矩形；单击修改工具栏 ○ 按钮，将矩形旋转26°；单击修改工具栏 ▩ 按钮，复制矩形，得到汀步效果如图 14-16 所示。单击绘图工具栏 ▱ 按钮，将图形创建成块；单击绘图工具栏 ✥ 按钮，将图形移至总平面图中。

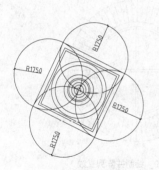

图 14-14　绘制圆

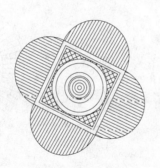

图 14-15　填充材料图例

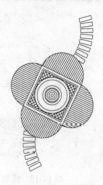

图 14-16　绘制汀步

145　绘制景观亭

　　景观亭是供住户休息赏景的好地方，设计时，需注意与别墅的整体风格的一致性，要求简单大方又富于美感。通过景观亭平面图的绘制，掌握 AutoCAD 基本命令的使用方法。本实例讲述景观亭的绘制方法和操作步骤。

文件路径：	DWG\14 章\145 例.dwg
视频文件：	无
播放时长：	无

01 新建"景观亭"图层，并将其置为当前图层；单击绘图工具栏 ⊙ 按钮，绘制一个半径为 50 的圆；单击修改工具栏 ﹗ 按钮，将圆向外依次偏移 50、1700、100 和 950，效果如图 14-17 所示。

02 单击绘图工具栏 ∕ 按钮，连接矩形的两条对角线；单击修改工具栏 ﹗ 按钮，将两条对角线分别向左右和上下偏移 50 的距离，效果如图 14-18 所示。

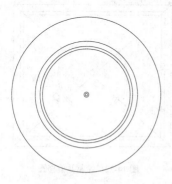

图 14-17　绘制并偏移圆

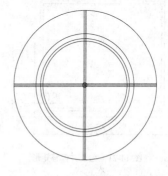

图 14-18　绘制并偏移对角线

03 单击修改工具栏 ⊬ 按钮，修剪直线和圆，效果如图 14-19 所示。

04 单击绘图工具栏 ∕ 按钮，连接两个大矩形的象限点；执行【修改】|【阵列】|【环形阵列】菜单命令，选择直线，以圆心为阵列的中心点，输入项目数为 72，指定填充角度为 360°，效果如图 14-20 所示。单击绘图工具栏 ▭ 按钮，将图形创建成块；单击绘图工具栏 ✛ 按钮，将图形移至总平面图中。

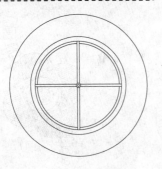

图 14-19　修剪直线和圆

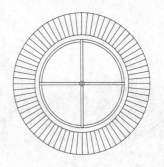

图 14-20　绘制并阵列直线

146　绘制特色树池景区景观

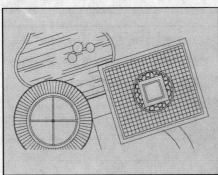

　　当在有铺装的地面上栽种树木时，应在树木的周围保留一块没有铺装的土地，通常把它叫树池或树穴。通过树池景区景观的绘制，掌握 AutoCAD 基本命令的使用方法。本实例讲述树池景区景观的绘制方法和操作步骤。

文件路径：	DWG\14 章\146 例.dwg	
视频文件：	无	
播放时长：	无	

01 新建"特色树池区"图层，并将其置为当前图层；单击绘图工具栏 ▱ 按钮，绘制一个 7200×6200 的矩形；单击修改工具栏 ⬢ 按钮，将矩形向内依次偏移 300 和 150，效果如图 14-21 所示。

02 单击绘图工具栏 ╱ 按钮，连接矩形的对角线；单击绘图工具栏 ⊙ 按钮，以对角线的交点为圆心绘制一个半径为 1500 的圆；单击修改工具栏 ⬢ 按钮，将圆形向外偏移 100 的距离，效果如图 14-22 所示。

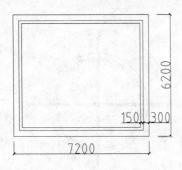

图 14-21　绘制并偏移矩形

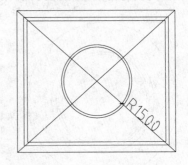

图 14-22　绘制并偏移圆

03 单击绘图工具栏 ▱ 按钮，绘制一个 2000×2000 的矩形；单击修改工具栏 ⬢ 按钮，将矩形向内依次偏移 300 和 100；单击绘图工具栏 ╱ 按钮，连接矩形的对角线；单击修改工具栏 ✣ 按钮，移动对齐矩形；单击修改工具栏 ✎ 按钮，删除对角线，效果如图 14-23 所示。

04 单击绘图工具栏 ▨ 按钮，为树池下边的铺地填充材料图例；单击修改工具栏 ⟲ 按钮，将图形旋转 17°，效果如图 14-24 所示。单击绘图工具栏 ▱ 按钮，将图形创建成块；单击绘图工具栏 ✣ 按钮，将图形移至总平面图中。

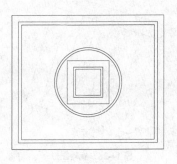

图 14-23　对齐矩形

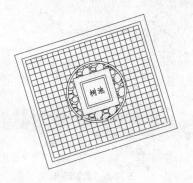

图 14-24　填充材料图例及旋转图形

147　绘制台阶平面图

台阶是供人上下行走的建筑物，用来解决地势高低的问题。通过台阶平面图的绘制，掌握 AutoCAD 基本命令的使用方法。本实例讲述台阶平面图的绘制方法和操作步骤。

	文件路径：	DWG\14 章\147 例.dwg
	视频文件：	无
	播放时长：	无

01 新建"台阶"图层，并将其置为当前图层；单击绘图工具栏 ╱ 按钮，绘制一条水平直线和垂直线；单击修改工具栏 ⬚ 按钮，偏移生成台阶的平面轮廓图，效果如图 14-25 所示。

02 单击修改工具栏 ⬚ 按钮，将垂直线偏移 300 的距离；单击绘图工具栏 ╱ 按钮，连接直线，作为台阶的扶手，效果如图 14-26 所示。

图 14-25　绘制辅助线

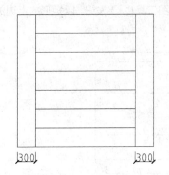

图 14-26　偏移直线

03 单击绘图工具栏 ⊘ 按钮，绘制一个半径为 150 的圆；单击修改工具栏 ✍ 按钮，删除多余的直线，效果如图 14-27 所示。

04 单击修改工具栏 ○ 按钮，将图形旋转 107°，效果如图 14-28 所示。单击绘图工具栏 ▭ 按钮，将图形创建成块；单击绘图工具栏 ✛ 按钮，将图形移至总平面图中。

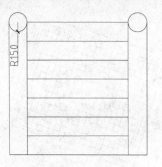

图 14-27 绘制圆

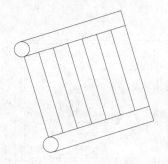

图 14-28 旋转图形

148 绘制特色坐墙景区景观

本实例中的特色坐墙景区主要包括坐凳、树池以及铺装。通过特色坐墙景区景观的绘制，掌握 AutoCAD 基本命令的使用方法。本实例讲述特色坐墙景区景观的绘制方法和操作步骤。

	文件路径：	DWG\14 章\148 例.dwg
	视频文件：	无
	播放时长：	无

01 新建"特色坐墙景区"图层，并将其置为当前图层；单击绘图工具栏 ╱ 按钮，绘制一条水平直线和垂直线；单击修改工具栏 ▱ 按钮，偏移辅助线，效果如图 14-29 所示。

02 单击绘图工具栏 ╱ 按钮，连接辅助线的角点，绘制出坐凳的造型线；单击修改工具栏 ⊬ 按钮，修剪辅助线；单击修改工具栏 ✐ 按钮，删除多余的辅助线，效果如图 14-30 所示。

03 单击修改工具栏 ▱ 按钮，将矩形的左、下、右边分别向右、向上、向左依次偏移 300 和 200 的距离；单击绘图工具栏 ⊙ 按钮，以矩形的上边的中点为圆心绘制一个半径为 3100 的圆，效果如图 14-31 所示。

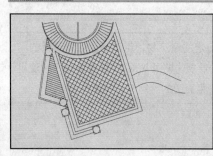

图 14-29 绘制辅助线

图 14-30 连接直线并修剪辅助线

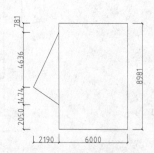

图 14-31 偏移直线并绘制圆

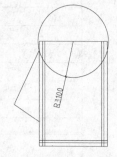

04 单击修改工具栏 ◻ 按钮，指定倒角半径为 0，给图形倒角；单击修改工具栏 ▱ 按钮，将圆形向外偏移 300；单击修改工具栏 ⊬ 按钮，修剪图形，效果如图 14-32 所示。

05 单击修改工具栏 ▱ 按钮，将将矩形外边的两条斜线向内依次偏移 100 和 400；单击绘图工具栏 ▭ 按钮，绘制一个 600×600 的矩形；单击修改工具栏 ⟳ 按钮，将矩形旋转并放置适合的位置；单击修改工具栏 ⊬ 按钮，修剪图形，效果如图 14-33 所示。

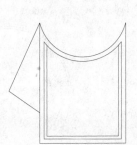

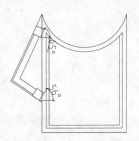

图 14-32　修剪图形　　　　　　　　　　　　图 14-33　绘制并旋转矩形

06 单击绘图工具栏 □ 按钮、⊙ 按钮和 ╱ 按钮以及修改工具栏 ⊞ 按钮和 ⊹ 按钮，绘制出坐凳和花坛的平面，效果如图 14-34 所示。

07 单击绘图工具栏 ⊞ 按钮，为图形填充材料图例；单击修改工具栏 ⟲ 按钮，将图形旋转 17°，效果如图 14-35 所示。单击绘图工具栏 ⊏ 按钮，将图形创建成块；单击绘图工具栏 ✛ 按钮，将图形移至总平面图中。

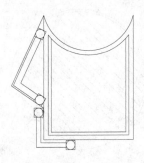

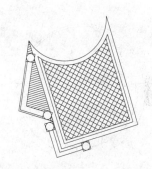

图 14-34　绘制坐凳和花坛　　　　　　　　　图 14-35　填充材料图例及旋转图形

149　绘制休闲小广场景观

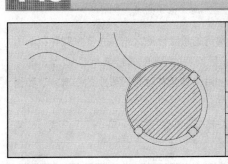

休闲小广场是供住户娱乐休闲的地方。通过休闲小广场景观的绘制，掌握 AutoCAD 基本命令的使用方法。本实例讲述休闲小广场景观的绘制方法和操作步骤。

文件路径：	DWG\14 章\149 例.dwg
视频文件：	无
播放时长：	无

01 新建"休闲小广场"图层，并将其置为当前图层；单击绘图工具栏 ⊙ 按钮，绘制一个半径为 3000 的圆；单击修改工具栏 ⟳ 按钮，将圆形向内依次偏移 100、100 和 200，效果如图 14-36 所示。

02 单击绘图工具栏 ╱ 按钮，连接圆的两条中心垂直线；单击绘图工具栏 □ 按钮，绘制一个边长为 600×600 的矩形，并连接矩形的对角线；单击修改工具栏 ✛ 按钮，捕捉矩形对角线的中点移动到直线与第二个圆的交点，效果如图 14-37 所示。

03 单击修改工具栏 ⟲ 按钮，复制矩形；单击修改工具栏 ⊹ 按钮，修剪直线和圆；单击修改工具栏 ✐ 按钮，删除多余的直线，效果如图 14-38 所示。

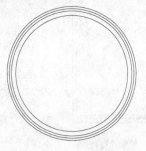

图 14-36　绘制并偏移圆

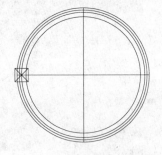

图 14-37　绘制并移动矩形

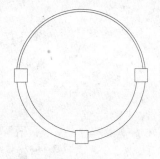

图 14-38　修剪图形

04 单击绘图工具栏 ⊙ 按钮，输入 "3P"，捕捉矩形的三条边，绘制三个圆形，效果如图 14-39 所示。

05 单击绘图工具栏 ▦ 按钮，为图形填充材料图例；单击修改工具栏 ↻ 按钮，将图形旋转 44°，效果如图 14-40 所示。单击绘图工具栏 ▱ 按钮，将图形创建成块；单击绘图工具栏 ✛ 按钮，将图形移至总平面图中。

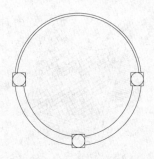

图 14-39　绘制圆形

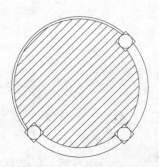

图 14-40　填充材料图例并旋转图形

150　绘制特色花钵景区景观

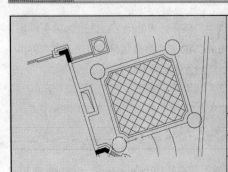

花钵是园林中常用的景观设施之一，主要供栽种花草所用。通过特色花钵景区景观的绘制，掌握 AutoCAD 基本命令的使用方法。本实例讲述特色花钵景区景观的绘制方法和操作步骤。

	文件路径：	DWG\14 章\150 例.dwg
	视频文件：	无
	播放时长：	无

01 新建 "花钵" 图层，并将其置为当前图层；单击绘图工具栏 ▭ 按钮，绘制一个 4300×4000 的矩形；单击绘图工具栏 ⊙ 按钮，以矩形的四个角点为圆心，绘制 4 个半径为 400 的圆形，效果如图 14-41 所示。

02 单击修改工具栏 ◳ 按钮，将矩形向内依次偏移 200 和 100；重复 "偏移" 命令，将四个圆形分别向外依次偏移 200 和 100，效果如图 14-42 所示。

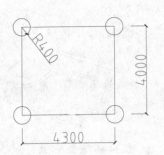

图 14-41　绘制圆和矩形

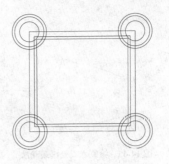

图 14-42　偏移直线和圆

03 单击修改工具栏 ✄ 按钮，修剪矩形和圆，得到特色花池的平面效果如图 14-43 所示。

04 单击绘图工具栏 ▨ 按钮，为图形填充材料图例；单击修改工具栏 ○ 按钮，将图形旋转 17°，效果如图 14-44 所示。单击绘图工具栏 ⬚ 按钮，将图形创建成块；单击绘图工具栏 ✛ 按钮，将图形移至总平面图中。

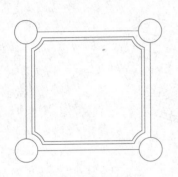

图 14-43　修剪矩形和圆

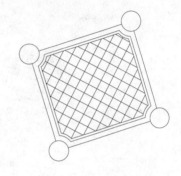

图 14-44　填充材料图例及旋转图形

151　绘制入口处铺装

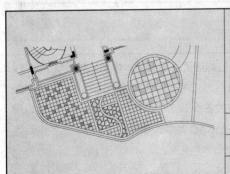

　　园林入口铺装可以用其多种多样的纹样来衬托和美化环境，增加园林的景致，不同的铺装图案，也会给人带来不同的心理感受。通过园林入口铺装的绘制，掌握 AutoCAD 基本命令的使用方法。本实例讲述园林铺装的绘制方法和操作步骤。

文件路径：	DWG\14 章\151 例.dwg
视频文件：	无
播放时长：	无

　　01 新建"入口处"铺装图层，并将其置为当前图层；单击修改工具栏 ♻ 按钮，复制出已绘制好的园路以及原有建筑物；单击修改工具栏 ✄ 按钮，修剪多余的线条，得到入口处铺装的大致轮廓，效果如图 14-45 所示。

　　02 单击绘图工具栏 ✐ 按钮和 ∿ 按钮以及修改工具栏 ⬚ 按钮和 ✄ 按钮，将入口处分割成几个片段，效果如图 14-46 所示。

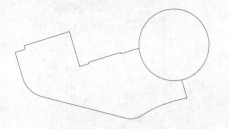

图 14-45　绘制入口处铺装轮廓

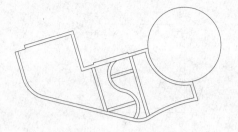

图 14-46　分割入口处

提示：为了达到不同的铺装效果，可以用直线和样条曲线将入口处分割成几块，填充不同的材料图例，以达到不同的铺装效果。

03 单击修改工具栏 按钮，将圆形向内偏移 200；单击绘图工具栏 按钮，为图形填充材料图例，效果如图 14-47 所示；单击绘图工具栏 按钮，将图形创建成块；单击绘图工具栏 按钮，将图形移至总平面图中。

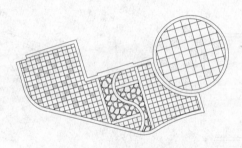

图 14-47　填充材料图例

14.2 绘制植物和引线标注

152 绘制地形图

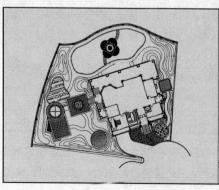

　　园林中可以通过地形的高低起伏，增加园林景观的效果。在园林地形图的表示方法中一般使用等高线的方法，等高线是地面上高程相等的各相邻点所连成的闭合曲线。通过地形图的绘制，掌握 AutoCAD 基本命令的使用方法。本实例讲述地形图的绘制方法和操作步骤。

文件路径：	DWG\14 章\152 例.dwg
视频文件：	无
播放时长：	无

01 新建"地形图"图层，并将其置为当前图层；单击绘图工具栏 按钮，指定多段线的起点位置，根据地形的走势定点以创建多段线，效果如图 14-48 所示。

第3篇

02 执行【修改】|【对象】|【多段线】命令（快捷键为 PE），根据提示选择绘制出的多段线，输入"F"，激活"拟合"选项，按下空格键，将多段线转换为光滑的圆弧，效果如图 14-49 所示。

图 14-48　绘制多段线　　　　　　　　　　　　　　　　　　图 14-49　拟合多段线

提 示：在绘制多段线的时候，尽可能地多绘制一些节点，这样，在"拟合"的过程中，多段线会变得更加平滑，而且在使用夹点编辑的时候，也有更多的夹点可以选取。

03 重复"多段线"命令，绘制等高线内部其他的曲线，效果如图 14-50 所示。

04 单击绘图工具栏 A 按钮，标记等高线的高程，效果如图 14-51 所示。

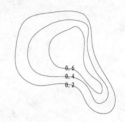

图 14-50　继续绘制等高线　　　　　　　　　　　　　　图 14-51　标记等高线的高程

提 示：在前面已经讲述过关于等高线的绘制方法。因为等高线都是不规则的曲线，也可以使用"样条曲线"绘制，然后通过夹点编辑了，以达到所需要的效果。

05 以同样的方法绘制出别墅庭院园林平面图中其他的等高线，效果如图 14-52 所示。

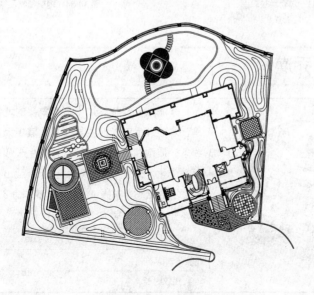

图 14-52　绘制其他等高线

153 绘制地被植物及绿篱

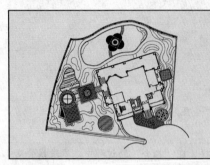

　　园林平面图中，地被植物以及绿篱常常只需用样条曲线勾勒出它的轮廓即可。通过地被植物以及绿篱的绘制，掌握 AutoCAD 基本命令的使用方法。本实例讲述地被植物及绿篱的绘制方法和操作步骤。

文件路径：	DWG\14 章\153 例.dwg
视频文件：	无
播放时长：	无

　　01 新建"地被植物及绿篱"图层，并将其置为当前图层；隐藏"等高线"图层，以方便视图；单击绘图工具栏 按钮，勾勒出地被植物以及绿篱的轮廓，效果如图 14-53 所示。

　　02 以同样的方式绘制其他部分的地被植物和绿篱，效果如图 14-54 所示。

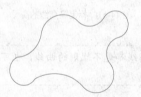

图 14-53　勾勒地被轮廓

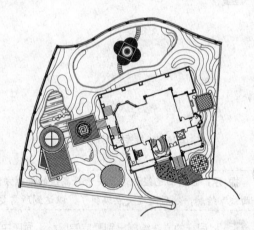

图 14-54　地被植物及绿篱绘制结果

154 绘制乔灌木

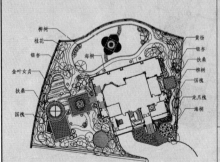

　　乔灌木在园林设计中占有重要的地位，无论在功能上还是艺术处理上都能起主导作用；其中大多数乔灌木在色彩、线条、质地和树形方面随叶片的生长和凋落可形成丰富的季节性变化，即使冬季落叶后也能展现出枝干的线条美。通过乔灌木的绘制，掌握 AutoCAD 基本命令的使用方法。本实例讲述乔灌木的绘制方法和操作步骤。

文件路径：	DWG\14 章\154 例.dwg
视频文件：	无
播放时长：	无

01 新建"乔灌木"图层，并将其置为当前图层；隐藏"地被植物及绿篱"图层，以方便视图。执行【插入】|【块】菜单命令，在弹出的对话框中单击"浏览"按钮，找到本书配套光盘中的"第 14 章\植物平面.dwg"文件，将图块插入至图形中。

02 单击修改工具栏 按钮，调整图块的大小；单击修改工具栏 按钮，选择需要的植物，复制移动到总平面图的位置中，如图 14-55 所示。

03 重复"复制"命令，复制图块到其他相应的位置，效果如图 14-56 所示。

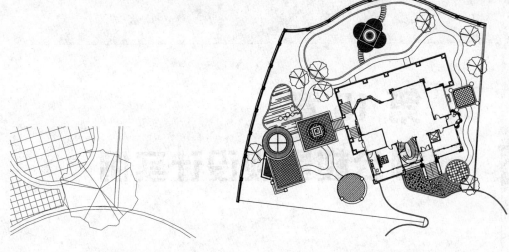

图 14-55 插入植物图块　　　　　　　　　　　图 14-56 复制结果

04 使用同样的方法，绘制其他的乔灌木，显示所有的图层。执行【标注】|【多重引线】菜单命令，为园林树种进行文字标注，最终效果如图 14-57 所示。

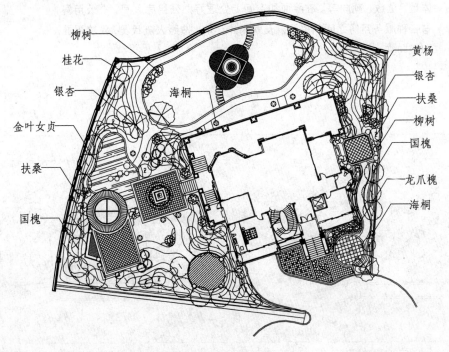

图 14-57 乔灌木绘制最终结果

第 15 章
办公楼景观设计实例

　　办公楼指机关、企业、事业单位行政管理人员、业务技术人员等办公的业务用房，现代办公楼正向综合化、一体化方向发展。

　　根据办公楼的规模、使用要求和技术、环境条件来确定建筑的体形、体量、层数、朝向等。在平面和空间上处理好办公用房之间、办公用房与各种服务用房之间的关系以及室内外环境。按照人流状况，解决平面和竖向交通问题。

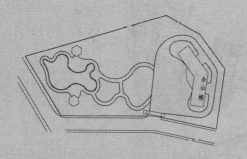
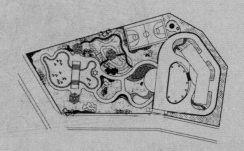

本章讲述办公楼景观设计实例。本章绘制完成的总平面图如图 15-1 所示。

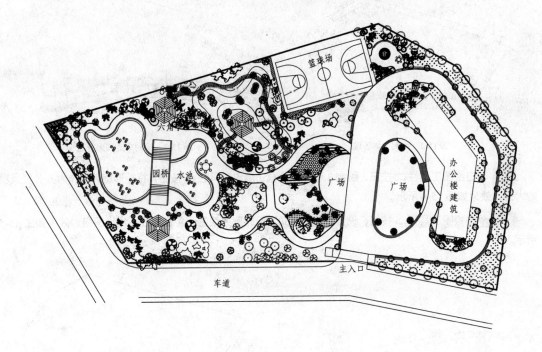

图 15-1　办公楼景观总平面图

15.1 绘制办公楼主体景观

155 绘制办公楼景观主体轮廓

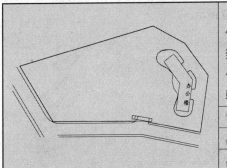

本例中的主体轮廓包括道路的外轮廓、围墙部分以及主体建筑部分。先绘制出主体轮廓线，然后在此基础上进行细致的绘制。通过主体轮廓的绘制，掌握 AutCAD 基本命令的使用方法。本实例讲述办公楼主体轮廓的绘制方法和操作步骤。

文件路径：	DWG\15 章\155 例.dwg
视频文件：	无
播放时长：	无

01 单击绘图工具栏 ✎ 按钮，启用"极轴追踪"命令，绘制办公楼的主体区域范围，效果如图 15-2 所示。

02 单击修改工具栏 ◢ 按钮，偏移直线，生成道路的轮廓线；单击修改工具栏 ◿ 按钮，给拐弯处的道路倒圆角，绘制车道和人行道，效果如图 15-3 所示。

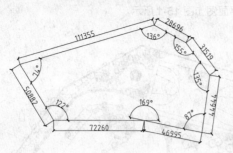

图 15-2　绘制主体区域

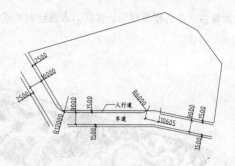

图 15-3　绘制车道和人行道

03 单击绘图工具栏 □ 按钮，绘制 3 个矩形；单击修改工具栏 ○ 按钮，将矩形旋转，作为办公楼景观的大门，效果如图 15-4 所示。

04 单击绘图工具栏 ⌐ 按钮，设置线宽为 150，沿轮廓线绘制一条多段线，作为围墙，效果如图 15-5 所示。

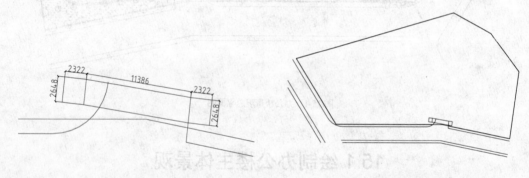

图 15-4　绘制大门平面　　　　　　　　　　　　图 15-5　绘制围墙

05 单击修改工具栏 ⌐ 按钮，将右边的轮廓线向内依次偏移 12000 和 1000 的距离，效果如图 15-6 所示。

06 单击绘图工具栏 ／ 按钮，绘制建筑物的弧形造型；单击绘图工具栏 ／ 按钮，连接直线；单击修改工具栏 ⁄ 按钮，修剪直线，得到建筑物的轮廓，效果如图 15-7 所示。

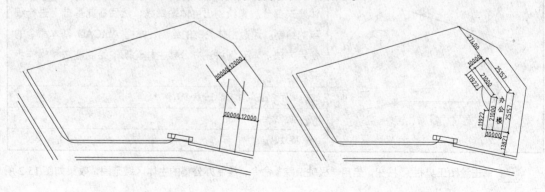

图 15-6　偏移直线　　　　　　　　　　　　　　图 15-7　绘制建筑物轮廓

07 单击绘图工具栏 ～ 按钮和 ／ 按钮以及修改工具栏 ⌐ 按钮，绘制出主体建筑周围的种植轮廓线，办公楼景观主体区域轮廓绘制完成，效果如图 15-8 所示。

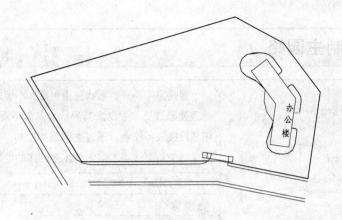

图 15-8 绘制建筑物周围种植轮廓线

156 绘制园林水体

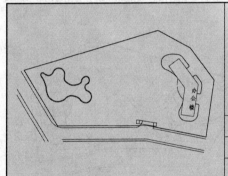

水体是园林中必不可少的景观之一，绘制时一般只勾勒出其大致形状即可，不需要非常精确。通过园林水体的绘制，掌握 AutCAD 基本命令的使用方法。本实例讲述园林水体的绘制方法和操作步骤。

文件路径：	DWG\15 章\156 例.dwg
视频文件：	无
播放时长：	无

01 新建"水体"图层，并将其置为当前图层；单击绘图工具栏 ⌐ 按钮，指定多段线大概起点的位置，在绘图区空白处根据水体的走势定点创建多段线，效果如图 15-9 所示。

02 执行【修改】|【对象】|【多段线】命令（快捷键为 PE），根据提示选择绘制好的水池轮廓线，输入"F"，按下空格键表示选择"拟合"命令，按下空格键，将多段线转换成圆弧。效果如图 15-10 所示。

03 单击修改工具栏 ⊜ 按钮，将水池外轮廓向内偏移 500，得到水池的轮廓图，水池绘制完成；单击修改工具栏 ✛ 按钮，将水池移动至平面图中，效果如图 15-11 所示。

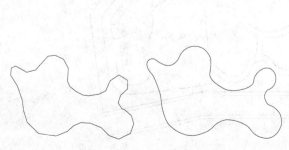

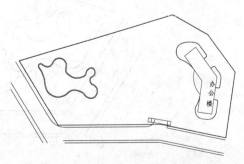

图 15-9 绘制多段线　　　图 15-10 "拟合"多段线　　　图 15-11 绘制水池

157 绘制主园路

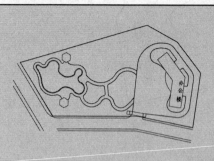

园路宽窄不一，形状自由灵活，不但连接着园中各景点，而且使园景更加生动。其形状大多为不规则曲线，一般可使用多段线进行绘制。通过主园路的绘制，掌握 AutCAD 基本命令的使用方法。本实例讲述主园路的绘制方法和操作步骤。

文件路径：	DWG\15 章\157 例.dwg
视频文件：	无
播放时长：	无

01 新建"主园路"图层，并将其置为当前图层；单击绘图工具栏 ⁀ 按钮，指定样条曲线的大概起点位置，在绘图区空白处根据园路的走势指定点以创建样条曲线，按下空格键以指定起点和端点切向，效果如图 15-12 所示。

02 使用夹点编辑功能，调整样条曲线.以同样的方式可以绘制出其余的园路变边线，效果如图 15-13 所示。

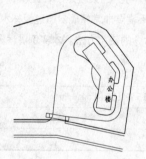

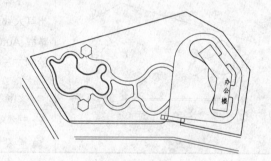

图 15-12 绘制园路边线　　　　　　　　　　　　图 15-13 绘制其余园路

03 单击修改工具栏 ⚏ 按钮，将所有的园路向外偏移 100 的距离，效果如图 15-14 所示。

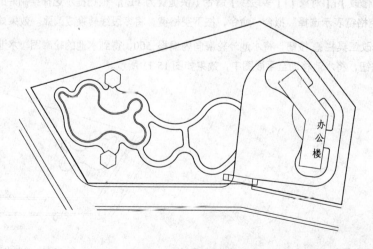

图 15-14 偏移园路

第 3 篇

158　绘制园林地形以及匝道

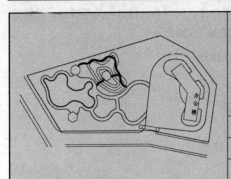

　　通过对地形的巧妙处理，能够增加园林景观的效果，一般使用等高线表示。而园林匝道的修建，使人们能够更加方便地行走。通过园林地形及匝道的绘制，掌握 AutCAD 基本命令的使用方法。本实例讲述园林地形及匝道的绘制方法和操作步骤。

文件路径：	DWG\15 章\158 例.dwg
视频文件：	无
播放时长：	无

01 新建"园林地形以及匝道"图层，并将其置为当前图层；绘制园林地形。单击绘图工具栏 ⌐ 按钮，指定多段线的起点位置，根据地形的走势定点以创建多段线，效果如图 15-15 所示。

02 输入"PE"命令，根据提示选择绘制出的多段线，输入"F"，激活"拟合"选项，按下空格键，将多段线转换为光滑的圆弧，效果如图 15-16 所示。

03 重复"多段线"命令，绘制等高线内部的其他曲线，效果如图 15-17 所示。

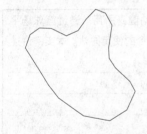

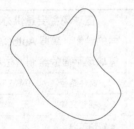

图 15-15　绘制多段线　　　　　　图 15-16　拟合多段线　　　　　　图 15-17　绘制其他等高线

🔊　**提 示：** 绘制多段线时，可尽量多绘制一些节点，使得多线段变得更加平滑，且便于夹点编辑时取得更多的夹点。

04 输入"PE"命令，根据提示选择绘制出多段线，输入"F"，激活"拟合"选项，按下空格键，将多段线转换为光滑的圆弧；用同样的方法"拟合"其他的多段线，效果如图 15-18 所示。

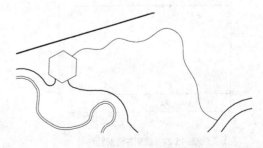

图 15-18　拟合多段线　　　　　　　　　　图 15-19　绘制样条曲线

05 绘制匝道（本例中的匝道为步石路）。单击绘图工具栏 〜 按钮，绘制一条样条曲线，作为步石排列

的形状，效果如图 15-19 所示。

06 单击绘图工具栏 □ 按钮，绘制大小为 1000×300 的矩形；执行【绘图】|【块】|【创建】菜单命令，将绘制的矩形定义为块，命名为"步石"，将矩形的中心定义为插入点；单击修改工具栏 ○ 按钮，将其旋转并移动至合适的位置；执行【绘图】|【点】|【定距等分】菜单命令，对样条曲线进行定距等分，设置等分距离为 500，在样条曲线上等距排列矩形，删除样条线，效果如图 15-20 所示。

07 用同样的方式，绘制其他的"步石路"，效果如图 15-21 所示。

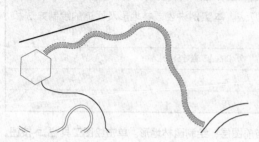

图 15-20 排列矩形

图 15-21 继续绘制步石路

159 绘制篮球场

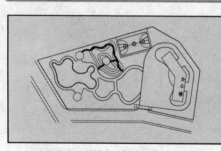

篮球场主要是供办公人员运动健身所用。通过篮球场平面的绘制，掌握 AutoCAD 基本命令的使用方法。本实例讲述篮球场平面的绘制方法和操作步骤。

文件路径：	DWG\15 章\159 例.dwg
视频文件：	无
播放时长：	无

01 单击绘图工具栏 □ 按钮，绘制一个 28000×15000 的矩形，作为篮球场的轮廓；单击修改工具栏 ⬚ 按钮，将矩形分解，效果如图 15-22 所示。

02 单击绘图工具栏 ╱ 按钮，连接矩形的中心垂直线；单击绘图工具栏 ⊙ 按钮，以垂直线的交点为圆心，绘制一个半径为 1800 的圆；单击修改工具栏 ⬚ 按钮，将圆形向内偏移 100 的距离，表示篮球场的中圈，效果如图 15-23 所示。

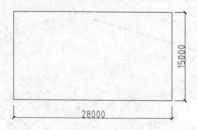

图 15-22 绘制并分解矩形

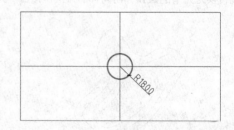

图 15-23 绘制中圈

03 单击修改工具栏 ⬚ 按钮，将矩形两长边的垂直线分别向两边偏移 50 的距离；单击修改工具栏 ╱ 按钮，修剪线段，效果如图 15-24 所示。

04 单击修改工具栏 按钮,将矩形的左边向右偏移 1950 的距离;单击绘图工具栏 按钮,捕捉辅助线和垂直线的交点为圆心,绘制一个半径为 6250 的圆,效果如图 15-25 所示。

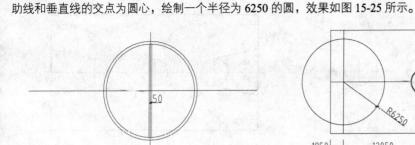

图 15-24 偏移修剪线段

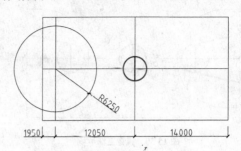

图 15-25 偏移辅助线并绘制圆

05 单击绘图工具栏 按钮,连接圆的端点与左短边的垂直线;单击修改工具栏 按钮,修剪圆,并删除辅助线,得到篮球场的三分投篮区,效果如图 15-26 所示。

06 单击修改工具栏 按钮,将矩形的左边向右偏移 5800 的距离;单击绘图工具栏 按钮,捕捉辅助线和垂直线的交点为圆心,绘制一个半径为 1850 的圆,效果如图 15-27 所示。

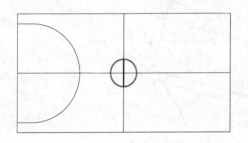

图 15-26 绘制三分投篮区

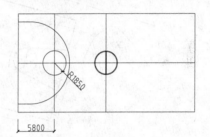

图 15-27 偏移直线并绘制圆

07 单击修改工具栏 按钮,将圆形向内偏移 100,同时将矩形的上下边分别向内偏移 4400 的距离;单击绘图工具栏 按钮,绘制圆与垂点的连线,效果如图 15-28 所示。

08 单击修改工具栏 按钮,将连线与垂直于长边的辅助线各向内偏移 100;单击修改工具栏 按钮,对图形进行修剪,并删除辅助线,得到篮球场的半场,效果如图 15-29 所示。

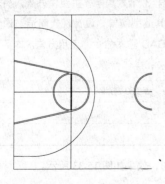

图 15-28 连接圆与垂点

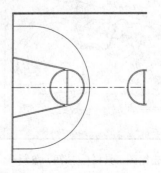

图 15-29 绘制篮球场半场

09 单击修改工具栏 按钮,将篮球半场镜像,并删除辅助线,得到篮球场的平面图形,最终效果如图 15-30 所示。

10 单击绘图工具栏 按钮,指定多段线线宽为 5,沿矩形边绘制一圈;单击修改工具栏 按钮,将

绘制的多段线向外偏移 100 的距离，篮球场绘制完成，效果如图 15-31 所示。

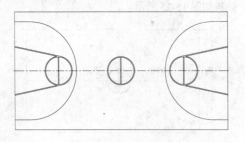

图 15-30　镜像篮球半场

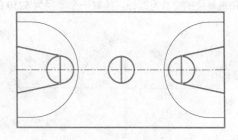

图 15-31　绘制并偏移多段线

11 单击修改 ○ 按钮，将篮球场旋转 15°；单击修改工具栏 ✛ 按钮，将篮球场移动至平面图中；单击绘图工具栏 ✎ 按钮，绘制篮球场的区域，效果如图 15-32 所示。

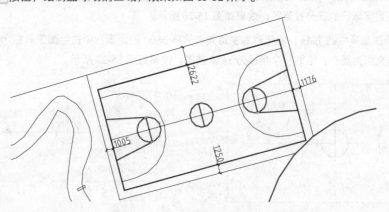

图 15-32　旋转并移动篮球场

160　绘制六角亭

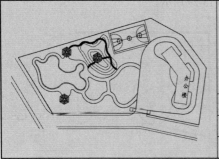

　　本例中总共包含有 **3** 个六角亭，主要供办公人员休息娱乐、观赏景色之用；其造型简单，设计现代简洁。通过六角亭的绘制，掌握 AutoCAD 基本命令的使用方法。本实例讲述六角亭平面的绘制方法和操作步骤。

🔘 文件路径：	DWG\15 章\160 例.dwg
🎬 视频文件：	无
🎬 播放时长：	无

01 单击绘图工具栏 ⬡ 按钮，绘制一个边长为 4134 的六边形，效果如图 15-33 所示。

02 单击修改工具栏 ⬚ 按钮，将六边形依次向内偏移 6 次，偏移距离为 500，效果如图 15-34 所示。

03 单击绘图工具栏 ✎ 按钮，连接多边形的各顶点，效果如图 15-35 所示。

04 单击修改工具栏 ○ 按钮，将矩形旋转 118°；单击绘图工具栏 ⬛ 按钮，将其创建成块，效果如图 15-36 所示。

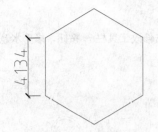

图 15-33　绘制六边形

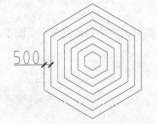

图 15-34　偏移六边形

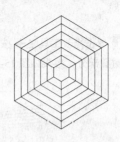

图 15-35　连接多边形顶点

05 单击修改工具栏 按钮，将绘制好的六角亭复制移动到总平面图中，效果如图 15-37 所示。

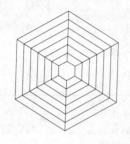

图 15-36　旋转图形并创建成块

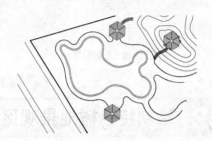

图 15-37　复制移动图形

161 绘制园桥

园林中的桥梁可以联系风景点的水路交通，组织游览线路，交换观赏视线，点缀水景，增加水面层次，兼有交通和艺术欣赏的双重作用。通过园桥的绘制，掌握 AutoCAD 基本命令的使用方法。本实例讲述园桥的绘制方法和操作步骤。

文件路径：	DWG\15 章\161 例.dwg
视频文件：	无
播放时长：	无

01 单击绘图工具栏 按钮，绘制水平线和垂直线，效果如图 15-38 所示。

02 单击修改工具栏 按钮，偏移直线，绘制园桥的平面图，效果如图 15-39 所示。

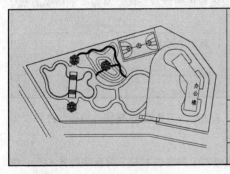

图 15-38　绘制水平线和垂直线

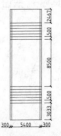

图 15-39　绘制园桥平面图

03 单击修改工具栏 按钮，将矩形旋转-4°；单击绘图工具栏 按钮，将其创建成块，效果如图 15-40

所示。

04 单击修改工具栏 ✛ 按钮，将绘制好的园桥移动到总平面图中；单击修改工具栏 ⁄- 按钮，修剪水池与园桥重叠部分，效果如图 15-41 所示。

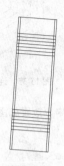

图 15-40　旋转图形

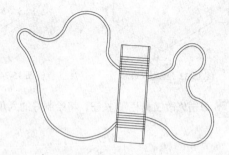

图 15-41　绘制园桥

162　绘制特色树池景观区以及景石

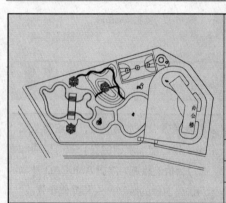

特色树池位于篮球场的右上角，主要供办公人员休闲娱乐使用，也可以用来观看球赛。本例中的景石都是一些独立的石块，放置于种植区内，烘托园区气氛，美化环境。通过特色树池景观区以及景石的绘制，掌握 AutoCAD 基本命令的使用方法。本实例讲述特色树池景观区以及景石的绘制方法和操作步骤。

文件路径：	DWG\15 章\162 例.dwg
视频文件：	无
播放时长：	无

01 单击绘图工具栏 ⊙ 按钮，绘制一个半径为 1800 的圆；单击修改工具栏 ⬒ 按钮，将圆向外依次偏移 400、1700、300 和 100，效果如图 15-42 所示。

02 单击绘图工具栏 ⁄ 按钮，绘制圆心到顶点的连线；单击修改工具栏 ↻ 按钮，将直线旋转 44°；重复直线命令，再次连接圆的中心到顶点的连线；单击修改工具栏 ↻ 按钮，将直线旋转-56°，效果如图 15-43 所示。

03 单击修改工具栏 ⁄- 按钮，修剪直线和圆，得到木坐凳平面图，效果如图 15-44 所示。

图 15-42　绘制并偏移圆

图 15-43　绘制并旋转直线

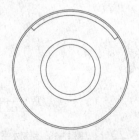

图 15-44　修剪直线和圆

04 单击绘图工具栏 ⊙ 按钮，绘制半径为 4200 和 4300 的两个同心圆；重复 "圆" 命令，再绘制半径为 1216 和 1316 的两个同心圆，效果如图 15-45 所示。

05 单击绘图工具栏 ⌒ 按钮，绘制一条弧线连接连个圆形；单击修改工具栏 ⊬ 按钮，修剪图形，效果如图 15-46 所示。

06 绘制石桌椅。单击绘图工具栏 ⊙ 按钮，绘制一个半径为 600 的圆作为石桌，一个 263 的圆作为石椅，效果如图 15-47 所示。

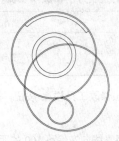
图 15-45　继续绘制圆

图 15-46　修剪图形

图 15-47　绘制石桌和石凳

07 执行【修改】|【阵列】|【环形阵列】菜单命令，将石椅阵列，效果如图 15-48 所示。

08 单击绘图工具栏 ⌒ 按钮以及修改工具栏 ⊜ 按钮和 ⊬ 按钮，绘制树池景观区通往篮球场的出口造型，效果如图 15-49 所示。

09 单击修改工具栏 ○ 按钮，将图形旋转 15°；单击修改工具栏 ✥ 按钮，将绘制好的树池景观区移动到总平面图中，效果如图 15-50 所示。

图 15-48　阵列石椅

图 15-49　绘制树池景观出口处

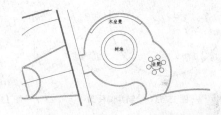
图 15-50　旋转并移动图形

10 单击绘图工具栏 ⌒ 按钮，指定线宽为 80，绘制出景石的外轮廓；单击 "多段线" 命令，指定线宽为 0，绘制出景石的内部纹理线条。以同样的方式绘制其他景石，效果如图 15-51 所示。

11 单击修改工具栏 ⊗ 按钮，将绘制好的石桌椅以及景石复制到总平面图中，效果如图 15-52 所示。

图 15-51　绘制景石

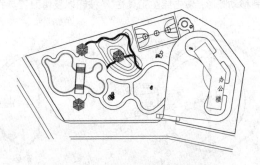
图 15-52　复制移动石桌椅以及景石

163 绘制广场

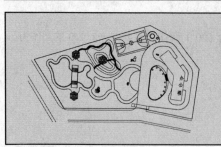

本实例中包含两个广场，通过园路将其分割，主要是聚散人群和供停车之用。通过广场的绘制，掌握 AutoCAD 基本命令的使用方法。本实例讲述广场的绘制方法和操作步骤。

	文件路径：	DWG\15 章\163 例.dwg
	视频文件：	无
	播放时长：	无

01 绘制广场 1。单击绘图工具栏 ⊙ 按钮，绘制一个半径为 9000 的圆；单击修改工具栏 ⚙ 按钮，将圆向外依次偏移 100，效果如图 15-53 所示。

02 单击效绘图工具栏 ✏ 按钮，连接圆的端点；单击修改工具栏 ⚙ 按钮，将直线向左偏移 100 的距离；单击修改工具栏 ⊬ 按钮，修剪圆形，得到广场 1 的平面图；单击修改工具栏 ○ 按钮，将图形旋转-7°，效果如图 15-54 所示。

03 绘制广场 2。单击绘图工具栏 ⊙ 按钮，绘制 3 个同心圆；单击效绘图工具栏 ✏ 按钮，连接圆的两个端点；单击修改工具栏 ⚙ 按钮，将直线向左依次偏移 300 和 300，效果如图 15-55 所示。

图 15-53 绘制并偏移圆

图 15-54 绘制广场 1

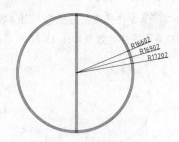

图 15-55 绘制直线和圆

04 单击绘图工具栏 ⊙ 按钮，继续绘制圆，效果如图 15-56 所示。

05 单击修改工具栏 ⊬ 按钮，修剪圆形；单击绘图工具栏 ✏ 按钮以及修改工具栏 ◻ 按钮，得到广场 2 的平面图，效果如图 15-57 所示。

06 单击修改 ⊙ 按钮，绘制半径分别为 500 和 580 的两个同心圆，作为树池；单击修改工具栏 ⚙ 按钮，复制移动圆形；单击绘图工具栏 ✏ 按钮以及修改工具栏 ⚙ 按钮，绘制出广场的台阶，效果如图 15-58 所示。

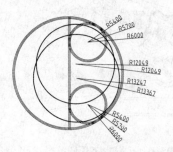

图 15-56 继续绘制圆

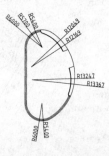

图 15-57 修剪图形

图 15-58 绘制树池和台阶

07 单击修改工具栏 ⟳ 按钮，将图形旋转-7°；单击修改工具栏 ✛ 按钮，将绘制好的广场移动至总平面图中，效果如图 15-59 所示。

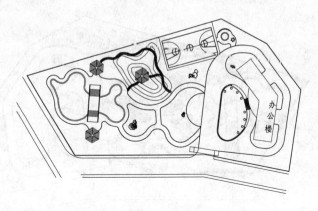

图 15-59　绘制广场

15.2 绘制园林植物

164 绘制地被植物及绿篱

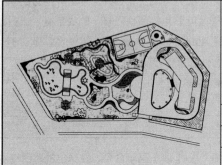

在园林设计时，常常只需用样条曲线勾勒出地被植物以及绿篱的轮廓，然后进行填充即可。填充地被是为了区分不同的植物种类，了解不同植物的分布状况。通过地被植物以及绿篱的绘制，掌握 AutoCAD 基本命令的使用方法。本实例讲述地被植物及绿篱的绘制方法和操作步骤。

	文件路径：	DWG\15章\164例.dwg
	视频文件：	无
	播放时长：	无

01 新建"地被植物及绿篱"图层，并将其置为当前图层；单击绘图工具栏 ∿ 按钮，勾勒出地被植物以及绿篱的轮廓，效果如图 15-60 所示。

02 以同样的方式绘制其他部分的地被植物和绿篱，效果如图 15-61 所示。

图 15-60　勾勒地被轮廓

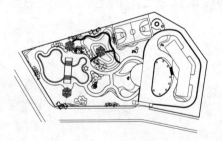

图 15-61　绿篱绘制结果

03 单击绘图工具栏 按钮，打开"图案填充和渐变色"对话框，为地被植物和绿篱填充材料图例，效果如图 15-62 所示。

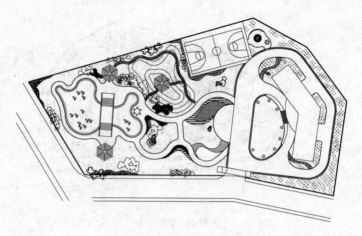

图 15-62　填充地被植物及绿篱

165 绘制乔灌木

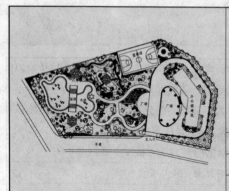

乔灌木在园林中占有重要的设计地位，无论在功能上还是艺术处理上都能起主导作用；其中大多数乔灌木在色彩、线条、质地和树形方面随叶片的生长和凋落可形成丰富的季节性变化，即使冬季落叶后也能展现出枝干的线条美。通过乔灌木的绘制，掌握 AutoCAD 基本命令的使用方法。本实例讲述乔灌木的绘制方法和操作步骤。

文件路径：	DWG\15 章\165 例.dwg
视频文件：	无
播放时长：	无

01 新建"乔灌木"图层，并将其置为当前图层；执行【插入】|【块】菜单命令，在弹出的对话框中单击"浏览"按钮，找到本书配套光盘 "第 15 章\植物平面.dwg"文件，将图块插入至图形中。

02 单击修改工具栏 按钮，调整图块的大小；单击修改工具栏 按钮，选择需要的植物，复制移动到总平面图的位置中，如图 15-63 所示。

03 单击修改工具栏 按钮，继续在道路两侧布置植物图例，效果如图 15-64 所示。

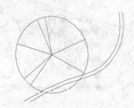

图 15-63　插入植物图块

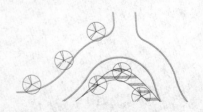

图 15-64　复制植物图例

04 使用同样的方法，绘制其他的乔灌木，效果如图 15-65 所示。

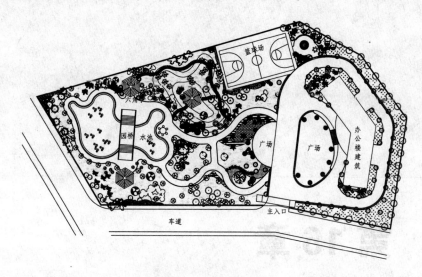

图 15-65　乔灌木绘制结果

05 绘制苗木表。单击绘图工具栏 □ 按钮，绘制一个 42300×25000 的矩形；单击修改工具栏 🖉 按钮，将矩形分解；单击修改工具栏 ⬥ 按钮，绘制出表格，效果如图 15-66 所示。

06 单击修改工具栏 ⚙ 按钮，复制植物图块，并将其缩放至合适的大小；单击绘图工具栏 A 按钮，为植物图例书写文字注解，效果如图 15-67 所示。

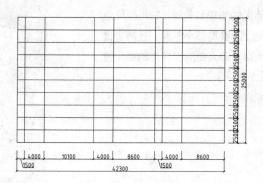

图 15-66　绘制表格

序号	图例	苗木名称	序号	图例	苗木名称	序号	图例	苗木名称
1		南洋杉	10		古榕	19		美人蕉
2		国槐	11		睡莲	20		满天星
3		木棉	12		桂花	21		刺虎梅
4		广玉兰	13		铁树	22		马缨丹
5		日本五针松	14		白玉兰	23		龙船花
6		黄金叶球	15		万年麻	24		棕竹
7		罗汉松	16		水石榕	25		蜘蛛兰
8		雪松	17		垂榕	26		四季海棠
9		国王椰子	18		大叶黄杨	27		满天星

图 15-67　插入植物图块及输入文字

第 16 章
屋顶花园设计实例

屋顶花园正受到被越来越多的国家和地区的热捧和青睐。它不但降温隔热效果优良，而且能美化环境、净化空气、改善局部小气候，还能丰富城市的俯仰景观，补偿建筑物占用的绿化地面，大大提高了城市的绿化覆盖率，是一种值得大力推广的屋面形式

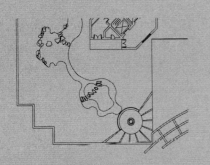

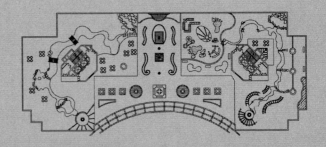

本章讲述屋顶花园设计实例。本章绘制完成的总平面图如图 16-1 所示。

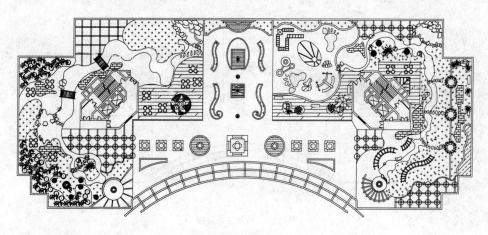

图 16-1 屋顶花园总平面

16.1 绘制园林景观及常用设施

166 绘制屋顶花园主景轴线以及生态水景

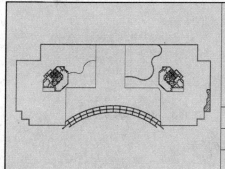

本例中的屋顶花园基本上以中轴线为准，分成两部分，绘制好轴线，可方便图形的绘制和景观的定位。本例中的生态水景位于右下角，供观赏之用。通过主景轴线以及生态水景的绘制，掌握 AutoCAD 基本命令的使用方法。本实例讲述主景轴线以及生态水景的绘制方法和操作步骤。

文件路径：	DWG\16 章\166 例.dwg
视频文件：	AVI\16 章\166-177 例.avi
播放时长：	57 分 59 秒

01 执行【文件】|【打开】菜单命令，打开本书配套光盘"第 16 章\屋顶花园原建筑图纸.dwg"文件，效果如图 16-2 所示。

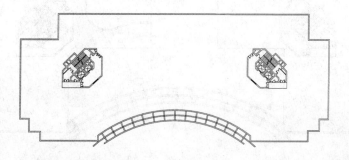

图 16-2 打开原建筑图纸

02 单击绘图工具栏 ╱ 按钮以及 ∿ 按钮，绘制出屋顶花的主景轴线，效果如图 16-3 所示。

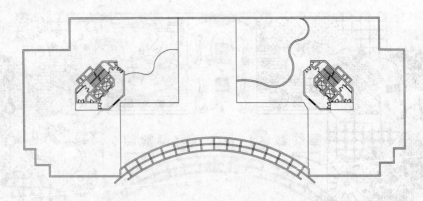

图 16-3　绘制主景轴线

03 因实例中的水景依墙而建，所以可以以墙的轮廓来绘制生态水景。单击绘图工具栏 ↩ 按钮，根据水体的走势定点创建多段线，效果如图 16-4 所示。

04 执行【修改】|【对象】|【多段线】命令，根据提示选择绘制好的多段线，输入"F"，按下空格键表示选择"拟合"命令，按下空格键，将多段线转换成圆弧；单击修改工具栏 ⟐ 按钮，偏移圆弧，得到生态水池轮廓线，效果如图 16-5 所示。

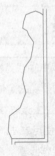

图 16-4　绘制多段线

图 16-5　拟合并偏移多段线

05 单击绘图工具栏 ▨ 按钮，填充水体图例，效果如图 16-6 所示。

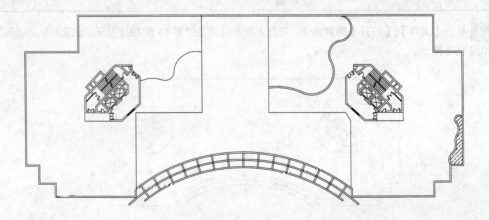

图 16-6　填充水体

167 绘制人工小溪以及假山叠水景观

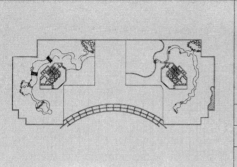

水是园林风景中非常重要的元素之一。本例中包括两处人工小溪以及假山叠水景观，其绘制方法基本相似。通过人工小溪以及假山叠水景观的绘制，掌握 AutoCAD 基本命令的使用方法。本实例讲述人工小溪及假山叠水景观的绘制方法和操作步骤。

	文件路径：	DWG\16 章\167 例.dwg
	视频文件：	AVI\16 章\166-177 例.avi
	播放时长：	57 分 59 秒

01 绘制小溪。单击绘图工具栏 ⌐ 按钮，勾勒出小溪的轮廓线，效果如图 16-7 所示。

02 执行【修改】|【对象】|【多段线】命令，选择绘制好的小溪的轮廓线，输入 "F"，按下空格键表示选择 "拟合" 命令，按下空格键，将多段线转换成圆弧，得到小溪的效果如图 16-8 所示。

图 16-7　绘制多段线

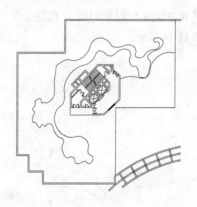

图 16-8　拟合多段线

03 为了美化池岸，可以在岸边添加一些景石，形成一个景石驳岸。单击绘图工具栏 ⌐ 按钮，绘制出景石的外部轮廓，重复 "多段线" 命令，勾勒出景石的内部纹理线条，效果如图 16-9 所示。

04 以同样的方式绘制出其他大小不等的景石以及小溪中的置石汀步。单击修改工具栏 ✛ 按钮，将景石和置石汀步放置小溪相应的地方，效果如图 16-10 所示。

图 16-9　绘制景石

图 16-10　绘制景石及置石汀步

05 单击绘图工具栏 ⌐⊃ 按钮，勾勒出小溪内小土丘的轮廓，输入"PE"命令，选择绘制的多段线，输入"F"，按下空格键表示选择"拟合"命令，按下空格键，将多段线转换成圆弧，得到小土丘的效果如图 16-11 所示。

06 单击绘图工具栏 ∕ 按钮以及修改工具栏 ⚒ 按钮，绘制出园桥；单击绘图工具栏 ⊡ 按钮，将园桥创建成块，效果如图 16-12 所示。

图 16-11　绘制小土丘造型

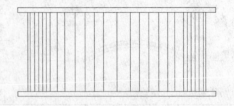

图 16-12　绘制园桥

07 单击修改工具栏 ↻ 按钮，将绘制的园桥旋转一定的角度；单击修改工具栏 ⚏ 按钮，将园桥移动复制到小溪相应的地方，效果如图 16-13 所示。

08 单击绘图工具栏 ⌐⊃ 按钮，绘制出假山的造型；单击绘图工具栏 ∿ 按钮，勾勒出假山叠水的轮廓，效果如图 16-14 所示。

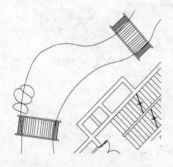

图 16-13　复制移动园桥

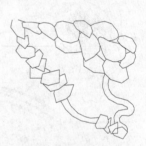

图 16-14　绘制假山叠水

09 用同样的方法绘制屋顶花园另一端的人工小溪以及假山叠水景观，效果如图 16-15 所示。

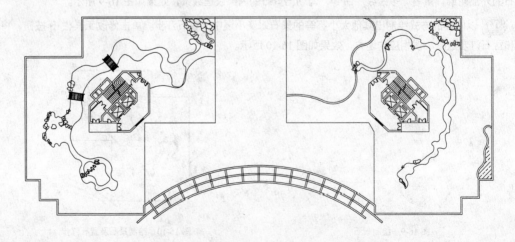

图 16-15　绘制假山叠水

168 绘制特色花架

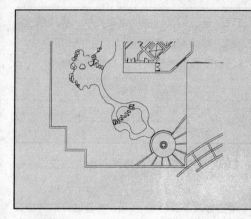

本实例中的特色花架位于小溪旁边，除供人歇足休息、欣赏风景外，也创造攀援植物生长的条件，其设计简单又独特。通过特色花架的绘制，掌握 AutoCAD 基本命令的使用方法，本实例讲述特色花架的绘制方法和操作步骤。

文件路径：	DWG\16 章\168 例.dwg
视频文件：	AVI\16 章\166-177 例.avi
播放时长：	57 分 59 秒

01 单击绘图工具栏 ⊘ 按钮，绘制半径分别为 250、550、1800、2040 和 2100 的 5 个同心圆，效果如图 16-16 所示。

02 单击绘图工具栏 ╱ 按钮，连接两个小圆的象限点连线；执行【修改】|【阵列】|【环形阵列】菜单命令，将直线阵列，效果如图 16-17 所示。

图 16-16　绘制同心圆

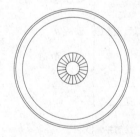

图 16-17　绘制并阵列直线

03 单击绘图工具栏 ╱ 按钮，连接圆心与大圆的象限点，单击修改工具栏 ○ 按钮，将直线旋转；重复"直线"和"旋转"按钮，共 18 次，效果如图 16-18 所示。

04 单击修改工具栏 ╌╱ 按钮，将绘制的直线延伸至墙及轴线；单击修改工具栏 ╱╴ 按钮，修剪直线和圆形，得到特色花架的平面，效果如图 16-19 所示。

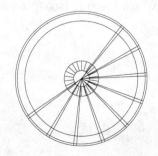

图 16-18　绘制并旋转直线

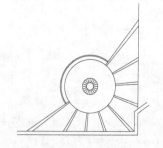

图 16-19　绘制特色花架

第 16 章

169 绘制雕塑及圆形喷泉

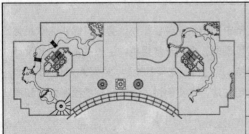

雕塑以及喷泉是园林设计中的重要设施。通过雕塑以及喷泉的绘制，掌握 AutoCAD 基本命令的使用方法，本实例讲述雕塑以及喷泉的绘制方法和操作步骤。

文件路径：	DWG\16 章\169 例.dwg
视频文件：	AVI\16 章\166-177 例.avi
播放时长：	57 分 59 秒

01 绘制雕塑。单击绘图工具栏口按钮，绘制一个 3600×3600 的矩形；单击修改工具栏▣按钮，将矩形向内偏移 590，作为雕塑的基座，效果如图 16-20 所示。

02 单击绘图工具栏／按钮，连接两个矩形各边的中点；单击修改工具栏▣按钮，将直线分别向左右和上下方向偏移 800 的距离，效果如图 16-21 所示。

03 单击修改工具栏▲按钮，删除中线；单击绘图工具栏／按钮，连接偏移直线的中点，作为雕塑的台阶，效果如图 16-22 所示。

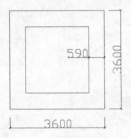

图 16-20　绘制并偏移矩形

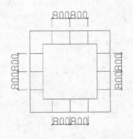

图 16-21　绘制并偏移直线

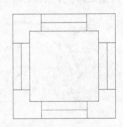

图 16-22　绘制雕塑台阶

04 单击绘图工具栏／按钮，连接矩形的中心垂直线；单击绘图工具栏⊙按钮，以垂直线的交点为圆心绘制一个半径为 458 的圆；单击绘图工具栏◯按钮，输入"C"，同样以垂直线的交点为椭圆的中心点，绘制两个椭圆，效果如图 16-23 所示。

05 单击修改工具栏／按钮，修剪椭圆；单击修改工具栏▲按钮，删除中心垂直线，得到雕塑的平面图，效果如图 16-24 所示。

06 绘制圆形喷泉。单击绘图工具栏⊙按钮，绘制半径为 356、608、1600 和 1800 的 4 个同心圆，效果如图 16-25 所示。

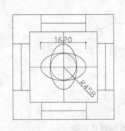

图 16-23　绘制椭圆和圆

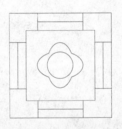

图 16-24　绘制雕塑平面图

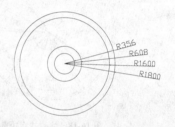

图 16-25　绘制同心圆

07　单击绘图工具栏 ╱ 按钮，连接两个小圆的象限点连线；执行【修改】|【阵列】|【环形阵列】菜单命令，将直线阵列；单击绘图工具栏 ▦ 按钮，为喷泉填充图例，效果如图 16-26 所示。

08　单击修改工具栏 ⚊ 按钮，将绘制好的喷泉进行镜像复制，效果如图 16-27 所示。

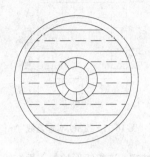

图 16-26　绘制雕塑平面图

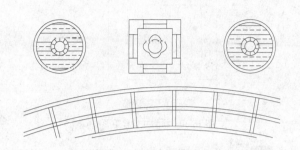

图 16-27　镜像复制图形

170　绘制带坐凳树池和花台

　　树池和花台是园林设计中的重要设施，起到美化环境和观赏的作用。通过带坐凳树池和花台的绘制，掌握 **AutoCAD** 基本命令的使用方法，本实例讲述带坐凳树池和花台的绘制方法和操作步骤。

文件路径：	DWG\16 章\170 例.dwg
视频文件：	AVI\16 章\166-177 例.avi
播放时长：	57 分 59 秒

01　绘制带坐凳树池 1。单击绘图工具栏 ⊙ 按钮，绘制半径为 600 和 900 的两个同心圆，效果如图 16-28 所示。

02　单击修改工具栏 ⚬ 按钮，将绘制好的圆形带坐凳树池复制移动到总平图的相应位置上，效果如图 16-29 所示。

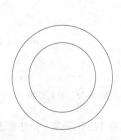

图 16-28　绘绘制并偏移圆形

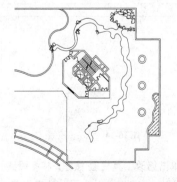

图 16-29　复制并移动图形

03　绘制带坐凳树池 2。单击绘图工具栏 ▭ 按钮，绘制一个 1800×1800 的矩形；单击修改工具栏 ⬒ 按钮，将矩形向内偏移 300，效果如图 16-30 所示。

04 单击绘图工具栏 ╱ 按钮，连接两个矩形各边的中点；单击修改工具栏 △ 按钮，将直线分别向左右和上下方向偏移 400 的距离，效果如图 16-31 所示。

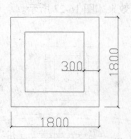

图 16-30　绘制并偏移矩形

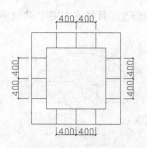

图 16-31　绘制并偏移直线

05 单击修改工具栏 ╱ 按钮，删除中线；单击绘图工具栏 ╱ 按钮，连接矩形的中心垂直线；单击绘图工具栏 ◎ 按钮，以垂直线的交点为圆心绘制一个半径为 400 的圆，并删除垂直线，树池绘制完成，效果如图 16-32 所示。

06 单击修改工具栏 ░ 按钮，将绘制好的方形带坐凳树池复制移动到总平图的相应位置上，并将其进行阵列，效果如图 16-33 所示。

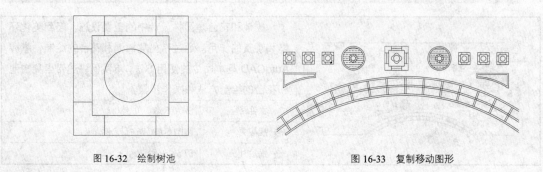

图 16-32　绘制树池

图 16-33　复制移动图形

07 绘制花台。单击绘图工具栏 ╮ 按钮，绘制一条多段线，效果如图 16-34 所示。

08 执行【绘图】|【圆弧】|【起点、端点、半径】菜单命令，捕捉多线段的两个端点，绘制一条半径为 9590 的圆弧，效果如图 16-35 所示。

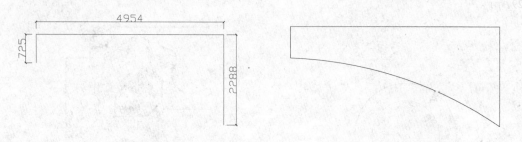

图 16-34　绘制多段线

图 16-35　绘制弧线

09 单击修改工具栏 △ 按钮，将多段线和圆弧分别向下和向上偏移 192 的距离；单击修改工具栏 ╱ 按钮，修剪图形，得到花台的平面，效果如图 16-36 所示。

10 单击修改工具栏 ░ 按钮，将绘制好的花台进行镜像复制，效果如图 16-37 所示。

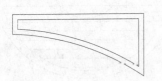

图 16-36　绘制花台

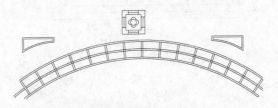

图 16-37　镜像复制花台

171　绘制中心景观区

中心景观区主要包括花池、喷泉、石材装饰小品、叠水以及叠水背景墙等。通过带中心区景观的绘制，掌握 AutoCAD 基本命令的使用方法，本实例讲述中心区景观的绘制方法和操作步骤。

	文件路径：	DWG\16 章\171 例.dwg
	视频文件：	AVI\16 章\166-177 例.avi
	播放时长：	57 分 59 秒

01 绘制叠水及叠水背景墙。单击绘图工具栏 □ 按钮，绘制 6040×186 和 5352×186 的矩形，单击修改工具栏 ✛ 按钮，捕捉矩形的中点并对齐，效果如图 16-38 所示。

02 单击修改工具栏 按钮，将矩形分解；单击修改工具栏 按钮，将直线向上偏移 224 的距离；单击修改工具栏 ⊙ 按钮，以直线的中点为圆心绘制一个半径为 2400 的圆，效果如图 16-39 所示。

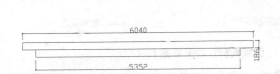

图 16-38　绘制并移动矩形

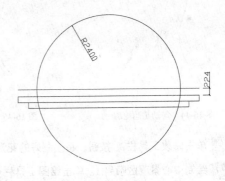

图 16-39　偏移直线并绘制圆

03 单击修改工具栏 按钮，将圆依次向内偏移 200 和 1300 的距离；单击修改工具栏 ⊬ 按钮，修剪图形；单击修改工具栏 ✎ 按钮，删除直线，效果如图 16-40 所示。

04 单击绘图工具栏 按钮，填充图例，中心景观区叠水及叠水背景墙绘制完成，效果如图 16-41 所示。

05 绘制花池 1。复制一份叠水及其背景墙。单击绘图工具栏 按钮和 按钮，绘制出花池 1 的轮廓，效果如图 16-42 所示。

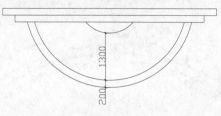

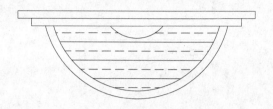

图 16-40 修剪图形 　　　　　　　　　　　图 16-41 绘制叠水及其背景墙

06 单击修改工具栏 按钮，偏移花坛的轮廓；单击修改工具栏 按钮，修剪图形，得到花池 1 的平面图，效果如图 16-43 所示。

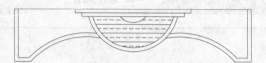

图 16-42 绘制花池轮廓 　　　　　　　　　图 16-43 花池绘制结果

07 绘制花池 2。单击绘图工具栏 按钮和 按钮，勾勒出花池的大致形状，通过编辑夹点命令，达到所需要的效果，如图 16-44 所示。

08 单击修改工具栏 按钮，偏移花坛的轮廓；单击修改工具栏 按钮，修剪图形，得到花池 2 的平面图，效果如图 16-45 所示。

09 以同样的方式绘制另一个花池，效果如图 16-46 所示。

图 16-44 勾勒花池轮廓 　　　　　图 16-45 花池绘制结果 　　　　　图 16-46 绘制花池

10 单击修改工具栏 按钮，将绘制好的花池进行镜像复制，效果如图 16-47 所示。

11 绘制中心景观区喷泉 1。单击绘图工具栏 按钮，绘制一个长轴为 6069，短轴为 3997 的椭圆；单击修改工具栏 按钮，将椭圆向内偏移 150 的距离，效果如图 16-48 所示。

12 单击绘图工具栏 按钮，绘制 2400×3500 的矩形；单击修改工具栏 按钮，将矩形向内偏移 150，效果如图 16-49 所示。

13 单击绘图工具栏 按钮，连接矩形的中心垂直线；单击绘图工具栏 按钮，输入 "C"，以垂直线的交点为椭圆的中心点，绘制一个椭圆；单击修改工具栏 按钮，将直线旋转；单击修改工具栏 按钮，修剪图形；单击绘图工具栏 按钮，填充图例，效果如图 16-50 所示。

14 绘制喷泉 2。单击绘图工具栏 按钮，绘制 2400×2400 的矩形；单击修改工具栏 按钮，将矩形向内偏移 150，效果如图 16-51 所示

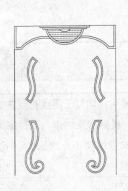

图 16-47　镜像花池

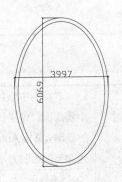

图 16-48　绘制并偏移椭圆

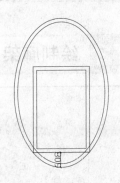

图 16-49　绘制并偏移矩形

15 单击绘图工具栏 ╱ 按钮，连接矩形的对角线；单击绘图工具栏 ⊙ 按钮，以对角线的交点为圆心绘制半径为 247 和 422 的同心圆，并删除垂直线，效果如图 16-52 所示。

图 16-50　修剪图形

图 16-51　绘制并偏移矩形

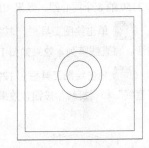

图 16-52　绘制同心圆

16 单击绘图工具栏 ╱ 按钮，连接两个小圆的象限点连线；执行【修改】|【阵列】|【环形阵列】菜单命令，将直线阵列；单击绘图工具栏 ▦ 按钮，为喷泉填充图例，效果如图 16-53 所示。

17 绘制石材装饰小品。单击绘图工具栏 ⊙ 按钮，绘制半径为 291 和 341 的两个同心圆，作为石材装饰的基座；单击绘图工具栏 ⌐ 按钮，在圆内任意绘制一条多段线，作为石材装饰的轮廓线，效果如图 16-54 所示。

18 单击修改工具栏 ◌ 按钮，复制一份石材装饰小品，至此，屋顶花园中心区景观绘制完成，效果如图 16-55 所示。

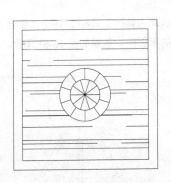

图 16-53　喷泉绘制结果

图 16-54　绘制石材装饰小品

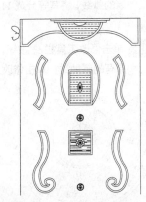

图 16-55　中心景观绘制结果

172 绘制廊架

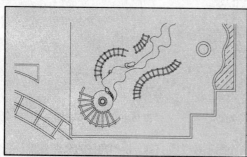

本实例中总共包含 **4** 个廊架，均位于屋顶花园右侧小溪周围，供居民休闲娱乐、观赏水景之用。通过廊架的绘制，掌握 AutoCAD 基本命令的使用方法，本实例讲述廊架的绘制方法和操作步骤。

	文件路径：	DWG\16 章\172 例.dwg
	视频文件：	AVI\16 章\166-177 例.avi
	播放时长：	57 分 59 秒

01 绘制廊架 1。单击绘图工具栏 ⊘ 按钮，绘制半径分别为 250、550、1200、1300、1450、2800、3000 和 3150 的 8 个同心圆，效果如图 16-56 所示。

02 单击绘图工具栏 ╱ 按钮，连接两个小圆的象限点连线；执行【修改】|【阵列】|【环形阵列】菜单命令，将直线阵列，效果如图 16-57 所示。

03 单击绘图工具栏 ╱ 按钮，连接圆心与大圆的象限点；单击修改工具栏 ↻ 按钮，将直线旋转；重复 "直线" 和 "旋转" 按钮，效果如图 16-58 所示。

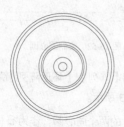

图 16-56　绘制同心圆

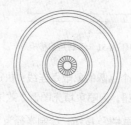

图 16-57　绘制并偏移直线

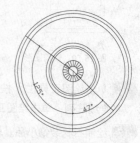

图 16-58　绘制并旋转直线

04 单击修改工具栏 ⊰ 按钮，修剪直线和圆，效果如图 16-59 所示。

05 执行【格式】|【点样式】菜单命令，修改点样式；执行【绘图】|【点】|【定数等分】菜单命令，选择最外端的弧线，将其等分成 11 等份；单击绘图工具栏 ╱ 按钮，连接圆心与各个等分点，效果如图 16-60 所示。

06 单击修改工具栏 ⌒ 按钮，将所有直线依次向两边偏移 75 的距离；单击修改工具栏 ✐ 按钮，删除点样式和原有的辅助线；单击修改工具栏 ⊰ 按钮，修剪图形，得到廊架 1 的平面图，效果如图 16-61 所示。

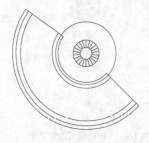

图 16-59　修剪图形

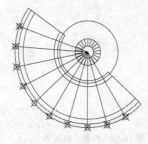

图 16-60　等分图形

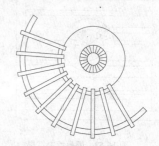

图 16-61　绘制廊架 1

07 绘制廊架 2。单击绘图工具栏 ⊙ 按钮，绘制半径分别为 2013、2093、2193、2793、2893 和 2973 的 6 个同心圆，效果如图 16-62 所示。

08 单击绘图工具栏 ╱ 按钮，连接圆心与大圆的象限点；单击修改工具栏 ○ 按钮，将直线旋转；重复 "直线" 和 "旋转" 按钮，效果如图 16-63 所示。

09 单市修改工具栏 ╱ 按钮，修剪直线和圆，效果如图 16-64 所示。

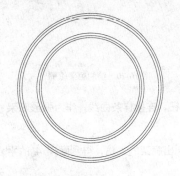 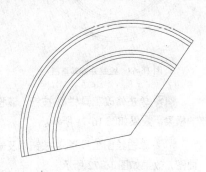

图 16-62　绘制同心圆　　　　图 16-63　绘制并旋转直线　　　　图 16-64　修剪图形

10 执行【格式】|【点样式】菜单命令，修改点样式；执行【绘图】|【点】|【定数等分】菜单命令，选择最外端的弧线，将其等分成 11 等份；单击绘图工具栏 ╱ 按钮，连接圆心与等分点，效果如图 16-65 所示。

11 单击修改工具栏 ➹ 按钮，将所有的直线依次向两边偏移 50 的距离；单击修改工具栏 ✎ 按钮，删除点样式和原有的辅助线；单击修改工具栏 ╱ 按钮，修剪图形，得到廊架 2 的平面图，效果如图 16-66 所示。

12 单击绘图工具栏 ⊙ 按钮，绘制半径分别为 2013、2093、2193、2793、2893 和 2973 的 6 个同心圆，效果如图 16-67 所示。

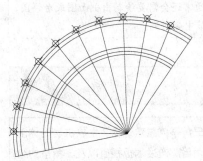 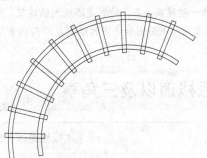  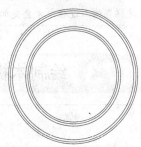

图 16-65　等分图形　　　　图 16-66　绘制廊架 2　　　　图 16-67　绘制同心圆

13 单击绘图工具栏 ╱ 按钮，连接圆心与大圆的象限点；单击修改工具栏 ○ 按钮，将直线旋转；重复 "直线" 和 "旋转" 按钮，效果如图 16-68 所示。

14 使用廊架 1 和廊架 2 同样的方法绘制出廊架 3，效果如图 16-69 所示。

15 绘制廊架 4。单击绘图工具栏 ∿ 按钮，绘制两条样条曲线，作为廊架的轮廓，效果如图 16-70 所示。

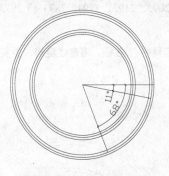

图 16-68 绘制并旋转直线

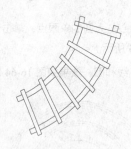

图 16-69 绘制廊架 3

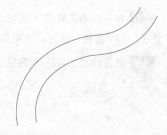

图 16-70 绘制廊架轮廓

> **16** 单击修改工具栏 按钮，偏移样条曲线；单击绘图工具栏 按钮，连接样条曲线，作为弧形廊架的横梁，效果如图 16-71 所示。

> **17** 单击绘图工具栏 按钮以及修改工具栏 按钮和 按钮，绘制出廊架的木枋，得到廊架 4 的平面图，效果如图 16-72 所示。

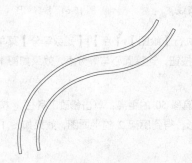

图 16-71 绘制廊架横梁

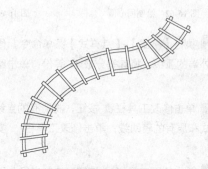

图 16-72 绘制廊架 4

> 🔊 **提 示：**对于图纸当中的一些建筑小品，特别是不规则的建筑，通常还会需要绘制出剖面图或者详图，这样在施工过程中才会更加准确。剖面图和详图的绘制在后面的章节中会讲到。

173 绘制木板栈道以及三角亭

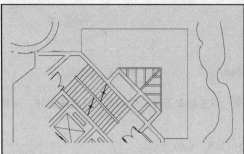

木板栈道以及三角亭倚靠建筑物，主要供居民休闲娱乐以及观赏景色之用。通过木板栈道以及三角亭的绘制，掌握 AutoCAD 基本命令的使用方法。本实例讲述木板栈道以及三角亭的绘制方法和操作步骤。

	文件路径：	DWG\16 章\173 例.dwg
	视频文件：	AVI\16 章\166-177 例.avi
	播放时长：	57 分 59 秒

> **01** 单击修改工具栏 按钮，复制一份原建筑轮廓；单击修改工具栏 按钮，删除多余的部分，效果如图 16-73 所示。

> **02** 单击绘图工具栏 按钮，以建筑物外轮廓线为起点绘制一条多段线，得到木板栈道平面，效果如

图 16-74 所示。

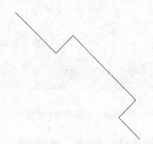

图 16-73 复制原有图形

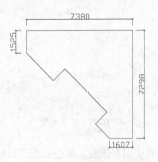

图 16-74 木板栈道绘制结果

03 单击绘图工具栏 ✐ 按钮，绘制直线；单击修改工具栏 ❑ 按钮，偏移直线，单击修改工具栏 ⊬ 按钮，修剪直线，得到三角亭的轮廓，效果如图 16-75 所示。

04 单击绘图工具栏 ✐ 按钮以及修改工具栏 ❑ 按钮和 ⊬ 按钮，绘制三角亭，效果如图 16-76 所示。

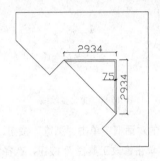

图 16-75 绘制三角亭轮廓

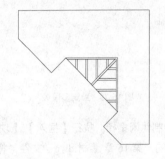

图 16-76 三角亭绘制结果

174 绘制屋顶花园其他设施

通过以上实例的绘制，屋顶花园景观大致已经绘制完成，现在进行其他设施的绘制，以完善屋顶花园景观。由屋顶花园其他设施的绘制，掌握 AutoCAD 基本命令的使用方法，本实例讲述屋顶花园其他设施的绘制方法和操作步骤。

文件路径：	DWG\16 章\174 例.dwg
视频文件：	AVI\16 章\166-177 例.avi
播放时长：	57 分 59 秒

01 绘制木坐凳。单击绘图工具栏 ▭ 按钮，绘制一个 1500×450 的矩形，作为木凳的平面，效果如图 16-77 所示。

02 单击修改工具栏 ℃ 按钮，复制移动木坐凳到平面图的其他位置，效果如图 16-78 所示。

图 16-77　绘制木凳

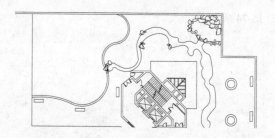

图 16-78　复制移动木坐凳

03 绘制枯山水景观。单击绘图工具栏 ⌒ 按钮，指定多段线大概起点的位置，绘制出枯山水景观的轮廓，效果如图 16-79 所示。

04 执行【修改】|【对象】|【多段线】命令（快捷键为 **PE**），根据提示选择绘制好的轮廓线，输入 "**F** "，按下空格键表示选择 "拟合" 命令，按下空格键，将多段线转换成圆弧，效果如图 16-80 所示。

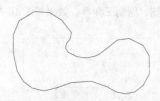

图 16-79　绘制多段线

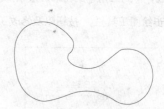

图 16-80　拟合多段线

05 绘制休闲桌椅。执行【插入】|【块】菜单命令，在弹出的对话框中单击 "浏览" 按钮，找到本书配套光盘中的 "第 16 章\素材.dwg" 文件，将图块插入至图形中；单击修改工具栏 ⌒ 按钮，选择休闲桌椅，将其复制移动至总评图中相应的位置，效果如图 16-81 所示。

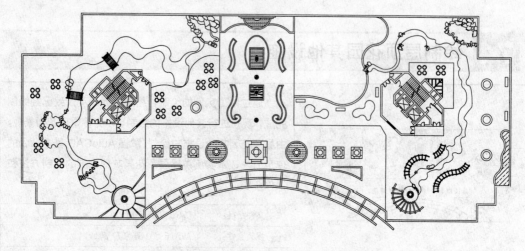

图 16-81　复制移动休闲桌椅

06 绘制儿童设施。执行【插入】|【块】菜单命令，在弹出的对话框中单击 "浏览" 按钮，找到本书配套光盘中的 "第 16 章\素材.dwg" 文件，将图块插入至图形中；单击修改工具栏 ⌒ 按钮，选择儿童娱乐设施器材，将其复制移动至总评图中相应的位置，效果如图 16-82 所示。

07 绘制块石路。单击绘图工具栏 ⌒ 按钮，勾勒出大小不等的块石，效果如图 16-83 所示。

图 16-82 绘制儿童娱乐景观区

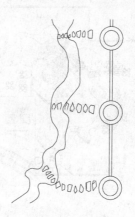

图 16-83 绘制块石路

175 绘制铺装

本实例中共有三种铺装形式，分别为青石板铺装、木地板铺装和油光石铺装。通过屋顶花园铺装的绘制，掌握 AutoCAD 基本命令的使用方法，本实例讲述屋顶花园铺装的绘制方法和操作步骤。

	文件路径	DWG\16 章\175 例.dwg
	视频文件	AVI\16 章\166–177 例.avi
	播放时长	57 分 59 秒

01 绘制青石板铺装。单击绘图工具栏 和 按钮，勾勒出青石板铺装的大概范围，效果如图 16-84 所示。

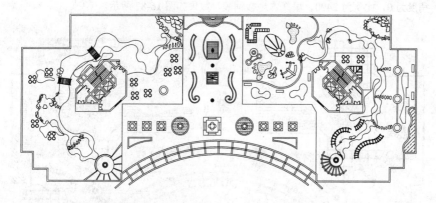

图 16-84 勾勒出青石板铺装轮廓

02 单击绘图工具栏 按钮，打开"图案填充和渐变色"对话框，选择"AR-B816C"图案类型，角度为 0，比例为 50，填充青石板铺装，效果如图 16-85 所示。

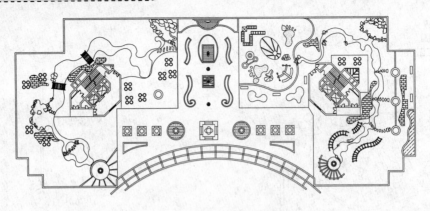

图 16-85　填充青石板材料图例

03 绘制油光石铺装。单击绘图工具栏 ～ 按钮和 ╱ 按钮以及修改工具栏 ⚙ 按钮，绘制出油光石铺装，效果如图 16-86 所示。

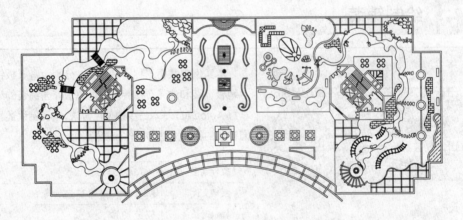

图 16-86　绘制油光石铺装

04 绘制木地板铺装。单击绘图工具栏 ▨ 按钮，打开"图案填充和渐变色"对话框，选择"DOLMIT"图案类型，角度为 0，比例为 2400，填充木地板铺装，效果如图 16-87 所示。

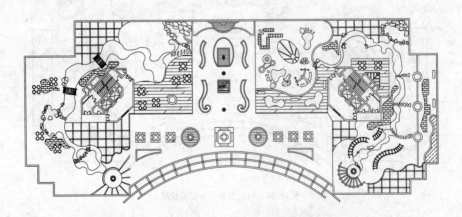

图 16-87　绘制木地板铺装

16.2 绘制植物

176　绘制地被植物及绿篱

地被植物不仅能够防止水土流失、吸附尘土、净化空气、减弱噪声、消除污染，还具有一定观赏和经济价值。绘制在园林平面图中，只需有大致的轮廓，而后填充完整即可。如此便可很好地区分不同的植物种类及其分布状况。通过地被植物以及绿篱的绘制，掌握 AutoCAD 基本命令的使用方法。本实例讲述地被植物及绿篱的绘制方法和操作步骤。

文件路径：	DWG\6 章\176 例.dwg
视频文件：	AVI\16 章\166-177 例.avi
播放时长：	57 分 59 秒

01 新建"地被植物及绿篱"图层，并将其置为当前图层；单击绘图工具栏 ∿ 按钮，勾勒出地被植物以及绿篱的轮廓，效果如图 16-88 所示。

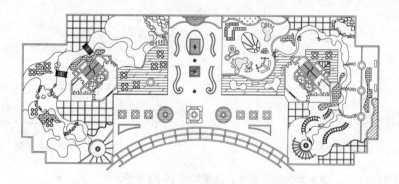

图 16-88　勾勒地被植物和绿篱轮廓

02 单击绘图工具栏 ▨ 按钮，打开"图案填充和渐变色"对话框，为地被植物和绿篱填充材料图例，效果如图 16-89 所示。

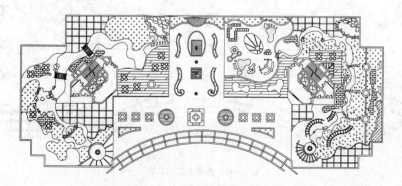

图 16-89　填充地被植物及绿篱

177 绘制乔灌木

乔木主干直立、树冠广阔；灌木丛生于地、植株矮小。但两者都是为打造更好的园林景观而存在，所以在设计时，更加注重相互补充，以使园中景致更加迷人。通过乔灌木的绘制，掌握 AutoCAD 基本命令的使用方法。本实例讲述乔灌木的绘制方法和操作步骤。

文件路径：	DWG\16 章\177 例.dwg
视频文件：	AVI\16 章\166－177 例.avi
播放时长：	57 分 59 秒

01 新建"乔灌木"图层，并将其置为当前图层；执行【插入】|【块】菜单命令，在弹出的对话框中单击"浏览"按钮，找到本书配套光盘中的"第 16 章\植物平面.dwg"文件，将图块插入至图形中。

02 单击修改工具栏▣按钮，调整图块的大小；单击修改工具栏❀按钮，选择需要的植物，复制移动到总平面图的位置中，如图 16-90 所示。

03 单击修改工具栏❀按钮，继续在道路两侧布置植物图例，效果如图 16-91 所示。

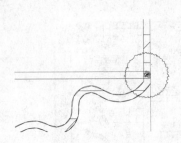

图 16-90　插入植物图块

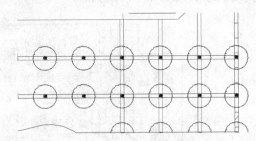

图 16-91　复制植物图例

04 使用同样的方法，绘制其他的乔灌木，效果如图 16-92 所示。

图 16-92　乔灌木绘制结果

05 绘制苗木表。单击绘图工具栏 ▭ 按钮，绘制一个 36000×13000 的矩形；单击修改工具栏 ▱ 按钮，将矩形分解；单击修改工具栏 ▱ 按钮，绘制出表格，效果如图 16-93 所示。

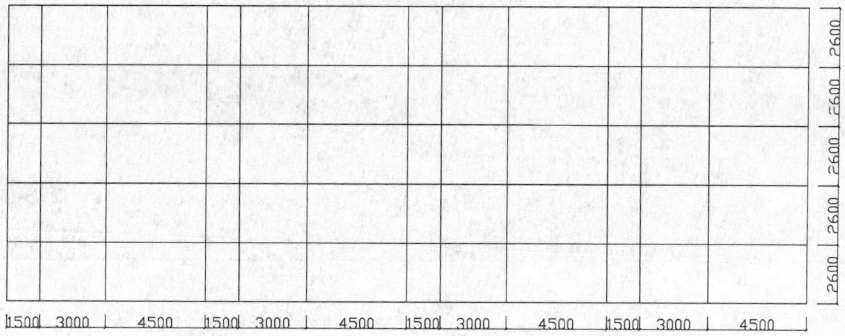

图 16-93　绘制表格

06 单击修改工具栏 ▱ 按钮，复制植物图块，并将其缩放至合适的大小；单击绘图工具栏 **A** 按钮，为植物图例书写文字注解，效果如图 16-94 所示。

序号	图例	苗木名称	序号	图例	苗木名称	序号	图例	苗木名称	序号	图例	苗木名称
1		雪　松	5		栀子花	9		铁　树	13		红檵木球
2		马尾松	6		广玉兰	10		香　樟	14		日本五针松
3		芦　荟	7		国　槐	11		龙爪槐	15		加拿大海藻
4		蜘蛛兰	8		海桐球	12		法国梧桐	16		紫　薇

图 16-94　插入植物图块及输入文字

第 17 章
小游园景观设计实例

　　园林设计是一门研究如何应用艺术和技术手段处理自然、建筑和人类活动之间的复杂关系，使其达到和谐完美、生态良好、风景怡人之境界的学科。园林设计图是在掌握园林艺术理论、设计原理、有关工程技术及制图基础知识的基础上所绘制的专业图纸，它可表达园林设计人员的思想和要求，是生产施工的技术性文件。

　　城市小游园也叫游憩小绿地，是供人们休息、交流、锻炼、夏日纳凉及进行一些小型文化娱乐活动的场所，是城市公共绿地的重要组成部分。

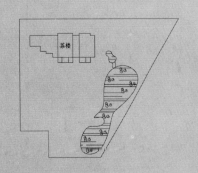
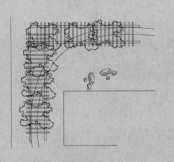
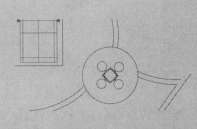

本章讲述小游园景观设计实例。本章绘制完成的总平面图如图 17-1 所示。

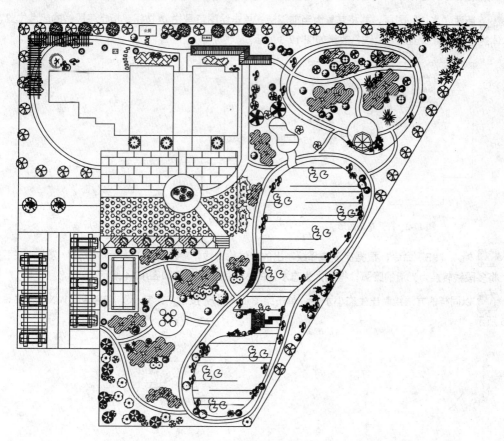

图 17-1 小游园总平图

17.1 绘制园林景观及常用设施

178 绘制园林水体

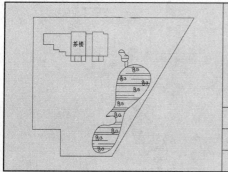

水于世界，是一个不可忽视的存在。豪迈如东坡，也不仅感慨："天壤之间，水居其多。"园林之中，源有活水，方显朝气。本例中包含一个大的生态水池和一个小水池，通过一条小溪流将它们连接起来，绘制时只要把握住其大致的轮廓即可。本实例讲述园林水体的绘制方法和操作步骤。

文件路径：	DWG\17 章\178 例.dwg
视频文件：	无
播放时长：	无

01 执行【文件】|【打开】菜单命令，打开本书配套光盘中的"第 17 章小游园景观原建筑图纸.dwg

文件，效果如图 17-2 所示。

02 新建"水体"图层，并将其置为当前图层；单击绘图工具栏 ⌐ 按钮，指定多段线的起点位置，根据水体的走势定点以创建多段线，效果如图 17-3 所示。

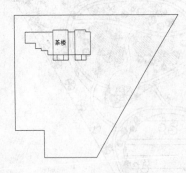

图 17-2　打开基础图形

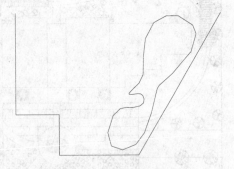

图 17-3　绘制多段线

03 输入"PE"命令，根据提示选择绘制出的水体轮廓线，输入"F"，激活"拟合"选项，按下空格键，将多段线转换为光滑的圆弧，得到大生态水池的水体围边，效果如图 17-4 所示。

04 以同样的方法绘制出生态小水池；单击绘图工具栏 ⌒ 按钮，绘制小溪，连接大小水池，效果如图 17-5 所示。

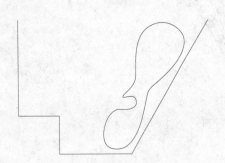

图 17-4　拟合多段线

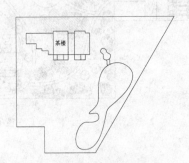

图 17-5　绘制小水池以及小溪

05 单击绘图工具栏 ⊞ 按钮，打开"图案填充和渐变色"对话框，选择选择"**AR-RROOF**"图案类型，为水体填充图例，效果如图 17-6 所示。

06 单击绘图工具栏 ⊘ 按钮和 ╱ 按钮以及修改工具栏 ⊬ 按钮，绘制一些水生植物，效果如图 17-7 所示。

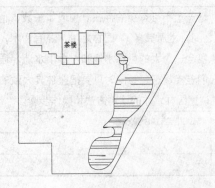

图 17-6　填充水体图例

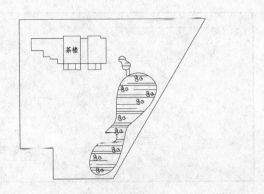

图 17-7　绘制水生植物

179　绘制园路

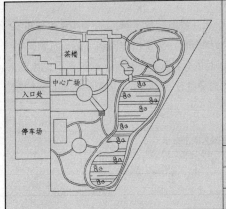

　　园路，指园林中的道路工程，包括园路布局、路面层结构和地面铺装等的设计。园林道路是园林的组成部分，起着组织空间、引导游览、交通联系并提供散步休息场所的作用。园路本身又是园林风景的组成部分，蜿蜒起伏的曲线，丰富的寓意，精美的图案，都给人以美的享受。通过园路的绘制，掌握 AutoCAD 基本命令的使用方法。本实例讲述园路的绘制方法和操作步骤。

文件路径：	DWG\17章\179例.dwg	
视频文件：	无	
播放时长：	无	

　　01 新建"园路"图层，并将其置为当期图层；单击绘图工具栏 按钮和 按钮以及修改工具栏 按钮和 按钮，绘制入口园路以及停车场和中心广场的大致轮廓，效果如图 17-8 所示。

　　02 单击绘图工具栏 按钮，指定样条曲线的大概起点位置，在绘图区域空白处根据园路的走势指定以创建样条曲线，并使用夹点编辑功能，调整样条曲线，效果如图 17-9 所示。

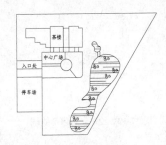

图 17-8　绘制入口处大致轮廓

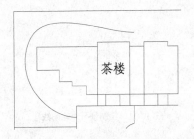

图 17-9　绘制样条曲线

　　03 单击绘图工具栏 按钮、 按钮和 按钮以及修改工具栏 按钮和 按钮，绘制出小游园内的其他园路，效果如图 17-10 所示。

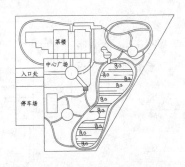

图 17-10　绘制其他园路

　　提　示： 一般绘制道路时，首先要绘制主干道，然后绘制次干道，最后再绘制其他道路。按照这样的顺序进行绘制，主次分明，不容易出错。

180 绘制景石

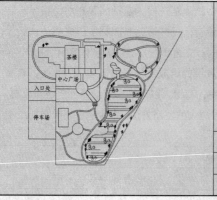

　　景石位于水体四周并零散摆放于草地，可以增加自然气息，水草与石块的合理布置，可使水体四周形成一道自然的风景线，同时还可以起到保护池岸的作用。通过景石的绘制，掌握 AutoCAD 基本命令的使用方法。本实例讲述景石的绘制方法和操作步骤。

	文件路径：	DWG\17 章\180 例.dwg
	视频文件：	无
	播放时长：	无

01 新建"景石"图层，并将其置为当前图层。单击绘图工具栏 按钮，绘制景石的外部轮廓，效果如图 17-11 所示。

02 单击绘图工具栏 按钮，绘制景石的内部纹理，效果如图 17-12 所示。

图 17-11　绘制景石外轮廓线

图 17-12　绘制景石内部纹理

03 单击修改工具栏 按钮，将绘制的景石旋转至合适的角度；单击修改工具栏 按钮，将景石移动至平面图中相应的地方，效果如图 17-13 所示。

04 单击绘图工具栏 按钮，使用同样的方法，绘制出其他的景石，并进行旋转移动，最终效果如图 17-14 所示。

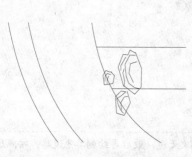

图 17-13　旋转移动景石

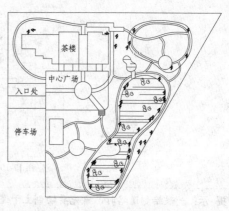

图 17-14　景石绘制

第3篇

181　绘制停车场

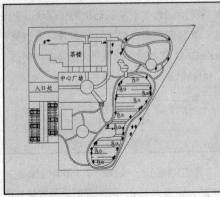

停车场指的是供停放车辆使用的场地。停车场可分为暖式车库、冷室车库、车棚和露天停车场四类。停车场的主要任务是保管停放车辆。本实例中的停车场为露天式停车场，但却在停车场处布置了景观廊架，用以缓和停车场的生硬。通过停车场的绘制，掌握 AutoCAD 基本命令的使用方法。本实例讲述停车场的绘制方法和操作步骤。

	文件路径：	DWG\17 章\181 例.dwg
	视频文件：	无
	播放时长：	无

01 新建"停车场"图层，并将其置为当前图层；单击绘图工具栏 ✏ 按钮以及修改工具栏 ⛁ 按钮，绘制出停车场得停车位，效果如图 17-15 所示。

02 绘制景观廊架。单击绘图工具栏 ▢ 按钮，绘制一个 6412×874 的矩形；单击修改工具栏 ⛁ 按钮，输入"A"，输入要阵列的项目数为 11，距离为 2089，阵列复制矩形，效果如图 17-16 所示。

图 17-15　绘制停车位

图 17-16　绘制并阵列矩形

03 单击绘图工具栏 ▢ 按钮，绘制一个 1000×24000 的矩形，作为廊架的横梁；单击修改工具栏 ✛ 按钮，移动横梁至合适的位置；单击修改工具栏 ⛁ 按钮，复制一份横梁，得到廊架的平面图，效果如图 17-17 所示。

04 单击修改工具栏 ⛁ 按钮，复制一份廊架到另外一个车库中；执行【插入】|【块】菜单命令，在弹出的对话框中单击"浏览"按钮，找到本书配套光盘中的"第 17 章\车.dwg"文件，将图块插入至图形中；单击修改工具栏 ⛁ 按钮，复制"车图块"到相应的位置，效果如图 17-18 所示。

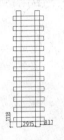

图 17-17　绘制廊架

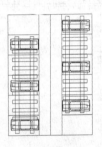

图 17-18　停车场绘制结果

182 绘制葡萄架

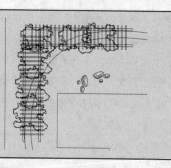

葡萄架是为使葡萄苗能顺利生长结实而搭的竹架子。它不仅能够供植物攀援，而且能形成一道独立的风景。通过葡萄架的绘制，掌握 AutoCAD 基本命令的使用方法。本实例讲述葡萄架绘制方法和操作步骤。

	文件路径：	DWG\17 章\182 例.dwg
	视频文件：	无
	播放时长：	无

01 新建"葡萄架"图层，并将其置为当前图层；单击绘图工具栏 ▱ 按钮，绘制一个 3500×150 的矩形；单击修改工具栏 器 按钮，输入"A"，输入要阵列的项目数为 25，距离为 600，阵列复制矩形效果如图 17-19 所示。

02 单击绘图工具栏 ▱ 按钮，绘制一个 300×16550 的矩形，作为葡萄架的横梁；单击修改工具栏 ✛ 按钮，移动横梁至合适的位置；单击修改工具栏 器 按钮，复制一份横梁，得到葡萄架的平面图，效果如图 17-20 所示。

图 17-19 绘制并阵列矩形

图 17-20 绘制葡萄架

03 单击修改工具栏 器 按钮，复制一份绘制好的葡萄架；单击修改工具栏 ↻ 按钮，将其旋转 90°；单击修改工具栏 ✛ 按钮，移动葡萄架至合适的位置，效果如图 17-21 所示。

04 单击绘图工具栏 ⌇ 按钮，勾勒出葡萄架上面的藤蔓植物，效果如图 17-22 所示。

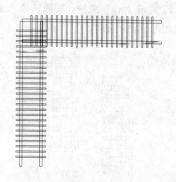

图 17-21 复制选择葡萄架

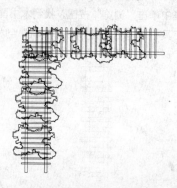

图 17-22 绘制藤蔓植物

183 绘制休闲长廊及其周围设施

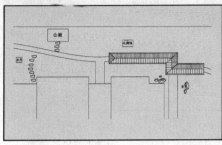

廊架是园林常用景观设施之一，供人们休闲娱乐、观赏风景之用。通过休闲长廊的绘制，掌握 AutoCAD 基本命令的使用方法。本实例讲述休闲长廊的绘制方法和操作步骤。

文件路径：	DWG\17 章\183 例.dwg
视频文件：	无
播放时长：	无

01 新建"休闲长廊及其周围设施"图层，并将其置为当前图层；单击绘图工具栏 ✏ 按钮，绘制出休闲长廊的外轮廓，效果如图 17-23 所示。

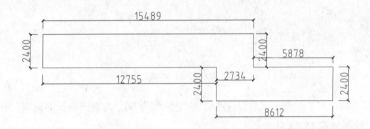

图 17-23 绘制休闲长廊外轮廓

02 单击修改工具栏 ⊘ 按钮，将绘制好的休闲长廊的外轮廓各直线均向内偏移 160 的距离；单击修改工具栏 ◻ 按钮，指定倒角半径为 0，给偏移的直线倒圆角，效果如图 17-24 所示。

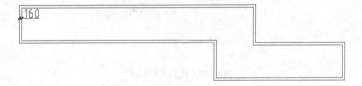

图 17-24 偏移直线并倒角

03 单击绘图工具栏 ✏ 按钮以及修改工具栏 ⊘ 按钮环绕 ◻ 按钮，绘制出休闲长廊的内部轮廓，效果如图 17-25 所示。

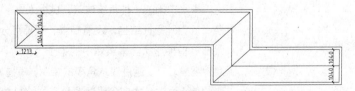

图 17-25 绘制内部造型

04 单击绘图工具栏 ▨ 按钮，为休闲长廊填充材料图例，得到休闲长廊的总平面图，效果如图 17-26 所示。

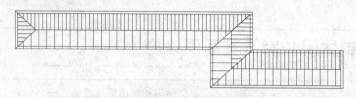

图 17-26　休闲长廊绘制结果

05 绘制公厕、水景以及化粪池。这些设施只需用图形稍微表示一下即可。单击绘图工具栏 ▭ 按钮，绘制三个矩形，效果如图 17-27 所示。

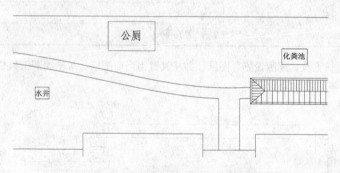

图 17-27　绘制公厕、水景、化粪池

06 绘制块石小道。单击绘图工具栏 ⤵ 按钮，指定线宽为 80，勾勒出块石的轮廓；单击修改工具栏 ⬚ 按钮，复制块石，效果如图 17-28 所示。

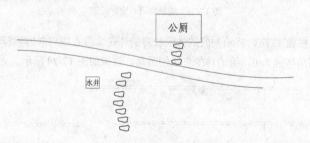

图 17-28　绘制块石小道

184　绘制八角亭

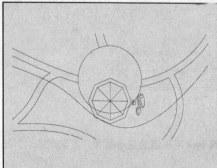

亭是中国的一种传统建筑，供行人休息、乘凉或观景用。亭一般为开敞性结构，没有围墙，顶部可分为六角、八角、圆形等多种形状。本实例中的亭子为八角亭，主要供游人休息、观景之用。通过对八角亭的绘制，掌握 AutoCAD 基本命令的使用方法。本实例讲述八角亭的绘制方法和操作步骤。

文件路径：	DWG\17 章\184 例.dwg
视频文件：	无
播放时长：	无

01　新建"八角亭"图层，并将其置为当前图层；单击绘图工具栏 ⬡ 按钮，绘制一个边长为 2071 的正八边形，效果如图 17-29 所示。

02　单击修改工具栏 ⬕ 按钮，将八边形向内偏移 433 的距离，效果如图 17-30 所示。

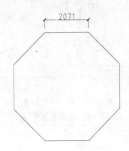

图 17-29　绘制八边形

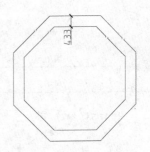

图 17-30　偏移八边形

03　单击绘图工具栏 ╱ 按钮，连接八边形的各个角点，得到八角亭的平面图，效果如图 17-31 所示。

04　单击修改工具栏 ↻ 按钮，将八角亭旋转 23°；单击绘图工具栏 ⬚ 按钮，将图形创建成块，效果如图 17-32 所示。

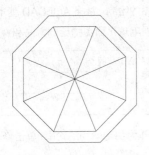

图 17-31　连接八边形各角点

图 17-32　旋转图形

185　绘制花架

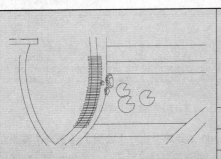

　　本实例中的花架设置在道路中间，这是考虑到在炎热的夏天，当游人走在道路上时也有能遮阳的区域。通过花架的绘制，掌握 AutoCAD 基本命令的使用方法。本实例讲述花架的绘制方法和操作步骤。

文件路径：	DWG\17 章\185 例.dwg
视频文件：	无
播放时长：	无

01　新建"花架"图层，并将其置为当前图层；单击绘图工具栏 ⬜ 按钮，绘制一个半径为 1063×218 的矩形，效果如图 17-33 所示。

02　单击修改工具栏 ⬗ 按钮，沿道路复制矩形，得到花架的平面图，效果如图 17-34 所示。

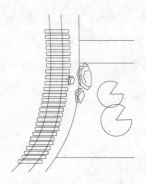

图 17-33 绘制矩形

图 17-34 花架绘制结果

186 绘制羽毛球场

羽毛球运动是一项全民运动，适合男女老幼，运动量可以根据个人年龄、体质、运动水平和场地环境的特点而定。通过羽毛球场地平面图的绘制，掌握 AutoCAD 基本命令的使用方法。本实例讲述羽毛球平面图的绘制方法和操作步骤。

文件路径：	DWG\14章\150例.dwg
视频文件：	无
播放时长：	无

01 单击绘图工具栏 □ 按钮，绘制一个 13400×6100 的矩形，作为羽毛球场的轮廓；单击修改工具栏 按钮，将矩形分解，效果如图 17-35 所示。

02 单击修改工具栏 按钮，偏移生成羽毛球场的平面辅助线，效果如图 17-36 所示。

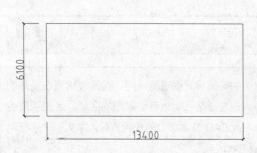

图 17-35 绘制并分解矩形

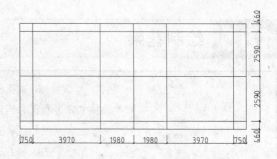

图 17-36 偏移生成辅助线

03 选择矩形的中线，编辑夹点，将其向上向下分别拉升 300 的距离；执行【绘图】|【圆环】菜单命令，指定圆环内半径为 300，外半径为 400，移动至中线的两端，表示羽毛球场的网柱，效果如图 17-37 所示。

04 单击修改工具栏 按钮按钮，将图形旋转 90°；单击绘图工具栏 按钮按钮，将其创建成块；单击修改工具栏 按钮，将其移动至总平面图中，效果如图 17-38 所示。

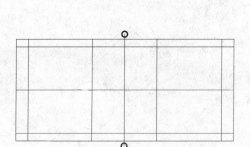

图 17-37　绘制网柱

图 17-38　标注尺寸

187 绘制休闲桌椅

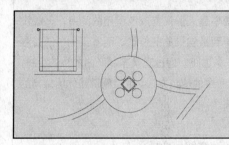

休闲桌椅主要供游人休闲娱乐所用。通过休闲桌椅的绘制，掌握 AutoCAD 基本命令的使用方法。本实例讲述休闲桌椅的绘制方法和操作步骤。

文件路径：	DWG\14 章\151 例.dwg
视频文件：	无
播放时长：	无

01 新建"休闲桌椅"图层，并将其置为当前图层；单击绘图工具栏□ 按钮，绘制一个 1865×1865 的矩形；单击修改工具栏 按钮，将矩形向内偏移 150 的距离，效果如图 17-39 所示。

02 单击绘图工具栏 按钮，连接两个矩形的各顶点以及中心垂直线；单击绘图工具栏 按钮，以中心垂直线的交点为圆心绘制一个半径为 980 的圆，并删除中心垂直线，效果如图 17-40 所示。

03 单击绘图工具栏 按钮，以大矩形的四条边得中点为起点绘制长度为 1030 的 4 条直线；单击修改工具栏 按钮，将直线向上下左右各偏移 150 的距离，效果如图 17-41 所示。

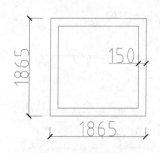

图 17-39　绘制并偏移矩形

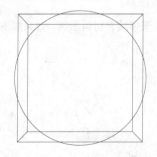

图 17-40　连接直线并绘制圆

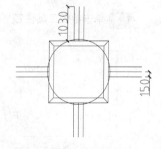

图 17-41　绘制并偏移直线

04 单击绘图工具栏 按钮，绘制 4 个半径为 777 的圆；单击修改工具栏 按钮，修剪直线；单击修改工具栏 按钮，删除多余的辅助线，得到桌椅的平面图，效果如图 17-42 所示。

05 单击修改工具栏 按钮，将八角亭旋转 133°；单击绘图工具栏 按钮，将图形创建成块，效果如图 17-43 所示。

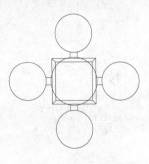

图 17-42　桌椅绘制结果

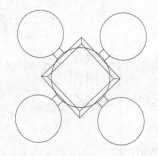

图 17-43　旋转图形

188　绘制观景亭以及曲木桥

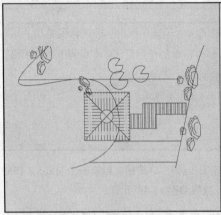

顾名思义，观景亭是人们观赏景色所用的场所，一般设在便于观景且能够得到最佳景象的位置。而本实例中的曲木桥则为通向亭子的一条道路。通过观景亭以及曲木桥的绘制，掌握 AutoCAD 基本命令的使用方法。本实例讲述休闲桌椅的绘制方法和操作步骤。

文件路径：	DWG\17 章\88 例.dwg
视频文件：	无
播放时长：	无

01 新建"观景亭及曲木桥"图层，并将其置为当前图层；绘制观景亭。单击绘图工具栏 □ 按钮，绘制一个 3468×3538 的矩形，效果如图 17-44 所示。

02 单击绘图工具栏 ╱ 按钮，连接矩形的对角线；单击绘图工具栏 ⊙ 按钮，以对角线的交点为中心绘制一个半径为 468 的圆，效果如图 17-45 所示。

03 单击绘图工具栏 ▨ 按钮，为观景亭填充材料图例，效果如图 17-46 所示。

图 17-44　绘制矩形

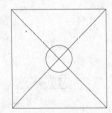

图 17-45　连接对角线并绘制圆

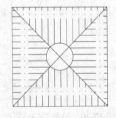

图 17-46　填充材料图例

04 单击绘图工具栏 ⌐ 按钮，绘制出曲木桥的大致轮廓，效果如图 17-47 所示。

05 单击绘图工具栏 ▨ 按钮，为曲木桥填充材料图例；单击绘图工具栏 ▱ 按钮，将图形创建成块，效果如图 17-48 所示。

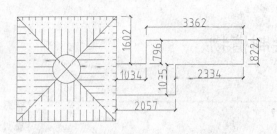

图 17-47　绘制曲木桥大致轮廓

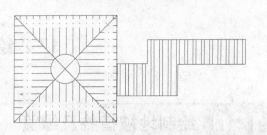

图 17-48　填充材料图例

189　绘制中心广场景观

中心广场景观主要包括一个树池和特色铺地。通过中心广场景观的绘制，掌握 AutoCAD 基本命令的使用方法。本实例讲述中心广场景观的绘制方法和操作步骤。

💿 文件路径：	DWG\17 章\189 例.dwg
视频文件：	无
播放时长：	无

01 新建"中心广场景观"图层，并将其置为当前图层；绘制树池。单击绘图工具栏 ⟲ 按钮，绘制一个轴长为 6000 的椭圆；单击修改工具栏 ⬠ 按钮，将椭圆向内偏移 200 的距离，得到中心广场景观树池平面，效果如图 17-49 所示。

02 绘制青石板铺装。单击绘图工具栏 ▧ 按钮，打开"图案填充和渐变色"对话框，选择"AR-B816"填充图案，在"角度和比例"选项组中，选择比例为 11，填充青石板铺装，效果如图 17-50 所示。

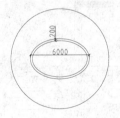

图 17-49　绘制树池

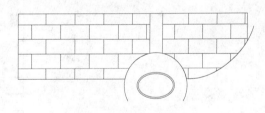

图 17-50　填充青石板铺装

03 绘制六角空心嵌草铺铺装。单击绘图工具栏 ▧ 按钮，打开"图案填充和渐变色"对话框，在"图案"下拉列表中选择"HEX"选项，设置比例为 150，填充六角空心嵌草铺装；重复"图案填充"命令，打开"图案填充和渐变色"对话框，在"图案"下拉列表中选择"CROSS"选项，设置比例为 200，填充六角空心嵌草铺装，效果如图 17-51 所示。

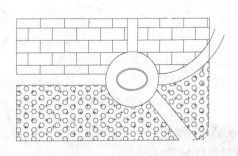

图 17-51　铺装绘制结果

17.2 绘制植物

190 绘制地被植物及绿篱

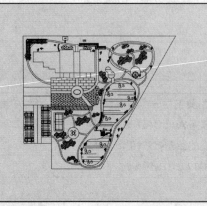

园林平面图中，地被植物以及绿篱，常常只需用样条曲线勾勒出它的轮廓即可。通过地被植物以及绿篱的绘制，掌握 AutoCAD 基本命令的使用方法。本实例讲述地被植物及绿篱的绘制方法和操作步骤。

文件路径：	DWG\17 章\190 例.dwg	
视频文件：	无	
播放时长：	无	

01 新建"地被植物及绿篱"图层，并将其置为当前图层；单击绘图工具栏 ∿ 按钮，勾勒出地被植物以及绿篱的轮廓，效果如图 17-52 所示。

02 以同样的方式绘制其他部分的地被植物和绿篱，效果如图 17-53 所示。

图 17-52　勾勒地被轮廓

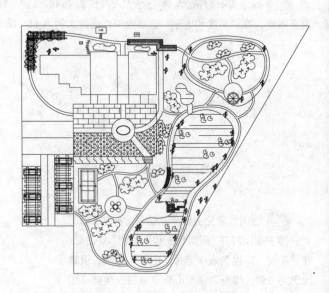

图 17-53　绘制其他绿篱

03 单击绘图工具栏 ▨ 按钮，打开"图案填充和渐变色"对话框，为绿篱和地被植物填充材料图例，效果如图 17-54 所示。

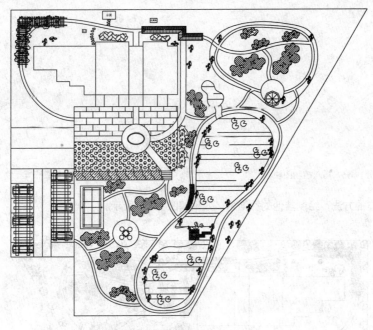

图 17-54　绿篱及地被植物绘制结果

191　绘制乔灌木

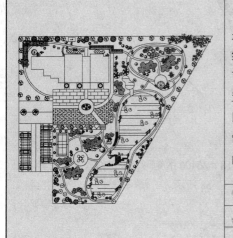

乔灌木在园林中占有重要的设计地位，无论在功能上还是艺术处理上都能起主导作用；其中大多数乔灌木在色彩、线条、质地和树形方面随叶片的生长和凋落可形成丰富的季节性变化，即使冬季落叶后也能展现出枝干的线条美。在布置园林景物时，若能结合乔木和灌木的特点并充分利用，可以使得园林内的美景四季不断且各有千秋。通过乔灌木的绘制，掌握 AutoCAD 基本命令的使用方法。本实例讲述乔灌木的绘制方法和操作步骤。

文件路径：	DWG\17 章\191 例.dwg	
视频文件：	无	
播放时长：	无	

01 新建"乔灌木"图层，并将其置为当前图层；并将其置为当前图层；执行【插入】|【块】菜单命令，在弹出的对话框中单击"浏览"按钮，找到本书配套光盘中的"第 17 章\植物平面.dwg"文件，将图块插入至图形中。

02 单击修改工具栏 按钮，调整图块的大小；单击修改工具栏 按钮，选择需要的植物，复制移动到总平面图的位置中，如图 17-55 所示。

03 单击修改工具栏 按钮，继续在道路两侧布置植物图例，效果如图 17-56 所示。

第17章

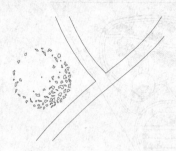

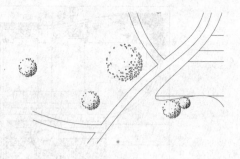

图 17-55　插入植物图块　　　　　　　　　　图 17-56　继续布置植物

04 使用同样的方法，绘制其他的乔灌木，效果如图 17-57 所示。

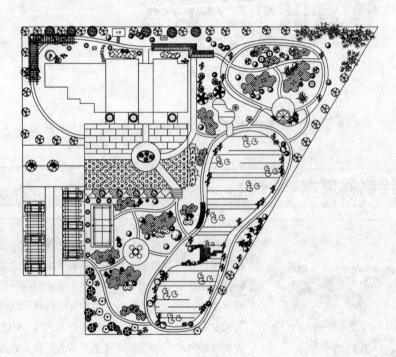

图 17-57　乔灌木绘制结果

05 绘制苗木表。单击绘图工具栏 □ 按钮，绘制一个 51718×26400 的矩形；单击修改工具栏 按钮，将矩形分解；单击修改工具栏 按钮，绘制出表格，效果如图 17-58 所示。

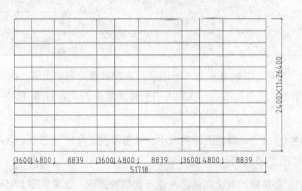

图 17-58　绘制表格

06 单击修改工具栏 按钮，复制植物图块，并将其缩放至合适的大小；单击绘图工具栏 **A** 按钮，为植物图例书写文字注解，效果如图 17-59 所示。

编号	图例	名　称	编号	图例	名　称	编号	图例	名　称
1		青皮竹	11		扁柏	21		柚子树
2		法国冬青	12		铁梗海棠	22		棕树
3		罗汉松	13		苏铁	23		散尾葵
4		紫薇	14		桂花	24		龟背竹
5		红枫	15		紫叶李	25		马拉尼
6		杜鹃	16		荷花	26		葡萄
7		四季青球	17		茶花球	27		南天竹
8		垂柳	18		樟树	28		米兰
9		月季	19		橘子树	29		红檵木
10		八角金盘	20		桃树	30		女贞

图 17-59　插入植物图块及输入文字

第 1 7 章

第4篇 园林详图、剖面图及打印输出篇

第 18 章
园林详图及剖面图的设计与绘制

　　建筑结构大样图是施工图中的一种类型，它将施工图中无法表达清楚的关键部位进行细化，而这些大样图都是根据设计者自己设计的图样绘制的。结构图是表现建筑内部结构组织的图样。大样图则是表现建筑某一部位的结构图样，也可以将其称为节点图，其中还包括建筑剖面图，剖面图用以表示建筑内部的结构或构造形式、分层情况和各个部位的联系、材料及其高度等。

　　本章主要讲述园林中各设施的大样图的绘制方法和操作技巧。

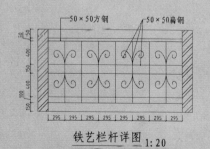

铁艺栏杆详图 1:20

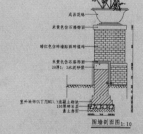

围墙剖面图 1:10

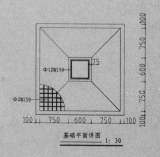

基础平面详图 1:30

192　园路剖面图的绘制

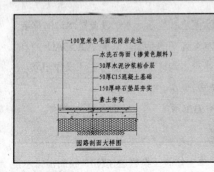

图路剖面大样图

园林道路是园林的重要组成部分，起着组织空间、引导游览、联系交通并提供散步休息场所的作用。通过园路剖面的绘制，掌握 AutoCAD 的基本命令的使用方法，本实例讲述园路剖面图的绘制方法和操作步骤。

	文件路径：	DWG\18 章\192 例.dwg
	视频文件：	AVI\18 章\192 例.avi
	播放时长：	5 分 39 秒

01 单击绘图工具栏 ╱ 按钮，绘制一条水平线和一条垂直线；单击修改工具栏 ⊡ 按钮，偏移生成辅助线，效果如图 18-1 所示。

02 单击修改工具栏 ⊢ 按钮，修剪辅助线；单击修改工具栏 ✎ 按钮，删除边线；单击绘图工具栏 ⊃ 按钮，绘制出折断线，效果如图 18-2 所示。

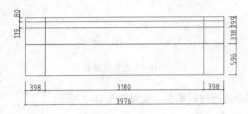

图 18-1　绘制辅助线

图 18-2　绘制折断线

03 单击绘图工具栏 ▨ 按钮，为园路剖面图填充材料图例，效果如图 18-3 所示。

04 执行【标注】|【多重引线】菜单命令，为园路剖面注写文字说明；单击绘图工具栏 A 按钮，注写图名；单击绘图工具栏 ⊃ 按钮，绘制出图名下方的下画线，效果如图 18-4 所示。

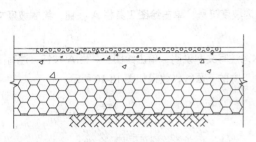

图 18-3　填充材料图例

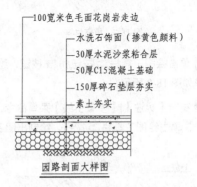

图 18-4　注写文字说明

提 示：有时候在 AutoCAD 中不能正常显示汉字，或者输入的汉字变成了问号，原因可能是：①对应的字型没有使用汉字字体；②当前系统中没有汉字字体文件；③对于某些符号，同样必须使用对应的字体文件。如果不知道错误的字体是什么，设置正确字体大小，重新写一遍，然后用笔刷选择新输入的字体去刷错误的字体即可。

193 排水沟详图的绘制

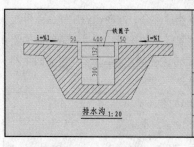
排水沟 1:20

　　排水沟的主要功能是排除雨水和生活污水，设置排水沟时需要绘制出排水沟详图。通过排水沟详图的绘制，掌握 AutoCAD 的基本命令使用方法，本实例讲述排水沟详图的绘制方法和操作步骤。

文件路径：	DWG\18 章\193 例.dwg
视频文件：	AVI\18 章\193 例.avi
播放时长：	4 分 37 秒

01 单击绘图工具栏 按钮，绘制一条水平线和一条垂直线；单击修改工具栏 按钮，绘制出排水沟的轮廓，效果如图 18-5 所示。

02 单击修改工具栏 按钮和 按钮以及 按钮，绘制排水沟里的铁算子，效果如图 18-6 所示。

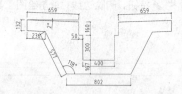

图 18-5　绘制排水沟轮廓线

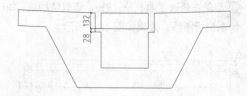

图 18-6　绘制铁算子

03 单击绘图工具栏 按钮，为排水沟剖切到的部分进行材料填充，效果如图 18-7 所示。

04 执行【标注】|【线性】菜单命令和【连续】菜单命令，为排水沟标注各部分尺寸，效果如图 18-8 所示。

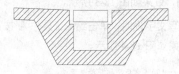

图 18-7　填充材料

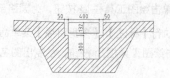

图 18-8　标注尺寸

05 单击绘图工具栏 按钮和 按钮，绘制排水沟坡度符号；单击绘图工具栏 **A** 按钮，绘制坡度文字，效果如图 18-9 所示。

06 执行【标注】|【多重引线】菜单命令，为排水沟注写文字说明；单击绘图工具栏 **A** 按钮，注写图名和比例；单击绘图工具栏 按钮，绘制出图名和比例下方的下画线，效果如图 18-10 所示。

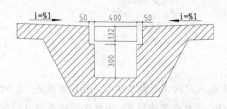

图 18-9　绘制坡度符号和文字

图 18-10　标注文字说明、图名及比例

194　屋顶旱汀步断面的绘制

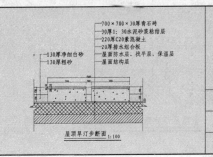

屋顶旱汀步一般放置在屋顶花园中，不同于水池汀步，它的材料一般选用的是青石板。通过屋顶旱汀步断面的绘制，掌握 AutoCAD 的基本命令的使用方法，本实例讲述屋顶旱汀步断面的绘制方法和操作步骤。

文件路径：	DWG\18 章\194 例.dwg
视频文件：	无
播放时长：	无

01 单击绘图工具栏 ╱ 按钮，绘制一条水平线和一条垂直线；单击修改工具栏 ⬚ 按钮，绘制生成屋顶旱汀步断面的辅助线，效果如图 18-11 所示。

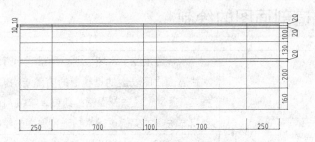

图 18-11　绘制辅助线

02 单击修改工具栏 ╱┄ 按钮，修剪线条，效果如图 18-12 所示。

03 单击绘图工具栏 ▨ 按钮，为屋顶旱汀步断面进行材料填充，效果如图 18-13 所示。

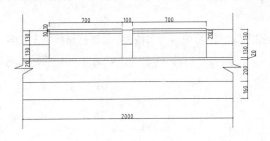

图 18-12　修剪图形　　　　　　　　　图 18-13　图案填充

提　示： 在进行图案填充之前，应首先确保填充区域的边缘是否有缺口，否则将会出现偏差。

04 执行【标注】|【线性】菜单命令和【连续】菜单命令，为屋顶旱汀步断面标注各部分尺寸，效果如图 18-14 所示。

05 执行【标注】|【多重引线】菜单命令，为屋顶旱汀步断面注写文字说明；单击绘图工具栏 **A** 按钮，注写图名和比例；单击绘图工具栏 ⟲ 按钮，绘制出图名和比例下方的下画线，效果如图 18-15 所示。

提　示： 在绘制引出线时，要注意引出线之间是不是重叠相交的；由于图形的复杂，可以在引出线的开头增加一个圆点来增强提示效果。

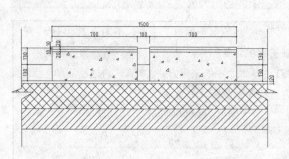

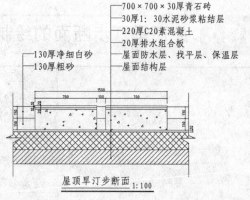

——700×700×30厚青石砖
——30厚1：30水泥砂浆粘结层
——220厚C20素混凝土
——20厚排水组合板
——130厚净细白砂   屋面防水层、找平层、保温层
——130厚粗砂   屋面结构层

屋顶旱汀步断面 1：100

图 18-14 标注尺寸   图 18-15 标注文字说明、图名及比例

195 木栈道剖面图的绘制

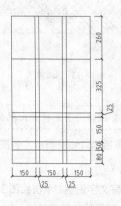

木栈道剖面图 1：50

木栈道是位于水域边的一种景观小道，是园林的设施之一。木栈道剖面图表达的是栈道的内部结构，以便于施工人员进行施工。通过木栈道剖面图的绘制，掌握 AutoCAD 的基本命令的使用方法。本实例讲述木栈道剖面图的绘制方法和操作步骤。

文件路径：	DWG\18 章\195 例.dwg	
视频文件：	AVI\18 章\195 例.avi	
播放时长：	12 分 51 秒	

01 单击绘图工具栏 ╱ 按钮，绘制一条水平线和一条垂直线，单击修改工具栏 ▱ 按钮，生成桥墩的辅助线，效果如图 18-16 所示。

02 单击修改工具栏 ╱ 按钮，修剪辅助线；单击绘图工具栏 ▨ 按钮，为木栈道剖面进行材料填充，得到一个桥墩的剖面，效果如图 18-17 所示。

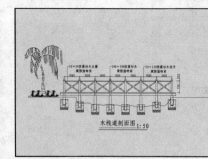

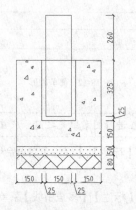

图 18-16 绘制辅助线   图 18-17 绘制桥墩

03 单击绘图工具栏 ╱ 按钮 ∿ 按钮，绘制出河底线及地平线，河底线只要勾勒出大致形状即可；单击修改工具栏 ⋕ 按钮，复制多个桥墩，并有机排列；单击修改工具栏 ╱ 按钮，将桥墩顶部延伸到地平线，效

果如图 18-18 所示。

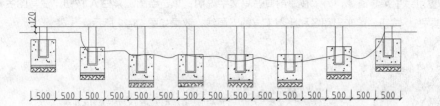

图 18-18　复制桥墩以及绘制河底线、地平线

04 单击修改工具栏 按钮，生成桥边缘剖面的辅助线；单击修改工具栏 按钮，得到桥边缘的装饰
线，效果如图 18-19 所示。

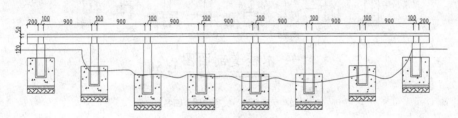

图 18-19　绘制桥边缘装饰线

05 单击修改工具栏 按钮，绘制一条垂直辅助线；单击修改工具栏 按钮，生成辅助栏杆；单击修
改工具栏 按钮，绘制栏杆斜向直线；单击修改工具栏 按钮，将辅助线进行修剪；单击修改工具栏 按
钮，复制栏杆，得到栏杆的效果如图 18-20 所示。

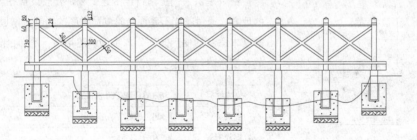

图 18-20　绘制栏杆

06 执行【插入】|【块】菜单命令，插入植物立面到木栈道剖面图中，效果如图 18-21 所示。

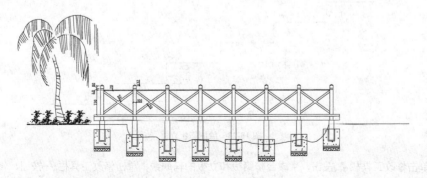

图 18-21　插入植物图块

07 执行【标注】|【线性】菜单命令和【连续】菜单命令，为木栈道剖面标注各部分尺寸；执行【标注】|【多重引线】菜单命令，为木栈道剖面注写文字说明；单击绘图工具栏 **A** 按钮，注写图名和比例；单击绘图工具栏 ⌒ 按钮，绘制出图名和比例下方的下画线，效果如图 18-22 所示。

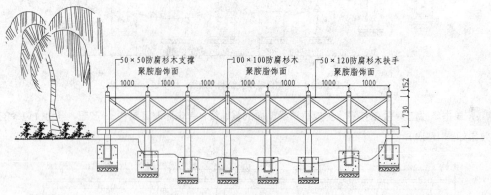

木栈道剖面图 1∶50

图 18-22　标注尺寸、文字说明、图名及比例

196　花岗石踏面台阶剖面详图的绘制

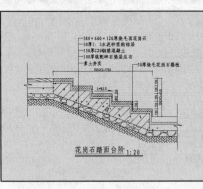

花岗石踏面台阶 1∶20

　　台阶是供人们上下行走的建筑物，一般设置在地形有高差的地方。通过花岗石踏面台阶剖面详图的绘制，掌握 AutoCAD 的基本命令的使用方法，本实例讲述花岗石踏面台阶剖面详图的绘制方法和操作步骤。

文件路径：	DWG\18 章\196 例.dwg
视频文件：	AVI\18 章\196 例.avi
播放时长：	10 分 12 秒

01 单击绘图工具栏 ╱ 按钮，绘制出台阶的立面轮廓，效果如图 18-23 所示。

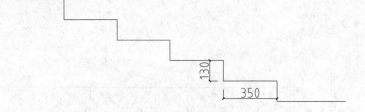

图 18-23　绘制踏步立面

　　02 单击修改工具栏 ⬒ 按钮，生成台阶踏板和立板的辅助线；单击修改工具栏 -╱- 按钮，修剪辅助线，得到台阶的踏板和立板的效果，如图 18-24 所示。

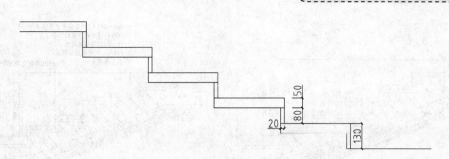

图 18-24 绘制踏板和立板

03 单击绘图工具栏 ✐ 按钮以及修改工具栏 ☎ 按钮，绘制出台阶梁的大致轮廓；单击修改工具栏 ⊣ 和 ◻ 按钮，对其进行延伸和倒圆角，等到梁的效果如图 18-25 所示。

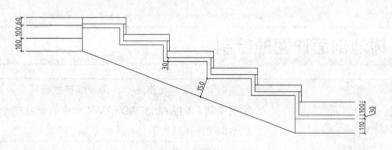

图 18-25 绘制梁

04 单击绘图工具栏 ↪ 按钮，绘制折断线；单击修改工具栏 ☎ 按钮和 ◻ 按钮，绘制出台阶的其他部分，效果如图 18-26 所示。

🔊 **提 示**：在图形某些开口处绘制折线，表明这里只绘制出了它的局部。

05 单击绘图工具栏 ▨ 按钮，为台阶剖面进行材料填充；单击修改工具栏 🖉 按钮，删除最底端的线条，效果如图 18-27 所示。

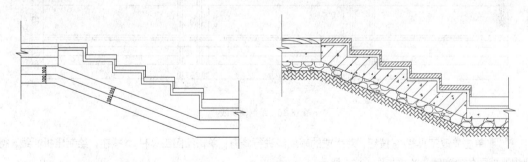

图 18-26 绘制折断线和其他部分　　　　　　图 18-27 填充图案

06 执行【标注】|【线性】菜单命令和【连续】菜单命令，为台阶剖面标注各部分尺寸；单击绘图工具栏 ↪ 按钮和 ▨ 按钮，绘制台阶坡度符号；单击绘图工具栏 A 按钮，绘制坡度文字，效果如图 18-28 所示。

07 执行【标注】|【多重引线】菜单命令，为台阶剖面注写文字说明；单击绘图工具栏 A 按钮，注写图名和比例，单击绘图工具栏 ↪ 按钮，绘制出图名和比例下方的下画线，效果如图 18-29 所示。

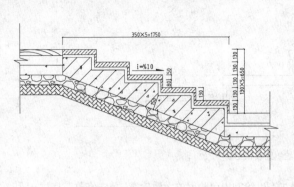

图 18-28 标注尺寸和剖度

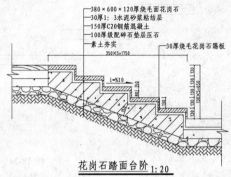

花岗石踏面台阶 1:20

图 18-29 标注尺寸、文字说明、图名及比例

197 树池剖面详图的绘制

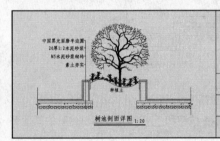

树池剖面详图 1:20

树池是园林设施之一，用于维护生态环境。通过树池剖面图的绘制，掌握 AutoCAD 的基本命令的使用方法，本实例讲述树池剖面图的绘制方法和操作步骤。

	文件路径：	DWG\18 章\197 例.dwg
	视频文件：	AVI\18 章\197 例.avi
	播放时长：	7 分 28 秒

01 单击绘图工具栏 ✐ 按钮，绘制一条水平直线和垂直线；单击修改工具栏 ⚏ 按钮，生成树池剖面的辅助线，效果如图 18-30 所示。

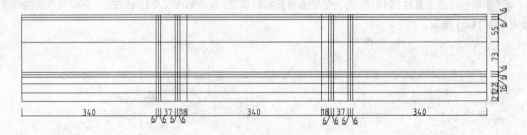

图 18-30 绘制辅助线

02 单击修改工具栏 ✂ 按钮，对生成的辅助线进行修剪；单击绘图工具栏 ⤾ 按钮，绘制出折断线，得到树池剖面的轮廓线，效果如图 18-31 所示。

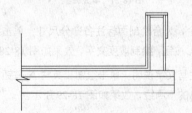

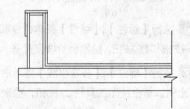

图 18-31 修剪辅助线并绘制折断线

03 单击绘图工具栏 按钮，为树池剖面详图填充剖面材料；单击修改工具栏 按钮，删除最底端的水平辅助线，效果如图 18-32 所示。

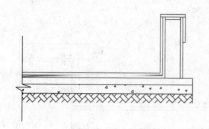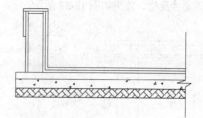

图 18-32 填充剖面材料

04 单击绘图工具栏 按钮，绘制一条样条曲线作为种植轮廓线；并调用已有的植物立面图放置在树池剖面详图中，效果如图 18-33 所示。

05 执行【标注】|【多重引线】菜单命令，为树池剖面注写文字说明；单击绘图工具栏 **A** 按钮，注写图名和比例；单击绘图工具栏 按钮，绘制出图名和比例下方的下画线，效果如图 18-34 所示。

中国黑光面磨半边圆
20厚1:2水泥砂浆
M5水泥砂浆砌砖
素土夯实

种植土

树池剖面详图 1:20

图 18-33 调用立面植物　　　　图 18-34 标注文字说明、图名及比例

198 花坛断面图的绘制

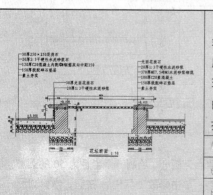

花坛断面 1:10

花坛是在一定范围的畦地上按照整形式或半整形式的图案栽植观赏植物以表现花卉群体美的园林设施。在具有几何形轮廓的植床内，种植各种不同色彩的花卉，运用其群体效果来表现图案纹样或观赏花盛开时的绚丽景观，并以突出色彩或华丽的纹样来表示装饰效果。本实例讲述树池剖面图的绘制方法和操作步骤。

文件路径：	DWG\18 章\198 例.dwg
视频文件：	无
播放时长：	无

01 单击绘图工具栏 按钮，绘制一条水平直线和垂直线；单击修改工具栏 按钮，生成花坛断面图的辅助线，效果如图 18-35 所示。

第
1
8
章

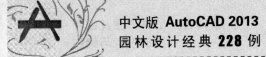

02 单击修改工具栏 ✂ 按钮，对生成的辅助线进行修剪，效果如图 18-36 所示。

03 单击绘图工具栏 ✒ 按钮和修改工具栏 ⊿ 按钮，绘制折断线，并绘制花坛断面的轮廓截面和预埋铁件固定件孔位，效果如图 18-37 所示。

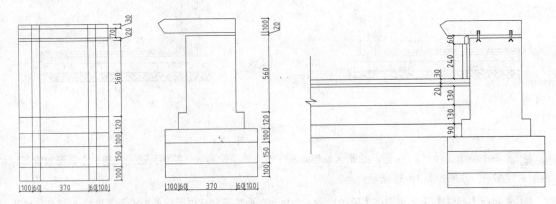

图 18-35　绘制辅助线　　　　图 18-36　修剪辅助线　　　　　图 18-37　绘制轮廓截面

04 单击绘图工具栏 ✒ 按钮，以图形的右下角点为起点绘制一条长度为 1600 的直线；单击修改工具栏 ⚎ 按钮，将绘制的图形镜像，效果如图 18-38 所示。

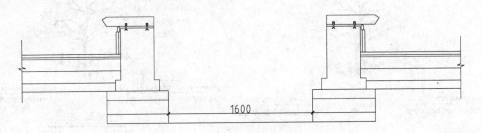

图 18-38　镜像图形

05 单击修改工具栏 ⊿ 按钮，将水平辅助线向上依次偏移 1050 和 50 的距离；单击修改工具栏 ⊣ 按钮，将偏移的直线延伸，效果如图 18-39 所示。

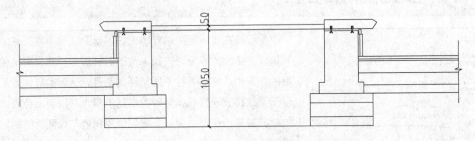

图 18-39　偏移并延伸辅助线

06 单击绘图工具栏 ⊙ 按钮，以偏移的第一条辅助线的左端点为圆心，绘制一个半径为 50 的圆形；单击修改工具栏 ⊹ 按钮，将圆形以 101 的距离沿 X 轴向右阵列复制；单击修改工具栏 ✂ 按钮，修剪圆形，效果如图 18-40 所示。

07 单击绘图工具栏 ▦ 按钮，为花坛断面填充剖面材料；单击修改工具栏 ✐ 按钮，删除所有底端的水平辅助线，效果如图 18-41 所示。

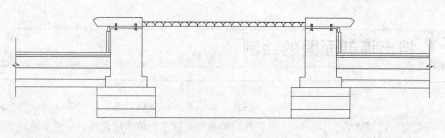

图 18-40　绘制并修剪圆形

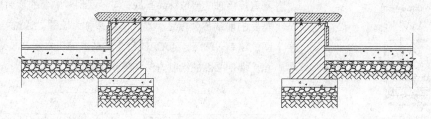

图 18-41　图案填充

08 执行【标注】|【线性】菜单命令和【连续】菜单命令，为花坛断面标注各部分尺寸；单击绘图工具栏 ✐ 按钮绘制标高符号；单击绘图工具栏 **A** 按钮，绘制标高文字，效果如图 18-42 所示。

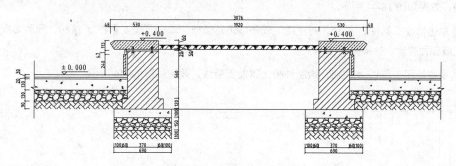

图 18-42　标注尺寸及标高

09 执行【标注】|【多重引线】菜单命令，为花坛断面注写文字说明；单击绘图工具栏 **A** 按钮，注写图名和比例；单击绘图工具栏 ⌐ 按钮，绘制出图名和比例下方的下画线，效果如图 18-43 所示。

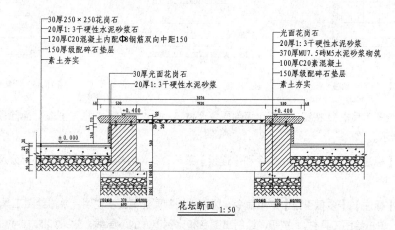

图 18-43　标注文字说明、图名及比例

199 挡土墙剖面图的绘制

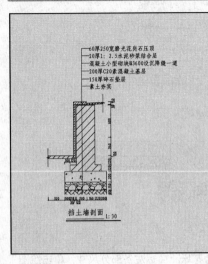

—60厚250宽磨光花岗石压顶
—20厚1:2.5水泥砂浆结合层
—混凝土小型砌块③3600设沉降缝一道
—200厚C20素混凝土基层
—150厚碎石垫层
—素土夯实

挡土墙剖面 1:30

挡土墙是指支承路基填土或山坡土体、防止填土或土体变形失稳的构造物。在挡土墙横断面中，与被支承土体直接接触的部位称为墙背；与墙背相对的、临空的部位称为墙面；与地基直接接触的部位称为基底；与基底相对的墙的顶面称为墙顶；基底的前端称为墙趾；基底的后端称为墙踵。通过挡土墙剖面图的绘制，掌握 AutoCAD 命令的基本使用方法。本实例讲述树挡土墙剖面图的绘制方法和操作步骤。

文件路径：	DWG\18 章\199 例.dwg
视频文件：	AVI\18 章\199 例.avi
播放时长：	8 分 48 秒

01 单击绘图工具栏 ╱ 按钮，绘制一条水平直线和垂直线；单击修改工具栏 ⚏ 按钮，生成挡土墙剖面的辅助线，效果如图 18-44 所示。

02 单击修改工具栏 ╱ 按钮，对生成的辅助线进行修剪；单击修改工具栏 ✎ 按钮，删除多余的线条，得到挡土墙剖面轮廓，效果如图 18-45 所示。

03 单击绘图工具栏 ⌒ 按钮，绘制种植土以及折断线，效果如图 18-46 所示。

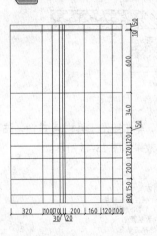

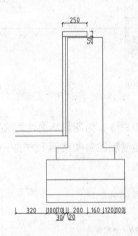

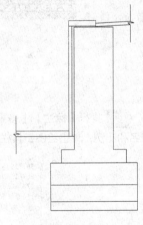

图 18-44 绘制辅助线   图 18-45 修剪并删除辅助线   图 18-46 绘制折断线

04 单击绘图工具栏 ▦ 按钮，为挡土墙剖面填充材料；单击修改工具栏 ✎ 按钮，删除多余的线条，效果如图 18-47 所示。

05 执行【标注】|【线性】菜单命令和【连续】菜单命令，为挡土墙剖面标注各部分尺寸，效果如图 18-48 所示。

06 执行【标注】|【多重引线】菜单命令，为挡土墙剖面注写文字说明，单击绘图工具栏 A 按钮，注写图名和比例；单击绘图工具栏 ⌒ 按钮，绘制出图名和比例下方的下画线，效果如图 18-49 所示。

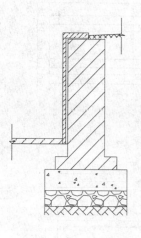

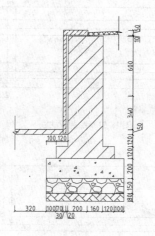

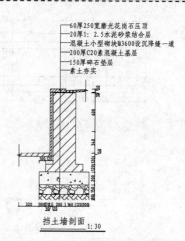

图 18-47　填充图案　　　　　图 18-48　标注尺寸　　　　图 18-49　标注文字说明、图名及比例

200　湖中小岛剖面详图的绘制

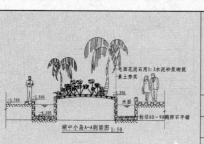

在园林景观中，有时候可以在湖中建立一座独特的小岛，别是一番风景。通过湖中小岛剖面详图的绘制，掌握 AutoCAD 基本命令的使用方法。本实例讲述湖中小岛剖面详图的绘制方法和操作步骤。

文件路径：	DWG\18 章\200 例.dwg	
视频文件：	AVI\18 章\200 例.avi	
播放时长：	13 分 15 秒	

01 绘制出湖中小岛的平面图，然后根据平面图绘制出湖中小岛的 A-A 剖面图，效果如图 18-50 所示。

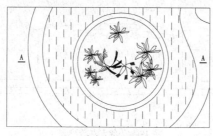

图 18-50　绘制湖中小岛平面图

02 单击绘图工具栏 ✏ 按钮，绘制一条水平直线和垂直线；单击修改工具栏 ⬛ 按钮，生成挡土墙剖面的辅助线，效果如图 18-51 所示。

03 单击修改工具栏 ✂ 按钮，对生成的辅助线进行修剪；单击修改工具栏 ✐ 按钮，删除多余的线条；单击绘图工具栏 ↷ 按钮，绘制折断线，得到湖中小岛剖面轮廓，效果如图 18-52 所示。

第
1
8
章

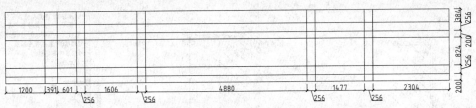

图 18-51　绘制辅助线

图 18-52　绘制湖中小岛剖面轮廓

04 单击修改工具栏 按钮，将最上面的水平辅助线向上偏移 200 的距离；单击绘图工具栏 按钮，绘制一条圆弧，并将圆弧向下偏移 200 的距离，效果如图 18-53 所示。

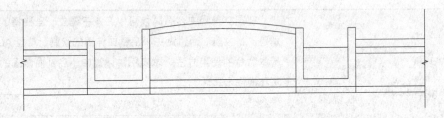

图 18-53　绘制并修剪圆弧

05 单击绘图工具栏 按钮，以偏移的圆弧的起点为圆心绘制一个半径为 200 的圆；执行【修改】|【阵列】|【路径阵列】菜单命令，输入项目数为 12，将圆形阵列，效果如图 18-54 所示。

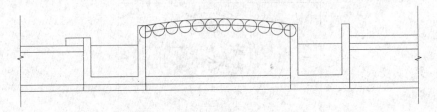

图 18-54　绘制并阵列圆

06 单击修改工具栏 按钮，修剪圆形，效果如图 18-55 所示。

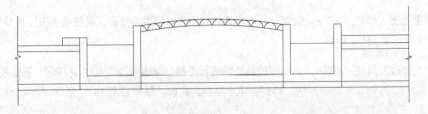

图 18-55　修剪圆形

07 单击绘图工具栏 按钮，为湖中小岛剖面填充材料；单击修改工具栏 按钮，删除多余的线条，效果如图 18-56 所示。

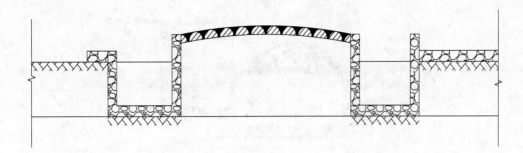

图 18-56　填充材料

08 单击绘图工具栏 按钮，绘制出水体；单击绘图工具栏 按钮，绘制鹅卵石，效果如图 18-57 所示。

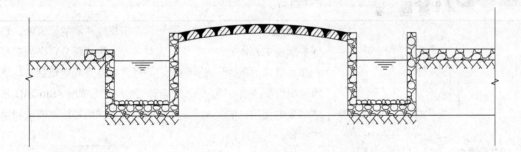

图 18-57　绘制水体和鹅卵石

09 执行【插入】|【块】菜单命令，插入植物和人物图块，效果如图 18-58 所示。

10 单击绘图工具栏 按钮，绘制标高符号；单击绘图工具栏 A 按钮，绘制标高符号上方的文字，效果如图 18-59 所示。

图 18-58　插入人物和植物图块

图 18-59　绘制标高符号

11 执行【标注】|【多重引线】菜单命令，为湖中小岛剖面注写文字说明；单击绘图工具栏 A 按钮，注写图名和比例；单击绘图工具栏 按钮，绘制出图名和比例下方的下画线，效果如图 18-60 所示。

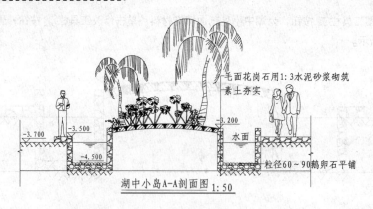

毛面花岗石用1:3水泥砂浆砌筑

素土夯实

－3. 700　－3. 500

－4. 500

－3. 200

水面

粒径60～90鹅卵石平铺

湖中小岛A-A剖面图 1：50

图 18-60　标注文字说明、图名及比例

201　硬质驳岸详图的绘制

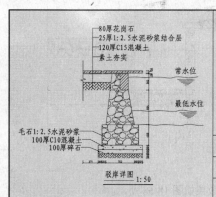

80厚花岗石
25厚1：2.5水泥砂浆结合层
120厚C15混凝土
素土夯实

常水位

最低水位

毛石1：2.5水泥砂浆
100厚C10混凝土
100厚碎石

驳岸详图　1：50

驳岸是用来保护河岸、阻止河岸崩塌或冲刷的建筑物，是保护园林中水体的设施，更是园林工程的组成部分，必须在符合技术要求的条件下设计建造，除了要求自身具有造型美，还需同周围景色相协调。通过驳岸详图的绘制，掌握 AutoCAD 基本命令的使用方法。本实例讲述硬质驳岸详图的绘制方法和操作步骤。

文件路径：	DWG\18 章\201 例.dwg
视频文件：	AVI\18 章\201 例.avi
播放时长：	7 分 54 秒

01 单击绘图工具栏 ✎ 按钮，绘制一条水平直线和垂直线；单击修改工具栏 ▱ 按钮，生成硬质驳岸详图的辅助线，效果如图 18-61 所示。

02 单击绘图工具栏 ✎ 按钮，连接辅助线的两个端点；单击修改工具栏 ⫶ 按钮，对生成的辅助线进行修剪；单击修改工具栏 ✐ 按钮，删除多余的线条，得到硬质驳岸详图的轮廓，效果如图 18-62 所示。

图 18-61　绘制辅助线

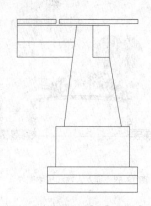

图 18-62　修剪并删除辅助线

03 单击绘图工具栏 ⌁ 按钮，绘制折断线；单击绘图工具栏 ⌇ 按钮，勾勒出水体的大致形状，效果如

图 18-63 所示。

04 单击绘图工具栏 □ 按钮，为驳岸详图填充材料；单击修改工具栏 ✎ 按钮，删除多余的线条，效果如图 18-64 所示。

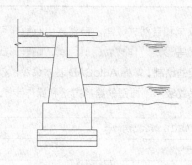

图 18-63 绘制折断线并勾勒水体形状

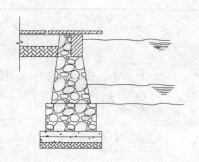

图 18-64 填充材料

05 执行【标注】|【线性】菜单命令和【连续】菜单命令，为驳岸详图标注各部分尺寸，效果如图 18-65 所示。

06 执行【标注】|【多重引线】菜单命令，为挡土墙剖面注写文字说明；单击绘图工具栏 **A** 按钮，注写图名和比例；单击绘图工具栏 ⌐ 按钮，绘制出图名和比例下方的下画线，效果如图 18-66 所示。

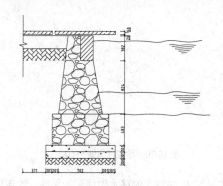

图 18-65 标注尺寸

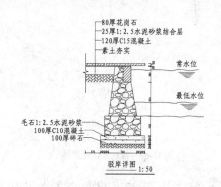

80厚花岗石
25厚1:2.5水泥砂浆结合层
120厚C15混凝土
素土夯实

常水位

最低水位

毛石1:2.5水泥砂浆
100厚C10混凝土
100厚碎石

驳岸详图 1:50

图 18-66 标注文字说明、图名及比例

🔊 **提示：** 硬质驳岸的形式有各种各样，其他形式的硬质驳岸如图 18-67 和图 18-68 所示。。

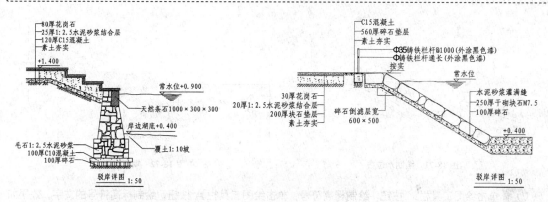

图 18-67 驳岸一   图 18-68 驳岸二

202 自然驳岸剖面图的绘制

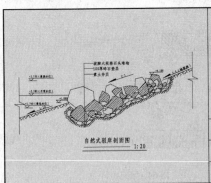

自然式驳岸剖面图　1:20

驳岸分为硬质驳岸和自然式驳岸。自然式山石驳岸可采取上伸下收、平挑高悬等形式，作成岩、矶、崖、岫等形状。通过自然式驳岸剖面图的绘制，掌握 AutoCAD 基本命令的使用方法。本实例讲述自然式驳岸剖面图的绘制方法和操作步骤。

文件路径：	DWG\18 章\202 例.dwg
视频文件：	无
播放时长：	无

01 单击绘图工具栏 ～ 按钮，勾勒出一条曲线作为水体的轮廓线；单击修改工具栏 ▨ 按钮，将曲线向下偏移，效果如图 18-69 所示。

02 单击绘图工具栏 ／ 按钮，连接样条曲线的端点，并绘制出地面线；单击修改工具栏 ▭ 按钮 ～ 按钮，勾勒出石块的形状，效果如图 18-70 所示。

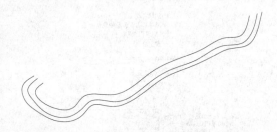

图 18-69　绘制水体轮廓线

图 18-70　绘制地面线和石块

03 单击绘图工具栏 ／ 按钮，绘制水位线；单击修改工具栏 ▨ 按钮，偏移水位线和地面线，效果如图 18-71 所示。

04 单击绘图工具栏 ▨ 按钮，为驳岸剖面图填充材料；单击修改工具栏 ✎ 按钮，删除多余的线条，效果如图 18-72 所示。

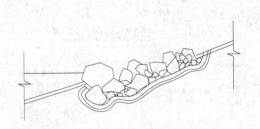

图 18-71　绘制水位线

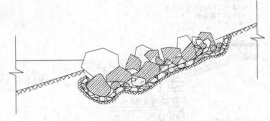

图 18-72　填充图案

05 单击绘图工具栏 ／ 按钮，绘制标高符号；单击绘图工具栏 A 按钮，绘制标高符号的文字，效果如图 18-73 所示。

06 单击绘图工具栏 ▭ 按钮和 ▨ 按钮，绘制自然式驳岸坡度符号；单击绘图工具栏 A 按钮，绘制坡

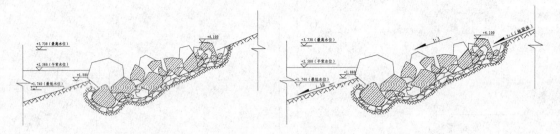

度文字，效果如图 18-74 所示。

图 18-73　绘制标高符号　　　　　　　　图 18-74　绘制坡度符号

07 执行【标注】|【多重引线】菜单命令，为自然式驳岸剖面注写文字说明；单击绘图工具栏 A 按钮，注写图名和比例；单击绘图工具栏 按钮，绘制出图名和比例下方的下画线，效果如图 18-75 所示。

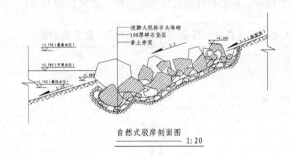

图 18-75　标注文字说明、图名及比例

203　木质栏杆立柱剖面图的绘制

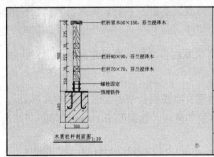

在园林中，许多地方都需要添加栏杆，所以在绘制施工图时，需要绘制出栏杆的剖面详图。通过栏杆剖面图的绘制，掌握 AutoCAD 基本命令的使用方法。本实例讲述栏杆剖面图的绘制方法和操作步骤。

文件路径：	DWG\18 章\203 例.dwg
视频文件：	AVI\18 章\203 例.avi
播放时长：	7 分 36 秒

01 单击绘图工具栏 按钮，绘制一个 300×400 和 70×125 的矩形，效果如图 18-76 所示。

02 单击绘图工具栏 按钮，绘制尺寸为 90×725 和 80×10 的矩形；单击修改工具栏 按钮，将两个矩形分解；单击修改工具栏 按钮，修剪矩形，效果如图 18-77 所示。

03 单击绘图工具栏 按钮，绘制一个 150×50 的矩形；单击修改工具栏 按钮，指定圆角半径为 14，给矩形到圆角；单击修改工具栏 按钮，将矩形与绘制好的图形以中点对中点的位置对齐，并再将它垂直向下移动 10 的距离；单击修改工具栏 按钮，对图形进行修剪，效果如图 18-78 所示。

04 单击绘图工具栏 按钮，绘制一个 70×70 的矩形；单击绘图工具栏 按钮，连接小矩形的两条对角线，并移动矩形，效果如图 18-79 所示。

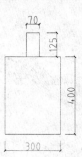

图 18-76　绘制矩形

图 18-77　绘制并修剪矩形

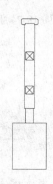

图 18-78　绘制矩形并倒圆角

05 单击绘图工具栏 按钮，绘制栏杆剖面的螺栓固定件，效果如图 18-80 所示。

06 单击绘图工具栏 按钮，绘制栏杆剖面的预埋铁件，效果如图 18-81 所示。

提示：在绘制多段线时，可以在命令提示行中输入"A"，表示绘制圆弧。

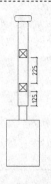

图 18-79　绘制并移动矩形

图 18-80　绘制螺栓固定件

图 18-81　绘制预埋铁件

07 单击绘图工具栏 按钮，为栏杆立柱剖面填充材料；单击修改工具栏 按钮，勾勒出木质栏杆的纹理，效果如图 18-82 所示。

08 执行【标注】|【线性】菜单命令和【连续】菜单命令，为木质栏杆立柱剖面标注各部分尺寸，效果如图 18-83 所示。

09 执行【标注】|【多重引线】菜单命令，为木质栏杆剖面注写文字说明；单击绘图工具栏 **A** 按钮，注写图名和比例；单击绘图工具栏 按钮，绘制出图名和比例下方的下画线，效果如图 18-84 所示。

图 18-82　填充图案

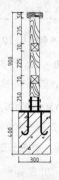

图 18-83　标注尺寸

图 18-84　标注文字说明、图例及名称

204　女儿墙详图的绘制

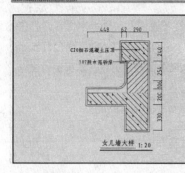

女儿墙是指凸出屋面的墙体，平屋顶建筑物一般都设有，因女儿墙的样式各不相同，应绘制出详图。通过女儿墙详图的绘制，掌握 AutoCAD 基本命令的使用方法。本实例讲述栏杆女儿墙详图的绘制方法和操作步骤。

	文件路径：	DWG\18 章\204 例.dwg
	视频文件：	AVI\18 章\204 例.avi
	播放时长：	6 分 09 秒

01 单击绘图工具栏 ╱ 按钮，绘制水平线和垂直线；单击修改工具栏 ⊿ 按钮，偏移生成辅助线，效果如图 18-85 所示。

02 单击修改工具栏 ┼ 按钮，修剪辅助线；单击修改工具栏 ◯ 按钮，给直线倒圆角，得到女儿墙的轮廓，效果如图 18-86 所示。

图 18-85　绘制辅助线

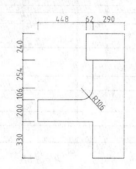

图 18-86　修剪辅助线

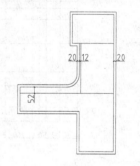

图 18-87　绘制女儿墙内部构造线

03 单击修改工具栏 ⊿ 按钮和 ◯ 按钮和 ┼ 按钮，绘制女儿墙内部构造线，效果如图 18-87 所示。

04 单击绘图工具栏 ▤ 按钮，填充女儿墙材料图列，效果如图 18-88 所示。

05 执行【标注】|【线性】菜单命令和【连续】菜单命令，为女儿墙详图标注各部分尺寸，效果如图 18-89 所示。

06 执行【标注】|【多重引线】菜单命令，为女儿墙详图注写文字说明；单击绘图工具栏 A 按钮，注写图名和比例；单击绘图工具栏 ┅ 按钮，绘制出图名和比例下方的下画线，效果如图 18-90 所示。

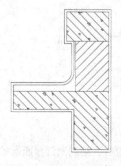

图 18-88　填充图案

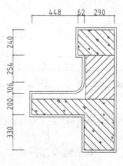

图 18-89　标注尺寸

图 18-90　标注文字说明、图名及比例

205 汀步断面的绘制

汀步是在浅水中按一定间距布设块石，微露水面，园林中运用这种古老的渡水设施，质朴自然，别有情趣。通过汀步断面的绘制，掌握 AutoCAD 基本命令的使用方法。本实例讲述汀步断面的绘制方法和操作步骤。

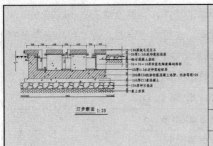

文件路径：	DWG\18 章\205 例.dwg
视频文件：	无
播放时长：	无

01 单击绘图工具栏 ✏ 按钮，绘制水平线和垂直线；单击修改工具栏 ⚮ 按钮，偏移生成辅助线，效果如图 18-91 所示。

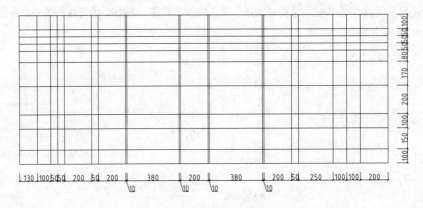

图 18-91　绘制辅助线

02 单击修改工具栏 ✂ 按钮，修剪辅助线；单击修改工具栏 ⌐ 按钮，绘制折断线，效果如图 18-92 所示。

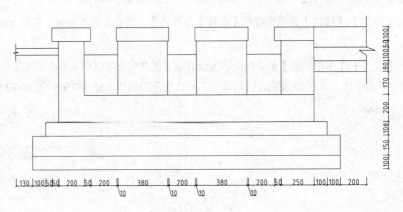

图 18-92　修剪辅助线并绘制折断线

03 单击修改工具栏 ⚮ 按钮，偏移直线；单击修改工具栏 ✂ 按钮，修剪直线，绘制出汀步断面的细部结构，效果如图 18-93 所示。

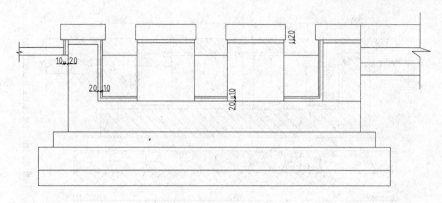

图 18-93　绘制细部结构

04 单击绘图工具栏 ⊙ 按钮，以最左边直线的端点为圆心绘制一个半径为 50 的圆形；单击修改工具栏 ⁙ 按钮，将圆以 100 的距离水平向右复制 4 个；单击修改工具栏 ⼑ 按钮，修剪圆形，效果如图 18-94 所示。

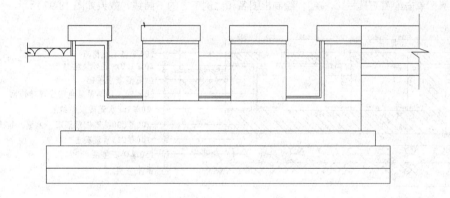

图 18-94　绘制并修剪圆

05 单击绘图工具栏 ▨ 按钮，为汀步断面填充材料；单击修改工具栏 ✐ 按钮，删除多余的线条，效果如图 18-95 所示。

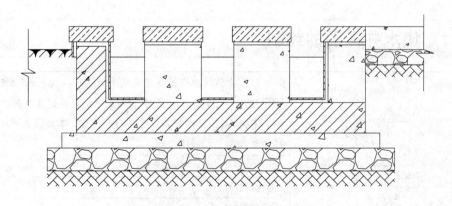

图 18-95　填充图案

06 执行【标注】|【线性】菜单命令和【连续】菜单命令，为汀步断面标注各部分尺寸，效果如图 18-96 所示。

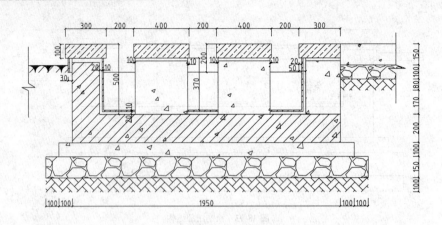

图 18-96　标注尺寸

07　执行【标注】|【多重引线】菜单命令，为汀步断面注写文字说明；单击绘图工具栏 A 按钮，注写图名和比例；单击绘图工具栏 ➚ 按钮，绘制出图名和比例下方的下画线，效果如图 18-97 所示。

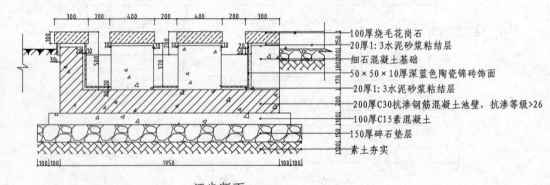

- 100厚烧毛花岗石
- 20厚1:3水泥砂浆粘结层
- 细石混凝土基础
- 50×50×10厚深蓝色陶瓷锦砖饰面
- 20厚1:3水泥砂浆粘结层
- 200厚C30抗渗钢筋混凝土池壁，抗渗等级>26
- 100厚C15素混凝土
- 150厚碎石垫层
- 素土夯实

汀步断面 1:20

图 18-97　标注文字说明、图名及比例

206　集水井详图的绘制

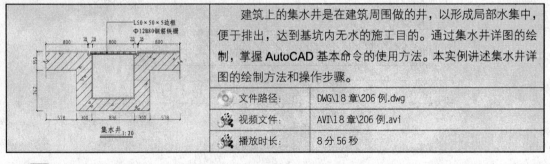

集水井 1:20

建筑上的集水井是在建筑周围做的井，以形成局部水集中，便于排出，达到基坑内无水的施工目的。通过集水井详图的绘制，掌握 AutoCAD 基本命令的使用方法。本实例讲述集水井详图的绘制方法和操作步骤。

文件路径：	DWG\18 章\206 例.dwg	
视频文件：	AVI\18 章\206 例.avi	
播放时长：	8 分 56 秒	

01　单击绘图工具栏 ✐ 按钮，绘制水平线和垂直线；单击修改工具栏 ♨ 按钮，偏移生成辅助线，效果如图 18-98 所示。

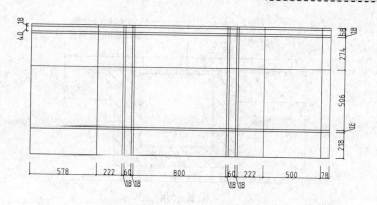

图 18-98　绘制辅助线

02 单击修改工具栏 ✄ 按钮，修剪辅助线；单击修改工具栏 ⌒ 按钮，绘制折断线，得到集水井的轮廓线，效果如图 18-99 所示。

03 单击修改工具栏 ⌒ 按钮和 ✄ 按钮以及绘图工具栏 ⊙ 按钮，绘制出进水井盖板和钢筋铁栅，效果如图 18-100 所示。

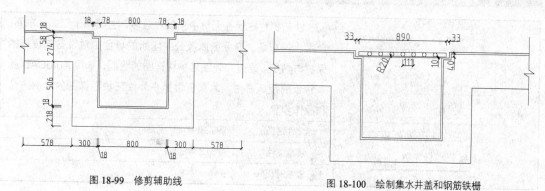

图 18-99　修剪辅助线　　　　　　　　　图 18-100　绘制集水井盖和钢筋铁栅

04 单击绘图工具栏 ▨ 按钮，为集水井详图填充材料图例，效果如图 18-101 所示。

05 执行【标注】|【线性】菜单命令和【连续】菜单命令，为集水井标注各部分尺寸，效果如图 18-102 所示。

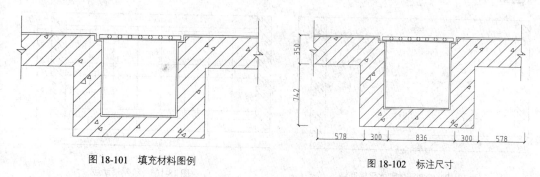

图 18-101　填充材料图例　　　　　　　　图 18-102　标注尺寸

06 执行【标注】|【多重引线】菜单命令，为集水井注写文字说明；单击绘图工具栏 A 按钮，注写图名和比例；单击绘图工具栏 ⌒ 按钮，绘制出图名和比例下方的下画线，效果如图 18-103 所示。

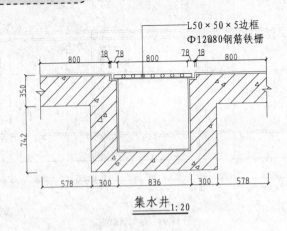

图 18-103　标注文字说明、图名及比例

207　户外铁艺护栏详图的绘制

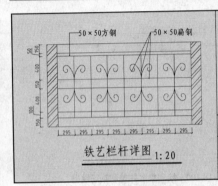

铁艺栏杆详图 1:20

铁艺护栏在现在园林中出现也较多，主要用于工厂、车间、仓库、停车场、商业区以及公共场所的场合中对设备与设施的保护与防护。通过户外铁艺护栏详图的绘制，掌握 AutoCAD 基本命令的使用方法。本实例讲述户外铁艺护栏详图的绘制方法和操作步骤。

文件路径：	DWG\18 章\207 例.dwg
视频文件：	AVI\18 章\207 例.avi
播放时长：	9 分

01 单击绘图工具栏 ╱ 按钮，绘制出两侧墙体线和水平辅助线；单击绘图工具栏 ▨ 按钮，填充墙体，效果如图 18-104 所示。

02 单击修改工具栏 ⊜ 按钮，偏移生成辅助线，效果如图 18-105 所示。

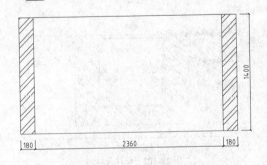

图 18-104　绘制墙体和水平辅助线

图 18-105　绘制辅助线

03 单击修改工具栏 ╱ 按钮，修剪辅助线；单击修改工具栏 ✎ 按钮，删除多余的辅助线，得到栏杆效果如图 18-106 所示。

04 单击绘图工具栏 ╱ 按钮，勾勒出铁艺的栏杆的花型，效果如图 18-107 所示。

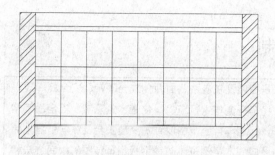

图 18-106　修剪辅助线

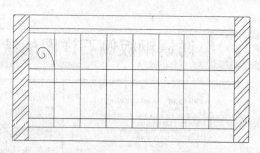

图 18-107　勾勒出栏杆花型

05　单击修改工具栏 ⚹ 按钮，将绘制的栏杆花型进行镜像；单击修改工具栏 ⚹ 按钮，复制得到所有的栏杆花型，效果如图 18-108 所示。

06　执行【标注】|【线性】菜单命令和【连续】菜单命令，为栏杆详图标注各部分尺寸，效果如图 18-109 所示。

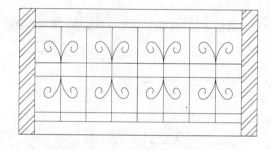

图 18-108　镜像复制栏杆花型

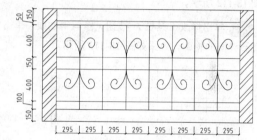

图 18-109　标注尺寸

07　执行【标注】|【多重引线】菜单命令，为栏杆详图注写文字说明，效果如图 18-110 所示。

08　单击绘图工具栏 A 按钮，注写图名和比例；单击绘图工具栏 ⌐ 按钮，绘制出图名和比例下方的下画线，效果如图 18-111 所示。

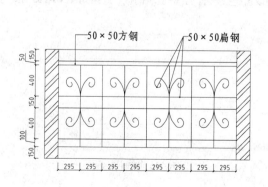

图 18-110　注写文字说明

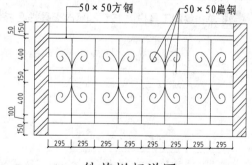

图 18-111　注写图名及比例

第
18
章

208 防锈钢板侧石详图的绘制

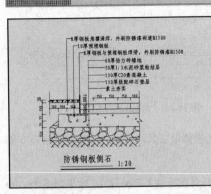

防锈钢板侧石 1:20

侧石，是指设置在道路路面两侧或分隔带、安全岛四周，高出路面，将车行道与人行道、绿化带、分隔带、安全岛等构造物分隔开，标定车行道范围以维护交通安全及纵向引导排除路面雨水的设施。本实例讲述防锈钢板侧石详图的绘制方法和操作步骤。

	文件路径：	DWG\18 章\208 例.dwg
	视频文件：	无
	播放时长：	无

第 4 篇

01 单击绘图工具栏 ✎ 按钮，绘制水平线和垂直线；单击修改工具栏 ✎ 按钮，偏移生成辅助线，效果如图 18-112 所示。

02 单击修改工具栏 ✄ 按钮，修剪辅助线；单击修改工具栏 ✎ 按钮，删除多余的辅助线，得到防锈钢板侧石详图的轮廓，效果如图 18-113 所示。

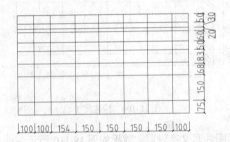

图 18-112　绘制辅助线

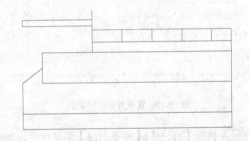

图 18-113　修剪辅助线

03 单击绘图工具栏 ⌐ 按钮，绘制折断线；单击修改工具栏 ✎ 按钮和 ✄ 按钮，绘制侧石的钢板，效果如图 18-114 所示。

04 单击绘图工具栏 ✎ 按钮和修改工具栏 ✎ 按钮以及 △ 按钮，绘制预埋钢板，效果如图 18-115 所示。

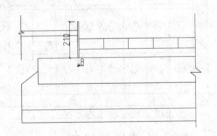

图 18-114　绘制折断线和钢板

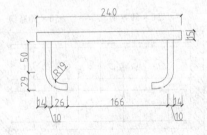

图 18-115　绘制预埋钢板

05 单击绘图工具栏 ⊙ 按钮，绘制半径为 30 的圆形；单击修改工具栏 ✿ 按钮，在命令提示行中输入 "Λ"，复制阵列圆形，效果如图 18-116 所示。

06 单击修改工具栏 ✄ 按钮，修剪圆形，效果如图 18-117 所示。

07 单击绘图工具栏 ▦ 按钮，为防锈钢板侧石填充材料图例，效果如图 18-118 所示。

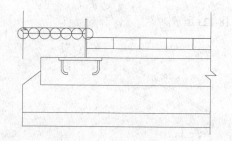

图 18-116　绘制并复制阵列圆形

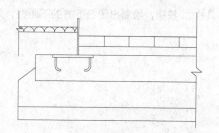

图 18-117　修剪圆形

08 执行【标注】|【线性】菜单命令和【连续】菜单命令，为防锈钢板侧石详图标注各部分尺寸，效果如图 18-119 所示。

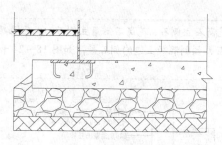

图 18-118　填充材料图例

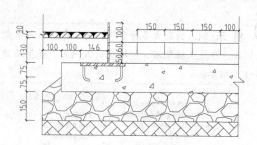

图 18-119　标注尺寸

09 执行【标注】|【多重引线】菜单命令，为防锈钢板侧石详图注写文字说明；单击绘图工具栏 **A** 按钮，注写图名和比例；单击绘图工具栏 ⌒ 按钮，绘制出图名和比例下方的下画线，效果如图 18-120 所示。

10 为了更好地理解防锈钢板侧石的结构，可以绘制出它的节点轴测图。鼠标右击▦按钮(快捷键为 SE)，选择"设置"命令，打开"草图设置"对话框，选择"等轴侧捕捉"，单击"确定"按钮，效果如图 18-121 所示。

11 单击绘图工具栏 ∕ 按钮和修改工具栏 ☖ 按钮，绘制出防锈钢板侧石节点轴测图，效果如图 18-122 所示。

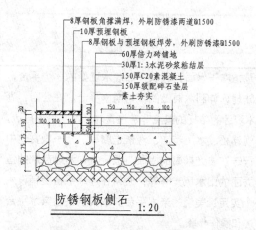

图 18-120　标注文字说明、图名及比例

图 18-121　"草图设置"对话框

12 执行【标注】|【对齐】菜单命令，为防锈钢板侧石节点轴测图标注各部分尺寸；执行【标注】|【多重引线】菜单命令，为防锈钢板侧石节点轴测图注写文字说明；单击绘图工具栏 **A** 按钮，注写图名；单击

绘图工具栏 按钮，绘制出图名下方的下画线，效果如图 18-123 所示。

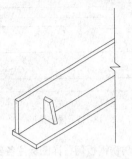

图 18-122　绘制节点轴测图

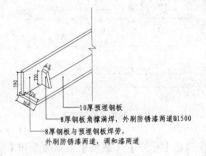

- 10厚预埋钢板
- 8厚钢板角撑满焊，外刷防锈漆两道@1500
- 8厚钢板与预埋钢板焊劳，外刷防锈漆两道，调和漆两道

图 18-123　标注尺寸及文字说明

🔊 **提 示**：侧石的形式多种多样，比如有花岗石平侧石、花岗石立侧石、花岗石倒角立侧石、成品混凝土立侧石、沙坑木桩侧石、沙坑花岗石侧石、花岗石边沟侧石、预制混凝土边沟侧石等，如图 18-124 和图 18-125 所示。

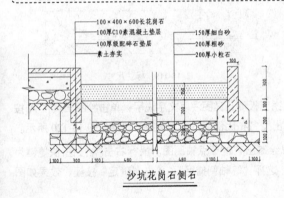

- 100×400×600长花岗石
- 100厚C10素混凝土垫层
- 100厚级配碎石垫层
- 素土夯实
- 150厚细白砂
- 200厚粗砂
- 200厚小粒石

沙坑花岗石侧石

图 18-124　沙坑花岗石侧石

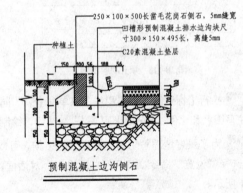

- 250×100×500长凿毛花岗石侧石，5mm缝宽
- 凹槽形预制混凝土排水边沟块尺寸300×150×495长，高缝5mm
- 种植土
- C20素混凝土垫层

预制混凝土边沟侧石

图 18-125　预制混凝土边沟侧石

209　亲水平台断面的绘制

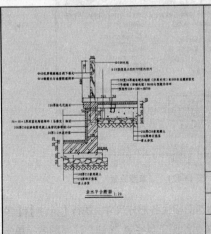

亲水平台断面 1:20

亲水平台是指高于水面，可供人们戏水玩耍的一个平台，但是必须是从陆地延伸到水面上的才叫亲水平台。在公园、湖泊、海滨等以水资源为依托的景点非常注重对亲水平台的打造，主要表现在景观浮桥、水上步道、观景走廊等，用于观赏池中怒放的鲜花、行走在波光粼粼的水面、逗玩水中活蹦乱跳的鱼类、欣赏沿岸秀丽的山水风光等等；通常在浮动平台上铺设木板可以完成一个实用且美观的亲水平台。本实例讲述亲水平台断面的绘制方法和操作步骤。

 文件路径：	DWG\18 章\209 例.dwg
视频文件：	无
播放时长：	无

01 单击绘图工具栏 ╱ 按钮，绘制水平线和垂直线；单击修改工具栏 ⬰ 按钮，偏移生成辅助线，效果如图 18-126 所示。

02 单击修改工具栏 ⊹ 按钮，修剪辅助线；单击修改工具栏 ✎ 按钮，删除多余的辅助线，得到亲水平台断面的初步轮廓，效果如图 18-127 所示。

03 单击修改工具栏 ⬰ 按钮，绘制亲水平台的细部结构，效果如图 18-128 所示。

图 18-126　绘制辅助线

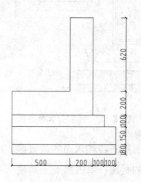

图 18-127　修剪辅助线

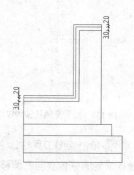

图 18-128　绘制细部结构

04 单击绘图工具栏 ▢ 按钮，绘制一个 300×120 矩形，捕捉矩形的右下角点移动对齐到亲水平台断面轮廓的右上角点，并向右水平移动 10 的距离，效果如图 18-129 所示。

05 单击绘图工具栏 ▢ 按钮，绘制一个 1200×100 矩形，捕捉矩形的右下角点移动对齐到 300×120 矩形的右上角点；单击修改工具栏 ✛ 按钮，将矩形水平向左移动 50 的距离，再向下移动 400 的距离，作为亲水平台的栏杆立柱，效果如图 18-130 所示。

06 单击绘图工具栏 ▢ 按钮，绘制一个 30×20 的小矩形；单击修改工具栏 ❀ 按钮，将小矩形复制，效果如图 18-131 所示。

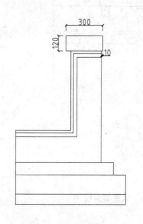

图 18-129　绘制并移动矩形

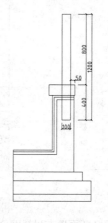

图 18-130　绘制栏杆立柱

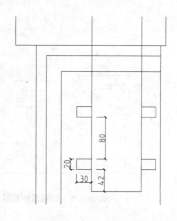

图 18-131　绘制并复制矩形

07 单击绘图工具栏 ⊘ 按钮，绘制一个半径为 30 的圆形，作为栏杆柱的穿绳孔；单击绘图工具栏 〜 按钮，勾勒出立柱的木纹纹样，效果如图 18-132 所示。

08 单击绘图工具栏 ╱ 按钮，以 300×120 的矩形的右上角点为起点，绘制一条直线；单击修改工具栏 ⬰ 按钮，将直线向下偏移，效果如图 18-133 所示。

图 18-132　绘制穿绳孔和木纹纹样

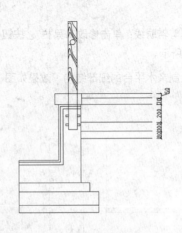

图 18-133　绘制并偏移直线

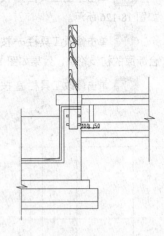

图 18-134　绘制折断线和排水孔

09 单击绘图工具栏 按钮，绘制出折断线和水面的位置线；单击修改工具栏 按钮，将直线和亲水平台断面轮廓线依次向右偏移 100 和 50 的距离；单击修改工具栏 按钮，修剪直线，绘制出亲水平台断面的排水孔，效果如图 18-134 所示。

10 单击绘图工具栏 按钮以及修改工具栏 按钮和 按钮，绘制槽钢和预埋件，效果如图 18-135 所示。

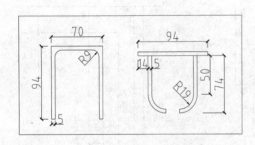

图 18-135　绘制槽钢和预埋件

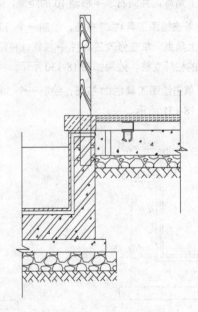

图 18-136　填充材料图例

11 单击绘图工具栏 按钮，为亲水平台断面填充材料图例，效果如图 18-136 所示。

12 执行【标注】|【线性】菜单命令和【连续】菜单命令，为亲水平台断面标注各部分尺寸，效果如图 18-137 所示。

13 执行【标注】|【多重引线】菜单命令，为亲水平台断面注写文字说明；单击绘图工具栏 A 按钮，注写图名和比例；单击绘图工具栏 按钮，绘制出图名和比例下方的下画线，效果如图 18-138 所示。

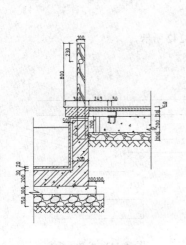

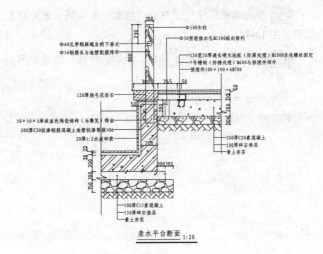

亲水平台断面 1:20

图 18-137　标注尺寸　　　　　　　图 18-138　标注文字说明、图名及比例

210 木平台断面及其详图的绘制

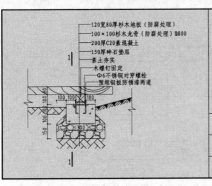

　　木平台，一般为全木结构，也有混凝土或石材、人造合成材料等混合搭建的建筑体。它的特点是台表面水平，且多高出所建地，是供使用者生活、休闲娱乐、观赏景观的地方。通过木平台断面及其详图的绘制，掌握 AutoCAD 基本命令的使用方法。本实例讲述木平台断面及其详图的绘制方法和操作步骤。

文件路径:	DWG\18 章\210 例.dwg
视频文件:	AVI\18 章\210 例.avi
播放时长:	22 分 50 秒

　　01 单击绘图工具栏 ╱ 按钮，绘制水平线和垂直线；单击修改工具栏 ▱ 按钮，偏移生成辅助线，效果如图 18-139 所示。

　　02 单击绘图工具栏 ╱ 按钮，连接辅助线的交点；单击修改工具栏 ⊱ 按钮，修剪辅助线；单击修改工具栏 ◢ 按钮，删除多余的辅助线，得到木平台断面的轮廓线，效果如图 18-140 所示。

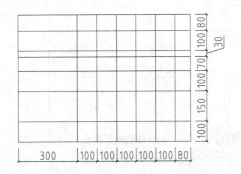

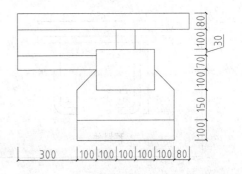

图 18-139　绘制辅助线　　　　　　　图 18-140　绘制木平台断轮廓线

第18章

03 单击绘图工具栏 ✎ 按钮，绘制一条斜线；单击修改工具栏 ⊿ 按钮，将斜线往下偏移 40 的距离，效果如图 18-141 所示。

04 单击绘图工具栏 ⌒ 按钮，绘制折断线，效果如图 18-142 所示。

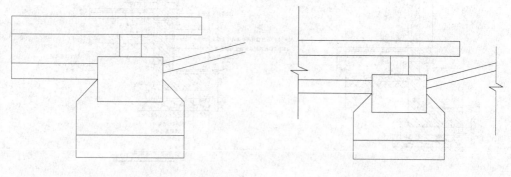

图 18-141　绘制并偏移斜线　　　　　　　　图 18-142　绘制折断线

05 单击绘图工具栏 ⊙ 按钮，以偏移的斜线的起点为圆心，绘制一个半径为 41 的圆，效果如图 18-143 所示。

06 单击修改工具栏 ❀ 按钮，复制圆形；单击修改工具栏 ✂ 按钮，修剪圆形，效果如图 18-144 所示。

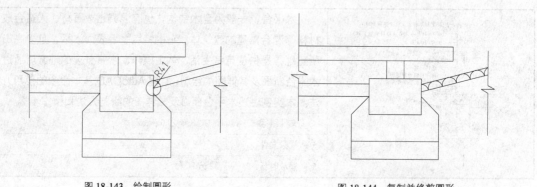

图 18-143　绘制圆形　　　　　　　　　　　图 18-144　复制并修剪圆形

07 单击绘图工具栏 ✎ 按钮以及修改工具栏 ⊿ 按钮、✂ 按钮以及 ▱ 按钮，绘制出预埋件、木螺钉以及不锈钢对穿螺栓，效果如图 18-145 所示。

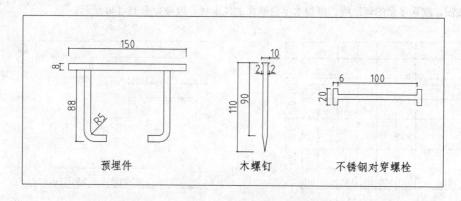

图 18-145　绘制预埋件、木螺钉和对穿螺栓

08 单击绘图工具栏 ／ 按钮，连接小矩形的对角线，效果如图 18-146 所示。

09 单击绘图工具栏 ⊞ 按钮，为木平台断面填充材料图例；单击绘图工具栏 ／ 按钮，勾勒出木纹文案，
效果如图 18-147 所示。

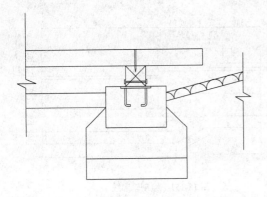

图 18-146　绘制对角线

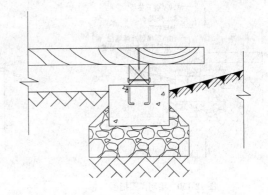

图 18-147　填充材料图例

10 执行【标注】|【线性】菜单命令和【连续】菜单命令，为木平台断面标注各部分尺寸，效果如图
18-148 所示。

11 执行【标注】|【多重引线】菜单命令，为木平台断面注写文字说明；单击绘图工具栏 A 按钮，注
写图名和比例；单击绘图工具栏 ⌐ 按钮，绘制出图名和比例下方的下画线，效果如图 18-149 所示。

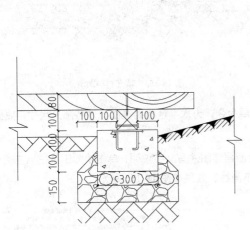

图 18-148　标注尺寸

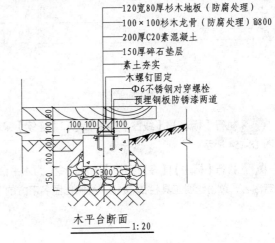

图 18-149　标注文字说明、图名及比例

12 单击绘图工具栏 ⌐ 按钮和 A 按钮，绘制详图指引，效果如图 18-150 所示。

📢)) 提　示：根据绘制的木平台断面，可以绘制出其 1-1 的详图。

13 单击绘图工具栏 ／ 按钮，绘制水平线和垂直线；单击修改工具栏 ⬤ 按钮，偏移生成辅助线；单击
修改工具栏 ✂ 按钮，修剪辅助线；单击修改工具栏 ✐ 按钮，删除多余的辅助线，得到木平台断面详图的轮
廓线，效果如图 18-151 所示。

14 单击绘图工具栏 ⌐ 按钮，绘制折断线；单击绘图工具栏 ／ 按钮和修改工具栏 ⬤ 按钮和 ✂ 按钮，

第
1
8
章

绘制木平台断面详图的内部结构，效果如图 18-152 所示。

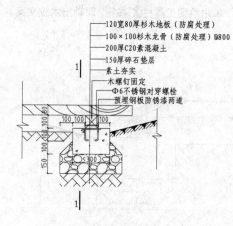

图 18-150 绘制详图指引

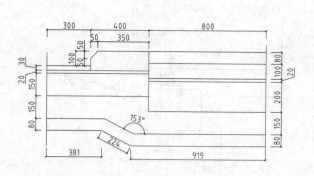

图 18-151 绘制轮廓线

15 单击绘图工具栏 按钮，为木平台断面详图填充材料图例；单击绘图工具栏 按钮，勾勒出木纹文案，效果如图 18-153 所示。

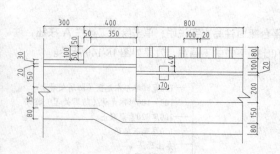

图 18-152 绘制内部结构

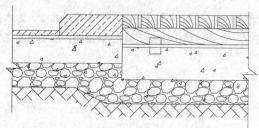

图 18-153 填充材料图例

16 执行【标注】|【线性】菜单命令和【连续】菜单命令，为木平台断面详图标注各部分尺寸，效果如图 18-154 所示。

17 执行【标注】|【多重引线】菜单命令，为木平台断面详图注写文字说明；单击绘图工具栏 A 按钮，注写图名，单击绘图工具栏 按钮，绘制出图名下方的下画线，效果如图 18-155 所示。

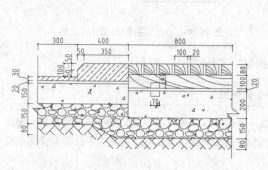

图 18-154 标注尺寸

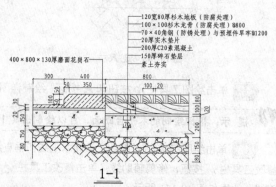

图 18-155 标注文字说明及图名

211　标准坡道剖面图的绘制

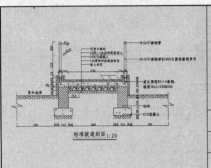

一般情况下，园林地形中都存在一定的高差，如果这个高差太大，就需要创建台阶或者坡道作为过渡。其中坡道是为车辆和残疾人而设置的，不允许进入道路红线，同时坡道不能太长。通过坡道剖面图的绘制，掌握 AutoCAD 基本命令的使用方法。本实例讲述坡道剖面图的绘制方法和操作步骤。

文件路径：	DWG\18 章\211 例.dwg
视频文件：	AVI\18 章\211 例.avi
播放时长：	15 分 38 秒

01 单击绘图工具栏 ╱ 按钮，绘制水平线和垂直线；单击修改工具栏 ▣ 按钮，偏移生成辅助线；单击修改工具栏 ╱ 按钮，修剪辅助线；单击修改工具栏 ✎ 按钮，删除多余的辅助线，得到坡道剖面的大致轮廓，效果如图 18-156 所示。

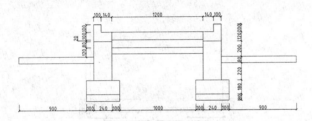

图 18-156　绘制坡道剖面轮廓

02 单击绘图工具栏 ╌◡ 按钮，绘制折断线；单击修改工具栏 ▣ 按钮和 ╱ 按钮，绘制坡道剖面细部构造线，效果如图 18-157 所示。

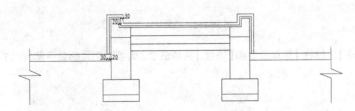

图 18-157　绘制细部构造线

03 单击绘图工具栏 ╱ 按钮以及修改工具栏 ▣ 按钮和 ◻ 按钮，绘制预埋扁钢，效果如图 18-158 所示。

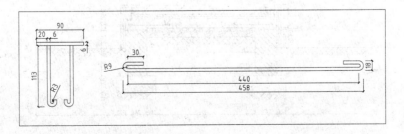

图 18-158　绘制预埋钢件

04 单击绘图工具栏 ∕ 按钮和 ⊙ 按钮以及修改工具栏的 -∕ 按钮和 ∕- 按钮，绘制坡道剖面栏杆立柱，效果如图 18-159 所示。

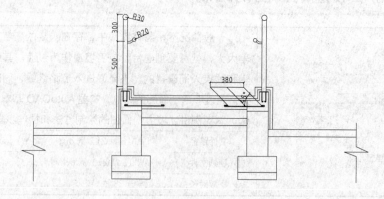

图 18-159 绘制栏杆柱

05 单击绘图工具栏 ▨ 按钮，为坡道剖面填充材料图例；单击修改工具栏 ✎ 按钮，删除多余的线条，效果如图 18-160 所示。

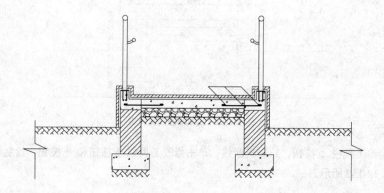

图 18-160 填充材料图例

06 执行【标注】|【线性】菜单命令和【连续】菜单命令，为坡道剖面标注各部分尺寸，效果如图 18-161 所示。

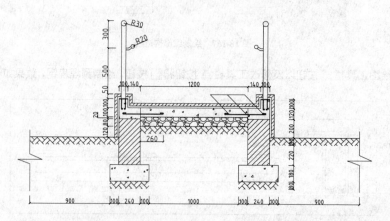

图 18-161 标注尺寸

07 执行【标注】|【多重引线】菜单命令，为坡道剖面注写文字说明；单击绘图工具栏 **A** 按钮，注写图名及比例；单击绘图工具栏 按钮，绘制出图名及比例下方的下画线，效果如图 18-162 所示。

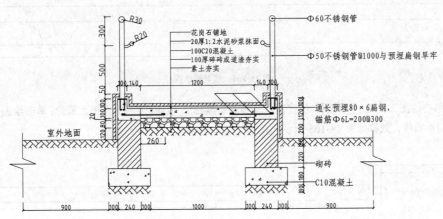

图 18-162　标注文字说明、图名及比例

212　停车场剖面的绘制

停车场，顾名思义是用来泊车用的，这里讲述的停车场主要是室外停车场。通过停车场剖面图的绘制，掌握 AutoCAD 基本命令的使用方法。本实例讲述停车场剖面的绘制方法和操作步骤。

文件路径：	DWG\18 章\212 例.dwg
视频文件：	AVI\18 章\212 例.avi
播放时长：	9 分 09 秒

01 单击绘图工具栏 按钮，绘制水平线和垂直线；单击修改工具栏 按钮，偏移生成辅助线，效果如图 18-163 所示。

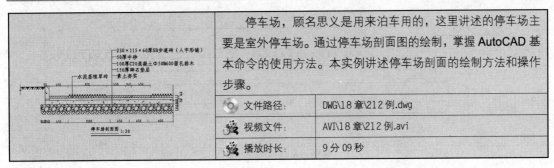

图 18-163　绘制辅助线

02 单击修改工具栏 按钮，修剪辅助线；单击修改工具栏 按钮，删除多余的辅助线，得到停车场剖面的大致轮廓，效果如图 18-164 所示。

图 18-164　修剪辅助线

03 单击绘图工具栏 ✐ 按钮和 ◉ 按钮以及修改工具栏 ✂ 按钮,绘制出种植土部分;单击绘图工具栏 ⌁ 按钮,绘制折断线,效果如图 18-165 所示。

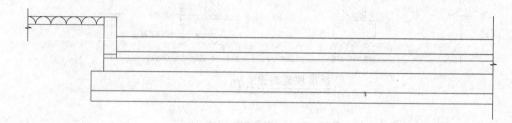

图 18-165　绘制折断线和种植土部分

04 单击修改工具栏 ▣ 按钮和 ✂ 按钮以及 ◻ 按钮,绘制停车场剖面图的细部构造,效果如图 18-166 所示。

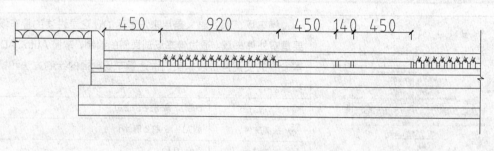

图 18-166　绘制细部构造

05 单击绘图工具栏 ▦ 按钮,为停车场剖面填充材料图例;单击修改工具栏 ✐ 按钮,删除多余的线条,效果如图 18-167 所示。

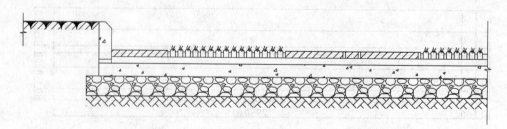

图 18-167　填充材料图例

06 执行【标注】|【线性】菜单命令和【连续】菜单命令,为停车场剖面标注各部分尺寸,效果如图 18-168 所示。

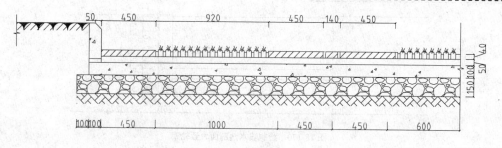

图 18-168 标注尺寸

07 执行【标注】|【多重引线】菜单命令，为停车场剖面注写文字说明；单击绘图工具栏 **A** 按钮，注写图名及比例；单击绘图工具栏 ⌐ 按钮，绘制出图名及比例下方的下画线，效果如图 18-169 所示。

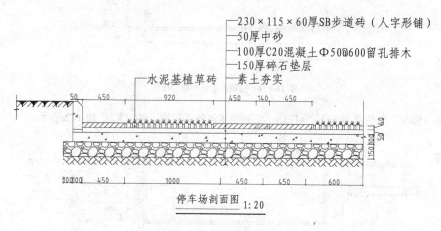

停车场剖面图 1:20

图 18-169 标注文字说明、图名及比例

213 喷水池剖面图的绘制

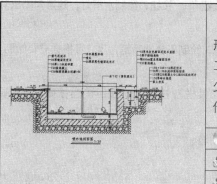

喷泉是一种将水经过一定压力通过喷头喷洒出来具有特定形状的组合体。园林中的喷泉，一般是为了造景的需要，而人工建造的具有装饰性的喷水装置。喷泉可以湿润周围空气，减少尘埃，降低气温。本实例讲述喷水池剖面图的绘制方法和操作步骤。

	文件路径：	DWG\18 章\213 例.dwg
	视频文件：	无
	播放时长：	无

01 单击绘图工具栏 ✏ 按钮，绘制水平线和垂直线；单击修改工具栏 △ 按钮，偏移生成辅助线；单击修改工具栏 ✂ 按钮，修剪辅助线；单击修改工具栏 ✐ 按钮，删除多余的辅助线，得到喷水池剖面的大致轮廓，效果如图 18-170 所示。

02 单击绘图工具栏 ⌐ 按钮，绘制折断线；单击修改工具栏 △ 按钮和 ✂ 按钮，绘制喷水池内部结构，效果如图 18-171 所示。

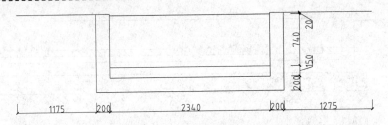

图 18-170　绘制喷水池剖面大致轮廓

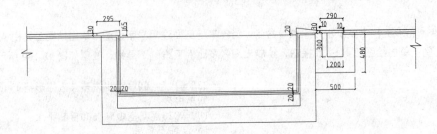

图 18-171　绘制折断线和细部结构

03 单击修改工具栏 按钮和 按钮，绘制喷水池外部轮廓，效果如图 18-172 所示。

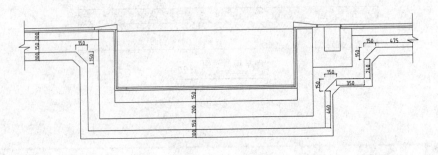

图 18-172　绘制外部轮廓

04 单击绘图工具栏 按钮和 按钮以及修改工具栏 按钮和 按钮，绘制水下灯，随意勾勒出其形状即可，效果如图 18-173 所示。

05 单击绘图工具栏 按钮和修改工具栏 按钮和 按钮，绘制不锈钢暗销，尺寸可根据需要绘制，效果如图 18-174 所示。

06 单击绘图工具栏 按钮、 按钮和 按钮以及修改工具栏 按钮、 按钮和 按钮，绘制喷头，尺寸根据现场需要确定，效果如图 18-175 所示。

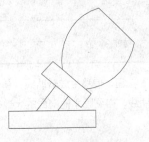

图 18-173　绘制水下灯

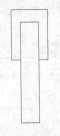

图 18-174　绘制暗销

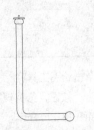

图 18-175　绘制水柱效果

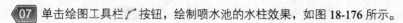
07 单击绘图工具栏 ⁄ 按钮，绘制喷水池的水柱效果，如图 18-176 所示。

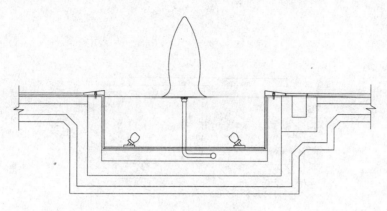

图 18-176　绘制喷水柱效果

08 单击绘图工具栏 ▨ 按钮，为喷水池剖面填充材料图例；单击修改工具栏 ✎ 按钮，删除多余的线条，效果如图 18-177 所示。

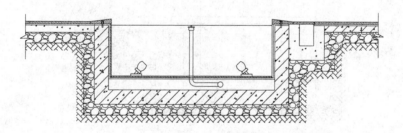

图 18-177　填充材料图例

09 执行【标注】|【线性】菜单命令和【连续】菜单命令，为喷水池剖面标注各部分尺寸，效果如图 18-178 所示。

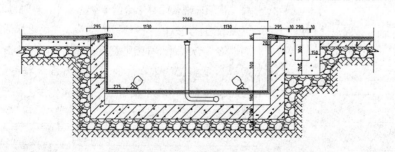

图 18-178　标注尺寸

10 单击绘图工具栏 ⁄ 按钮，绘制喷水池剖面的标高符号和坡度符号；单击绘图工具栏 ▨ 按钮，给坡

度符号进行填充；单击绘图工具栏 **A** 按钮，绘制标高符号和坡度符号上面的文字，效果如图 18-179 所示。

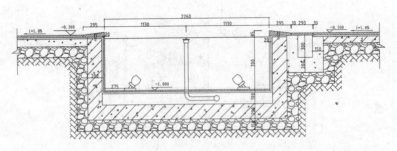

图 18-179　绘制标高符号和坡度符号

11 执行【标注】|【多重引线】菜单命令，为喷水池剖面注写文字说明；单击绘图工具栏 **A** 按钮，注写图名及比例，单击绘图工具栏 按钮，绘制出图名及比例下方的下画线，效果如图 18-180 所示。

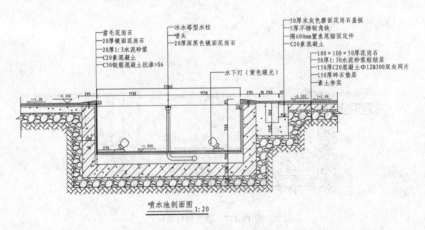

图 18-180　标注文字说明、图名及比例

214 花架剖面大样图的绘制

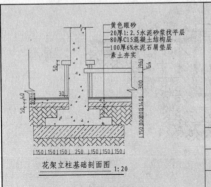

花架立柱基础剖面图　1:20

　　花架在现代园林中除供植物攀援外，有时也取其形式轻盈，以点缀园林建筑的某些墙段或檐头，使之更加活泼和具有园林的性格；而剖面大样图则是反映建筑物内部构造和空间关系的图样，是施工的依据。通过花架剖面大样图的绘制，掌握 AutoCAD 基本命令的使用方法，本实例讲述花架剖面大样图的绘制方法和操作步骤。

文件路径：	DWG\18 章\214 例.dwg	
视频文件：	无	
播放时长：	无	

01 绘制花架立柱基础剖面图。单击绘图工具栏 ✎ 按钮，绘制一条直线作为地平线；单击绘图工具栏 ▭ 按钮，绘制 350×400、420×50 和 500×50 的三个矩形，将它们排列，作为花架的基座和坐凳部分，效果如图 18-181 所示。

🔊 提 示：平面图和立面图可参照本书"第 10 章/例 103 和例 104"。

02 单击修改工具栏 ▨ 按钮，分解所有的矩形；单击修改工具栏 ▨ 按钮，将基座两边的垂直线段反别向内偏移 30 的距离，效果如图 18-182 所示。

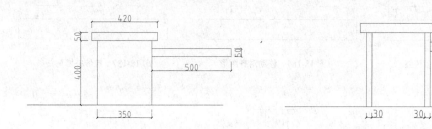

图 18-181　绘制地平线和矩形　　　　　　　　　图 18-182　偏移直线

03 单击修改工具栏 ▨ 按钮，将地平线依次向下偏移 10、10、40 和 50 的距离，效果如图 18-183 所示。

04 单击绘图工具栏 ▭ 按钮，绘制一个 1150×150 的矩形；单击绘图工具栏 ↪ 按钮，绘制一条多段线，效果如图 18-184 所示。

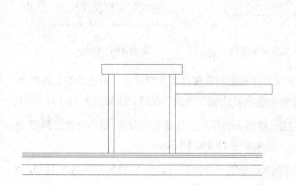
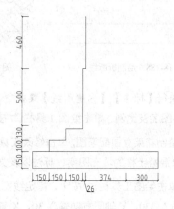

图 18-183　偏移地平线　　　　　　　　　图 18-184　绘制矩形和多段线

05 单击修改工具栏 ▨ 按钮，分解矩形；单击修改工具栏 ▨ 按钮，将矩形的上边向上偏移 230 的距离；单击修改工具栏 ▨ 按钮，将多段线镜像，效果如图 18-185 所示。

06 单击修改工具栏 ✛ 按钮，捕捉图 18-183 图形最下边直线的中点，移动对齐到图形偏移线的中点位置，效果如图 18-186 所示。

07 单击修改工具栏 ▨ 按钮，将坐凳线条向左拉伸 100；单击修改工具栏 ✂ 按钮，修剪多余的线条，效果如图 18-187 所示。

08 单击绘图工具栏 ↪ 按钮，绘制折断线，效果如图 18-188 所示。

09 单击绘图工具栏 ▨ 按钮，为花架立柱基础剖面图填充材料图例，效果如图 18-189 所示。

10 执行【标注】|【线性】菜单命令和【连续】菜单命令，为花架立柱基础剖面图标注各部分尺寸，效果如图 18-190 所示。

第 4 篇

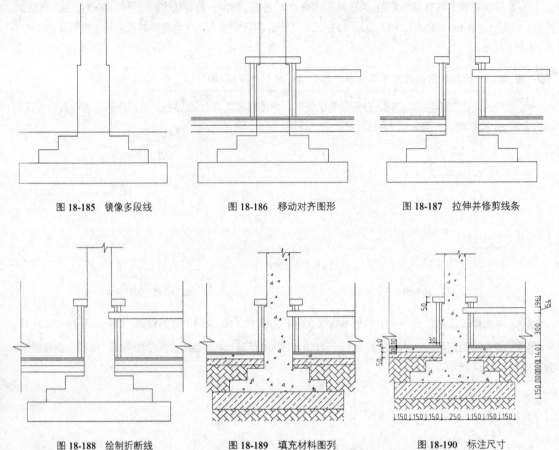

图 18-185　镜像多段线　　　　图 18-186　移动对齐图形　　　　图 18-187　拉伸并修剪线条

图 18-188　绘制折断线　　　　图 18-189　填充材料图列　　　　图 18-190　标注尺寸

11 执行【标注】|【多重引线】菜单命令，为花架立柱基础剖面图注写文字说明；单击绘图工具栏 A 按钮，注写图名及比例；单击绘图工具栏 按钮，绘制出图名及比例下方的下画线，效果如图 18-191 所示。

12 绘制花架立面配筋图。单击修改工具栏 按钮，复制一份花架立柱基础剖面图；单击修改工具栏 按钮，删除混凝土柱的填充图案、标注以及文字说明，效果如图 18-192 所示。

13 单击绘图工具栏 按钮，指定线宽为 6，捕捉折断线的一点为起点，沿 Y 轴负方向输入 1170，X 轴负方向输入 330，Y 轴正方向输入 30，X 轴正方向输入 50，效果如图 18-193 所示。

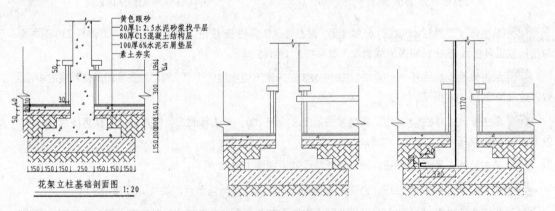

花架立柱基础剖面图　　1:20

图 18-191　标注文字说明、图名及比例　　图 18-192　修改花架基础剖面图形　　图 18-193　绘制垂直钢筋

14 单击修改工具栏 按钮，输入 "R"，指定圆角半径大小为 10，对多段线左下部的两个端点进行圆角操作，效果如图 18-194 所示。

15 单击修改工具栏 按钮，复制镜像多段线，效果如图 18-195 所示。

16 单击绘图工具栏 按钮，指定线宽为 5，捕捉多段线内侧左侧下方端点，绘制一条水平方向的多段线；单击修改工具栏 按钮，将水平方向的多段线沿 Y 轴方向垂直移动 200 的距离，效果如图 18-196 所示。

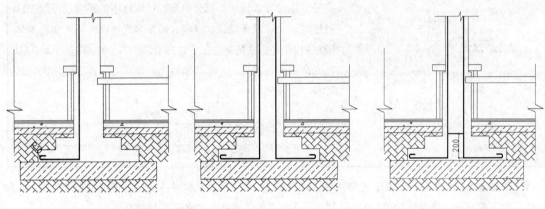

图 18-194 给多段线倒圆角   图 18-195 复制镜像多段线   图 18-196 绘制水平钢筋

17 单击修改工具栏 按钮，输入 "A"，指定阵列的项目数为 4，距离为 200，将水平钢筋向上镜像复制，效果如图 18-197 所示。

18 单击绘图工具栏 按钮，绘制一个半径为 6 的圆形，并对其进行填充；单击修改工具栏 按钮，输入 "A"，指定阵列的项目数为 9，距离为 100，将圆形向右镜像复制，效果如图 18-198 所示。

19 执行【标注】|【多重引线】菜单命令，为花架配筋图注写文字说明；单击绘图工具栏 A 按钮，注写图名；单击绘图工具栏 按钮，绘制出图名下方的下画线，效果如图 18-199 所示。

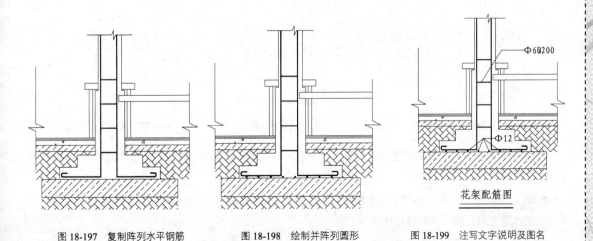

花架配筋图

图 18-197 复制阵列水平钢筋   图 18-198 绘制并阵列圆形   图 18-199 注写文字说明及图名

215 花架立柱正立面详图的绘制

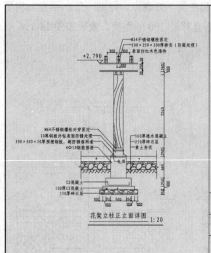

花架立柱正立面详图 1:20

花架可应用于各种类型的园林绿地中，常设置在风景优美的地方供休息和点景，也可以和亭、廊、水榭等结合，组成外形美观的园林建筑群；在居住区绿地、儿童游戏场中花架可供休息、遮荫、纳凉之用；用花架代替廊子，可以联系空间；用格子垣攀缘藤本植物，可分隔景物；园林中的茶室、冷饮部、餐厅等，也可以用花架作凉棚，设置坐席；此外还可用花架作园林的大门。通过花架立柱正立面图详图的绘制，掌握 AutoCAD 基本命令的使用方法，本实例讲述花架正立面详图的绘制方法和操作步骤。

文件路径：	DWG\18 章\215 例.dwg
视频文件：	AVI\18 章\215 例.avi
播放时长：	11 分 46 秒

01 单击绘图工具栏✏按钮，绘制水平线和垂直线；单击修改工具栏📐按钮，偏移生成辅助线；单击修改工具栏✂按钮，修剪辅助线，得到花架立柱正立面的轮廓线，效果如图 18-200 所示。

02 击绘图工具栏✏按钮以及修改工具栏📐按钮绘制细节部分；单击绘图工具栏➰按钮，绘制折断线，效果如图 18-201 所示。

03 击绘图工具栏✏按钮以及修改工具栏📐按钮和✂按钮，绘制花架立柱的对穿螺栓，效果如图 18-202 所示。

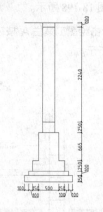

图 18-200　绘制立柱的大致轮廓

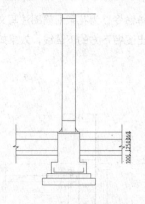

图 18-201　绘制折断线

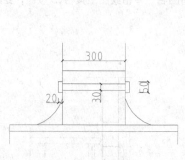

图 18-202　绘制对穿螺栓

04 击绘图工具栏✏按钮以及修改工具栏📐按钮和✂按钮，绘制横梁和螺栓固定件，效果如图 18-203 所示。

05 单击绘图工具栏▨按钮，为花架立柱正面详图填充材料图例；单击绘图工具栏✒按钮，勾勒出花架立柱的木纹文案，效果如图 18-204 所示。

06 执行【标注】|【线性】菜单命令和【连续】菜单命令，为花架立柱正立面详图标注各部分尺寸，效果如图 18-205 所示。

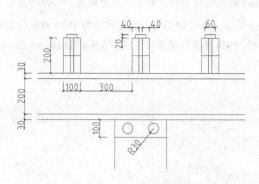

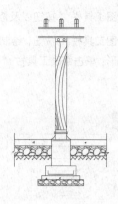

图 18-203　绘制横梁及螺栓固定件　　　　　　　图 18-204　填充材料图例

07 单击绘图工具栏 ✐ 按钮，绘制花架正立面详图的标高符号；单击绘图工具栏 **A** 按钮，绘制标高符号上面的文字，效果如图 18-206 所示。

08 执行【标注】|【多重引线】菜单命令，为花架立柱正立面详图注写文字说明；单击绘图工具栏 **A** 按钮，注写图名及比例；单击绘图工具栏 ⌒ 按钮，绘制出图名及比例下方的下画线，效果如图 18-207 所示。

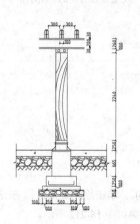

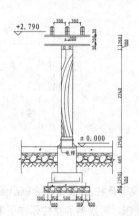

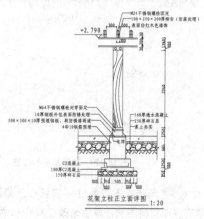

图 18-205　标注尺寸　　　　　图 18-206　绘制标高符号　　　　图 18-207　标注文字说明、图名及比例

216 景亭剖面图的绘制

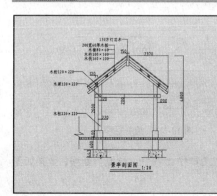

　　亭子是园林主要设施之一，在园林中广泛应用，多建于路旁，供行人休息、乘凉、娱乐或观景之用。一般为开敞性结构，没有围墙，亭的种类也多种多样。通过景亭剖面图的绘制，掌握 AutoCAD 基本命令的使用方法，本实例讲述剖面图的绘制方法和操作步骤。

文件路径：	DWG\18章\216例.dwg	
视频文件：	无	
播放时长：	无	

01 单击绘图工具栏 ╱ 按钮以及修改工具栏 🔊 按钮，绘制出景亭的平面图，效果如图 18-208 所示。

02 单击绘图工具栏 ╱ 按钮，绘制一条地平线；单击绘图工具栏 □ 按钮，绘制尺寸为 350×400 和 220×2600 的两个矩形；单击修改工具栏 🔊 按钮，将矩形分解，作为景亭的基座和立柱，效果如图 18-209 所示。

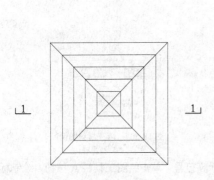

图 18-208　绘制景亭平面图

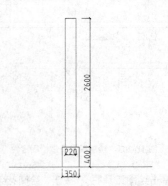

图 18-209　绘制基座和立柱

03 单击修改工具栏 🔊 按钮，将基座和立柱进行镜像复制，效果如图 18-210 所示。

04 单击绘图工具栏 □ 按钮以及修改工具栏 ╱ 按钮，绘制景亭的横梁，效果如图 18-211 所示。

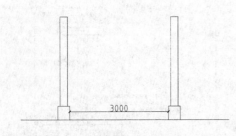

图 18-210　镜像基座和立柱

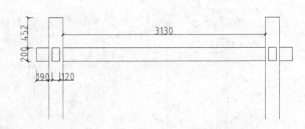

图 18-211　绘制横梁

05 单击绘图工具栏 ╱ 按钮以及修改工具栏 🔊 按钮，绘制出景亭的屋顶；单击绘图工具栏 🔲 按钮，填充屋顶材料图例；单击修改工具栏 ╱ 按钮，将景亭的立柱延伸至屋顶，效果如图 18-212 所示。

06 单击修改工具栏 🔊 按钮，将地平线向下偏移 120 的距离；单击绘图工具栏 □ 按钮，绘制 350×600 和 836×443 的两个矩形，并连接中间的连线，效果如图 18-213 所示。

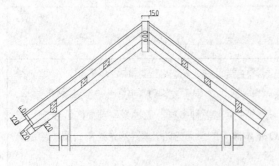

图 18-212　绘制景亭屋顶

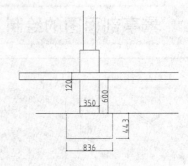

图 18-213　绘制矩形

07 单击修改工具栏 🔊 按钮，将两个矩形复制镜像；单击绘图工具栏 ⌐ 按钮，绘制折断线，效果如图 18-214 所示。

08 单击绘图工具栏 🔲 按钮，对景亭剖面进行材料图例填充，效果如图 18-215 所示。

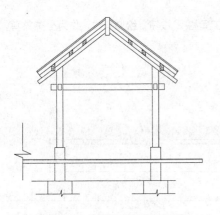

图 18-214　镜像矩形并绘制折断线

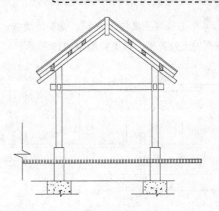

图 18-215　填充材料图例

09 执行【标注】|【线性】菜单命令和【连续】菜单命令，为景亭剖面图标注各部分尺寸，效果如图 18-216 所示。

10 执行【标注】|【多重引线】菜单命令，为景亭剖面图注写文字说明；单击绘图工具栏 **A** 按钮，注写图名及比例；单击绘图工具栏 按钮，绘制出图名及比例下方的下画线，效果如图 **18-217** 所示。

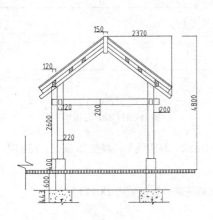

图 18-216　标注尺寸

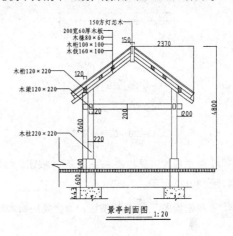

图 18-217　标注文字说明、图名及比例

第 18 章

217　坐凳剖面大样图的绘制

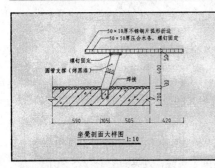

坐凳是园林景观的主要设施之一，在园林中到处可见，主要供人们娱乐休息所用。通过坐凳剖面大样图的绘制，掌握 **AutoCAD** 基本命令的使用方法，本实例讲述坐凳剖面大样图的绘制方法和操作步骤。

文件路径：	DWG\18 章\217 例.dwg
视频文件：	AVI\18 章\217 例.avi
播放时长：	8 分 20 秒

01 单击绘图工具栏 按钮，绘制水平直线和垂直线；单击修改工具栏 按钮，偏移生成坐凳剖面的辅助线，效果如图 18-218 所示。

02 单击修改工具栏 ✂ 按钮，修剪辅助线；单击绘图工具栏 ✏ 按钮，绘制斜线，作为坐凳靠背，得到坐凳剖面的大致轮廓，效果如图 18-219 所示。

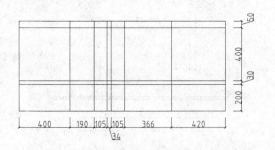

图 18-218　绘制辅助线　　　　　　　　　　图 18-219　绘制坐凳轮廓

03 单击绘图工具栏 ✏ 按钮以及修改工具栏 ⬢ 按钮和 ⬜ 按钮，绘制预埋钢件，效果如图 18-220 所示。

04 单击绘图工具栏 ✏ 按钮以及修改工具栏 ⬢ 按钮，绘制连接件，效果如图 18-221 所示。

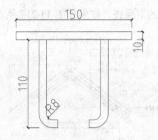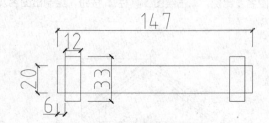

图 18-220　绘制预埋件　　　　　　　　　　图 18-221　绘制连接件

05 单击修改工具栏 ⬢ 按钮以及 ✂ 按钮，绘制坐凳细部结构；单击绘图工具栏 ⟳ 按钮，绘制折断线，效果如图 18-222 所示。

06 单击绘图工具栏 ▨ 按钮，为坐凳剖面大样图填充材料图例，效果如图 18-223 所示。

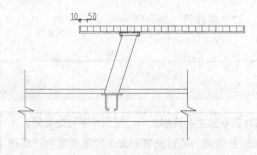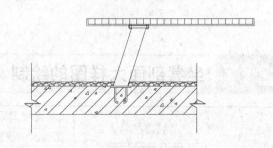

图 18-222　绘制折断线和细部结构　　　　　图 18-223　填充材料图例

07 执行【标注】|【线性】菜单命令和【连续】菜单命令，为坐凳剖面大样图标注各部分尺寸，效果如图 18-224 所示。

08 执行【标注】|【多重引线】菜单命令，为坐凳剖面大样图注写文字说明；单击绘图工具栏 **A** 按钮，注写图名及比例；单击绘图工具栏 ⟳ 按钮，绘制出图名及比例下方的下画线，效果如图 18-225 所示。

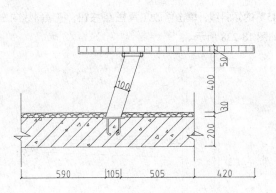

图 18-224　标注尺寸

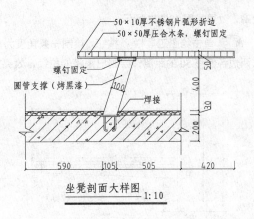

图 18-225　注写文字说明、图名及比例

218　玻璃雨篷节点图的绘制

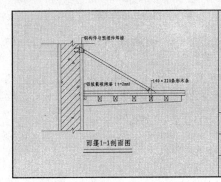

雨篷1-1剖面图

　　雨篷是建筑物入口处和顶层阳台上部用以遮挡雨水和保护外门免受雨水浸蚀的水平构件。通过雨篷节点图的绘制，掌握 AutoCAD 基本命令的使用方法，本实例讲述雨篷节点图的绘制方法和操作步骤。

文件路径：	DWG\18 章\218 例.dwg
视频文件：	无
播放时长：	无

01 绘制雨篷平面图。单击绘图工具栏 按钮和 按钮以及修改工具栏 按钮和 按钮，绘制出雨篷的平面图，效果如图 18-226 所示。

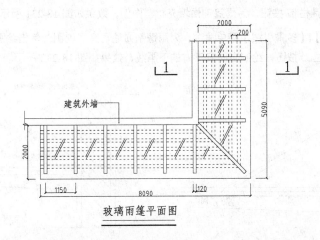

玻璃雨篷平面图

图 18-226　绘制雨篷平面图

02 绘制雨篷 1-1 剖面详图。单击绘图工具栏 按钮以及修改工具栏 按钮，绘制出雨篷剖面的大致

轮廓，效果如图 18-227 所示。

03 单击绘图工具栏 ╱ 按钮，绘制一条角度为 45° 的倾斜线；单击修改工具栏 ⬚ 按钮，将倾斜线向左右两边各偏移 50 的距离，绘制出雨篷的拉锁，效果如图 18-228 所示。

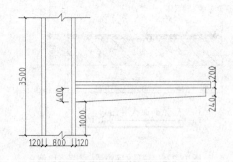

图 18-227　绘制雨篷剖面轮廓　　　　　　　图 18-228　绘制雨篷拉锁

04 单击绘图工具栏 ▭ 按钮和 ╱ 按钮，绘制出雨篷的固定连接件，效果如图 18-229 所示。

05 单击绘图工具栏 ╱ 按钮以及修改工具栏 ⬚ 按钮和 ⬚ 按钮，绘制雨篷的预埋钢件，效果如图 18-230 所示。

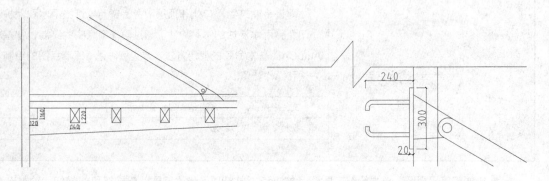

图 18-229　绘制雨篷固定连接件　　　　　　图 18-230　绘制预埋钢件

06 单击绘图工具栏 ▨ 按钮，为雨篷剖面填充材料图例，效果如图 18-231 所示。

07 执行【标注】|【多重引线】菜单命令，为雨篷剖面注写文字说明；单击绘图工具栏 **A** 按钮，注写图名；单击绘图工具栏 ⤴ 按钮，绘制出图名下方的下画线，效果如图 18-232 所示。

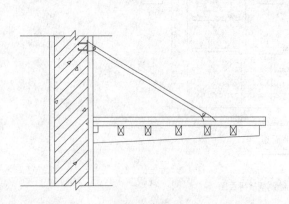
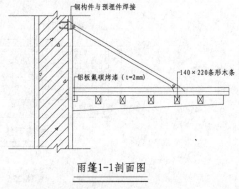

雨篷1-1剖面图

图 18-231　填充材料图例　　　　　　　　　图 18-232　标注文字说明及图名

219　围墙剖面图的绘制

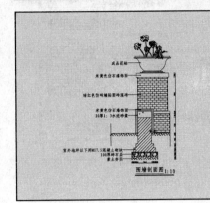

　　围墙在建筑学上是指一种重直向的空间隔断结构，用来围合、分割或保护某一区域，一般都围着建筑体的墙。通过围墙剖面图的绘制，掌握 AutoCAD 基本命令的使用方法，本实例讲述围墙剖面图的绘制方法和操作步骤。

	文件路径：	DWG\18 章\219 例.dwg
	视频文件：	无
	播放时长：	无

01 单击绘图工具栏 ✐ 按钮以及修改工具栏 ⬡ 按钮，绘制围墙剖面图的大致轮廓，效果如图 18-233 所示。

02 单击修改工具栏 ⬡ 按钮以及 ⊹ 按钮，绘制细部结构；单击绘图工具栏 ∽ 按钮，绘制折断线，效果如图 18-234 所示。

03 单击绘图工具栏 ▢ 按钮，绘制三个矩形，尺寸分别为 600×20、500×20 和 400×20，作为围墙与花钵的承接件，效果如图 18-235 所示。

04 单击绘图工具栏 ⟋ 按钮以及 ✐ 按钮，绘制出花钵的造型；执行【插入】|【块】菜单命令，插入植物图块，效果如图 18-236 所示。

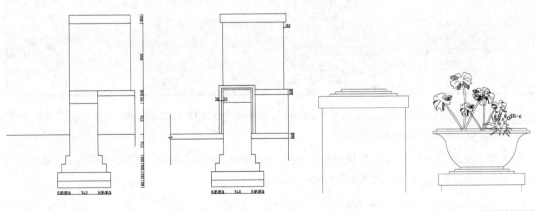

图 18-233　绘制围墙剖面图　　　图 18-234　绘制折断线及细部　　　图 18-235　绘制矩形　　　图 18-236　绘制花钵并插
　　　　　　轮廓　　　　　　　　　　　　　结构　　　　　　　　　　　　　　　　　　　　　　　　　　入植物图块

05 单击绘图工具栏 ▨ 按钮，为围墙剖面填充材料图例，效果如图 18-237 所示。

06 执行【标注】|【线性】菜单命令和【连续】菜单命令，为围墙剖面标注各部分尺寸，效果如图 18-238 所示。

07 执行【标注】|【多重引线】菜单命令，为围墙剖面注写文字说明；单击绘图工具栏 **A** 按钮，注写图名及比例；单击绘图工具栏 ∽ 按钮，绘制出图名及比例下方的下画线，效果如图 18-239 所示。

第
18
章

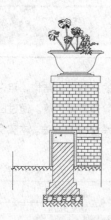

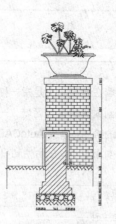

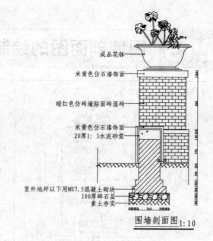

图 18-237 填充材料图例　　　　图 18-238 标注尺寸　　　　图 18-239 标注文字说明、图名及比例

220 景桥平、立、剖的绘制

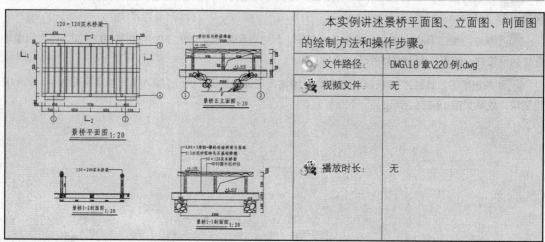

本实例讲述景桥平面图、立面图、剖面图的绘制方法和操作步骤。

文件路径:	DWG\18 章\220 例.dwg	
视频文件:	无	
播放时长:	无	

01 绘制景桥的平面图。单击绘图工具栏 □ 按钮，绘制一个 3230×1700 的矩形；单击修改工具栏 按钮，将矩形分解，效果如图 18-240 所示。

02 单击绘图工具栏 ╱ 按钮，连接矩形的中线；单击修改工具栏 ▲ 按钮，将中线分别向上下依次偏移 60 和 690 的距离，并删除中线，效果如图 18-241 所示。

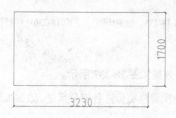

图 18-240 绘制并分解矩形　　　　　　　　　图 18-241 绘制并偏移直线

03 单击绘图工具栏 □ 按钮，绘制一个 650×1900 的矩形，捕捉矩形左边边线的中点移动到 3230×1700

矩形左边边线的中点，再向右水平移动 100 的距离；单击修改工具栏 ⚌ 按钮，镜像矩形，效果如图 18-242 所示。

04 单击绘图工具栏 ⊘ 按钮，绘制一个半径为 40 的圆形，并将圆移动复制，效果如图 18-243 所示。

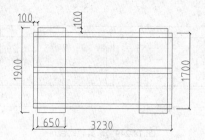

图 18-242　绘制移动并镜像矩形

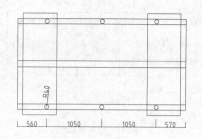

图 18-243　绘制并移动复制圆

05 单击修改工具栏 ⚌ 按钮，将最左边的边线向右偏移依次偏移 200 和 30 的距离；单击修改工具栏 ⚌ 按钮，输入 "A"，输入偏移的项目数为 15，距离为 200，将偏移的两条直线阵列复制，效果如图 18-244 所示。

06 单击修改工具栏 ⚍ 按钮，修剪直线；执行【标注】|【线性】菜单命令和【连续】菜单命令，为景桥平面图标注各部分尺寸，效果如图 18-245 所示。

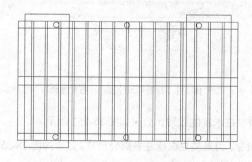

图 18-244　偏移并阵列直线

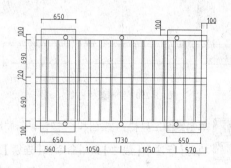

图 18-245　标注尺寸

07 单击绘图工具栏 ╱ 按钮、⊘ 按钮以及 ⤵ 按钮，绘制详图索引符号；单击绘图工具栏 A 按钮，绘制文字，效果如图 18-246 所示。

08 执行【标注】|【多重引线】菜单命令，为景桥注写文字说明；单击绘图工具栏 A 按钮，注写图名及比例；单击绘图工具栏 ⤵ 按钮，绘制出图名及比例下方的下画线，效果如图 18-247 所示。

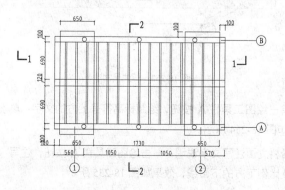

图 18-246　绘制详图索引符号

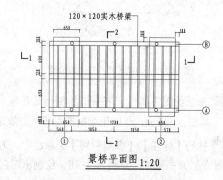

图 18-247　标注文字说明及图名

第
1
8
章

09 绘制景桥立面图。单击绘图工具栏 ✐ 按钮，绘制水平线和垂直线；单击修改工具栏 ⬤ 按钮，偏移生成景桥立面的辅助线，效果如图 18-248 所示。

10 单击修改工具栏 ✂ 按钮，修剪辅助线，得到景桥立面的轮廓，效果如图 18-249 所示。

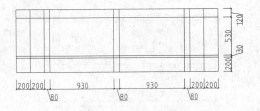

图 18-248　绘制辅助线

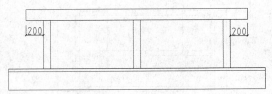

图 18-249　修剪辅助线

11 单击修改工具栏 ⬤ 按钮和 ✂ 按钮，绘制景桥桥面，效果如图 18-250 所示。

12 单击绘图工具栏 ✐ 按钮，勾勒出水池轮廓线以及块石和水边植物，并绘制折断线，效果如图 18-251 所示。

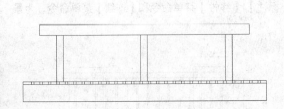

图 18-250　绘制景桥桥面

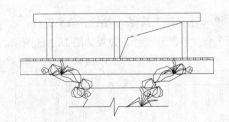

图 18-251　勾勒池岸轮廓、块石和植物

13 单击绘图工具栏 ✐ 按钮和 ∿ 按钮，勾勒出景桥立柱木纹的纹理，效果如图 18-252 所示。

14 执行【标注】|【线性】菜单命令和【连续】菜单命令，为景桥立面标注各部分尺寸，效果如图 18-253 所示。

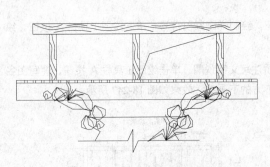

图 18-252　勾勒景桥立柱木纹纹理

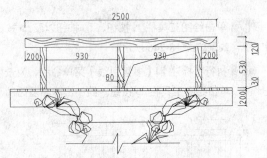

图 18-253　标注尺寸

15 单击绘图工具栏 ✐ 按钮，绘制标高符号；单击绘图工具栏 **A** 按钮，绘制标高符号上方的文字；单击绘图工具栏 ✐ 按钮和 ◉ 按钮绘制索引符号，效果如图 18-254 所示。

16 执行【标注】|【多重引线】菜单命令，为景桥立面注写文字说明；单击绘图工具栏 **A** 按钮，注写图名及比例；单击绘图工具栏 ✐ 按钮，绘制出图名及比例下方的下画线，效果如图 18-255 所示。

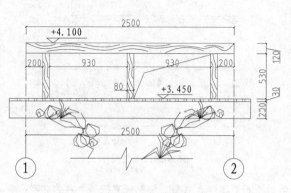

图 18-254　绘制标高符号及索引符号　　　　　　图 18-255　标注文字说明及图名

17　绘制 1-1 剖面图。单击修改工具栏 ⚙ 按钮，复制一份已绘制好的景桥正立面图；单击修改工具栏 ✎
按钮，删除不需要的部分，得到景桥 1-1 剖面的轮廓，效果如图 18-256 所示。

18　单击绘图工具栏 ▭ 按钮，绘制一个 400×400 的矩形；单击修改工具栏 ⚊ 按钮，将矩形镜像，作
为景桥的桥墩，效果如图 18-257 所示。

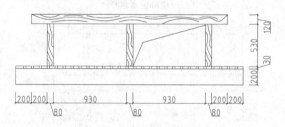

图 18-256　绘制景桥 1-1 剖面轮廓

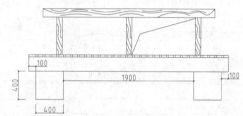

图 18-257　绘制桥墩

19　单击绘图工具栏 ▭ 按钮，绘制一个 120×80 的矩形；单击绘图工具栏 ⊙ 按钮，在矩形内绘制两个
半径为 8 的圆形，效果如图 18-258 所示。

20　单击修改工具栏 ⚊ 按钮，将矩形和圆镜像，作为景桥的桥梁和基础的连接件；单击绘图工具栏 ✐
按钮，绘制水位线，效果如图 18-259 所示。

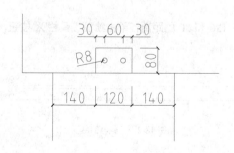

图 18-258　绘制矩形和圆

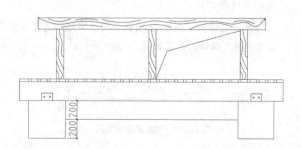

图 18-259　镜像矩形和圆

21　单击绘图工具栏 ▦ 按钮，为景桥 1-1 剖面填充材料图列，效果如图 18-260 所示。

22　执行【标注】|【线性】菜单命令和【连续】菜单命令，为景桥 1-1 剖面标注各部分尺寸，效果如
图 18-261 所示。

第
18
章

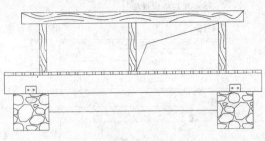

图 18-260　填充材料图例

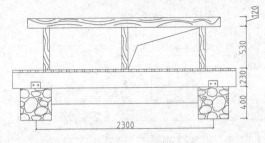

图 18-261　标注尺寸

23 单击绘图工具栏 ╱ 按钮，绘制标高符号；单击绘图工具栏 **A** 按钮，绘制标高符号上方的文字；单击绘图工具栏 ╱ 按钮和 ⊙ 按钮绘制索引符号，效果如图 18-262 所示。

24 执行【标注】|【多重引线】菜单命令，为景桥 1-1 剖面注写文字说明；单击绘图工具栏 **A** 按钮，注写图名及比例；单击绘图工具栏 ⌐ 按钮，绘制出图名及比例下方的下画线，效果如图 18-263 所示。

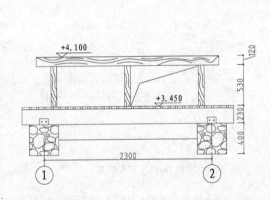

图 18-262　绘制标高符号和索引符号

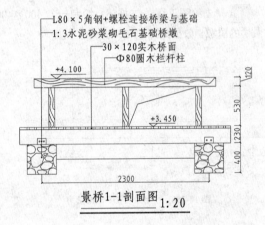

L80×5角钢+螺栓连接桥梁与基础
1:3水泥砂浆砌毛石基础桥墩
30×120实木桥面
Φ80圆木栏杆柱

景桥1-1剖面图 1:20

图 18-263　标注文字说明、图名及比例

25 绘制景桥 2-2 剖面图。单击绘图工具栏 ╱ 按钮，绘制一条水平线。

26 单击绘图工具栏 □ 按钮，绘制一个 120×120 的矩形；单击修改工具栏 ⅋ 按钮，复制矩形，效果如图 18-264 所示。

27 单击修改工具栏 ⏖ 按钮，将水平线向上依次偏移 120 和 30 的距离；单击绘图工具栏 ╱ 按钮，连接偏移直线的端点，效果如图 18-265 所示。

图 18-264　绘制并复制矩形

图 18-265　偏移直线

28 单击修改工具栏 ⏖ 按钮，将直线左端点的连线向右偏移 80 和 20 的距离；单击修改工具栏 ⅋ 按钮，输入 "A"，将偏移的直线复制阵列，效果如图 18-266 所示。

29 单击绘图工具栏 □ 按钮，绘制一个 80×530 的矩形，作为景桥的实木立柱；单击绘图工具栏 ⊙ 按钮，绘制一个半径为 60 的圆，作为景桥的实木护栏（横切面），效果如图 18-267 所示。

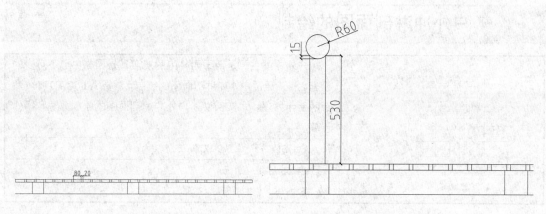

图 18-266　偏移并阵列直线　　　　　　　　　图 18-267　绘制矩形和圆

30 单击修改工具栏 ⁂ 按钮，将矩形和圆镜像；单击绘图工具栏 ╱ 按钮和 ∿ 按钮，勾勒出木纹的纹案，效果如图 18-268 所示。

31 执行【标注】|【线性】菜单命令和【连续】菜单命令，为景桥 2-2 剖面标注各部分尺寸，效果如图 18-269 所示。

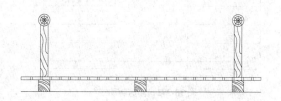

图 18-268　阵列图形并绘制木纹纹案

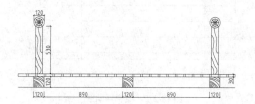

图 18-269　标注尺寸

32 单击绘图工具栏 ╱ 按钮，绘制标高符号；单击绘图工具栏 **A** 按钮，绘制标高符号上方的文字；单击绘图工具栏 ╱ 按钮和 ⊘ 按钮绘制索引符号，效果如图 18-270 所示。

33 执行【标注】|【多重引线】菜单命令，为景桥 2-2 剖面注写文字说明；单击绘图工具栏 **A** 按钮，注写图名及比例；单击绘图工具栏 ⤿ 按钮，绘制出图名及比例下方的下画线，效果如图 18-271 所示。

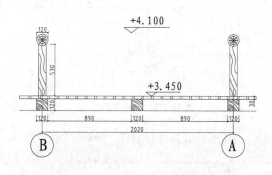

图 18-270　绘制标高符号和索引符号

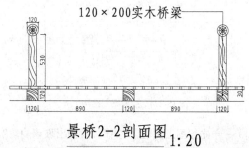

图 18-271　标注文字说明、图名及比例

221 户外冲淋剖面图的绘制

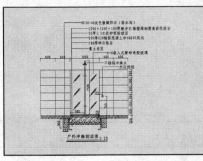

户外冲淋主要是用于园林中的浇灌，是园林中必不可少的设施之一。通过户外冲淋剖面图的绘制，掌握 AutoCAD 基本命令的使用方法，本实例讲述户外冲淋剖面图的绘制方法和操作步骤。

	文件路径：	DWG\18章\221例.dwg
	视频文件：	无
	播放时长：	无

01 单击绘图工具栏 ✎ 按钮，绘制水平线和垂直线；单击修改工具栏 ◢ 按钮，偏移生成辅助线，效果如图 18-272 所示。

02 单击修改工具栏 ✄ 按钮修剪直线，得到户外冲淋的大致轮廓，效果如图 18-273 所示。

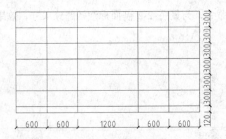

图 18-272　绘制辅助线

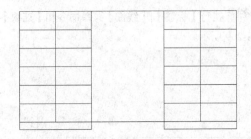

图 18-273　修剪辅助线

03 单击修改工具栏 ◢ 按钮以及 ✄ 按钮，绘制户外冲淋细节部分，效果如图 18-274 所示。

04 单击绘图工具栏 ✎ 按钮以及修改工具栏 ◢ 按钮和 ▢ 按钮，绘制户外冲淋的冲淋头，效果如图 18-275 所示。

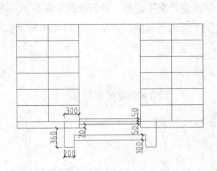

图 18-274　绘制细部结构

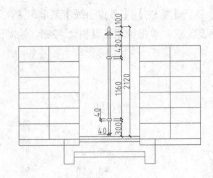

图 18-275　绘制冲淋头

05 单击绘图工具栏 ✎ 按钮，绘制出玻璃的轮廓线条；单击绘图工具栏 ⊙ 按钮，绘制一个半径为 40 的圆，作为水压按钮，效果如图 18-276 所示。

06 单击绘图工具栏 ✎ 按钮以及修改工具栏 ◢ 按钮和 ▢ 按钮，绘制户外冲淋的排水管，效果如图 18-277 所示。

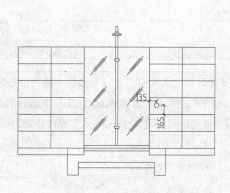

图 18-276　绘制玻璃线条及水压按钮

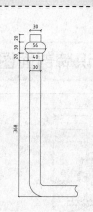

图 18-277　绘制排水管

07 单击绘图工具栏 按钮，为户外冲淋剖面图填充材料图例，效果如图 18-278 所示。

08 执行【标注】|【线性】菜单命令和【连续】菜单命令，为户外冲淋剖面标注各部分尺寸，效果如图 18-279 所示。

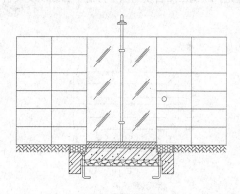

图 18-278　填充材料图例

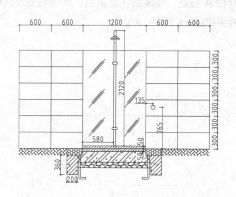

图 18-279　标注尺寸

09 执行【标注】|【多重引线】菜单命令，为围墙剖面注写文字说明；单击绘图工具栏 **A** 按钮，注写图名及比例；单击绘图工具栏 按钮，绘制出图名及比例下方的下画线，效果如图 18-280 所示。

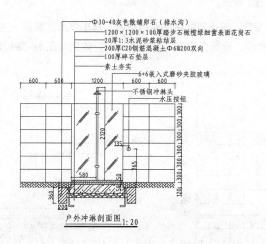

图 18-280　标注文字说明、图名及比例

222 标识牌剖面图的绘制

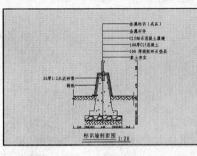

标识墙剖面图 1:20

标识牌的主要作用是给人指引方向，是园林中常用的设施之一。通过标识牌剖面图的绘制，掌握 AutoCAD 基本命令的使用方法，本实例讲述标识牌剖面图的绘制方法和操作步骤。

文件路径：	DWG\18 章\222 例.dwg
视频文件：	AVI\18 章\222 例.avi
播放时长：	11 分 09 秒

01 绘制标识牌平面图。单击绘图工具栏 ✐ 按钮，绘制水平线和垂直线；单击修改工具栏 ⚏ 按钮，偏移生成辅助线；单击修改工具栏 ⊬ 按钮，修剪直线，得到标识墙的平面图，效果如图 18-281 所示。

02 执行【标注】|【线性】菜单命令和【连续】菜单命令，为标识牌平面图标注各部分尺寸；单击绘图工具栏 **A** 按钮，注写图名及比例；单击绘图工具栏 ⌒ 按钮，绘制出图名及比例下方的下画线以及索引符号，效果如图 18-282 所示。

图 18-281　绘制标识牌平面图

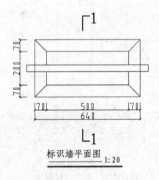

标识墙平面图 1:20

图 18-282　标注尺寸、图面及比例

03 绘制标识牌剖面图。单击绘图工具栏 ✐ 按钮，绘制水平线和垂直线；单击修改工具栏 ⚏ 按钮，偏移生成辅助线，效果如图 18-283 所示。

04 单击绘图工具栏 ✐ 按钮，连接辅助线的两条斜线；单击修改工具栏 ⊬ 按钮，修剪直线；单击修改工具栏 ✐ 按钮，删除多余的直线，得到标识牌剖面图的轮廓，效果如图 18-284 所示。

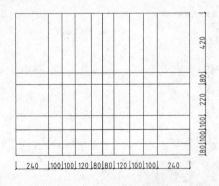

图 18-283　绘制辅助线

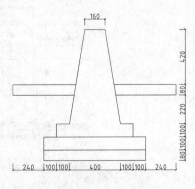

图 18-284　修剪辅助线

05 单击绘图工具栏 ∕ 按钮以及修改工具栏 ⚙ 按钮和 ✎ 按钮，绘制金属标识牌以及金属杆件，效果如图 18-285 所示。

06 单击绘图工具栏 ⌐ 按钮，绘制折断线；单击修改工具栏 ⚙ 按钮以及 ✎ 按钮，绘制标识牌的细节部分，效果如图 18-286 所示。

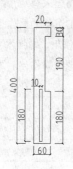

图 18-285　绘制金属标识牌及金属杆件

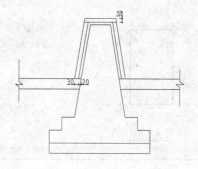

图 18-286　绘制折断线及细节部分

07 单击绘图工具栏 ▨ 按钮，为标识牌剖面填充材料图列，效果如图 18-287 所示。

08 执行【标注】|【线性】菜单命令和【连续】菜单命令，为标识牌剖面标注各部分尺寸，效果如图 18-288 所示。

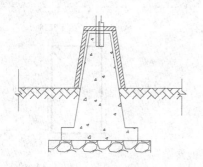

图 18-287　填充材料图列

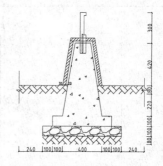

图 18-288　标注尺寸

09 执行【标注】|【多重引线】菜单命令，为标识牌剖面注写文字说明；单击绘图工具栏 A 按钮，注写图名及比例；单击绘图工具栏 ⌐ 按钮，绘制出图名及比例下方的下画线，效果如图 18-289 所示。

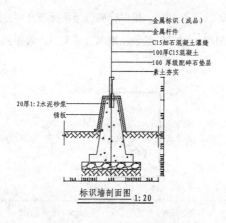

图 18-289　标注文字说明、图名及比例

223 地梁配筋图的绘制

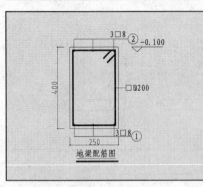

地梁约定俗称为基础梁，圈起来有闭合的特征，与构造柱共成抗震限裂体系，减缓不均匀沉降的负作用。与地圈梁有区别，（地梁）基础梁主要起联系作用，增强水平面刚度，有时兼作底层填充墙的承托梁，不考虑抗震作用。本实例讲述地梁配筋图的绘制方法和操作步骤。

文件路径:	DWG\18 章\223 例.dwg	
视频文件:	AVI\18 章\223 例.avi	
播放时长:	3 分 17 秒	

01 单击绘图工具栏 ☐ 按钮，绘制一个 250×400 的矩形，作为地梁的轮廓线，效果如图 18-290 所示。

02 单击修改工具栏 ❀ 按钮，将矩形向内偏移 16 的距离；单击绘图工具栏 ╯ 按钮，设置多段线线宽为 10mm，沿小矩形绘制一圈，绘制出地梁配筋线，效果如图 18-291 所示。

📣 **提 示**：在绘制钢筋时，一般使用的是具有一定宽度的多段线。

图 18-290 绘制地梁轮廓线

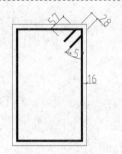

图 18-291 绘制地梁配筋线

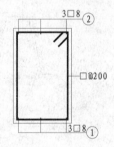

图 18-292 标注文字说明

03 执行【标注】|【多重引线】菜单命令，为地梁注写文字说明，效果如图 18-292 所示。

04 执行【标注】|【线性】菜单命令，标注地梁各部分尺寸，效果如图 18-293 所示。

05 单击绘图工具栏 ╱ 按钮以及 A 按钮，绘制标高符号及标高文字，效果如图 18-294 所示。

06 单击绘图工具栏 A 按钮和 ╯ 按钮，绘制出图名及下画线，效果如图 18-295 所示。

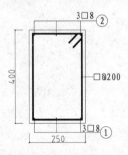

图 18-293 标注尺寸

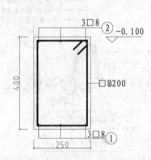

图 18-294 绘制标高符号及文字

图 18-295 注写图名

224 基础平面详图的绘制

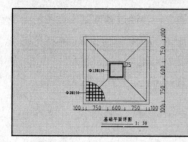

基础平面详图是结构施工图之一，通过基础平面详图的绘制，掌握 AutoCAD 基本命令的使用方法和操作步骤。本实例讲述基础平面详图的绘制方法和操作步骤。

文件路径：	DWG\18 章\224 例.dwg	
视频文件：	无	
播放时长：	无	

01 单击绘图工具栏 □ 按钮，绘制一个 2300×2300 的矩形，作为轮廓线，效果如图 18-296 所示。

02 单击修改工具栏 ▲ 按钮，将矩形向内依次偏移 100、750 和 75 的距离，单击绘图工具栏 ✎ 按钮，连接矩形的对角线，效果如图 18-297 所示。

03 单击绘图工具栏 ⊘ 按钮，绘制一个半径为 655 的圆；单击绘图工具栏 ✂ 按钮，修剪对角线和圆，得到平面基础详图内部构造线，效果如图 18-298 所示。

图 18-296 绘制矩形

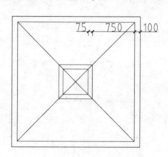

图 18-297 绘制矩形和对角线

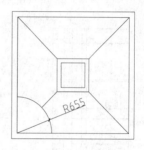

图 18-298 绘制内部构造线

04 单击绘图工具栏 ⌐ 按钮，依据辅助线，设置好多段线的线宽为 15mm，绘制平面基础详图内部钢筋，效果如图 18-299 所示。

05 执行【标注】|【线性】菜单命令和【连续】菜单命令，为基础平面图剖面标注各部分尺寸，效果如图 18-300 所示。

06 执行【标注】|【多重引线】菜单命令，为基础平面图注写文字说明；单击绘图工具栏 A 按钮，注写图名及比例；单击绘图工具栏 ⌐ 按钮，绘制出图名及比例下方的下画线，效果如图 18-301 所示。

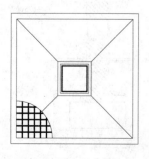

图 18-299 绘制内部配筋

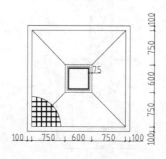

图 18-300 标注尺寸

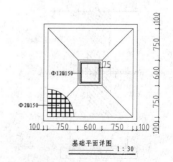

图 18-301 标注文字说明、图名及比例

第
18
章

225 基础剖面详图的绘制

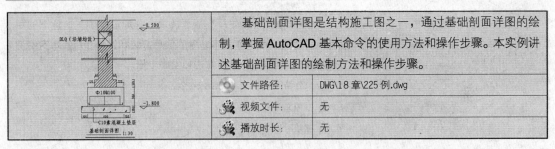

基础剖面详图是结构施工图之一，通过基础剖面详图的绘制，掌握 AutoCAD 基本命令的使用方法和操作步骤。本实例讲述基础剖面详图的绘制方法和操作步骤。

	文件路径：	DWG\18 章\225 例.dwg
	视频文件：	无
	播放时长：	无

01 单击绘图工具栏 ╱ 按钮，绘制水平线和垂直线；单击修改工具栏 ⚎ 按钮，偏移生成辅助线，效果如图 18-302 所示。

02 单击修改工具栏 ⊬ 按钮，修剪辅助线；单击绘图工具栏 ⌒ 按钮，绘制折断线，得到基础剖面详图的轮廓线，效果如图 18-303 所示。

03 单击修改工具栏 ⚎ 按钮以及绘图工具栏 ⌒ 按钮，绘制基础剖面详图钢筋线，效果如图 18-304 所示。

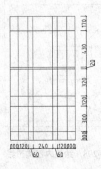

图 18-302　绘制辅助线

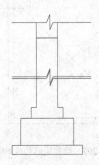

图 18-303　生成基础剖面详图的轮廓线

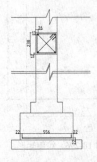

图 18-304　绘制钢筋线

04 单击绘图工具栏 ▨ 按钮，为基础剖面详图填充材料图列，效果如图 18-305 所示。

05 执行【标注】|【线性】菜单命令和【连续】菜单命令，为基础剖面详图标注各部分尺寸，效果如图 18-306 所示。

06 单击绘图工具栏 ╱ 按钮以及 **A** 按钮，绘制标高符号及标高文字，效果如图 18-307 所示。

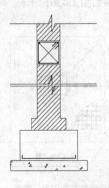

图 18-305　填充材料图列

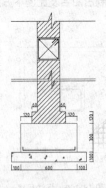

图 18-306　标注尺寸

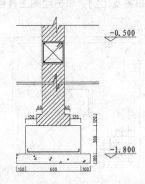

图 18-307　绘制标高符号及文字

07 执行【标注】|【多重引线】菜单命令，为基础剖面详图标注文字说明，效果如图 18-308 所示。

08 单击绘图工具栏 **A** 按钮，注写图名及比例；单击绘图工具栏 按钮，绘制出图名及比例下方的下画线，效果如图 18-309 所示。

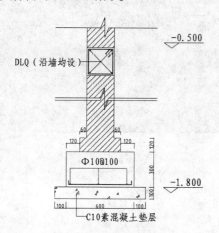

图 18-308　标注文字说明

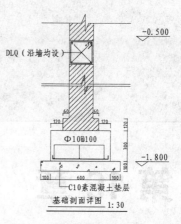

图 18-309　注写图名及比例

第 19 章
园林 CAD 图样的打印输出

　　对园林景观施工图而言，输出工具主要为打印机。打印输出的图样将成为施工人员施工的依据。园林景观施工图使用的图纸规格有多种，一般采用 A2 和 A3 图纸进行打印，当然也可根据需要选用其他大小的纸张。在打印之前，需要做的准备工作是确定纸张大小、输出比例以及打印线宽、颜色等相关内容。图形的打印线宽、颜色等属性，均可通过打印样式进行控制。

　　本章主要讲述园林 CAD 图样的打印方法与操作技巧。

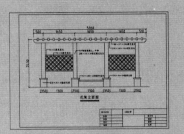
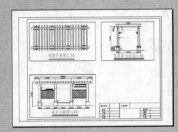
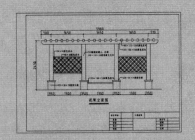

226 模型空间输出

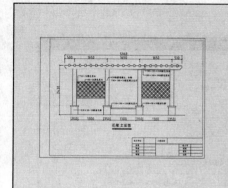

模型空间是一个无限的绘图区域，用于创建二维图形和三维图形，以及进行必要的尺寸标注和文字说明，在模型空间中永远按照 **1：1** 的比例以实际尺寸绘图。本实例讲述在模型空间输出图形的方法和操作步骤。

	文件路径：	DWG\19章\227例.dwg
	视频文件：	AVI\19章\227例.avi
	播放时长：	7分12秒

01 打开本书配套光盘"第10章\例104.dwg"文件，单击绘图工具栏 按钮，插入"第19章\A3图框.dwg"文件；单击修改工具栏 按钮，将图框放大20倍；单击修改工具栏 按钮，将图框移动到平面图上方；单击绘图工具栏 **A** 按钮，绘制出图名及比例等，效果如图19-1所示。

02 执行【文件】|【页面设置管理器】菜单命令，弹出了"页面设置管理器"对话框，如图19-2所示。

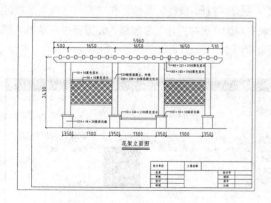

图19-1　插入图框和绘制图名及比例

图19-2　"页面设置管理器"对话框

提 示： 由于图框是按1：1的比例绘制的，即图框大小为420mm×297mm（A3图纸），而在本平面布置图中的绘图比例同样是1：1，其图形大小约为8500mm×5300mm，为了使图形能够打印在图框之内，需要将图框放大，放大比例为20倍；而有的图形可能要将图框缩小，如何进行需按实际情况决定。

03 单击"新建"按钮，弹出了"新建页面设置"对话框，在"新页面设置名"文本框中输入"A3图样页面设置"；单击"确定"按钮，弹出了"页面设置—模型"对话框，在"打印机/绘图仪"选项区域中选择用于打印当前图形的打印，在"图纸尺寸"选项区域中选择A3图纸，在"打印样式表"中选择系统自带的"monochrome.ctb"选项，在随后弹出的"问题"提示框中单击"是"按钮；单击"打印样式表"右侧的"编辑"按钮 ，可对打印样式表进行调整，设置"页面设置-模型"对话框参数如图19-3所示。

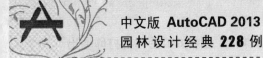
04 单击"确定"按钮，返回到"页面设置管理器"对话框中，此时在该对话框中已增加了页面设置"A3 图样页面设置"，选中该页面设置后，单击"置为当前"按钮，如图 19-4 所示；单击"关闭"按钮，退出页面设置管理器。

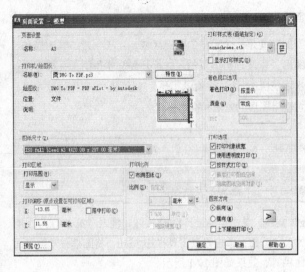

图 19-3 "页面设置－模型"对话框

图 19-4 指定当前页面设置

05 执行【文件】|【打印】菜单命令，弹出"打印－模型"对话框，在"打印范围"下拉列表中选择"窗口"复选框；单击"窗口"按钮，进入视图中拾取图框的两个对角点，确定矩形范围为打印范围，如图 19-5 所示。

06 单击"打印-模型"对话框中右下角"三角形"，展开"打印-模型"面板，在"图形方向"选项区域中，选择"横向"单选按钮；在"打印偏移"选项区域中勾选"居中打印"复选框，设置完成后单击"预览"按钮，检查是否为预想的打印效果，如图 19-6 所示。

图 19-5 "打印－模型"对话框

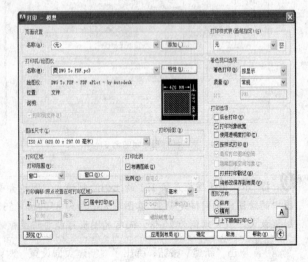

图 19-6 设置"打印-模型"其他参数

07 单击"确定"按钮开始打印。在弹出的"打印作业进度"对话框中显示了打印的进度，单击"取消"按钮可取消打印。

227 布局空间输出

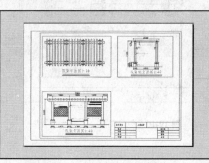

布局空间又称图样空间，主要用于出图。使用布局空间可以方便地设置打印设备、纸张、比例尺、图样布局，并预览实际出图的效果。本实例讲述布局空间输出的方法和操作技巧。

	文件路径：	DWG\19章\228例.dwg
	视频文件：	AVI\19章\228例.avi
	播放时长：	6分28秒

08 打开本书配套光盘"第10章\例103、例104和例105.dwg"文件。将鼠标移动到"模型"选项卡上，单击鼠标右键，在弹出的快捷方式中单击"新建布局"选项，此时即可新建一个布局，如图19-7所示。

09 单击"布局1"按钮，进入布局状态，在"布局1"选项板中，单击鼠标右键，在弹出的快捷菜单中单击"页面设置管理器"命令，在弹出的"页面设置管理器"对话框中单击"新建"按钮，在弹出的"新页面设置"对话框中输入新页面名称"A3图样页面设置-图样空间"后；单击"确定"按钮，弹出了"页面设置-布局1"对话框，设置参数如图19-8所示。

图19-7 新建布局

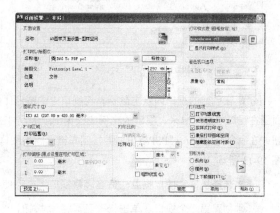

图19-8 "页面设置-布局1"对话框

10 单击"确定"按钮，"页面设置-布局1"对话框消失，弹出了"页面设置管理器"对话框，在"页面设置"选项栏中选中"A3图样页面设置-图样空间"选项后；单击"置为当前"按钮，将该页面设置应用到当前布局，如图19-9所示。单击"关闭"按钮，退出页面设置。

11 单击工具栏中的"图层特性管理器"按钮，进入"图层特性管理器"对话框中，新建一个"视口"图层，图层颜色为8号灰色，并将其置为当前图层，如图19-10所示。

> **提 示**：当第一次进入布局时，系统会自动创建一个视口，该视口一般不符合所需要的要求，可以将其删除。

12 创建第一个视口。首先删除系统自动创建的窗口，再输入"VPORTS"命令，打开"视口"对话框，如图19-11所示。

13 在"标准视口"栏中选择"单个"，单击"确定"按钮，在布局内拖动鼠标创建一个视口，如图19-12所示，该视口用于显示花架平面图。

图 19-9　"页面设置管理器"对话框

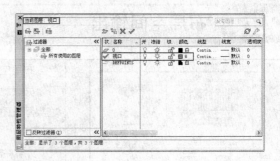

图 19-10　创建图层

图 19-11　"视口"对话框

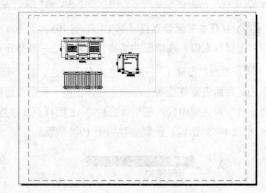

图 19-12　创建视口

14 在创建的视口内双击鼠标，将视口中的图形比例设为 1∶30，单击工具栏中的 🖐 按钮，将花架平面图在视口中显示出来，视口的比例应根据图纸的尺寸进行适当设置，这里设置为 1∶30；单击"模型"按钮或在命令行中输入"**PSPACE**"并按回车键返回到图样空间，双击图名比例，修改比例为 1∶30，效果如图 19-13 所示。

15 选择视口，使用夹点法适当调整视口大小，使视口刚好显示花架平面图，效果如图 19-14 所示。

16 创建第二个视口。单击修改工具栏 ⬚ 按钮，选择第一个视口，将其复制得到第二个视口，该视口用于显示花架正立面图。

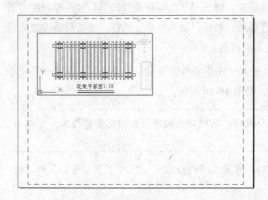

图 19-13　调整显示比例

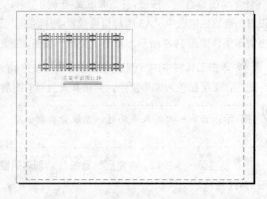

图 19-14　调整视口

17 在"视口"工具栏中将图形比例调整为 1:40，单击工具栏中的 🖑 按钮，使花架正立面图在视口中显示出来，并适当调整视口大小，效果如图 19-15 所示。

18 创建第三个视口。单击修改工具栏 📇 按钮，选择第一个视口，复制出第三个视口，该视口用于显示花架侧立面图，因为此图与花架正立面图比例相同，故视口比例不需要修改，只需要使用夹点功能，使花架侧立面图在视口中显示出来，并适当调整视口大小即可，结果如图 19-16 所示。

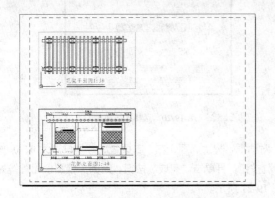

图 19-15　创建第二个视口

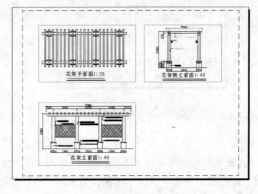

图 19-16　创建第三个视口

📢 提 示：使用同样的方法，根据需要可以创建更多的视口。而当设置好视口比例之后，在布局的模型空间状态下就不应该再使用"ZOOM"命令或鼠标中键改变视口显示比例。

19 插入图框。单击绘图工具栏 🔂 按钮，在打开的插入"对话框"中选择"A3 图块"，单击"确定"按钮，关闭"插入"对话框，在图形窗口中拾取一点确定图签位置，插入图签后的效果如图 19-17 所示。

20 执行【文件】|【打印预览】菜单命令，可预览出当前的打印效果，从预览效果看出，图框大小超越了图纸可打印区域的边缘，不能完成打印；执行【文件】|【绘图仪管理器】菜单命令，打开"Plotters"文件夹，如图 19-18 所示。

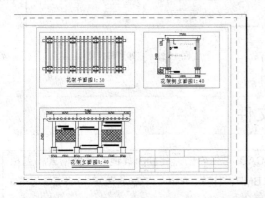

图 19-17　加入图框

图 19-18　Plotters 文件夹

21 在对话框中双击当前使用的打印机名称（即在"页面设置"对话框"打印选项"选项卡中选择的打印机），打开"绘图仪配置编辑器"对话框。选择"设备和文档设置"选项卡，在上方的树形结构目录中选择"修改标注图纸尺寸（可打印区域）"选项，如图 19-19 所示。

22 在"修改标注图纸尺寸"栏中选择当前使用的图纸类型（即在"页面设置"对话框中的"图纸尺寸"列表中选择的图纸类型），如图 19-20 所示。

图 19-19　绘图仪配置编辑器　　　　　　　　图 19-20　选择图纸类型

23 单击"修改"按钮，弹出"自定义图纸尺寸"对话框，将上、下、左、右页边距分别设置为 0、0、25、0（使可打印范围略大于图框即可）；单击"下一步"按钮，再单击"完成"按钮，返回"绘图仪配置编辑器"对话框，单击"确定"按钮，关闭对话框，如图 19-21 所示。

24 单击 按钮，图框已能正常打印；如果满意当前的预览效果，效果如图 19-22 所示；按 Ctrl+P 键即可开始打印输出。

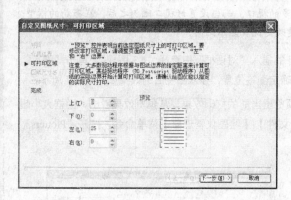

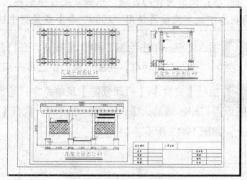

图 19-21　"自定义图纸尺寸"对话框　　　　　　图 19-22　打印预览效果

228 输出其他格式图形数据文件

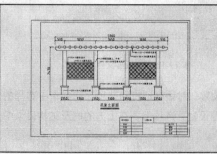

AutoCAD 可以将图形转换为其他的文件格式，包括 Windows BMP、TIFF、PNG、TGA、PDF 和 JPEG 等等，其中最常用的是 PDF、BMP 和 JPG 格式文件。本实例讲述 AutoCAD 其他格式图形数据文件的输出。

文件路径：	DWG\19 章\229 例.dwg	
视频文件：	AVI\19 章\229 例.avi	
播放时长：	5 分 44 秒	

25 打开本书配套光盘"第 10 章\例 104.dwg"文件，单击绘图工具栏 按钮，插入"第 19 章\A3 图

框 .dwg" 文件，单击修改工具栏 按钮，将图框放大 20 倍；单击修改工具栏 按钮，将图框移动到平面图上方；单击绘图工具栏 **A** 按钮，绘制出图名及比例等。

26 输出为 PDF 格式图形数据文件。单击工具栏中的 按钮（快捷键为"**Ctrl+P**"，也可直接在命令行中输入"**PLOT**"），启动打印功能，如图 19-23 所示。

27 在"打印"对话框的"打印机/绘图仪"下的"名称"框中，从"名称"列表中选择"**DWG To PDF .pc3**"配置。如图 19-24 所示。

图 19-23 "打印-模型"对话框

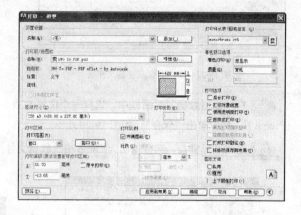

图 19-24 选择 DWG To PDF .pc3

28 单击"窗口"按钮，选择需要打印的图形区域；单击"确定"按钮，在"浏览打印文件"对话框中，选择一个位置并输入 PDF 文件的文件名，最后单击保存，如图 19-25 所示。

提 示： PDF 格式数据是指 Adobe 便携文档格式，是进行电子信息交换的标准，可以轻松分发 PDF 文件，以在 Adobe Reader 软件（注：Adobe Reader 软件可从 Adobe 网站免费下载获取）中查看和打印。同时使用 PDF 文件，不需要安装 AutoCAD 软件，可以与任何人共享图形数据信息，浏览图形数据文件。

29 输出为 JPG 格式文件。单击工具栏中的 按钮，启动打印功能；在"打印"对话框的"打印机/绘图仪"下的"名称"框中，从"名称"列表中选择"**PublishToweb JPG.pc3**"配置，如图 19-26 所示。

图 19-25 输入 PDF 文件的文件名

图 19-26 JPG 打印设备

30 单击"窗口"按钮，选择需要打印的图形区域；单击"确定"按钮；在"浏览打印文件"对话框中，选择一个位置并输入 JPG 文件的文件名，最后单击保存，如图 19-27 所示。

31 输出为 BMP 格式文件。执行【文件】|【输出】菜单命令，如图 19-28 所示。

图 19-27　输入 JPG 文件的文件名

图 19-28　选择输出

32 在"输出数据"对话框中，选择一个位置并输入文件的文件名，然后在文件夹类型中选择"位图（ *.bmp ）"，接着单击"保存"，如图 19-29 所示。

33 返回图形窗口，选择输出为*.bmp 格式数据文件的图形范围，然后单击空格键，如图 19-30 所示。

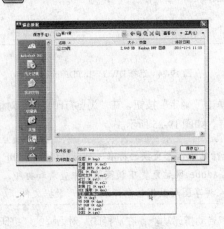

图 19-29　选择*.bmp 格式文件

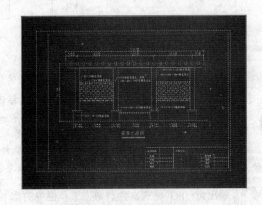

图 19-30　选择输出图形的范围

附录　AutoCAD2013 快捷键汇总

表一：

快捷键/组合键	功能
F1	获取帮助
F2	实现作图窗口和文本窗口的切换
F3	控制是否实现对象捕捉功能
F4	数字化仪控制
F5	等轴测平面切换
F6	控制状态栏上坐标的显示方式
F7	栅格显示模式控制
F8	正交模式控制
F9	栅格捕捉模式控制
F10	极轴模式控制
F11	对线追踪式控制
Ctrl+1	打开特性对话框
Ctrl+2	打开图像资源管理器
Ctrl+6	打开图像数据原子
Ctrl+B	栅格捕捉模式控制（F3）
Ctrl+C	将选择的对象复制到剪切板上
Ctrl+F	控制是否实现对象复制到剪切板上
Ctrl+G	栅格显示模式控制（F7）
Ctrl+J	重复执行上一步命令
Ctrl+K	超级链接
Ctrl+N	新建图形文件
Ctrl+M	打开选项对话框
Ctrl+O	打开图形文件

快捷键/组合键	功能
Ctrl+P	打开打印对话框
Ctrl+S	保存文件
Ctrl+U	极轴模式控制（F10）
Ctrl+V	粘贴剪贴板上的内容
Ctrl+W	对象追踪式控制（F11）
Ctrl+X	剪切所选择的内容
Ctrl+Y	重做
Ctrl+Z	取消前一步额操作

表二：

命令范围	命令名称	快捷键
	ARC（圆弧）	A
	BLOCK（块定义）	B
	CIRCLE（圆）	C
	FILLET（倒圆角）	F
	BHATCH（填充）	H
	INSERT（插入块）	I
	LINE（直线）	L
绘图命令	MTEXT（多行文本）	MT
	WBLOCK（定义块文件）	W
	DONUT（圆环）	D
	DIVIDE（等分）	DIV
	ELLIPSE（椭圆）	EL
	PLINE（多段线）	PL
	XLINE（射线）	XL
	POINT（点）	PO

附录

命令范围	命令名称	快捷键
	MLINE（多线）	ML
	POLYGON（正多边形）	POL
	RECTANGLE（矩形）	REC
	REGION（面域）	REG
	SPLINE（样条曲线）	SPL
编辑命令	ERASE（删除）	E
	MOVE（移动）	M
	OFFEST（偏移）	O
	STRETCH（拉伸）	S
	EXPLODE（分解）	X
	COPY（复制）	CO
	MIRROR（镜像）	MI
	ARRAY（阵列）	AR
	ROTATE（旋转）	RO
	TRIM（修剪）	TR
	EXTEND（延伸）	EX
	SCALE（比例缩放）	SC
	BREAK（打断)	BR
	PEDIT（编辑多段线）	PE
	DDEDIT（修改文本）	ED
	LENGTHEN（直线拉长）	LEN
	CHAMFER（倒角）	CHA
尺寸标注命令	DIMSTYLE（标注样式）	D
	DIMLINEAR（直角标注）	DLI
	DIMALIGNED（对齐标注）	DAL
	DIMRADIUS（半径标注）	DRA
	DIMDIAMETER（直径标注）	DDI

附录

命令范围	命令名称	快捷键
	DIMANGULAR（角度标注）	DAN
	DIMCENTER（中心标注）	DCE
	DIMORDINATE（点标注）	DOR
	TOLERANCE（标注形位公差）	TOL
	QLEADER（快速引出标注）	LE
	DIMBASELINE（基线标注）	DBA
	DIMCONTINUE（连续标注）	DCO
	DIMEDIT（编辑标注）	DED
	DIMOVERRIDE（替换标注系统变量）	DOV
修改命令	ADCENTER（设计中心）	ADC
	PROPERTIES（修改特性）	CH
	MATCHPROP（属性匹配）	MA
	STYLE（文字样式）	ST
	COLOR（设置颜色）	COL
	LAYER（图层操作）	LA
	LINETYPE（线形）	LT
	LTSCALE（线形比例）	LTS
	LWEIGHT（线宽）	LW
	UNITS（图形单位）	UN
	ATTDEF（属性定义）	ATT
	ATTEDIT（编辑属性）	ATE
	BOUNDARY（边界创建）	BO
	ALIGN（对齐）	AL
	EXPORT（输出其他格式文件）	EXP
	IMPORT（输入文件）	IMP
	OPTIONS（自定义 CAD 设置）	OP
	PLOT（打印）	PRINT

附
录

命令范围	命令名称	快捷键
	PURGE（清除垃圾）	PU
	REDRAW（重新生成）	RE
	RENAME（重命名）	REN
	SNAP（捕捉栅格）	SN
	DSETTINGS（设置极轴追踪）	DS
	OSNAP（设置捕捉模式）	OS
	PREVIEW（打印预览）	PRE
	TOOLBAR（工具栏）	TO
	VIEW（命名视图）	V
	AREA（面积）	AA
	DIST（距离）	DI
	LIST（显示图形数据信息）	LI